·高等学校计算机基础教育教材精选·

计算机文化基础教程

(第3版)

冯博琴 主编

清华大学出版社
北京

内容简介

本书包括绪论、计算机技术概论、操作系统、Word 文字处理软件、Excel 表格处理软件、PowerPoint 演示文稿制作、计算机网络、网页制作等内容。

本书第 3 版继承了前两版的组织方式，更加突出了“计算机文化基础”课程实践性、技能性的特点。作者采用“精讲多练”的教学模式组织本书内容，将书中每一章分为 4 个主题：基本知识、课堂训练、自学内容和习题，并重点改进了课堂训练的内容，从而更加易于组织实践教学，便于学生掌握新的技能。

图书在版编目（CIP）数据

计算机文化基础教程/冯博琴主编. —3 版. —北京：清华大学出版社，2009.5
（高等学校计算机基础教育教材精选）
ISBN 978-7-302-19534-4

Ⅰ. 计…　Ⅱ. 冯…　Ⅲ. 电子计算机—高等学校—教材　Ⅳ. TP3

中国版本图书馆 CIP 数据核字(2009)第 018073 号

责任编辑：焦　虹　李玮琪
责任校对：时翠兰
责任印制：何　芊

出版发行：清华大学出版社　　**地　　址**：北京清华大学学研大厦 A 座
http://www.tup.com.cn　　**邮　　编**：100084
社　总　机：010-62770175　　**邮　　购**：010-62786544
投稿与读者服务：010-62776969，c-service@tup.tsinghua.edu.cn
质 量 反 馈：010-62772015，zhiliang@tup.tsinghua.edu.cn
印 刷 者：北京国马印刷厂
装 订 者：三河市李旗庄少明装订厂
经　　销：全国新华书店
开　　本：185×260　　**印　张**：25.75　　**字　数**：605 千字
版　　次：2009 年 5 月第 3 版　　**印　次**：2009 年 5 月第 1 次印刷
印　　数：1～4000
定　　价：35.00 元

本书如存在文字不清、漏印、缺页、倒页、脱页等印装质量问题，请与清华大学出版社出版部联系调换。联系电话：010-62770177 转 3103　　产品编号：032205-01

出版说明

在教育部关于高等学校计算机基础教育三层次方案的指导下，我国高等学校的计算机基础教育事业蓬勃发展。经过多年的教学改革与实践，全国很多学校在计算机基础教育这一领域中积累了大量宝贵的经验，取得了许多可喜的成果。

随着科教兴国战略的实施以及社会信息化进程的加快，目前我国的高等教育事业正面临着新的发展机遇，但同时也必须面对新的挑战。这些都对高等学校的计算机基础教育提出了更高的要求。为了适应教学改革的需要，进一步推动我国高等学校计算机基础教育事业的发展，我们在全国各高等学校精心挖掘和遴选了一批经过教学实践检验的优秀的教学成果，编辑出版了这套教材。教材的选题范围涵盖了计算机基础教育的三个层次，包括面向各高校开设的计算机必修课、选修课以及与各类专业相结合的计算机课程。

为了保证出版质量，同时更好地适应教学需求，本套教材将采取开放的体系和滚动出版的方式（即成熟一本、出版一本，并保持不断更新），坚持宁缺毋滥的原则，力求反映我国高等学校计算机基础教育的最新成果，使本套丛书无论在技术质量上还是文字质量上均成为真正的"精选"。

清华大学出版社一直致力于计算机教育用书的出版工作，在计算机基础教育领域出版了许多优秀的教材。本套教材的出版将进一步丰富和扩大我社在这一领域的选题范围、层次和深度，以适应高校计算机基础教育课程层次化、多样化的趋势，从而更好地满足各学校由于条件、师资和生源水平、专业领域等的差异而产生的不同需求。我们热切期望全国广大教师能够积极参与到本套丛书的编写工作中来，把自己的教学成果与全国的同行们分享；同时也欢迎广大读者对本套教材提出宝贵意见，以便我们改进工作，为读者提供更好的服务。

我们的电子邮件地址是 jiaoh@tup. tsinghua. edu. cn。联系人：焦虹。

清华大学出版社

前言

本书自第1版出版以来已经经历了八个年头，印数达数十万册，说明这本书还比较受欢迎。

这八年对于计算机基础教学来说，确实发生了重大的变化。21世纪初，计算机基础教学的第一门课程多称为“计算机文化基础”，内容以硬件基础、Office、网络为主，即称为“老三样”，这也是本书第1版的主要内容。

在这之后的几年中，由于中小学“信息技术”课程开设，使大学计算机基础教育出现了“非零起点”。教育部计算机基础课程教学指导委员会审时度势，及时发布了计算机基础教学白皮书，提出了“1＋x”的课程体系，把“计算机文化基础”提升为“大学计算机基础”。于是在中国大学中出现了一门真正意义上的计算机入门课程。两年多来的实践证明，这门课程已被广泛接受了。

但也有具体问题：这门课程的门槛太高，一般学校开设有一定困难。解决的方法是：

(1) 对这门课程的教学基本要求设定两个层次：“一般要求”和“较高要求”；

(2) 各校可根据情况逐步过渡。

这就引出了写本书第3版的原由。我是一直在积极推动由“计算机文化基础”提升为“大学计算机基础”的，但目前仍有一些学校还不具备条件，我们有责任创造条件帮助它们过渡。因此，我们要把第3版写成处于“计算机文化基础”与“大学计算机基础”之间的教材。它比“计算机文化基础”高一些，比“大学计算机基础”的难度又低许多。希望本书第3版对这些高校有所帮助。

具体来说，第3版的主要修改如下：

(1) 紧跟计算机技术的发展，使用当前流行的软件版本Windows XP、Office 2003，合理选取内容，加强实用性，以便使学生能较系统地掌握计算机基本操作，了解软、硬件与网络技术的基本概念，达到“大学计算机基础”课程相应内容“一般要求”的水平。

(2) 增加和更新课堂训练内容，加强学生理论联系实践的环节，培养学生的动手习惯，提高学生分析问题和利用计算机解决问题的能力；同时，训练的内容可操作性强，简明易懂。

本次修订由我主持，参加编写的有姚普选(绪论、第1、2章)、沈红(第3、5章)、杨忠孝(第6、7章)、张建(第4章)。

由于作者水平有限，书中定有不妥和错误之处，敬请读者指正。

冯博琴

2009年2月

目录

第0章 绪论

随着计算机技术的高速发展和广泛应用，计算机已经成为人类生产劳动和日常生活中必不可少的重要工具。基本的计算机知识已经成为现代人的知识结构中不可或缺的重要组成部分。掌握一定的计算机操作技能已经成为现代社会对所有劳动者的基本要求。

0.1 计算机的诞生与发展

人类在文明进步的历史长河中发明了各种省时、省力的工具，以辅助自身处理各种事务。如发明算盘用于计算，发明纸张用于传递信息，发明打字机用于帮助书写等。随着时代的进步，需要处理的信息越来越复杂多样，再针对具体事务而发明相应的工具多有不便，因而，能够综合处理各种事务的电子计算机便应运而生。

1. 计算机的诞生

20 世纪 40 年代中期，由于导弹、火箭、原子弹等现代科学技术的发展，出现了大量极其复杂的数学问题，原有的计算工具无法满足要求；而电子学和自动控制技术的迅速发展，也为研制新的计算工具提供了物质技术条件。

1946 年，在美国宾夕法尼亚大学，由 John Mauchly 和 J. P. Eckert 领导的研制小组为精确测算炮弹的弹道特性而制成了 ENIAC 计算机，这是世界上第一台真正能自动运行的电子数字计算机。它使用了 18 800 只电子管，1500 多个继电器，耗电 150kW/h，占地面积 $150m^2$，重量达 30t，每秒钟能完成 5000 次加法运算。尽管存在着许多缺点，但是它为电子计算机的发展奠定了技术基础。它的问世标志着电子计算机时代的到来。

从第一台电子计算机诞生以来，不过短短的 50 多年时间，然而，它发展之迅速，普及之广泛，对整个社会和科学技术影响之深远，远非其他任何学科所能比拟。

2. 计算机发展概况

在推动计算机发展的众多因素中，电子元器件的发展起着决定性的作用；其次，计算机系统结构和计算机软件技术的发展也起了重大作用。从生产计算机的主要技术来看，计算机的发展过程可以划分为四个阶段。

(1) 第一代(1946—1958 年)计算机

采用电子管制作计算机的逻辑元件,内存储器为水银延迟线,外存储器为磁鼓、纸带、卡片等。运算速度为每秒几千～几万次基本运算,内存容量为几千个字节。用二进制表示的机器语言或汇编语言编写程序。主要用于军事和科研部门进行数值计算。

第一代计算机的典型代表是 1946 年美籍匈牙利数学家冯·诺依曼(Von Neumann)与他的同事们在普林斯顿研究所设计的存储程序计算机 IAS。它的设计体现了“存储程序原理”和“二进制”的思想,产生了所谓的冯·诺依曼型计算机结构体系,对后来计算机的发展有着深远的影响。

(2) 第二代(1958—1964 年)计算机

采用晶体管制作计算机的逻辑元件,内存储器多为磁芯存储器,外存储器为磁盘、磁带等。计算机的体积缩小、功耗降低、运算速度提高到每秒几十万次基本运算,内存容量扩大到几十万字。同时软件技术也有了很大发展,出现了 FORTRAN、ALGOL-60、COBOL 等高级程序设计语言。计算机的应用从数值计算扩大到数据处理、工业过程控制等领域,并开始进入商业市场。代表性的计算机是 IBM 7094 机和 CDC 1604 机。

(3) 第三代(1964—1975 年)计算机

计算机中的基本元器件由集成电路(integrated circuit)构成,包括每个基片上集成几个十几个电子元件(逻辑门)的小规模集成电路和每片上几十个元件的中规模集成电路。基本运算速度提高到每秒几十万到几百万次。内存储器开始采用半导体存储器芯片,存储容量和可靠性都有较大提高。同时,软件技术进一步发展,特别是操作系统的逐步成熟,成为第三代计算机的显著特点。多处理机、虚拟存储器系统以及面向用户的应用软件的发展,大大丰富了计算机的软件资源。为了充分利用已有的软件,解决软件兼容问题,出现了系列化的计算机。最有影响的是 IBM-360 系列计算机。这个时期的另一个特点是小型计算机的应用,PDP-8 机、PDP-11 系列机以及 VAX-11 系列机等都曾对计算机的推广起了极大的作用。

(4) 第四代(1975 至今)计算机

采用大规模集成电路(每片上集成几百到几千个逻辑门)构成计算机的主要功能部件;内存储器采用集成度很高的半导体存储器。运算速度可达每秒几百万次甚至亿次基本运算。在软件方面,出现了数据库系统、分布式操作系统等,应用软件开发已逐步成为一个庞大的现代化产业。

第四代计算机中最有影响的机种莫过于微型计算机(简称微机),它诞生于 20 世纪 70 年代初,80 年代得到了迅速推广,可看做是计算机发展史上最重要的事件。

1971 年美国 Intel 公司把运算器和逻辑控制电路集成在一个芯片上,研制成功了第一台微处理器(简称 CPU)4004,并以此为核心组成了微机 MCS-4。1973 年该公司又研制成功了称为 8080 的 8 位 CPU 芯片。随后,其他许多公司(如 Motorola、Zilog 等),都竞相推出 CPU 或微机产品。1977 年美国 APPLE 公司推出 APPLEⅡ机,它采用称为 6502 的 8 位 CPU,成为第一种广泛应用的微机。1981 年 IBM 公司(国际商用机器公司)推出的 IBM-PC 机,以其优良的性能、低廉的价格和技术上的优势迅速占领市场,也深刻地影响着计算机技术的发展。短短的二十几年内,微机经历了 8 位、16 位、32 位,直到 64 位的发展过程。

上述按计算机基本构成元件的技术进步而分代的方式有一定的局限性。如果从计算机的应用和它对社会的影响程度来考虑，可以把它的50余年历史大致划分为两个时期。

前一个时期，计算机非常昂贵，只有政府部门、较大的企事业单位或重要的研究单位才会购买，使用的是少数专业人员，因此，信息的传播和加工利用只能在非常小的圈子里进行，无法形成开放性的大规模信息利用的格局。

后一个时期，大约从20世纪80年代中期开始，由于微机价格低廉而且所配置的软件简单易用，很快得到了发展和普及，计算机进入成熟时期。一个人只要经过短期的培训就可以操纵计算机，完成自己的工作，例如，使用编辑排版软件进行写作，使用电子邮件收发信件，在因特网上与千万里之外的朋友互通信息等。

3. 计算机的发展趋势

随着计算机应用的广泛和深入，又向计算机技术本身提出了更高的要求。当前，计算机的发展表现为四种趋向：巨型化、微型化、网络化和智能化。

(1) 巨型化

巨型化是指发展高速度、大存储量和具备强大功能的巨型计算机。这是诸如天文、气象、地质、核反应堆等尖端科学的需要，也是记忆巨量的知识信息，以及使计算机具有类似人脑的学习和复杂推理的功能所必需的。巨型机的发展集中体现了计算机科学技术的发展水平。

(2) 微型化

微型化就是进一步提高集成度，利用高性能的超大规模集成电路研制质量更加可靠、性能更加优良、价格更加低廉、整机更加小巧的计算机。

(3) 网络化

网络化就是把各自独立的计算机用通信线路连接起来，形成各计算机用户之间可以相互通信并能共享公共资源的网络系统。网络化能够充分利用计算机的宝贵资源并扩大计算机的使用范围，为用户提供方便、及时、可靠、广泛、灵活的信息服务。

(4) 智能化

智能化是指让计算机具有模拟人的感觉和思维过程的能力。智能计算机具有解决问题和逻辑推理的功能，知识处理和知识库管理的功能等。人与计算机的联系是通过智能接口，用文字、声音、图像等与计算机进行自然对话。目前，已研制出各种“机器人”，有的能代替人劳动，有的能与人下棋等。智能化使计算机突破了“计算”这一初级的含意，从本质上扩充了计算机的能力，可以越来越多地代替人类的脑力劳动。

0.2 计算机的特点与应用

计算机问世之初，主要用于数值计算，随着计算机技术的迅猛发展，它的应用范围不断扩大，不再局限于数值计算而广泛地应用于自动控制、信息处理、智能模拟等各个领域。

计算机能处理各种各样的信息，包括数字、文字、表格、图形图像等。

1. 计算机的特点

计算机之所以具有如此强大的功能，是由它的特点决定的。概括地说，计算机主要有以下几个特点。

(1) 运算速度快

计算机的主要部件采用的是电子器件，其运算速度远非其他计算工具所能比拟，而且，电子器件升级换代的速度非常快，其运算速度以每隔几年提高一个数量级的水平不断发展。

(2) 存储容量大

计算机的存储器可以把原始数据、中间结果、运算指令等存储起来，以备随时调用。存储器不但能够存储大量的信息，而且能够快速准确地存入或取出信息。计算机的广泛应用，使得从浩如烟海的文献、资料和数据中查找和处理信息成为容易的事情。

存储器的容量是用字节数来度量的。由于一般存储器的容量都非常大，现在常用"K字节"、"M字节"和"G字节"来度量。

1K字节＝1024字节， 1M字节＝1024K字节， 1G字节＝1024M字节

目前，一台普通的微机，内存储器2GB(Byte，字节)，便可把十几亿汉字全部放入内存，而且能够快速地进行查找、排序、编辑等工作。

(3) 具有逻辑判断能力

计算机能够根据各种条件来进行判断和分析，从而决定以后的执行方法和步骤，还能够对文字、符号、数字的大小、异同等进行判断和比较，从而决定怎样处理这些信息。计算机被称为"电脑"，便是源于这一特点。

(4) 工作自动化

计算机内部的操作运算是根据人们预先编制的程序自动控制执行的。只要把包含一连串指令的处理程序输入计算机，计算机便会依次取出指令，逐条执行，完成各种规定的操作，直到得出结果为止。

另外，计算机还具有运算精度高、工作可靠等很多优点。

2. 计算机的应用范围

计算机的应用十分广泛，根据工作方式的不同大致可以分为以下几个方面。

(1) 数值计算

在科学研究和工程设计中存在着大量烦琐、复杂的数值计算问题，解决这样的问题经常是人力所无法胜任的，而高速度、高精度地解算复杂的数学问题正是电子计算机的特长。因而，时至今日，数值计算仍然是计算机应用的一个重要领域。

(2) 数据处理

数据处理就是利用计算机来加工、管理和操作各种形式的数据资料。数据处理一般是以某种管理为目的的。例如，财务部门用计算机来进行票据处理、账目处理和结算；人事部门用计算机来建立和管理人事档案等。

与数值计算有所不同,数据处理着眼于对大量的数据进行综合和分析处理。一般不涉及复杂的数学问题,只是要求处理的数据量极大而且经常要求在短时间内处理完毕。

(3) 实时控制

实时控制也叫做过程控制,就是用计算机对连续工作的控制对象实行自动控制。要求计算机及时搜集检测信号,通过计算处理,向控制对象发出调节信号,实施自动控制。这种应用中的计算机对输入信息的处理结果的输出总是实时进行的。例如,在导弹的发射和制导过程中,需要不停地测试飞行参数,快速地计算和处理,不断地发出信号控制导弹的飞行状态,直至到达既定的目标为止。实时控制的应用十分广泛。

(4) 计算机辅助设计(CAD)

计算机辅助设计就是利用计算机来进行产品的设计。这种技术已广泛地应用于机械、船舶、飞机、大规模集成电路版图等方面的设计。利用CAD技术可以提高设计质量,缩短设计周期,提高设计自动化水平。例如,计算机辅助制图系统是一个通用软件包,它提供了一些最基本的作图元素和命令,在这个基础上可以开发出各种不同部门应用的图库,这就使工程技术人员从繁重的重复性工作中解放出来,从而加速产品的研制过程,提高产品质量。CAD技术迅速发展,其应用范围日益扩大,又派生出许多新的技术分支,如计算机辅助制造(CAM)、计算机辅助教学(CAI)等。

(5) 模式识别

模式识别是计算机在模拟人的智能方面的应用。例如,根据频谱分析的原理,利用计算机对人的声音进行分解、合成,使机器能辨识各种语音,或合成并发出类似人的声音。又如,利用计算机来识别各类图像,甚至人的指纹等。

综上所述,计算机是对输入的各类信息(如数值、文字、图像、电信号等)自动高效地进行加工处理并输出结果的电子装置,计算机系统的功能如图0-1所示。

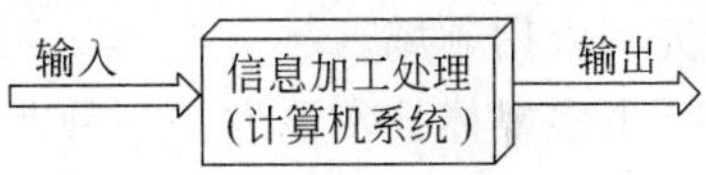

输入 → 信息加工处理(计算机系统) → 输出

图0-1 计算机系统的功能

早期计算机受条件的限制,着眼于提高效率和减轻人的劳动强度,其应用往往是比较单纯的。例如,一个企业用计算机来计算工资、打印报表、管理雇员等,这类应用是局部的和单纯的,很少涉及整个企业、行业的全面信息处理这样的管理事务。

随着业务需求和计算机技术的进步,计算机应用逐步向综合性的方向发展。例如,一个大型企业的MIS(management information system,管理信息系统)可以包括多个子系统,如销售管理系统、生产管理系统、财务管理系统、人事管理系统、工程设计系统等,有些子系统主要是用来进行数据处理的,有些主要是用来进行自动控制的,有些既有复杂的数值计算功能,又有强大的数据处理能力。又如,利用计算机来模拟人的智力活动,如学习过程、适应能力、推理过程,制造一种具有“思维能力”,即具有“推理”、学习和自动“积累经验”功能的机器,就不能简单地认为是计算机在模式识别方面的应用,其中可能包括了复杂的数值计算、大量的数据处理、精确的自动控制等功能,而且,要与微电子制造等其他技术结合起来才能最终完成。

0.3 计算机技术与现代社会

计算机技术的迅猛发展，促使人类走向丰富多彩的信息社会。信息时代的生产方式和生活方式具有数字化、集成化、智能化、个性化等特点。

将计算机的工作原理和技术应用于各种电子产品，如电视、音响、各种仪器仪表等，就是这些产品的数字化。数字化可以大大地提高产品的性能和质量。例如，数字化的电视机不会受到干扰。数字化的音响有很高的保真度，声音特别清晰。

集成化就是把所用到的多种功能集成在一种产品之上，使用户能够更方便地使用。例如，现在的手机不仅具有移动电话的功能，还具有手表、计算器，甚至完整的计算机的功能。

智能化产品能够自动地或经简单操作来实现各种功能，就像傻瓜照相机一样，只要按动快门，就会按照现有的条件而自动调节，完成拍摄工作。

以计算机为龙头的电子产品以及由计算机辅助设计、制造的产品，由于设计和制造手段的先进快捷，很容易达到满足不同用户要求的目的，甚至可以在用户参与下设计、制造，因而具有个性化的特点。例如，如果顾客要做一件衣服，先把尺寸和自己的想法、要求输入计算机，计算机就会先把衣服设计好，在三维图形里让顾客试穿，直到顾客满意了，再进行裁剪、缝制。这就是参与式的、互相讨论的个性化服装设计。

计算机不仅能处理数字和文字信息，还可以用听觉、触觉、三维图形、动画，甚至伴以嗅觉等多种媒体形式与人交换信息。例如，计算机可以输出数字化的视频动画信息，可以产生话语或高保真的音乐信号等，这就是多媒体计算机的概念，它是当前非常活跃的一个研究和应用领域。

由多媒体技术诱发的一种非常实用的技术叫做“虚拟现实”。感受“虚拟现实”环境的人戴上一个特殊的、安装了包括目视器等传感设备且与计算机相连的头盔，再配以其他传感设备，例如可以在计算机和人之间传递触觉信息的触觉手套等，就会感觉到自己完全置身于另一个世界，当人移动脚步，转动头部，伸出手臂，就像在真实的环境中做这些事情一样，尽管这只是计算机模拟的一个虚拟的环境。

这种技术的一种应用是利用计算机进行复杂危险环境的模拟。比如飞行员的训练，可以不在飞机上进行而是依靠一台虚拟现实设备，使受训的人全面地感觉到飞行的环境、情景、跑道、地形和驾驶仪表等真实情况，他们在计算机模拟的飞机驾驶舱中操作的时候，感觉和真的飞行一样，这类模拟环境可以为受训者提供不同级别和不同难度的训练，使他们在不接触真实设备的情况下经历各种复杂情况，做排除故障的练习，体会各种正确或错误操作的后果等，而且可以反复练习。这些练习往往是无法在真实的环境中进行的，所有领域的科研、培训、实验等都可以采用这种方法。

另一个以计算机技术为基础的应用叫做“科学计算可视化”。它将科学计算及其他各个领域的计算或测量所产生的大规模数据转换成计算机图形、图像信息，进行静态或动态显示，以便及时、正确地理解和把握其中的各种现象和结果。对于自然界中复杂的自然现象和发生的物理过程,对于科学实验中很多难以实际观察的现象或者原本就不具有视觉效果无法观察的东西,如引力场等,通过计算机计算、绘制,并用显示设备将形象的图形、图像展现在人的面前,以便更深刻地分析和理解其实质,进而发现其中所蕴藏的规律,其重要性和意义是不言而喻的。

信息社会的一个重要标志是计算机网络无所不在。通过网络将个人、单位、地区、国家乃至整个世界连成一体。网络上流通的信息为大众所共享。任何人只要打开计算机就可以方便地查阅各行各业的信息,阅读各种电子书刊,发布消息、启事、通知等各种文书,与另外一个上网的人通过音频或视频聊天、享受网上的各种服务等。在这样的信息社会里,世界上任何地区发生的政治、经济、生态事件都会立即影响到全世界。信息社会使得远程的观测、遥控、信息反馈、复杂市场的跟踪监测,以及精确的灾害预警等成为可能。

信息社会更重要的标志是生产活动的现代化,"并行工程"就是一个具体的体现。并行工程将设计、生产、销售等各个部门通过计算机网络联系起来,各方面的人员通过虚拟现实技术一起讨论和设计,然后一次性地投产、销售,从而省去了设计、初试、中试、修改设计等一系列中间过程,大大缩短了产品的开发过程,节省了人力、物力和财力。

总之,以计算机技术为核心的信息技术将从根本上改变人类社会的生产方式和生活方式,对人类的未来产生深远的影响。

0.4 怎样学习计算机技术

对早期的计算机使用者来说,只要了解某种计算机程序设计语言并能使用专门的软件来编辑和运行程序就可以工作了。而今天,为了应付综合性的、复杂的计算机应用,使用者不仅需要学习必要的计算机科学知识和使用技能,还要掌握正确的学习方法。

计算机技术是实用技术,要学好计算机技术,就必须经常使用计算机。但是,能熟练地使用计算机来做某些事情,如写作或画图等,还不能算是计算机的行家里手,只有在掌握了必要的计算机基础知识之后,才能更好地使用计算机。

计算机科学知识和技能浩如烟海,还在不断地推陈出新,使用计算机的方式也在不断地变化。因而,不能满足于记住基本的工作原理和使用方法,那是远远不够的,也可能会因陈旧而被淘汰。只有掌握正确的学习方法,才能进一步掌握更多和更为重要的知识技能。

基于以上考虑,建议在学习时注意以下几点。

1. 逐步深入

开始读书时,总会遇到一些难以理解的概念或难以掌握的操作过程,不必强求立即学会,也不必强求把遇到的所有名词都一一记住。可以在看完一节或一章内容之后再回过来温习,或者和周围的人讨论,以求有一个基本的了解。也可以做一个标记后接着往下读,学习一个阶段之后再回过头来考虑原来的问题,这样往往会迎刃而解,实际上,书中每一单元的内容都值得初学者多读几遍,过一段时间之后再回过头来温习一些重要的内容,往往能够对它们有更深入的理解。

2. 注重实践

读书和实际使用计算机的实践活动要互相配合。在理解了书上的基本概念和操作方法之后，就要设法亲手实践，得到使用计算机硬、软件的第一手经验，以掌握要领并加深对基本概念的理解。这两个方面的活动应该是相互促进的。既要理解重要的概念，又要掌握操作方法，这是对学习者的基本要求。

3. 探索解决问题的多种方法

用计算机做许多事情都可能存在不止一种办法。初学计算机时，不管所要完成的任务是大还是小，最好在完成之后再设法寻找另外一种方法来完成它，后一种方法可能还是更好的方法。特别是在使用某种方法而没有成功时，不要半途而废，不妨换一种方法再试试看。

4. 着眼于掌握最需要的知识和技能

计算机系统的内部结构非常复杂，一个人能够理解和掌握的相关知识和技能是有限的。对于大多数计算机用户来说，应该优先学习那些经过仔细挑选的、不太可能随时间的流逝而淘汰的知识，优先掌握那些与自己的工作、生活以及进一步学习密切相关的技能。也就是说，可以避开那些与当前使用目的无关的问题和相对次要的内容，而把注意力集中在急需的和紧要的内容之上。可将计算机系统看做“黑箱”，在不了解内部结构的情况下，通过它们提供的用户界面来学习和使用它们。首先要了解能够接触到的层面上的相关情况，弄清楚自己和计算机系统之间的联系方法，如传递信息的方式、有关的约定以及每一次传递的意义等。例如，需要使用打印机时，可在不了解打印机内部结构以及它们与计算机协同工作的原理的情况下，学会怎样连接打印机、安装打印驱动程序，以及打印文本的方法即可。

计算机技术正在日新月异地迅猛发展，掌握一定的计算机基础知识和操作技能，培养利用计算机来解决问题的思维方式，是当今社会对每个劳动者的基本要求，更是当代大学生义不容辞的责任，应该牢固地树立起“计算机文化意识”，提高学习和使用计算机的积极性和紧迫感，为做一名合格的社会主义劳动者而努力学习，不断进步。

第 1 章　计算机技术概论

基本知识

假如您买了一台如图 1-1 所示的计算机(笔记本电脑),想用它来阅读老师在课堂上的讲稿(课件),编写老师要求按期提交的实验报告,帮助父母记录和统计他们在工作和生活中积累起来的各种数据和账目,或者上网查询自己感兴趣的各种各样的信息,那么,需要学习哪些相关的知识,掌握哪些操作技能,才能顺利地完成这些任务呢?

一般来说,您需要理解和掌握以下知识和技能,而且大体上按照列表的顺序来学习:

- 计算机的基本工作方式是什么?
- 计算机中如何存储和处理数字、文字、图形等各种不同形式的信息?
- 作为电子产品的计算机是由哪些部件构成的?
- 计算机上需要安装哪些软件才能帮助您完成这些任务?
- 计算机上安装的软件是如何形成的? 您在使用它们时应该注意哪些问题?

图 1-1　笔记本电脑

本章将回答这些问题,并且基本上按照上面的顺序来安排这些内容。

1.1　计算机的硬件和软件

完整的计算机系统包括硬件和软件两大部分。硬件是指计算机系统中的各种物理装置,是计算机系统的物质基础。软件是相对于硬件而言的。软件系统着重解决如何管理和使用机器的问题。硬件和软件是相辅相成的。只有配上软件的计算机才能成为完整的计算机系统。

1.1.1 计算机的基本组成及工作方式

计算机的全名是“通用电子数字计算机”。顾名思义，计算机有两个本质的属性：数字化和通用性。数字化是指计算机在处理信息时完全采用数字方式，其他非数字形式的信息（如文字、图像等）都要转换成数字形式才能由计算机来处理。通用性是指采用“内存程序控制”原理的数字计算机能够解决一切具有“可解算法”的问题。

计算机种类繁多，在规模、处理能力、价格、复杂程度以及设计技术等方面都有很大差别，但各种计算机的基本原理都是一样的。数学家冯·诺依曼（Von Neumann）于1946年提出了数字计算机设计的一些基本思想，概括起来有以下几点。

1. 采用二进制形式表示数据和指令

数在计算机中是以器件的物理状态，如晶体管的“通”和“断”等来表示的，这种具有两种状态的器件只能表示二进制数。因此，计算机中要处理的所有数据都要用二进制数字来表示，所有的文字、符号也都用二进制编码来表示。

指令是计算机中的另一种重要信息，计算机的所有动作都是按照一条条指令的规定来进行的。指令也是用二进制编码来表示的。

2. 存储程序的工作方式

程序是为解决信息处理任务而预先编制的工作执行方案，是由一串CPU能够理解和执行的基本指令组成的序列，每条指令规定了计算机应进行什么操作（如加、减、乘、判断等）以及操作所需要的有关数据。例如，从存储器读一个数送到运算器就是一条指令，从存储器读出一个数并和运算器中原有的数相加也是一条指令。

当要求计算机执行某项任务时，就设法把这项任务的解决方法分解成一个个步骤，用这种计算机能够执行的指令编写程序送入计算机，以二进制代码的形式存放在存储器中（习惯上把这一过程叫做程序设计）。一旦程序被“启动”，计算机严格地一条条分析执行程序中的指令，便可以逐步地自动完成这项任务。

存储程序的工作方式使得计算机变成了一种自动执行的机器，一旦将程序存入计算机并启动之后，计算机就可以独立地工作，以电子速度一条条地执行指令。虽然每条指令能够完成的工作很简单，但通过许多条指令的执行，计算机就能够完成复杂的或意义重大的工作。

3. 计算机的组成部分及功能

由运算器、控制器、存储器，输入设备和输出设备五大部件组成计算机，每一部件分别按要求执行特定的基本功能，如图1-2所示。

(1) 运算器或称算术逻辑单元（arithmetical and logical unit）

运算器的主要功能是对数据进行各种运算。这些运算除了常规的加、减、乘、除等基本的算术运算之外，还包括能进行“逻辑判断”的逻辑处理能力，即“与”、“或”、“非”这样的基本逻辑运算以及数据的比较、移位等操作。

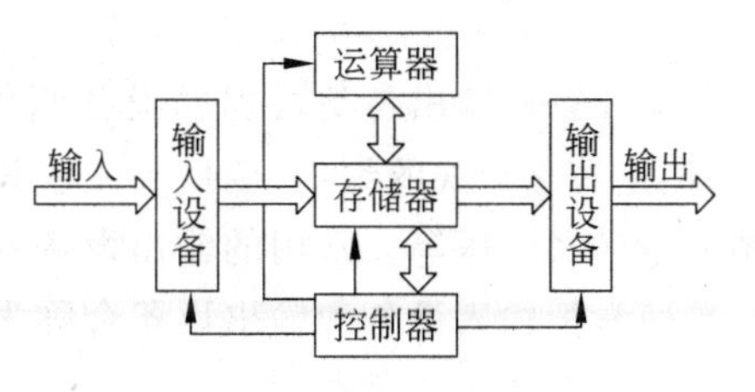

图 1-2 计算机的基本结构

(2) 存储器(memory unit)

存储器的主要功能是存储程序和各种数据信息,并能在计算机运行过程中高速、自动地完成程序或数据的存取。

存储器是具有“记忆”功能的设备,由具有两种稳定状态的物理器件(也称为记忆元件)来存储信息。记忆元件的两种稳定状态分别表示为“0”和“1”。故计算机中的信息都表示成由两种数码“0”和“1”构成的二进制形式。日常使用的十进制数必须转换成等值的二进制数才能存入存储器中。计算机中处理的各种字符,如英文字母、运算符号等,也要转换成二进制代码才能存储和操作。

存储器是由成千上万个“存储单元”构成的,每个存储单元存放一定位数(微机上为8位)的二进制数,每个存储单元都有唯一的编号,称为存储单元的地址。“存储单元”是基本的存储单位,不同的存储单元是用不同的地址来区分的。

计算机按地址访问的方式到存储器中存数据和取数据,计算机中的程序在执行的过程中,每当需要访问数据时,就向存储器送去一个指定位置的地址,同时发出一个“存”命令(伴以待存放的数据)或者“取”命令。这种按地址存储方式的特点是,只要知道了数据的地址就能直接存取。但也有缺点,即一个数据往往要占用多个存储单元,必须连续存取有关的存储单元才是一个完整的数据。

计算机在计算之前,程序和数据通过输入设备送入存储器,计算机开始工作之后,存储器还要为其他部件提供信息,也要保存中间结果和最终结果。因此,存储器的存入和取出速度是计算机系统的一个非常重要的性能指标。

(3) 控制器(control unit)

控制器是整个计算机系统的控制中心,它指挥计算机各部分协调地工作,保证计算机按照预先规定的目标和步骤有条不紊地进行操作及处理。

控制器从存储器中逐条取出指令,分析每条指令规定的是什么操作以及所需数据的存放位置等,然后根据分析的结果向计算机其他部件发出控制信号,统一指挥整个计算机完成指令所规定的操作。因此,计算机自动工作的过程实际上是自动执行程序的过程,而程序中的每条指令都是由控制器来分析执行的,它是计算机实现“程序控制”的主要部件。

通常把控制器与运算器合称为中央处理器(central processing unit,CPU)。工业生产中总是采用最先进的超大规模集成电路技术来制造中央处理器,即CPU芯片。它是计算机的核心部件。它的性能主要是工作速度和计算精度,对机器的整体性能有全面的影响。

(4) 输入设备(input device)

用来向计算机输入各种原始数据和程序的设备叫输入设备。输入设备把各种形式的信息(如数字、文字、图像等)转换为数字形式的“编码”,即计算机能够识别的由1和0表示的二进制代码(实际上是电信号),并把它们“输入”到计算机内存储起来。键盘是必备的输入设备,常用的输入设备还有鼠标、图形输入板、视频摄像机等。

(5) 输出设备(output device)

从计算机输出各类数据的设备叫做输出设备。输出设备把计算机加工处理的结果(仍然是数字形式的编码)变换为人或其他设备所能接收和识别的信息形式如文字、数字、图形、声音、电压等。常用的输出设备有显示器、打印机、绘图仪等。

通常把输入设备和输出设备合称为I/O(输入输出)设备。

1.1.2 计算机的分类

计算机种类繁多,分类的方法也很多。例如,可以按功能分为通用机、专用机两大类;也可以按一次所能传输和处理的二进制位数分为16位机、32位机、64位机等各种类型。

1. 按单机系统的功能和规模分类

传统上,经常按照计算机系统的功能和规模把它们分为四大类: 通用机、巨型机、小型机和微型计算机(简称微机)。

(1) 通用机

一般地,将传统的大型机或中型机称为通用机。它们是计算机技术的先导,是现代社会中具有战略性意义的重要工具。通用机广泛地应用于科学和工程计算、信息的加工处理、企事业单位的事务处理等方面。目前,由于微机及计算机网络的不断进步和迅速普及,通用机的使用范围已大大压缩了。

(2) 巨型机

巨型机是当代运算速度最高、存储容量最大、通道速率最快、处理能力最强、工艺技术性能最先进的通用超级计算机。主要用于复杂的科学和工程计算,如天气预报、飞行器的设计以及科学研究等特殊领域。在某种程度上,巨型机的使用和研制水平代表了一个国家的科学技术发展水平。

(3) 小型机

小型机规模小,结构简单(与上两种机型相比较),价格便宜,而且通用性强,维修使用方便。适合工业、商业和事务处理应用。由于计算机技术的快速发展,目前小型机的性能已经很强大了,而且小型机和大中型机之间也已经没有一个严格的界线了。

(4) 微机

微机是当今最为普及的机型。微型机体积小、功耗低、成本低、灵活性大,其性能价格比明显地优于其他类型的计算机,因而得到了广泛的应用。

2. 微机分类

目前,绝大多数用户使用的都是微机,微机可以按规模和性能划分为单片机、单板机、便携式微机等几种类型。

(1) 单片机(single chip computer)

把微处理器(CPU)、一定容量的存储器以及I/O接口电路等集成在一个芯片上,就构成了单片计算机。可见单片机仅是一片特殊的、具有计算机功能的集成电路芯片。单片机的体积小、功耗低、使用方便，但存储器容量较小，一般用作专用机或用来控制高级仪表、家用电器等。

(2) 单板机(single board computer)

把微处理器、存储器、I/O接口电路安装在一块印刷电路板上，就成为单板计算机。一般在这块板上还有简易键盘、液晶或数码管显示器，以及外存储器接口等，只要再外加上电源便可直接使用。单板机价格低廉且易于扩展，广泛应用于工业控制、微型机教学和实验，或作为计算机控制网络的前端执行机。

(3) PC(personal computer，个人计算机)

供单个用户使用的微型机一般称为PC，是目前用得最多的一种微机。PC配置有显示器、键盘、硬磁盘、打印机、光盘驱动器、软磁盘驱动器，以及一个紧凑的机箱和一些可以插接各种接口版卡的扩展插槽。目前最常见的是以Intel系列CPU芯片作为处理器的各种PC。

(4) 便携式微机

便携式微机大体包括笔记本计算机、袖珍型计算机以及个人数字助理(PDA)等。便携式微机将主机和主要的外部设备集成为一个整体，可以用电池直接供电。目前，市面上的笔记本计算机已基本具备了台式机的功能。

(5) 多用户微机

这类计算机的主要设计目标是为非专业的群体服务。一台主机带有多个终端，可供几人到几十人同时使用。终端不能独立工作，每个终端所输入的作业都集中到主机进行处理。微机系统分时地为各个用户服务。这种分时系统在20世纪90年代之前十分盛行，90年代之后，微机系统的价格急剧下降，许多人共用一台微机已没有多大意义，所以目前使用的微机主要是PC。

(6) 工作站

工作站是一种以PC和分布式网络计算为基础的高性能计算机。这种计算机具有强大的数据运算和图形图像处理能力，是专为工程设计、动画制作、科学研究、软件开发、金融管理、信息服务、模拟仿真等专业领域而设计制造的。工作站和PC的技术特点是有重复的。常被看做是高档的微型机。

3. Flynn分类法

为了进一步提高计算机系统的处理速度，可以通过增加处理的“并行性”来达到目的，其途径是采用时间重叠或资源重复两种方法。

时间重叠是指多个处理过程在时间上互相错开，轮流重叠地使用同一套硬件设备的各个部分，以加速硬件周转，赢得时间，提高处理速度，流水线计算机就是这样工作的。资源重复是采用重复设置硬件设备的方法来提高计算机的处理速度，多处理机系统就是这样设计的。计算机系统结构向高性能发展的趋势是：一方面在单处理机内部广泛采用多种并行性技术，另一方面发展多处理机系统，两方面互为补充。

计算机的基本工作过程是执行一串指令，对一组数据进行处理。通常将计算机执行的指令序列称为指令流，指令流调用的数据序列称为数据流，将可以同时处理的指令流或数据流的个数称为多重性。

根据指令流和数据流的多重性，可将其分为四类：SISD(single instruction single data stream，单指令单数据流)、MISD(multiple instruction single data stream，多指令、单数据流)、SIMD(单指令、多数据流)和MIMD(多指令、多数据流)四大类，这种方法称为Flynn(弗莱明)分类法。

(1) 在采用传统处理方式的计算机中，程序中的指令是按照它们的逻辑顺序依次执行的，同一时刻只能执行一条指令(一个控制流)、处理一个数据(一个数据流)，称之为SISD计算机。

(2) 对于大多数并行计算机而言，多个处理单元都是根据不同的控制流程来执行不同的操作，处理不同的数据，称之为MIMD(multiple instruction multiple data)计算机。

(3) 在很长一段时间内，向量计算机一直是超级并行计算机的主流，其中最重要的是具有向量计算能力的硬件单元。在执行向量操作时，一条指令可以同时对多个数据(组成一个向量)进行运算，这就是SIMD计算机。

(4) MISD计算机只适用于某些特定的算法。在这种计算机中，各个处理单元组成一个线性阵列，分别执行不同的指令流，而同一个数据流则按顺序通过这个阵列中的各个处理单元。

相对而言，SIMD和MISD模型更适合于专用计算。在商用并行计算机中，MIMD模型最为通用，SIMD次之，而MISD最少用。

1.1.3 计算机的软件

完整的计算机系统包括硬件和软件两大部分。硬件是指计算机系统中的各种物理装置，包括控制器、运算器、内存储器、I/O设备以及外存储器等，它是计算机系统的物质基础。软件是相对于硬件而言的。从狭义的角度上讲，软件是指计算机运行所需的各种程序；而从广义的角度上讲，还包括手册、说明书和有关的资料。软件系统着重解决如何管理和使用计算机的问题。没有硬件，谈不上应用计算机。但是，光有硬件而没有软件，计算机也不能工作。这正如乐团和乐谱的关系一样，如果只有乐器、演奏员这类“硬件”而没有乐谱这类软件，乐团就很难表演出动人的节目。所以，硬件和软件是相辅相成的。只有配上软件的计算机才能成为完整的计算机系统。

人们通常把计算机软件分为系统软件和应用软件两大类，应用软件一般是指那些能直接帮助个人或单位完成具体工作的各种各样的软件，如文字处理软件、计算机辅助设计软件、企业事业单位的信息管理软件以及游戏软件等。应用软件一般不能独立地在计算机上运行，必须有系统软件的支持，支持应用软件运行最基础的一种系统软件就是操作系统。应用软件，特别是各种专用软件包经常是由专门的软件厂商提供的。

系统软件是指管理、控制和维护计算机及其外部设备、提供用户与计算机之间界面等方面的软件。相于应用软件而言，系统软件离计算机系统的硬件比较近，而离用户关心的问题则远一些，它们并不专门针对具体的应用问题。

这两类软件之间并没有严格的界限。有些软件介乎两者中间，不易分清其归属。例如目前有一些专门用来支持软件开发的软件系统（软件工具），包括各种程序设计语言（编程和调试系统）、各种软件开发工具等。它们不涉及用户具体应用的细节，但是能为应用开发提供支持。它们是一种中间件。这些中间件的特点是，它们一方面受操作系统的支持，另一方面又用于支持应用软件的开发和运行。当然，有时也把上述的工具软件称作系统软件。

1. 系统软件

具有代表性的系统软件有操作系统、数据库管理系统以及各种程序设计语言的翻译系统等。

(1) 操作系统（operating system）

操作系统是最基本的系统软件，是计算机系统本身能有效工作的必备软件，操作系统的任务是：管理计算机硬件资源并且管理其上的信息资源（程序和数据），支持计算机上各种硬件和软件之间的运行和相互通信。操作系统在计算机系统中具有特殊的地位。计算机系统的硬件是在操作系统的控制下工作的，所有其他的软件（包括系统软件和大量的应用软件）都是建立在操作系统基础之上，并得到它的支持和取得它的服务。如果没有操作系统的支持，人就无法有效地操作计算机。因此，制造计算机的公司在出售计算机时总是同时提供操作系统。

操作系统本身又由许多程序组成，其中有的管理CPU、内存的工作，有的管理外存储器上信息的存取，有的管理输入输出操作。用户要通过操作系统所提供的命令和其他方面的服务去操纵计算机。因此，操作系统是用户与计算机之间的接口。

目前在微机上常用的操作系统有Windows、UNIX和Linux（自由软件）等。

(2) 语言处理系统

计算机在执行程序时，首先要将存储在存储器中构成程序的指令逐条取出，经过译码后向计算机的各部件发出控制信号，使其执行规定的操作。目前，一般的程序都是用计算机中的CPU不能直接识别的程序设计语言（如Visual Basic、Delphi、C++等）来编写的，这样的非机器语言程序必须经过翻译变成机器指令后才能被计算机执行。而负责这种翻译的程序称为编译程序（编译系统）或解释程序。为了在计算机上执行由某种程序设计语言编写的程序就必须配置相应的语言处理系统。

(3) 数据库管理系统

数据库（database）是为了满足一定范围里许多用户的需要，在计算机里建立的一批互相关联的数据集合。例如，一个学校的各个部门（如学籍管理部门、教务部门、各个系或学院、学生会等）都经常要在学生档案册里查询各种信息，可以将全校学生的档案数据建成一个学生档案数据库，提供给学校各个部门共同使用。

数据库是由一种称之为DBMS（database management systems，数据库管理系统）的软件来集中管理和维护的。DBMS是用于创建和管理数据库的系统软件，是数据库系统的核心组成部分。其主要功能有：定义数据库的结构及其中数据的格式，规定数据在外存储器中的存储方式，负责各种与数据有关的控制和管理任务。用户通过DBMS的支持来访问数据库中的数据。

常见的数据库管理系统有 Oracle、IBM DB2、Informix、Sybase、Access、SQL Server 等。

2. 应用软件

计算机的应用几乎已渗透到了各个领域，所以应用程序也是多种多样的。下面是目前微机上常见的几种应用软件。

(1) 文字处理软件

用于输入、存储、修改、编辑、打印文字资料(文件、稿件等)。常用的文字处理软件有 Word、WPS 等。

(2) 信息管理软件

用于输入、存储、修改、检索各种信息。如工资管理软件、人事管理软件、仓库管理软件、计划管理软件等。这种软件发展到一定水平后，可以将各个单项软件连接起来，构成一个完整的、高效的管理信息系统，简称 MIS。

(3) 计算机辅助设计软件

用于高效地绘制、修改工程图纸，进行常规的设计计算，帮助用户寻求较优的设计方案。常用的有 AutoCAD 等软件。

(4) 实时控制软件

用于随时收集生产装置、飞行器等的运行状态信息，并以此为根据按预定的方案实施自动或半自动控制，从而安全、准确地完成任务或实现预定目标。

从总体上来说，无论是系统软件还是应用软件，都朝着外延进一步“傻瓜化”，内涵进一步“智能化”的方向发展，即软件本身越来越复杂，功能越来越强，但用户的使用越来越简单，操作越来越方便。软件的应用也不仅仅局限于计算机本身，家用电器、通信设备、汽车以及其他电子产品都成了软件应用的对象。

3. 硬件与软件的关系

硬件和软件是一个完整的计算机系统互相依存的两大部分，它们的关系主要体现在以下几个方面。

(1) 硬件和软件互相依存

硬件是软件赖以工作的物质基础，软件的正常工作是硬件发挥作用的唯一途径。计算机系统必须要配备完善的软件系统才能正常工作，且充分发挥其硬件的各种功能。

(2) 硬件和软件无严格界线

随着计算机技术的发展，在许多情况下，计算机的某些功能既可以由硬件实现，也可以由软件来实现。因此，从一定意义上来说，硬件和软件没有绝对严格的界线。

(3) 硬件和软件协同发展

计算机软件随硬件技术的迅速发展而发展，而软件的不断发展与完善又促进硬件的更新，两者密切地交织发展，缺一不可。

1.2 计算机数据表示法

在计算机中能直接表示和使用的有数值数据和字符数据两大类。数值数据通常都带有表示数值正负的符号位。日常所使用的十进制数要转换成等值的二进制数才能在计算机中存储和操作；字符数据包括英文字母、汉字、数字、运算符号以及其他专用符号。它们在计算机中也要转换成二进制编码的形式。

对于图形、图像、声音、视频信息等“多媒体”信息来说，需要分别通过不同的方式转换成一连串的二进制代码才能在计算机中存储和处理。

1.2.1 二进制数和十六进制数

计算机的基本功能是对数进行加工和处理。数在计算机中是以器件的物理状态来表示的。一个具有两种不同稳定状态而且能相互转换的器件，就可以用来表示一位二进制数。因此，二进制的表示最简单而且可靠。另外，二进制的运算规则也最简单。所以计算机中的数用二进制表示。

1. 按位定值的计数制

在日常使用的十进制数中，数由 0～9 这 10 个不同的符号来表示，这 10 个表示数的符号叫做数码。运算时由低位向高位进位的规则是逢十进一。同一个数码由于它所在的位置不同而有不同的数值。例如：

把数字 1978.12 变形为：

$$1000+900+70+8+\frac{1}{10}+\frac{2}{100}$$

可见，1978.12 实际上是下列算式的缩写：

$$1\times10^3+9\times10^2+7\times10^1+8\times10^0+1\times10^{-1}+2\times10^{-2}$$

可把十进制的特点归纳如下：

(1) 逢 10 进 1，共有 10 个不同的数码：0，1，2，…，9。

(2) 如果把某位上当数码为 1 时所表示的值称为该位的权，则十进制数各位的权为

第 1 位(个位)：$10^0=1$
第 2 位(十位)：$10^1=10$
第 3 位(百位)：$10^{3-1}=100$
} 小数点前的权是 10 的正次幂

小数点后第 1 位(十分位)：10^{-1}
小数点后第 2 位(百分位)：10^{-2}
小数点后第 n 位(千分位)：10^{-n}
} 小数点后的权是 10 的负次幂

(3) 其数值可用一个多次式表示。

二进制也是位值计数制，按照这样的分析方法来类推，二进制有如下特点：

（1）逢2进1，只有0和1两个数码。

（2）各位的权是：

$$\left.\begin{array}{l}\text{第1位：}2^0=1\\\text{第2位：}2^1=2\\\text{第3位：}2^2=4\\\text{第}n\text{位：}2^{n-1}\end{array}\right\}\text{小数点前的权是2的正次幂}$$

$$\left.\begin{array}{l}\text{小数点后第1位：}2^{-1}=0.5\\\text{小数点后第2位：}2^{-2}=0.25\\\text{小数点后第3位：}2^{-3}=0.125\\\text{小数点后第}n\text{位：}2^{-n}\end{array}\right\}\text{小数点后的权是2的负次幂}$$

（3）其数值可用一个代数表达式表示（按权展开），例如：

$$\begin{aligned}(111011)_2&=1\times2^5+1\times2^4+1\times2^3+0\times2^2+1\times2^1+1\times2^0\\&=1\times32+1\times16+1\times8+0\times4+1\times2+1\times1=(59)_{10}\end{aligned}$$

$$(0.101)_2=1\times2^{-1}+0\times2^{-2}+1\times2^{-3}=0.5+0.125=(0.625)_{10}$$

$$\begin{aligned}(1101.111)_2&=1\times2^3+1\times2^2+0\times2^1+1\times2^0+1\times2^{-1}+1\times2^{-2}+1\times2^{-3}\\&=1\times8+1\times4+1\times1+1\times0.5+1\times0.25+1\times0.125\\&=(13.875)_{10}\end{aligned}$$

由于二进制只有两个数码0和1，所以它的每位数都可用任何具有两个不同稳定状态的元器件来表示，如晶体管的截止和导通，分别利用0和1表示。数的存储和传递也可用简单可靠的方法进行，如脉冲的有无、电位的高低等。

其次，与十进制相比，二进制的运算非常简单，例如：

（1）加法运算

运算规则：

$$0+0=0,\quad 1+0=0+1=1,\quad 1+1=10$$

例如：1101+1011

被加数		1101
加数	+	1011
进位		1111
和		11000

可见，两个二进制数相加，每一位有三个数：相加的两个数及低位的进位，用二进制的加法规则得到本位的和以及向高位的进位。

（2）乘法运算

运算规则（乘法表）：

$$0\times0=0,\quad 1\times0=0\times1=0,\quad 1\times1=1$$

例如：

```
        1111
   ×    1101
   ─────────
        1111
       0000
      1111
     1111
   ─────────
    11000011
```

可以看出，将加法运算和部分积右移的方法结合起来即可实现乘法运算。

2. 二进制数和十进制数的互相转换

把二进制数转换成十进制数很容易，只要把数按权展开，再把各项相加即可。十进制数转换成二进制数的方法如下。

(1) 十进制整数转换为二进制整数——除 2 取余法

例如，把十进制数 13 转换成二进制数的过程如下：

13÷2，商 6 余 1，余数应为第 1 位上的数字；

6÷2，商 3 余 0，第 2 位上应为 0；

3÷2，商 1 余 1，第 3 位上应为 1；

1÷2，余 1，第 4 位上应为 1。

上述过程可简写如下：

```
商数：  1  3  6  13 | 2
─────────────────────
余数：  1  1  0  1
```

这时，从左到右读出余数就是相应的二进制整数，即 $(13)_{10}=(1101)_2$。

(2) 十进制小数转换为二进制小数——乘 2 取整法

例如，把十进制数 0.6875 转换成二进制数的过程如下：

0.6875×2＝1.3750→整数位为 1

0.3750×2＝0.7500→整数位为 0

0.7500×2＝1.5000→整数位为 1

0.5000×2＝1.0000→整数位为 1

这时，只要从上往下读出整数部分，就是相应的二进制数，即 $(0.6875)_{10}=(0.1011)_2$。

如果一个数即有整数又有小数，可以分别转换后再合并。

3. 十六进制数

等值的二进制数比十进制数的位数长得多，读起来不方便。为使位数压缩得短些，同时在与二进制数进行转换时能很直观，书写时常采用十六进制数(或八进制数)。

十六进制数是逢 16 进 1，共有 16 个数码：

0,1,2,3,4,5,6,7,8,9,A,B,C,D,E,F

其中 A～F 相当于十进制的 10,11,12,13,14,15。

十六进制数的 1 位相当于二进制数的 4 位。例如：

$$(12F)_{16}=(303)_{10}=(0001\ 0010\ 1111)_2$$

$$(AF.16C)_{16}=(1010\ 1111.\ 0001\ 0110\ 11)_2$$

$$(101\ 1011\ 1001)_2=(5B9)_{16}$$

十六进制数简短，便于书写和读数。又容易转换成二进制数，与计算机结构相适应，所以在微机应用中，常用来表示机器指令和常数，也可以用来表示各种字符和字母。

在计算机中书写不同进位制的数时，常用如下的符号来标识：

- H 表示十六进制数；
- D 表示十进制数(可省略)；
- B 表示二进制数。

例如：02CH 表示十六进制数 02C，而 64KB 内存的最大地址是：

1111 1111 1111 1111B = FFFFB

1.2.2 字符表示法

由于计算机是以二进制的形式进行存储、运算、识别和处理的。因此，字母和各种字符也必须按特定的规则变为二进制编码才能进入计算机。字符编码实际上就是为每个字符确定一个对应的整数值(以及它对应的二进制编码)。由于字符与整数值之间没有必然的联系，某个字符究竟对应哪个整数完全可以人为地规定。因此，为了信息交换中的统一性，人们已经建立了一些字符编码标准，常用的有 ASCII(American Standard Code for Information Interchange，美国标准信息交换码)字符编码标准及 EBCDIC 代码(IBM 公司提出)等。其中最常用的是 ASCII 码，如表 1-1 所示。

表 1-1 ASCII 字符与编码对照表

高 3 位 / 低 4 位	000	001	010	011	100	101	110	111
0000	NUL	DLE	SP	0	@	P	‘	p
0001	SOH	DC1	!	1	A	Q	a	q
0010	STX	DC2	”	2	B	R	b	r
0011	ETX	DC3	#	3	C	S	c	s
0100	EOT	DC4	$	4	D	T	d	t
0101	ENQ	NAK	%	5	E	U	e	u
0110	ACK	SYN	&	6	F	V	f	v
0111	BEL	ETB	’	7	G	W	g	w
1000	BS	CAN	(	8	H	X	h	x
1001	HT	EM	)	9	I	Y	i	y
1010	LF	SUB	*	:	J	Z	j	z

续表

高 3 位 低 4 位	000	001	010	011	100	101	110	111
1011	VT	ESC	+	;	K	[	k	{
1100	FF	FS	,	<	L	\	l	|
1101	CR	GS	—	=	M	]	m	}
1110	SO	RS	.	>	N	(↑)^	n	～
1111	SI	US	/	?	O	(←)—	o	DEL

在 ASCII 码中，规定一个字节(8 位二进制位)的最高位为 0，余下的 7 位可以给出 128 个编码，用来表示 128 种不同的字符，其中的 95 个编码对应键盘上能敲入并且可以显示和打印的 95 个字符。例如：编码 1000001，表示“A”字母，对应的十进制数是 65。编码 1000001，表示“a”字母，对应的十进制数是 97。编码 1000001，表示“1”字母，对应的十进制数是 49。

95 个字符可分为几大类：

- 大写、小写各 26 个英文字母；
- 0～9 共 10 个数字；
- 通用的运算符和标点符号：+、—、×、/、>、=、! 等。

另外的 33 个字符，其编码值为 0～31 和 127，即 000 0000～000 0001 和 111 1111，不对应任何一个可显示或打印的实际字符，它们被用作控制码，控制计算机某些外围设备的工作特性和某些计算机软件的运行情况。例如，编码 0000010(码值为 10)表示换行。

计算机的内部存储与操作常以字节(即 8 个二进制位)为单位，标准 ASCII 码只使用了前 7 位。当最高位为 1 时，又可引出 128～255 共 128 个编码，这些编码怎样定义并未标准化，可用来在特定的计算机上定义其他字符。

计算机字符处理实际上是对字符的内部码进行处理。例如：比较字符 A 和 E 的大小，实际上是对 A 和 E 的内部码 65 和 69 进行比较。字符输入时，按一下键，该键所对应的 ASCII 码即存入计算机。把一篇文章中的所有字符录入到计算机，计算机里存放的实际上是一大串 ASCII 码。

1.2.3 图形数字化编码

在计算机中存储和处理图形同样要用二进制数字编码的形式。要表示一幅图片或屏幕图形，最直接的方式是“点阵表示”，如图 1-3 所示。

在这种方式中，图形由排列成若干行、若干列的像元(pixels)组成，形成一个像元的阵列。阵列中的像元总数决定了图形的精细程度。像元的数目越多，图形越精细，其细节的分辨程度也就越高，但同时也必然要占用更大的存储空间。对图形的点阵表示，其行列数的乘积称为图形的分辨率。例如，若一个图形的阵列总共有 480 行，每行 640 个点，则该图形的分辨率为 640×480。这和一般电视机的分辨率差不多。

像元实际上就是图形中的一个个光点，一个光点可以是黑白的，也可以是彩色的，因而一个像元也可以有几种表示方式。

图 1-3 图形的点阵

1. 最简单的情况

假设一个像元只有纯黑、纯白两种可能性，那么只用一个二进位就可以表示了。这时，一个 640×480 的像元阵列需要 640×480/8＝38 400 字节＝37.5K 字节。

2. 多种颜色

假设一个像元至少有四种颜色，那么至少用两个二进位来表示。如果用一个字节来表示一个像元，那么一个像元最多可以有 256 种颜色。这时，一个 640×480 的像元阵列需要 640×480＝307 200 字节＝300K 字节。

由黑白二色像元构成的图形也可以用像元的灰度来模拟彩色显示，一个像元的灰度就是像元的黑的程度，即介于纯黑和纯白之间的各种情况。计算机中采用分级方式表示灰度：例如分成 256 个不同的灰度级别（可以用 0～255 的数表示），用 8 个二进位就能表示一个像元的灰度。采用灰度方式，使图形的表现力增强了，但同时存储一幅图形所需要的存储量也增加了。例如采用上述 256 级灰度，与采用 256 种颜色一样，表示一幅 640×480 的图形就需要大约 30 万个字节（300KB）。

3. 真彩色图形显示

由光学关于色彩的理论可知，任何颜色的光都可以由红、绿、蓝三种纯的基色（光）通过不同的强度混合而成。所谓“真彩色”的图形显示，就是用 3 个字节表示一个点（像元）的色彩，其中每个字节表示一种基色的强度，强度分成 256 个级别。不难计算，要表示一个 640×480 的“真彩色”的点阵图形，需要将近 1MB 的存储空间。

图形的点阵表示法的缺点是：经常用到的各种图形，如工程图、街区分布图、广告创意图等基本上都是用线条、矩形、圆等基础图形元素构成的，图纸上绝大部分都是空白区，因而存储的主要数据是 0（白色用“0”表示，也占用存储），浪费了存储空间。而真正需要精细表示的图形部分却不精确。图形中的对象和它们之间的关系没有明确地表示出来，图形中只有一个一个的点。点阵表示的另一个缺点是：如果取出图形点阵表示的一个小部分加以放大，图的每个点就都被放大，放大的点构成的图形实际上更加粗糙了。

为了节约存储空间并且适合图形信息的高速处理，出现了许多其他图形表示方法。这些方法的基本思想是用直线来逼近曲线，用直线段两端点位置表示直线段，而不是记录线上各点。这种方法简称为矢量表示法。采用这类方法表示一个图形可以只用很少的存储量。另外，采用解析几何的曲线公式也可以表示很多曲线形状，这称为图形曲线的参数表示法。由于存在着多种不同的图形编码方法，图形数据的格式互不相同，应用时常会遇到数据不“兼容”的问题，不同的图形编码体制之间必须经过转换才能互相利用。

1.2.4 汉字的表示方法

英文是拼音文字，一个不超过128种字符的字符集，就可满足英文处理的需要。汉字是平面结构，字数多，字形复杂，长期被认为不便于计算机存储和处理，因而常有一些知名人士主张用拼音文字来取代汉字。经过我国科技工作者的不懈努力，这一问题已得到了较好的解决，我国已经具备了成熟的汉字信息处理方法，并且得到了广泛应用。

用计算机处理汉字，首先要解决汉字在计算机里如何表示的问题，即汉字编码问题。根据统计，在人们日常生活交往中，包括社会生活、经济、科学技术交流等方面，经常使用的汉字约有4000～5000个。汉字字符集是一个很大的集合，至少需要用两个字节作为汉字编码的形式。原则上，两个字节可以表示256×256＝65 536种不同的符号，作为汉字编码表示的基础是可行的。但考虑到汉字编码与其他国际通用编码，如ASCII西文字符编码的关系，我国国家标准局采用了加以修正的两字节汉字编码方案，只用了两个字节的低7位。这个方案可以容纳128×128＝16 384种不同的汉字，但为了与标准ASCII码兼容，每个字节中都不能再用32个控制功能码和码值为32的空格以及127的操作码。所以每个字节只能有94个编码。这样，双7位实际能够表示的字数是：94×94＝8836个。

国家根据汉字的常用程度定出了一级和二级汉字字符集，规定了编码，并于1981年公布了国家标准GB 2312—80，即信息交换用汉字编码字符集基本集，其中共收录汉字和图形符号(682个)7445个，其中包括：

一般符号202个：包括间隔符、标点、运算符和制表符号；

序号60个：它们是1～20(20个)、(1)～(20)、①～⑩和(一)～(十)；

数字22个：0～9、Ⅰ～Ⅻ；

英文字母52个、日文假名169个(83,86)、希腊字母48个、俄文字母66个；

汉语拼音符号26个、汉语注音字母37个；

一级汉字3755个，按汉语拼音字母顺序排列，同音按笔顺序；

二级汉字3008个，按部首顺序排列。

每一个汉字或符号都用两个字节表示。其中每个字节的编码取值范围都是从20H～7EH，即十进制写法的33～126，这与ASCII编码中可打印字符的取值范围一样，都是94个。因为这样两个字节可以表示的不同字符总数为8836个。而国标码字符集共有7445个字符，所以在上述编码范围中实际上还有一些空位。

GB 2312—80字符集的划分如图1-4所示。图中序号用两字节表示，第1字节可视为存放位置的行号，从21H～7EH；第2字节可视为存放位置的列号，也从21H～7EH。如“啊”字，存放在30H行，21H列，则其序号为3021H，若用国标码来输入汉字，只需输入3021即可。

将图中有用部分的行和列重新编号，称为区号和位号。汉字的区位码是汉字所在区号和位号相连得到的。如“啊”字的区位码为1601，“丞”字为5609。汉字的国标码是直接把第一字节和第二字节编码得到的，通常用十六进制表示。例如：

行＼列	00～20	21 22 23 24 25 26 … 7C 7D 7E	7F
00～20	区＼位	1 2 3 4 5 6 … 92 93 94	
21～2F	1～15	非汉字图形符号(常用符号、数字序号、俄、法、希腊字母、日文假名等)	
30～57	16～55	一级汉字(3755个)	
58～77	56～87	二级汉字(3008个)	
78～7E	88～94	空 白 区	
7F			

图 1-4 GB 2312—80 字符集结构

汉字	第一字节	第二字节	国标码	区位码
啊	00110000	00100001	3021	1601
水	01001011	00101110	432E	4314

汉字国标码作为一种国家标准,是所有汉字编码都必须遵循的统一标准,但由于国标码每个字节的最高位都是"0",与国际通用的标准 ASCII 码无法区分。例如,"天"字的国标码是 01001100 01101100,即两个字节分别是十进制的 76 108,十六进制的 4CH 6CH。而英文字符"L"和"1"的 ASCII 码也恰好是 76 和 108,因此,如果内存中的两个字节是 76 和 108,就难以确定到底是汉字"天"字,还是英文字符"L"和"1"。因此,国标码必须进行某种变换才能在计算机内部使用。常见的用法是将两个字节的最高位设定为 1(低 7 位采用国标码)。例如,汉字"天"字的机内码是 11001100 11101100,写成十六进制是 CCH ECH。即十进制的 204 236。但这种用法对国际通用性以及 ASCII 码在通信传输时加奇偶检验位等都是不利的,因而还有改进的必要。

目前,汉字编码的标准还没有完全统一。在我国台湾、港澳地区以及世界其他地区的汉字文化圈中也存在一些其他的汉字编码方案。这就造成了各种汉字处理系统之间无法通用的局面。为使世界上包括汉字在内的各种文字的编码走上标准化、规范化的道路,1992 年 5 月,国际标准化组织 ISO 通过了 ISO/IEC 10640,即《通用多八位编码集(UCS)》,同时我国也制定了新的国家标准 GB 13000—1993(简称 CJK 字符集)。全国信息标准化技术委员会在此基础上发布了《汉字扩展内规范》,其中收集了中国、日本、韩国三国汉字共 20 902 个(简称 GBK 字符集),可以在很大程度上满足汉字处理的要求。

2000 年 3 月 17 日,信息产业部和国家技术监督局联合公布了国家标准 GB 18030—2000《信息技术、信息交换用汉字编码字符集、基本集的扩充》,并宣布 GB 18030 为国家强制性标准。GB 18030 是 GB 2312 的扩展,共收录了 2.7 万个汉字,采用单/双/四字节混合编码,与现有绝大多数操作系统、中文平台在内码一级兼容,可支持现有的应用系统;在字汇上则与 GB 13000.1—1993 兼容,并包容了其中收录的所有汉字、藏、蒙、维等少数民族文字以及世界上几乎所有的语言文字,为中文信息在因特网上的传输和交换提供了保障。该标准的实施将为制定统一的应用软件中文接口标准规范创造条件。

1.2.5 多媒体数据处理

传统计算机所处理的数据类型主要是数值型、字符型和逻辑型，计算机和人互相交换信息是按便于计算机实现的方式来进行的。而现实世界是丰富多彩的，信息形式是多种多样的，这就给计算机提出了多媒体数据处理的要求，即要求计算机还要能处理图形、图像、动画、声音等复杂数据类型。而且，人和计算机之间也要能够以人所习惯的自然方式，如听觉、触觉、三维图形、动画，甚至伴以嗅觉等多种媒体形式来互相交换信息。

多媒体技术使计算机具有综合处理数字、文字以及人类生活中最重要最普遍的图像信息和声音信息，而且使计算机的使用方式具有方便的交互性和很强的实时性，即用户可以随时提出各种要求、随时中止或启动程序的运行、计算机能够及时响应用户提出的各种要求等。

1. 多媒体数据的特性

多媒体数据，尤其是传统计算机难以处理的图形、图像、动画、声音等复杂类型的数据，普遍具有以下几大特性。

(1) 数据量大

图像、声音和视频对象一般需要很大的存储容量。例如，常见格式的500幅典型的彩色图像大约需要1.6GB的存储空间，而5分钟标准质量的PAL(我国电视制式)视频节目需要6.6GB的存储空间。

(2) 数据长度不定

多媒体数据的数据量大小是可变的，且无法事先预计。例如，CAD中所使用的图纸可简单到一个零件图，也可复杂到一部机器的设计图。这种数据不可能用定长格式来存储，因此，在组织数据存储时就比较麻烦，其结构和检索都与常规数据库大不相同。

(3) 多数据流

多媒体表现(presentation)包含多种静态和连续媒体的集成和显示。在输入时，每种数据类型都有一个独立的数据流，而在检索或播放时又必须加以合成。尽管各种类型的媒体数据可以单独存储，但必须保证媒体信息的同步。例如，表现一种事物的视频和声音信息在传输和播放时必须严格同步。

(4) 数据流的连续记录和检索

多媒体数据，无论是视频信息或是声音信息，都要求连续存储(记录)和播放(检索)，否则将导致严重的失真，使用户无法接受。

2. 多媒体数据处理对计算机技术的要求

多媒体数据处理要求实现逼真的三维动画、高保真音响以及高速度的数据传输速率，因而对计算机技术提出了更高的要求，近年来计算机技术的发展对多媒体数据处理提供了良好的基础，以下是几种对多媒体数据处理非常重要的技术。

(1) 高性能 CPU

目前主流 CPU 产品完全可以胜任多媒体数据处理的要求。随着语言识别和分析、活动视频和图像识别等功能的加入，微机的职能实际上已从以往的文字处理、表格设计等方面走向了多媒体时代。

(2) 大容量存储设备

目前一般微机上配置的内存储器以及硬盘、光盘、活动的 U 盘等，从存储容量和工作速度上来说，完全可以方便地存储图片、音频信号、动画和视频信息，并能方便地播放出来。

(3) 数据压缩技术

因为多媒体信息所占的存储空间太大了，为了压缩存储空间和降低对传输速度的要求，必须对多媒体信息进行压缩，在回放复原时，又要反过来进行压缩。数据压缩技术可以大大减少多媒体信息对存储容量和网络带宽的要求，为其存储和传输节约了巨大的开销。例如，利用数据压缩技术可以在一张 CD-ROM 光盘上存储足够播放 70 分钟的电视图像，而采用另一种压缩技术的 DVD 光盘上可以存储更多的信息。

(4) 人机交互技术和方法的改进

这种方法使人能以更方便、更自然的方式与计算机互相交换信息，实现真正的交互式操作。例如，利用触摸屏系统，用户可以不用键盘而在触摸屏上按要求触摸就可以与计算机交换信息。

(5) 信息存储和检索技术

使得组织、存储和检索大型信息库变得快捷容易。

(6) 超文本技术

这种技术改变了传统文字处理系统只能编辑文字、图形的工作方式和文本的组织方式，将文字、视频、声音有机地组织在一起，并以灵活多变的方式提供给用户，用户可以方便快捷进行输入、修改、输出等一系列超文本编辑工作。使计算机向处理人类的自然信息方面靠拢了一大步。

(7) 实时操作系统

为多媒体应用提供坚实的平台，使得同时播放视频信号和音频信号成为可能。

(8) 面向对象编程技术

使得计算机能更方便地对图像、视频、声音等进行处理。

另外，并行处理技术、分布式系统等技术都为多媒体应用提供了有利条件。

3. 多媒体的关键技术

多媒体的关键技术主要包括数据压缩与解压缩、媒体同步、多媒体网络、超媒体等，其中以视频和音频数据的压缩与解压缩技术最为重要。

视频和音频信号的数据量大，同时要求传输速度要高，目前的微机还不能完全满足要求，因此，对多媒体数据必须进行实时的压缩与解压缩。

自从 1948 年出现 PCM(脉冲编码调制)编码理论以来，编码技术已有了 50 年的历史，日趋成熟。目前主要有三大编码及压缩标准。

(1) JPEG(Join Photographic Expert Group)标准

JPEG是1986年制定的主要针对静止图像的第一个图像压缩国际标准。该标准制定了有损和无损两种压缩编码方案,对单色和彩色图像的压缩比通常为10∶1和5∶1。JPEG广泛应用于多媒体CD-ROM、彩色图像传真、图文档案管理等方面。

(2) MPEG(Moving Picture Expert Group)标准

MPEG即“活动图像专家组”,是国际标准化组织和国际电工委员会组成的一个专家组。现在已成为有关技术标准的代名词。MPEG是目前热门的国际标准,用于活动图像的编码。包括MPEG-Video、MPEG-Audio和MPEG-System三个部分。MPEG是针对CD-ROM式有线电视传播的全动态影像,它严格规定了分辨率、数据传输率和格式,其平均压缩比为50∶1,广泛地适应于多媒体CD-ROM、硬盘、可读写光盘、局域网和其他通信通道。

注意:这里的编码指的是信息的压缩和解压缩。我们今天能够欣赏VCD和DVD完全得益于信息的压缩和解压缩。

(3) H.216标准

H.216是CCITT(国际电报电话会议)所属专家组主要为可视电话和电视会议而制定的标准,是关于视像和声音的双向传输标准。

近50年来,已经产生了各种不同用途的压缩算法、压缩手段和实现这些算法的大规模集成电路和计算机软件。人们还在不断地研究更为有效的算法。

1.3 微型计算机的组成

微型机是由CPU、内存储器、外存储器和输入输出设备构成的完整的计算机系统。构成微型机的关键是如何把这些部件有机地连接起来。微机多采用总线结构,如图1-5所示。

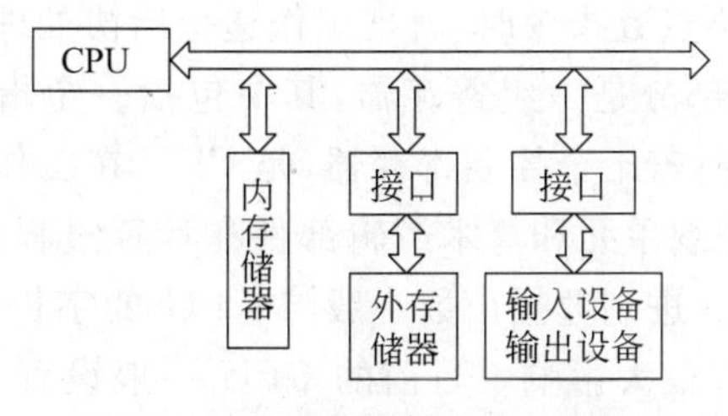

图1-5 微型计算机的硬件结构

1.3.1 微处理器的结构与性能

微机将运算器和控制器做在一个芯片上,这个芯片就是CPU(central processing unit,中央处理器)。CPU是微机的核心,它由极其复杂的电子线路组成,是信息加工处理的核心部件，主要完成各种算术及逻辑运算，并控制计算机各部件协调地工作。

CPU 的基本功能是高速而准确地执行人们预先编排好而存放在存储器中的指令。每种 CPU 都有一组它能够执行的基本指令，例如完成两个整数的加减乘除的四则运算指令，比较两个数的大小、相等或不相等的判断指令，把数据从一个地方移到另一个地方的移动指令等。一种 CPU 所能执行的基本指令有几十种到几百种。这些指令的全体构成 CPU(或计算机)的指令系统，不同 CPU 的指令系统一般是不同的。

1. CPU 的基本结构

CPU 的基本组成部分包括：一组称为"寄存器"的高速存储单元；一个或几个执行基本算术逻辑动作的计算部件，称为算术逻辑单元(ALU)；一个作为 CPU 控制中心的程序控制单元，CPU 基本结构如图 1-6 所示。

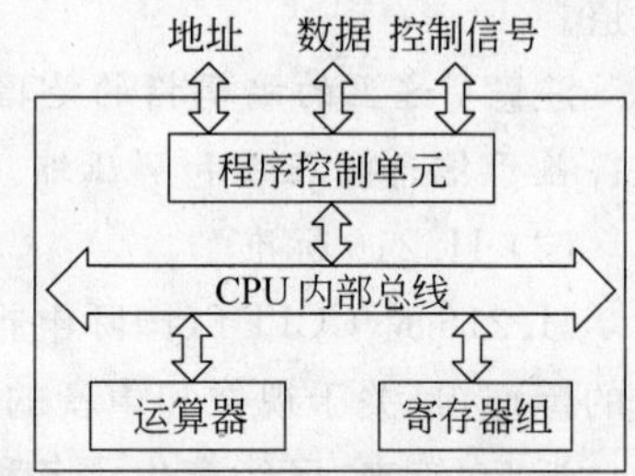

图 1-6 CPU 基本结构

(1) 程序控制单元是 CPU 的核心，当一条指令进入 CPU 后，它分析检查该指令的内容，确定指令要求完成的动作以及指令的有关参数。例如，如果是一条加法指令，指明被加数在内存的某个地址。程序控制单元要指挥内存把数据送到 CPU 来。准备好数据后，算术逻辑部件就可以执行指令所要求的计算了。计算完成后，程序控制单元还要按照指令的要求把计算结果存入数据寄存器或者内存储器中。

(2) CPU 必须包含算术逻辑单元，用来完成算术运算和逻辑运算。许多 CPU 中还设置了两个运算单元，一个用来执行整数运算和逻辑运算，另一个用于浮点数计算。浮点数计算是 CPU 比较复杂的一部分，早期的计算机中需要用专门的程序，即软件方法实现浮点数计算，完成一次浮点数加法要执行许多指令，浮点数乘除法的指令更多，因而计算时间很长。后来 Intel 公司为 Intel 8088、Intel 8086 芯片设计制造了配套的专用浮点计算芯片，称为"协处理器"或"浮点处理器"。这种芯片可以安装在微型机里，与 CPU 连接。当 CPU 发现要执行的是浮点数指令时，就把工作递交给协处理器完成。

(3) CPU 另一个重要部分是一组寄存器，其中包括一个指令寄存器，用于存放从内存中取出、当前执行的指令；若干个控制寄存器，是 CPU 在工作过程中要用到的；若干个数据寄存器，是提供程序控制单元和算术逻辑部件在计算过程中临时存放数据用的。一个数据寄存器能够存放的二进制数据位数一般与 CPU 的字长是相等的。通用数据寄存器个数对于 CPU 的性能有很大影响。目前的 CPU 一般设置十几个到几十个数据寄存器，有些 CPU(如采用 RISC 技术制造的 CPU)设置了包含更多寄存器的寄存器组。

2. CPU 的性能

CPU 的性能高低直接决定了一个微机系统的档次，CPU 的性能主要是由以下几个主要因素决定的。

(1) CPU 执行指令的速度

早期用电子管元件制作的 CPU，每秒大约执行数千条基本指令。而已面临淘汰的

Pentium 4 微处理器芯片每秒执行的指令数可达数亿条之多。

CPU 执行指令的速度与“系统时钟”有直接关系。系统时钟是一个独立的部件，在计算机工作过程中，它每隔一定的时间段发出脉冲式的电信号，这种信号控制着各种系统部件的动作速度，使它们能够协调同步。就好像一个定时响铃的钟表，人们按照它的铃声来安排作息时间一样。在一台计算机里，系统时钟的频率是根据部件的性能决定的。如果系统时钟的频率太慢，则不能发挥 CPU 等部件的能力，太快而工作部件跟不上就会出现数据传输和处理发生错误的现象。因此，CPU 能够适应的时钟频率，或者说 CPU 作为产品的标准工作频率，就是一个很重要的性能指标。CPU 的标准工作频率俗称主频。显然，在其他因素相同的情况下，主频越快的 CPU 速度越快。20 世纪 80 年代初，IBM PC 上采用的 Intel 8088 芯片的主频是 4.78MHz，而目前的 Pentium CPU 的主频已达到了 3GHz 以上。当然，CPU 芯片在速度上的优劣并不完全取决于它的主频或者执行指令的速度，而与芯片内部的体系结构以及 CPU 和外围电路的配合等都有密切的关系。

(2) CPU 的字长

如果一个 CPU 的字长为 8 位，每执行一条指令可以处理 8 位二进制数据。如果要处理更多位数的数据，就需要执行多条指令。显然，可同时处理的数据位数越多，CPU 的档次就越高，从而它的功能就越强，工作速度也越快，其内部结构也就越复杂。因此，按 CPU 字长可将微型机分为 8 位、16 位、32 位和 64 位等类型。通常，8 位机和 16 位机是早期的微机产品，目前流行的主要是 64 位机。

(3) 指令本身的处理能力

早期 CPU 只包含一些功能比较弱的基本指令。例如，从算术指令看，可能只包含最基本的整数加减法和乘法指令，而整数除法运算就要由许多条指令组成的程序来完成；对浮点数的计算需要执行由更多基本指令组成的程序。随着制造技术的进步，后来的 CPU 在基本指令集里提供了很多复杂运算的指令，这样一条指令能够完成的工作增加了，指令的种类增加了，CPU 的处理能力也就增强了。

当然，这种增加指令功能和种类的做法只是一种提高性能的途径。在 CPU 芯片设计技术方面还有另一种重要的方向，叫做 RISC(reduced instruction set computers)，即“精减指令系统”芯片技术，这种技术把过去复杂的指令系统最大限度地简化成基本指令集，使指令系统非常简洁，指令的执行速度大大加快，也能够提高 CPU 芯片的速度。

1.3.2 内存储器的结构与性能

存储器用来存放程序和数据，并根据 CPU 的控制指令将这些程序或数据提供给计算机使用。存储器一般分为内存储器和外存储器。内存也称为主存(main memory)，它和 CPU 一起构成了微机的主机部分。内存在一个计算机系统中起着非常重要的作用，它的工作速度和存储容量对系统的整体性能及系统所能解决的问题的规模和效率都有很大影响。

内存分成一个个存储单元，每个单元存放一定位数的二进制数据。现在的计算机内存多采用每个存储单元存储一个字节(8 位二进制代码)的结构模式。这样，有多少个存储单元就能存储多少个字节。存储器容量也常用多少字节来表示。

内存单元采用顺序的线性方式组织，所有单元排成一队，排在最前面的单元定为0号单元，即其"地址"(单元编号)为零。其余单元的地址顺序排列。由于地址的唯一性，它可以作为存储单元的标识，对内存存储单元的使用都通过地址进行。

内存的地址码是用二进制表示的，如果地址码有10位二进制位，则其地址码的可编码范围为：$0\sim(2^{10}-1)$(即$1024-1$)，地址码有20位则为：$0\sim(2^{20}-1)$。

实际工作(书写)时，常用十六进制数和十进制数来表示地址，例如，地址

0111 1111 1111 1111 1111 1111

写成7FFFFFH或8388608。

内存的访问速度也是一个重要的性能指标。内存速度用进行一次读或写操作所花费的"访问时间"来描述。从工作速度上看，内存储器总是比CPU要慢，从计算机问世之初直到现在，这始终是计算机信息流动的一个"瓶颈"。目前一次存储器"访问时间"大约为几个ns(纳秒，10亿分之一秒)之间，这个速度与CPU的速度相比仍有较大差距。

目前的计算机内存一般都是由采用动态金属氧化物(动态MOS)半导体技术制造的存储器芯片构造而成的。这种技术集成度高，工艺较简单，成本较低。几毫米见方的存储器芯片的存储容量可以达到几个G二进制位(bit)。但动态MOS存储芯片有一个存储"易失性"的缺点，即所存储的信息只有在正常供电的情况下才能够保持。一旦停止供电，其中的信息就立即消失。

由前面的讨论可知，内存是按照地址访问的，给出地址即可以得到相应内存单元里的信息，CPU可以随机地访问任何内存单元的信息。而且，目前所采用的存储芯片的访问时间与所访问的存储单元的位置并没有直接关系，主要是由芯片设计和生产技术以及芯片之间的互连技术所决定的。这种访问时间不依赖所访问的地址的访问方式称为随机访问(random access)方式，内存储器也因此而称为RAM(random access memory，随机访问存储器)。通常，内存中的大部分是由RAM组成的。

除过RAM之外，内存中一般还有一定容量的ROM(read-only memory，只读存储器)。ROM中的信息只能读出不能写入。计算机断电后，ROM中原有内容保持不变，计算机重新加电后，原有的内容仍可读出。ROM一般地用来存放一些固定的程序，习惯所说的"将程序固化在ROM中"就是这个意思。

应该知道，无论是RAM还是ROM，都是内存的组成部分，每个存储单元(字节)都对应一个唯一的地址码。通过给定地址码可随意访问该地址所指的单元。

综上所述，对内存储器的要求主要有三点。

(1) 存取速度快

存储器的速度应和微处理器相匹配。如果存储器速度跟不上，会严重影响整个系统的性能。

(2) 存储容量大

当使用计算机解决实际问题时，通常要执行大量的指令，加工处理大量的数据。由这些指令所组成的程序以及这些大量的数据都需要存储在内存中。因此，一台微机需要有一定容量的内存才能正常工作。

(3) 成本低

低成本才能有低价格,才能吸引更多的用户,从而研发更高性能的存储器。

1.3.3 总线的作用和标准

计算机中的各个部件,包括 CPU、内存、外存和 I/O 设备的接口之间是通过一条公共信息通路连接起来的,称之为总线。总线是多个部件间的公共连线,信号可以从多个源部件中的任何一个通过总线传送到多个目的部件。如果一组导线仅用于连接一个源部件和一个目的部件,则不称为总线。微型机多采用总线结构,系统中不同来源和去向的信息在总线上分时传送。

1. 总线的功能

CPU 的外部有许多输入输出引脚。CPU 就是通过这些引脚来和其他部件互相传送信息的。因此,总线及其信号至少应该执行三种功能。

① 和存储器之间交换信息。

② 和输入输出设备之间交换信息。

③ 为了系统工作而接收和输出必要的信号,如输入时钟脉冲信号(规定计算机工作的节拍)、复位信号、电源和接地等。

实际上,总线由许多条并行的电路组成,这些电路分为 3 组。

(1) 数据总线

用于在各部件之间传递数据(包括指令、数据等)。数据的传送是双向的,因而数据总线为双向总线。

(2) 地址总线

指示欲传数据的来源地址或目的地址。地址即存储器单元号或输入输出端口的编号。

(3) 控制总线

用于在各部件之间传递各种控制信息。有的是微处理器到存储器或外设接口的控制信号,如复位、存储器请求、输入输出请求、读信号、写信号等,有的是外设到微处理器的信号,如等待信号、中断请求信号等。

由于计算机的各个部件都连接在总线上,都需要传递信息,总线需要解决非常复杂的管理问题,因而总线实际上也是复杂的器件。

2. 读写操作过程

CPU 和内存之间的信息交换都是通过数据总线和地址总线进行的。当 CPU 需要信息时,先要知道该信息的存放位置,即存放信息的内存起始地址。CPU 读取信息时,把内存起始地址送入地址总线并通过控制总线发出“读”信号,由起始地址开始的一串单元中所存储的信息被“读出”并送上数据总线。这样,CPU 就可以由数据总线得到数据了。将信息写入内存的动作与此类似:CPU 将要写入的数据和写入位置的开始地址分别送入数据总线和地址总线，并由控制总线发一个“写”信号，数据即被写入指定单元。

由读写操作的过程可以看出内存访问速度的作用：例如，从内存中读数据时，在CPU送出地址信号之后，多长时间内才能从数据总线上收到数据是由内存访问速度决定的。如果内存访问速度慢，CPU就要花费较长的时间等待数据，系统的效率就降低了。

CPU和外存及I/O设备之间不能直接交换数据，而必须通过称之为设备“接口”的器件来转接。设备“接口”中有一组称之为I/O端口的寄存器，包括存放数据的寄存器（数据端口）、存放地址的寄存器（地址端口）和存放设备状态的寄存器（状态端口）。CPU对设备（外存储器、输入输出设备）的访问是通过I/O端口进行的。I/O端口也有编号，其编号叫做I/O地址。

与访问内存类似，CPU读取信息时，将I/O地址（端口号）送入地址总线并通过控制总线发出“读”信号。这些信号分别送到接口中的各个端口，端口再发出信号启动要访问的设备，则设备中所存储的信息经过“读出”被送到数据总线。这样，CPU就可以由数据总线得到数据了。写入设备的动作与此类似，CPU将要写入的数据及写入位置的I/O地址分别送入数据总线和地址总线，并从控制总线上发一个“写”信号，数据即可写入指定设备。

3. 总线的宽度

(1) 数据总线的宽度

数据总线的宽度（传输线根数）决定了通过它一次所能传递的二进制位数。显然，数据总线越宽，每次传递的位数就越多，因而，数据总线的宽度决定了在内存和CPU之间数据交换的效率。虽然内存是按字节编址的，但可由内存一次传递多个连续单元里存储的信息，即可一次同时传递几个字节的数据。对于CPU来说，最合适的数据总线宽度是与CPU的字长一致。这样，通过一次内存访问就可以传递足够的信息供计算处理使用。

由于数据总线的宽度对整个计算机系统的效率具有重要的意义，因而常简单地据此为计算机分类，称为16位机、32位机、64位机等。

(2) 地址总线的宽度

地址总线的宽度是影响整个计算机系统的另一个重要参数。在计算机里，所有信息都采用二进制编码来表示，地址也不例外。原则上讲，总线宽度是由CPU芯片决定的。CPU能够送出的地址宽度决定了它能直接访问的内存单元的个数。假定地址总线是20位，则能够访问2^{20}个内存单元。20世纪80年代中期以后开发的CPU，地址总线达到了32位或更多，可直接访问的内存地址达到4×2^{30}。巨大的地址范围不仅为扩大内存容量，也为整个计算机系统（包括磁盘等外存储器在内），甚至包括与外部的连接（如网络连接）而形成的整个存储体系提供了全局性的地址空间。

对于各种外部设备的访问也要通过地址总线。由于设备的种类不可能像存储单元的个数那么多，故对I/O端口寻址是通过地址总线的低位来进行的。例如，早期的IBM PC使用20位地址线的低16位来寻址I/O端口，可寻址$2^{16}=64\times1024$个端口。

由于采用了总线结构，各功能部件都连接在总线上，因而存储器和外设的数量可按需要扩充，使微型机的配置非常灵活。

1.3.4 外存储器及其工作方式

通常,计算机中的内存容量总是有限的,不能满足存放数据的需要,而且内存不能长期保存信息。因此,一般计算机系统都要配备更大容量且能长期保存数据的外存储器。目前,微机上常用的外存储器有磁盘、光盘、U盘和USB盘等。

1. 磁盘

磁盘是利用磁性介质记录信息的设备。磁盘上的信息记录在一组同心的圆形磁道上。盘面上磁道按顺序编号,最外面的磁道为第0道,其余依次编号。0道在磁盘上具有特殊用途,这个磁道的损坏将导致磁盘报废。磁盘又可分为软盘和硬盘两种。

软盘的存储介质是一片放在护套内的圆形薄膜,装入软盘驱动器里才能读出或写入信息。目前还有人用的软盘是3.5英寸(简称3寸)的,存储容量为1.44MB。软盘护套上开有一些孔洞,其中一个沿半径方向的长形孔称为读写窗口。软磁盘工作时,驱动器内的磁头先沿盘片径向运动找到相应的磁道,然后盘片在护套内高速旋转,磁头便依次从转到它底下的盘面上读出信息或向其写入信息。不使用时,可把软盘从驱动器中抽出。

硬磁盘通常固定安装在机箱(微机机箱)内。硬盘里保存着计算机系统工作必不可少的程序和重要数据。微机使用的小型硬盘机从外观上看是一个密封的金属盒子,其中有若干片固定在同一个轴上、同样大小、同时高速旋转的金属圆盘片。每个盘片的两个表面都涂了一层很薄的磁性材料,作为存储信息的介质。靠近每个盘片的两个表面各有一个读写磁头。这些磁头全部固定在一起,可同时移到磁盘的某个磁道位置,如图1-7(a)所示。

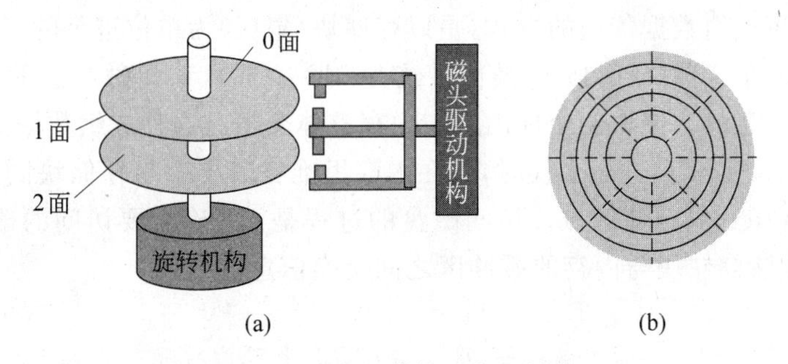

图1-7 磁盘的结构及盘面划分

为了有效地管理信息,磁盘的每个圆形磁道又划分成若干个称为扇区(sector)的弧段,如图1-7(b)所示。对于标准磁盘来说,任意一个扇区,不管处在哪个磁道上的哪个位置,所存储的数据量都是相同的。在磁盘上读写信息是以扇区为单位成批进行的。假定一次所要读写的全部信息存放在多个连续的扇区之中,实际读写之前,先要把磁头定位在起始扇区上,这要通过两步动作:第一步,将磁头移到起始扇区所在的磁道位置(磁头定位);第二步,磁头静止而盘片旋转,一直等到要读写的扇区旋转到磁头底下(扇区定位),找到起始扇区之后,实际的读写操作才能开始。读写是一个扇区一个扇区顺序进行的。

注意：读/写操作以扇区为单位逐位串行读出或写入。在进行读/写操作时，先确定磁道的起始位置，这个起始位置称为"索引"。索引标志在传感器检索下可产生脉冲信号，再通过磁盘控制器处理，便可确定磁道的起始位置。

实际上，磁盘的一次读写过程真正花费在实际读写上的时间只占一小部分，主要时间消耗在移动磁头来在盘面上寻找磁道位置方面，因为这是机械动作。因此，在写入信息时，如果一个磁道放不下，总是接着放入一个柱面的不同磁道，而不是放入同一盘面的相邻磁道上。这是因为，接通固定在一起的另一个磁头的电子开关比将磁头移到相邻磁道快得多。

一个磁盘的记录面数、每个记录面上的磁道数、每个磁道上的扇区数、每个扇区的存储容量四者的乘积决定了磁盘的存储容量。例如，已知磁头数为16，柱面数为4096，扇区数为63，则磁盘容量为

$$16\times4096\times63\times512=2.1\text{GB}$$

又如，一个3寸软盘的存储容量为

$$2\times82\times18\times512\approx1.44\text{MB}$$

一个硬盘片上的磁道数和每个磁道上的扇区数都比软盘片多得多，再加上一个硬盘是由多个盘片组成的，所以硬盘的存储容量比软盘高得多。另外，由于硬盘的磁头动作速度快、盘片转速高，它的信息访问速度也比软磁盘高得多。

磁盘还有一个"柱面"的概念，硬盘上多个记录面上位置相同的磁道构成柱面，例如，对软盘来说，正面(0号面)和反面(1号面)上的两个0道构成了0柱面，两个1道构成了1柱面，以此类推。

将磁盘(硬盘和软盘)与内存进行比较，可知它们的读写访问方式是完全不同的。对内存的访问是以存储单元为单位进行的，一般一个存储单元就是一个字节。对磁盘等设备的访问则采用成组数据传送的方式，是以存储块(扇区)为单位进行的，一个存储块可以包含几百到几千个字节(Windows操作系统为512字节)，访问磁盘上的某些信息时，必须将包含这些信息的存储块的全部内容与内存整体交换。这种成组数据交换工作通常由DMA控制器自动完成。进行交换时，先在内存里准备若干个与存储块同样大小的、称为内存缓冲区(buffer)的存储区域。访问磁盘的过程是：先确定要访问的磁盘存储块地址(位置)，然后在该存储块与内存的缓冲区之间交换信息。

2. 光盘

光盘也是计算机上常用的外存储器，光盘是利用激光原理存储和读取信息的媒介。光盘片是由塑料覆盖的一层铝薄膜，通过铝膜上极细微的凹坑记录信息。市场上最常见的光盘是5″的只读光盘，称为CD-ROM。这种光盘是由生产时一次性压制在铝膜上的凹坑形式来记录信息的，因而是永久性的信息记录，只能读出使用，不能重新写入。5″只读光盘的外观及制作工艺与普通CD唱盘或VCD视盘完全一样，只是光盘上记录信息的方式要满足计算机的标准而已。只读光盘是一种可以长期保存信息的存储介质，现在许多商品软件和信息资料都制成光盘销售。

除CD-ROM光盘之外，还有一种一次性写入(CD-recordable)的光盘，实际上一种出

厂时未写入信息的空白光盘，一旦写入后，就不能再更改其内容而只能读出了。用于保存不做修改的永久性档案材料非常合适。还有一种可擦重写式(CD-erasable)光盘，就是可以多次写入的光盘。这种光盘类似于磁盘，但需要特殊的驱动器，驱动器和盘片的价格较高。

3. U 盘和 USB 盘(活动硬盘)

现在最常见的可移动外存是 U 盘，如图 1-8(a)所示。U 盘采用一种闪速存储器(flash memory)作为存储媒介，通过 USB 接口与主机相连，可以像使用软盘或硬盘一样地读写文件。不同型号的 U 盘在使用前需要安装相应的驱动程序，但在 Windows ME 以上的操作系统中，已事先置入驱动程序，不必再安装了。

虽然 U 盘有性能高、体积小等优点，但对存储空间的需求较大时，它的容量就不能满足要求了，这时可使用 USB 盘，如图 1-8(b)所示。

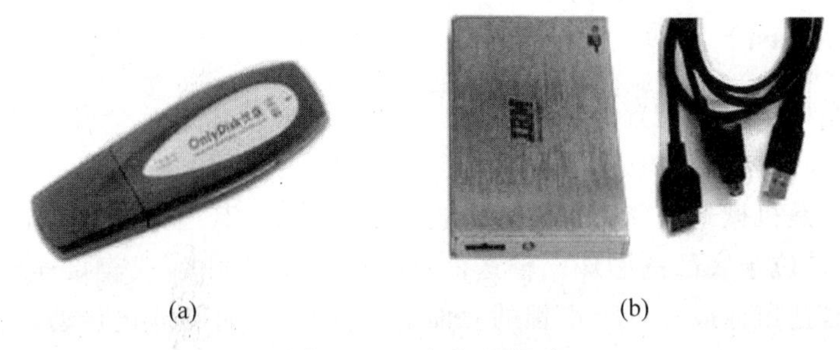

(a)　　(b)

图 1-8　U 盘和 USB 盘

使用一个带有 USB 接口的硬盘盒、一个小巧的笔记本电脑专用移动式硬盘(这种硬盘具有良好的抗震性能)，再加一根 USB 接口线，就可构成一个即插即用的活动硬盘。现在，市面上的活动硬盘的容量通常在 100GB 以上。活动硬盘的使用方法与 U 盘类似。

1.3.5　常用输入输出设备

计算机的输入输出设备种类繁多，不同设备可以满足人们使用计算机时的各种不同需要。但大都有两个共同的特点。

(1) 常采用机械的或电磁的原理工作，所以速度较慢，难以与属于电子器件的 CPU 和内存相比。

(2) 要求的工作电信号常和 CPU、内存采用的不一致，为了把 I/O 设备与 CPU 连接起来，需要一个称之为接口的中间环节。下面介绍几种最常用的 I/O 设备。

1. 键盘

键盘是操作者在使用计算机过程中接触最频繁的一种外部设备。用户编写的程序、程序运行过程中所需要的数据以及各种操作命令等，都是由键盘输入的。

键盘由一组按键排成的开关阵列组成。按下一个键就产生一个相应的扫描码。不同位置的按键对应不同的扫描码。键盘中的电路(实际上是一个单片计算机)将扫描码送到主机，再由主机将键盘扫描码转换成 ASCII 码。例如，如果按下左上角的 Esc 键，主机则将它的扫描码 01H 转换成 ASCII 码 00011011。

目前，微机上常用的键盘有 101 键、102 键、104 键几种。键盘上的主要按键有两大类：一类称为字符键，包括数字、英文字母、标点符号、空格等；字母键区的键位排列如图 1-9 所示。另一类称为控制键，包括一些特殊控制（如删除已输入的字符等）键、功能键等。主键盘区键位的排列与标准英文打字机一样。上面的 F1～F12 是 12 个功能键，其功能是由软件或用户定义的。右边副键盘区有数字键、光标控制键、加减乘除键和屏幕编辑键等。

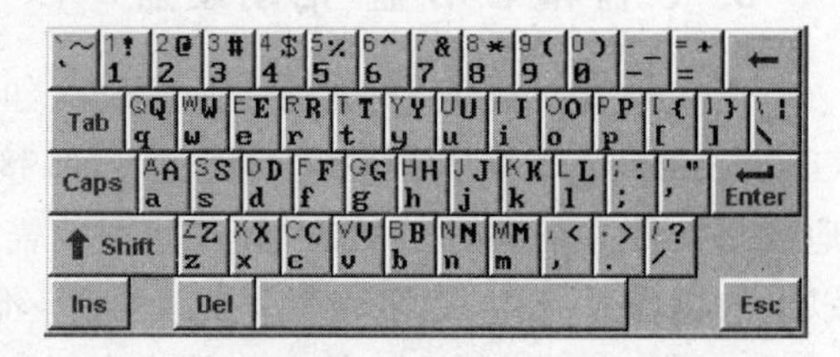

图 1-9　键盘上的字母键

2. 鼠标（mouse）

鼠标也是微机上普遍配置的输入设备。从外形看，鼠标是一个可以握在手掌中的小盒子，通过一条缆线与计算机连接，就像老鼠拖着一条长尾巴。

较早的鼠标是机械式的，它的基本结构分为两部分：其一是位于顶部前端的两个或三个按键；其二是位于底部的圆珠。输送信息的连线接到键盘，或直接连到微机的输入输出端口。使用时把鼠标放在一个平坦的表面上，移动鼠标时圆珠也转动，同时把这种运动由光标体现在屏幕上，按下顶部的按键，就可以向计算机发出执行输入方式选择及基本编辑功能等各种命令。机械式鼠标的精度不高，需要使用专门的接口与计算机相连。

目前大多数用户已改用光电鼠标，这种鼠标顶部除两个按钮之外，还有一个能够使光标在所浏览的页面上快速地上下移动的滚轮，它们一般是通过通用的 USB 接口连接到计算机上去的。

除了鼠标以外，还可以见到许多形式不同但功能类似的输入设备。例如便携式计算机上常装有一个称为“轨迹球”的小圆球，拨动这个小球就可以移动屏幕光标，其使用方法与鼠标大体相同。

3. 显示器

显示器是目前计算机上最常用的输出设备。计算机用显示器可按工作原理分为两种，一种是阴极射线管显示器，另外一种是半导体平板显示器。

阴极射线管显示器里与家用电视机的显像原理类似。最重要的部件是一个显像管，显像管末端有一个电子枪，前部是涂有特殊荧光材料的荧光屏。在控制电路的作用下，电子枪射出的电子束打到荧光屏上，受激的荧光材料便会形成一个光点（pixel，像素）。屏幕上的文字或图形就是由这些显示光点组成的。当电子枪横向移动，扫描了荧光屏上的一行时，就形成由一串光点构成的扫描线，再略微下移而继续扫描，形成下一条扫描线，如此循环下去，直到扫遍整个屏幕为止。这样形成的一个画面称为一帧，目前常用显示器的一帧包含 768 或者更多的扫描线。每条扫描线包含 1024 或者更多的像素。

半导体平板显示器的工作原理与阴极射线管显示器不同，但其显示屏也是由排成阵列的像素构成，显示文字和图形的机制是相同的。

构成显示帧的行列数是显示器的一个重要技术指标，被称为显示器的分辨率，如果一帧有600行800列，就说这个显示器的分辨率是800×600。

微机的显示器与主机之间是通过称之为“显示器适配器（显示卡）”的接口电路（通常是一块插卡）连接在一起的。不同类型的显示器需要不同的显示卡与之匹配。显示卡装在计算机机箱内，通过电缆与显示器连接。在这个显示卡上有一个帧存储器，也叫做显示缓冲存储器（显存）。显示帧的所有像素都存放在显存里。在系统工作过程中，显示卡不断读出显存里的像素信息，传送到显示器，显像管则根据像素内容控制像素的颜色和亮度，在屏幕上形成视觉合成效果。显存的存储容量是显示卡的一个重要功能指标，其容量必须保证至少存储一屏所能显示的所有像素，才能达到其设计的分辨率。

显示器有单色和彩色两种。最低级的单色显示器的每个像素只能是黑或白两种状态，用一个二进制位就可以表示；彩色显示器按每个像素可以显示的颜色数的不同而由若干个二进制位来表示。例如，如果每个像素可以显示16种颜色，则需要用4个二进制位（4b）表示。常见的彩色显示标准有256色（8b）、64×1024色（16b）、16×2^{20}色（24b）等多种。其中16×2^{20}色显示方式又称为真彩色方式，这时每个像素由三个字节表示，各字节（8位）分别代表红、黄、蓝三种基色之一的强度，三色混合总共可以产生约1600万种颜色，为表现真实世界的色彩提供了足够多的种类。

注意：单色显示器也可以用像素的灰度来模拟彩色显示，即像素可以有不同的亮度等级，像素的可能状态数决定了存储一个像素信息所需要的二进制位数。

由于显示帧的像素信息存储在显存里，所采用的显示标准自然就决定了对显存容量的要求。例如，为了支持640×480分辨率的真彩色显示方式，帧存储器需要约640×480×3字节，将近1MB的容量。

4. 打印机

打印机将输出信息以字符、图形、表格等形式印刷在纸上，是重要的输出设备。

（1）打印机的分类

打印机可按字符（图形、表格）印出的顺序分为串行打印机（字符式打印机）、行式打印机和页式打印机。串行打印机一次打印一个字符，通过多次打印字符形成行和页，针式打印机就是串行打印机；行式打印机一次并行地印出一行字符，早期的所谓快速打印机（只适合于像英文这样字符数较少的文字）多是这种打印机；页式打印机每次输出一页，激光打印机就是一种页式打印机。

按照印字方式的不同，也可将打印机分为击打式打印机和非击打式打印机两类。击打式打印机也叫机械式打印机，其工作原理是通过机械动作打击浸有印字油墨的色带，将印色转移到打印纸上，形成打印效果，这也就是“打印机”这个名称的由来。非击打式打印机是利用其他化学、物理方式来打印的，许多这类打印机的输出过程中并没有“打”的动作。常见的非击打式打印机有喷墨打印机（见图1-10(a)）和激光打印机（见图1-10(b)）等。

（2）字符打印机

字符打印机的工作原理与机械式英文打字机类似。打印机中有一组或多组用金属材

(a)

(b)

图 1-10　打印机

料或其他硬质材料刻成的字符模型(字模)。当需要输出一个字符时,打印机把相应字模移到纸的对应位置,然后启动击锤隔着色带撞击纸张,字符就被印在纸上。字符(击打式)打印机按照结构又分为字符式打印机和行式打印机两种。

字符打印机的主要缺点是只能打印固定数目的字符,无法打印汉字和图形。

(3) 点阵式打印机

点阵式打印机是通过安装在打印头上的数根"打印针"打击色带产生打印效果的,因此也称为针式打印机。打印头中的电磁装置按照要打印字符的点阵分别驱动不同位置上的打印针,每个打印针打击色带一次在纸上印出一个小墨点。几根针同时出击便可印出字样的一列,然后,打印头前移再打下一列……,打好一个字符后,打印头前移再打下一个字符。一行打印完成后,打印机移动纸张,将纸张下一行移到与打印头对应的位置,继续打印。用这种方法可以在纸张上打印出由小墨点组成的任何输出形式的文字和图形。

(4) 喷墨打印机

喷墨打印机在印字方式上与点阵打印机相似,但印在纸上的墨点是通过打印头上的许多(数十到数百个)小喷孔喷出的墨水形成的。与点阵式打印机的打印针相比,这些喷孔直径很小,数量更多。微小墨滴的喷射由压力、热力或者静电方式驱动。由于没有击打,故在工作过程中几乎没有声音,而且打印纸也不受机械压力,打印效果较好,在打印图形、图像时(与点阵打印机相比)效果更为明显。有些喷墨打印机可以把三四种不同颜色的墨水混合喷射,印出彩色文字或图形。

(5) 激光打印机

激光打印机是用电子照相方式记录图像,通过静电吸附墨粉后在纸张上打印的。它的基本原理与静电复印机类似。它用接收到的信号来调制激光束,使其照射到一个具有正电位的感光鼓(硒鼓)上,被激光照射的部位转变为负电位,能吸附墨粉。激光束扫描使硒鼓上形成了所需要的结果影像。在硒鼓吸附到墨粉后,再通过压力和加热把影像转移输出在一页打印纸上。由此可见,激光打印机的输出是按页进行的。由于激光束极细,能够在硒鼓上产生非常精细的效果,所以激光打印机的输出质量很高。可以超过以前铅字印刷的水平。

由于激光打印机输出速度快、打印质量高,而且可以使用普通纸,因而是理想的输出设备。激光打印机的主要缺点是耗电量大,墨粉价格较贵,因此运行费用较高。

(6) 打印机的输出过程

下面以点阵式打印机为例，说明打印机的输出过程。

英文字符的打印方式比较简单(其他西文字符类似)，打印机控制器中一般都有一个叫做“字符发生器”的小规模 ROM 存储器，其中存储着基本字符(如 ASCII 字符集)的点阵信息，打印机接到计算机送来的字符编码后，按编码到字符发生器中取出字符的点阵信息，自动控制打印针据此输出字符。

如果需要打印的是图形，打印过程要复杂得多。实际上点阵打印机每个打印针的动作都可以单独控制，只要通过专门软件产生打印机的控制命令就可以打印各种图形。打印图形时，计算机首先准备好要打印输出的行或整个页面，然后逐行地向打印机发送控制打印针击打的信号，打印机则把这些信号变为打印针的动作。

早期的汉字打印方式与图形打印方式相同，后来，大部分能打印汉字的打印机也将国标字符集里的所有汉字的点阵预先存储在类似于英文字符发生器的“汉字库”里，打印时，计算机只要将所需打印汉字的国标码发送到打印机，打印机即可按编码到字库中取出字的点阵信息，自动控制打印针输出汉字。

在计算机系统里有专门控制打印机工作的“打印机驱动程序”。如果计算机上配备的打印机不光是用于输出字符，就需要安装相应的设备驱动程序。通常购买打印机时都可得到配套的软盘，上面有打印驱动程序。

(7) 打印机的性能指标和使用

了解打印机的性能指标对于正确选择和使用打印机是很重要的。打印机的主要性能指标有以下几个方面。

第一，打印的分辨率和打印幅面宽度。

点阵打印机常见的打印分辨率为每英寸 180 个点或 300 个点，记做 180dpi(dot per inch)或 300dpi，幅宽为 80 字符或 132 字符。常用的小型激光印字机、喷墨印字机的分辨率为每英寸 300～600 点，打印幅面一般为标准 A4 型号(210mm×297mm)的标准纸张。有些高级的打印机还允许切换使用多种幅面规格和不同材料质量的打印媒质。

第二，打印速度。

点阵打印机速度以每秒打印的字符数计，一般每秒钟 300 个字符左右，记作 300cps (character per second)。激光打印机则以页数计算，每分钟输出几页到十几页，记为多少 ppm(page per minute)。

5. 图形输入输出设备

(1) 图形数字化仪

图形数字化仪是一种常见的图形输入设备，由一块较大的平板和一个类似于鼠标的手持“游标器”组成。把游标器上的准星(十字交叉点)在平板上移动，依次采集准星的坐标位置(X,Y)就是一串输入数据。在这种平板上铺上各种图纸，拿着游标器，对准图纸上的每个点、线和区域边界不断地移动，所形成的轨迹作为一连串的输入数据存储在计算机内并进行处理。

(2) 图形扫描仪

图形扫描仪是最常用的图形输入设备,其功能是把实在的图形划分为成千上万个点,变成一个点阵图,然后给每个点编码,得到它们的灰度值或者色彩编码值。也就是说,把图形通过光电部件变换为一个数字信息的阵列,使其可以存入计算机并进行处理。通过扫描仪可以把整幅的图形或文字材料(如图画、照片、报刊或书籍上的文章等)快速地输入计算机。

(3) 绘图仪

绘图仪是一种常见的图形输出设备,用于在纸张上绘出由点和线段构成的图形,例如各种统计图、机械设计图、房屋建筑图等。最常见的是笔式绘图仪,装有一个可以纵向和横向(可以在 X 方向和 Y 方向上)运动的绘图头部件,称为绘图笔架,笔架上可安装一支或几支各种颜色的绘图笔,在计算机的控制下,绘图笔不停地抬起、落下,并在纸面上移动划线,逐步画出所需要的图形。还可以根据计算机的命令更换其他不同颜色的绘图笔。

笔式绘图仪有平板式和滚筒式两种。平板式绘图仪有一个放纸的大平面板和安装绘图笔架的活动托架,托架可以沿平板两边的导轨来回纵向运动,笔架则能沿托架上的导轨横向滑动,托架和笔架配合就可以到达平板上的任何位置。滚筒式绘图仪上笔架的托架是固定的,绘图纸紧紧地卷在一个滚筒上,可以随滚筒在笔架下面纵向卷动。在绘图过程中,笔架在托架导轨上横向移动,而滚筒带动绘图纸在绘图笔下纵向滚动。滚筒式绘图仪占地面积较小,能使用很长的纸张,大幅面纸张的绘图仪大都是滚筒式。

除笔式绘图仪之外,还有喷墨式、静电式、热敏式等类型的绘图仪,其工作原理与喷墨打印机类似,都是通过某些技术以点阵形式生成纸面上的图。

(4) 数据投影器

数据投影器是目前用得很多的一种重要的输出设备,它能连接在计算机的显示器输出端口上,把应该在显示器上显示出来的内容投射到大屏幕甚至一面墙壁上,非常适合于课堂教学以及其他演示活动。目前的数据投影器可以达到像看计算机屏幕一样的良好投影效果。

1.4 软件版权保护

计算机软件是脑力劳动的创造性产物。正式软件是有版权的,它是受法律保护的一种重要的"知识产权"。

"知识产权"是指对智力活动所创造的精神财富所享有的权利,包括工业产权、版权、发明权、发现权等。它受到法律的保护。1967 年在瑞典斯德哥尔摩签订公约成立了世界知识产权组织,1974 年成为联合国的一个专门机构。我国于 1980 年 3 月加入该组织。

1.4.1 软件版权保护的意义

版权,亦称著作权、作者权,源自英文 Copyright,意即抄录、复制之权。一般认为,版权是一种民事权力,作为法律观念,是一种个人权利,又是一种所有权,主要表现为作者对其作品使用的支配权和享受报酬权。软件版权属于软件开发者,软件版权人依法享有软件使用的支配权和享受报酬权。对计算机用户来说,应该懂得:只能在法律规定的合理的范围之内使用软件,如果未经软件版权人同意而非法使用其软件,例如,将软件大量复制赠给自己的同事、朋友,通过变卖该软件等手段获益等,都是侵权行为,侵权者是要承担相应的民事责任的。

软件作品从其创作完成之时起就享有版权,从其发表之时起就实际受到保护。超过版权保护期的软件或仍在版权保护期内,但版权人明确表示放弃版权的软件不再受版权保护而进入公用领域。由于国际上通行的软件保护期是50年,所以,实际上公用领域中目前还没有因超过版权保护期而进入公用领域的软件,只有版权人声明放弃版权而进入公用领域的软件。

事实上,在现代社会中,由于信息的大众传播、拷贝和复用,已经使信息的利用非常廉价和方便了。但是从信息本身的价值来看,信息却可能是非常昂贵的,因为无论从创造发明者的脑力劳动价值,还是信息资源对受益者的实用价值来看,信息都不应该是免费的。对于软件开发企业和生产者而言,它们的力量所在就是他们所发明创造的软件,一旦软件被盗窃,它们的创造力量就会受到打击,严重时甚至可能使其夭折。这种情况如果广泛出现,就会极大地打击开发者的工作积极性和进一步发展的可能性,进而影响整个社会信息化的进程。

计算机软件已经形成一个庞大的产业,而每年由于非法盗用计算机软件的活动所造成的损失是非常惊人的。例如,由于前些年我国的软件盗版率很高,企业投入大量资金搞自主开发的软件,几乎没有赢利的来源,这不仅减少了市场对正版软件的需求,而且打击了投资者的信心,成为中国软件产业做不大的重要原因。据国际软件协会估算,如果我国软件市场的盗版率下降6%,正版软件的销售额就可以增加一倍。因此,依法保护计算机软件版权人的利益,调整软件在开发、传播和使用中发生的利益关系,鼓励计算机软件的开发和流通,是促进计算机事业发展的必然趋势。

从1991年10月1日起,我国开始施行《计算机软件保护条例》。这就为在全社会形成一个尊重知识、尊重人才的良好环境,促进我国计算机产业的发展提供了基本的保证。随着计算机的广泛应用,学习条例、应用条例应当成为每个公民的自觉行动。

软件产权保护实际上是非常复杂的问题,需要软件开发商、知识产权的执法者和广大用户共同努力才能做好。自然,软件开发商也要有一个正确的观念和准确的市场定位。商家要收回投资的行为无可厚非,为此将价格定得高一些也是合情、合理、合法的,应该说,他们有这个权利。但市场规则是商家生存的唯一依据,绝大多数用户的购买力是需要考虑的。

1.4.2 版权意义上的软件分类

在版权意义上,软件可分为四类:公用软件、商业软件、共享软件和免费软件。除公用软件之外,商业软件、共享软件和免费软件都享有版权保护。用户从软件出版单位和计算机商家购买软件，取得的只是使用该软件的许可，而软件的版权人和出版单位则分别保留了软件的版权和专有出版权。软件许可合同的作用就是指导如何使用软件和对软件的使用进行限制。

1. 公用软件

公用软件主要有以下特征。

(1) 版权已被放弃，不受版权保护。

(2) 可以进行任何目的的复制，不论是为了存档还是为了销售，都不受限制。

(3) 允许进行修改。

(4) 允许对该软件进行逆向开发。

(5) 允许在该软件基础上开发衍生软件，并可复制、销售。

2. 商业软件

在非公有领域软件中，商业软件通常具有下列特征。

(1) 软件受版权保护。

(2) 为了预防原版软件意外损坏，可以进行存档复制。

(3) 只有当为了将软件应用于实际的计算机环境时，才能进行必要的修改，否则不允许进行修改。

(4) 未经版权人允许，不得对该软件进行逆向开发。

(5) 未经版权人允许，不得在该软件基础上开发衍生软件。

3. 共享软件

共享软件实质上是一种商业软件，因此也具有商业软件的上述特征。但它是在试用基础上提供的一种商业软件，所以也称为试用软件。共享软件的作者通常通过公告牌(BBS)、在线服务、出售磁盘和个人之间的复制来发行其软件。一般只提供目标文本而不提供源文本。软件的共享版可以包含软件的全部功能，也可能只包含软件的部分功能。发行软件共享版的目的为了让潜在的用户通过试用来决定是否购买。通常作者会要求，如果试用者希望在试用期过后继续使用该软件，就要支付少量费用并加以登记，以便作者进一步提供软件的更新版本、故障的排除方法和其他支持。

4. 免费软件

免费软件是免费提供给公众使用的软件，常通过和共享软件相同的方式发行。免费软件具有下列特征。

(1) 软件受版权保护。

(2) 可以进行存档复制，也可以为发行而复制，但发行不能以赢利为目的。

(3) 允许修改软件并鼓励修改。

(4) 允许对软件进行逆向开发，不必经过明确许可。

(5) 允许开发衍生软件并鼓励开发，但这种衍生软件也必须是免费软件。

1.4.3 自由软件

自由软件是一种由开发者提供全部源代码的软件，免费分发给一些用户，每个用户都可以使用、修改和继续分发给他人，但是所有的修改必须明确地标记而且任何情况下都不能删除或修改原作者的名字和版权声明。例如，Linux 操作系统就是一种可以在因特网上免费得到，且任何用户都可修改并继续分发的自由软件。

自由软件的出现，改变了传统的以公司为主体的封闭的软件开发模式。采用了开放和协作的开发模式，无偿提供源代码，容许任何人取得、修改和重新发布自由软件的源代码。这种开发模式激发了世界各地的软件开发人员的积极性和创造热情。大量软件开发人员投入到自由软件的开发中。软件开发人员的集体智慧得到充分发挥，大大减少了不必要的重复劳动，并使自由软件的脆弱性能够及时发现和克服。任何一家公司都不可能投入如此强大的人力去开发和检验商品化软件。这种开发模式使自由软件具有强大的生命力。例如，Linux 操作系统就是在因特网上迅速形成和不断完善的自由软件。Linus Torvalds（瑞典人）及分布在世界各地的 Linux 内核开发队伍仍然在高速向前推进。当前推出的稳定的 Linux 内核的 2.x 版充分显示了 Linux 开发队伍的非凡创造力以及协作开发模式的价值。事实上，UNIX 开始发展时，就采用了这种开发模式。它的安全漏洞比其他操作系统解决得更为彻底，应该归功于这种开发模式。

自由软件受 GNU 通用许可证 GPL 的保护。自由软件的概念是由位于美国马萨诸塞州的自由软件基金会 FSF 提出来的。

FSF（Free Software Foundation，自由软件基金会）是由 Richard Stallman 发起创建的一个组织，旨在消除人们在使用、复制、修改和非商业性的分发计算机程序方面所受到的限制。

FSF 发表了 GPL（GNU general public license，GNU 通用公共许可证），保证任何人有共享和修改自由软件的自由。任何人有权取得、修改和重新发布自由软件的源代码。并且规定在不增加附加费用的条件下得到源代码（基本的发布费用除外）。这一规定保证了自由软件总的费用是低的。在使用 Internet 的情况下，则是免费的。GPL 条款还规定自由软件的衍生作品必须以 GPL 作为它重新发布的许可证。这一规定保证了自由软件及其衍生作品继续保持自由状态。GPL 条款容许销售自由软件。为公司介入自由软件事业敞开了大门。公司的介入弥补了自由软件的不足，对推动自由软件应用起了很大的作用。

FSF 发起人的主要项目是 GNU，GNU 是 GNU's Not UNIX（GNU 的非 UNIX 系统）的递归缩写。它的目标是建立可自由发布且可移植的 UNIX 类操作系统。在 GNU 项目开始实施时，因为没有多少高质量的自由软件可供项目使用。所以，为 GNU 项目作出贡献的人们先从系统的应用软件和工具入手。GNU 操作系统的许多关键组成部分都置于 GPL 条款的约束下。GNU 项目本身产生的主要软件包包括 Emacs 编辑软件、gcc 编译软件、bash 命令解释程序和编程语言，以及 gawk（GNU's awk）等。还有许多操作系统必不可少的工具。

除了按 GPL 发布的自由软件之外，还有许多按其他许可证发布的自由软件。如 XWindow 系统、TEX 排版系统和 Perl 语言等就是例子。随着时间的推移，GNU 项目将这些软件也包括进来。

1.5 软件的开发和使用

在软件的发展过程中，大体上经历了程序、软件和软件产品三个阶段。

早期的程序只具备简单的功能，例如，世界上第一台计算机在完成计算任务的用户程序之外，只配备了一个装入程序。1954 年，美国 IBM 公司为自产的 704 机配备了 FORTRAN 编译程序，1956 年，美国通用汽车公司又为 704 机开发了一个简单的操作系统。随后，一批早期的操作系统便于 20 世纪 60 年代相继问世了，于是，工业界开始用“软件”来称呼随同硬件供应给用户的程序。1969 年，IBM 首开软件单独计价之先河，宣布除操作系统之外的其他软件一律计价出售，不少厂商仿效之，使得软件成为独立的商品：软件产品。

1.5.1 程序设计语言

人们用计算机解决问题时，必须用某种“语言”来和计算机进行交流。具体地说，就是利用某种计算机能够理解的语言所提供的命令来编制程序，并把程序存储在计算机的存储器中，然后在这个程序的控制下运行计算机，达到解决问题的目的。

1. 程序设计语言的种类

用于编写可在计算机上执行的程序的语言称为程序设计语言，程序语言可按其发展的先后而分为机器语言、汇编语言和高级语言。

(1) 机器语言

能被计算机直接理解和执行的指令称为机器指令，它在形式上是由“0”和“1”构成的一串二进制代码，每种计算机都有自己的一套机器指令。机器指令的集合就是机器语言。机器语言与人所习惯的语言，如自然语言、数学语言等差别很大，难学、难记、难读，因此很难用来开发实用的计算机程序。

(2) 汇编语言

采用助记符来代替机器码，如用 ADD 表示加法(addition)，用 SUB 表示减法(subtraction)等。同时又用变量取代各类地址，如用 A 取代地址码等。这样构成的计算机符号语言，称之为汇编语言。用汇编语言编写的程序称为汇编语言源程序。这种程序必须经过翻译(称为汇编)，变成机器语言程序才能被计算机识别和执行。汇编语言在一定程度上克服了机器语言难于辨认和记忆的缺点，但对大多数用户来说，仍然是不便理解和使用的。

(3) 高级语言

为了克服低级语言的缺点，出现了“高级程序设计语言”，这是一种类似于“数学表达式”(如 Y=5 * cos(A)+1)、接近自然语言(如英文)、又能为机器所接受的程序设计语言。高级语言具有学习容易、使用方便、通用性强、移植性好的特点，便于各类人员学习和应用。例如，使用 BASIC 语言，如果想得到 $5\times\sqrt{x+1}$的计算结果，编写和执行语句

```
PRINT 5 * Sqr(x+1)
```

即可。

2. 高级语言的种类

高级语言种类繁多，以下是几种曾经或正在产生重要影响的高级语言。

(1) FORTRAN 语言

FORTRAN 语言是最早产生的高级程序设计语言，适合于处理公式和进行各种数值计算。它的产生和发展曾经极大地推动了计算机的普及和应用。

(2) BASIC 语言

BASIC 语言是一种易学易用又有实用价值的高级程序设计语言。可用于一般的科技计算、小型数据处理、计算机辅助教育、电子游戏等许多方面。目前流行的 Visual Basic 就是由 BASIC 语言发展而来的。

(3) Pascal 语言

Pascal 语言是系统地体现结构化程序设计①思想的高级语言。它在支持结构化程序设计和表达各种算法，尤其是非数值型算法上比其他语言都要规整和方便，是书写算法、计算机软件教材、进行计算机教学的首选语言。目前十分流行的 Delphi 软件开发环境就是由 Pascal 语言发展而来的。

(4) C 语言

C 语言是一种功能强、使用灵活方便的语言。用 C 语言编写的程序简洁、易读、易修改，而且运行效率高。C 语言既具有高级语言的优点，又包含了汇编语言的许多特点，使用较为广泛。很多著名的软件(如 UNIX 等)都是由 C 语言编写的。C 语言本身也在不断改进，C++、Visual C++ 等可以认为是 C 语言的提高版。

3. 高级语言的运行

汇编语言程序和高级语言程序(称为源程序)必须经过相应的翻译程序翻译成计算机能够理解的形式，然后才能由计算机来执行。这种翻译通常有两种作法。

(1) 编译方式

将高级语言源程序送入计算机后，调用编译程序(事先设计的专用于翻译的程序)将其整个地翻译成机器指令表示的目标程序，然后执行目标程序，得到计算结果，如图 1-11 所示。

---

① 为提高程序质量(可靠性)而采用的较为规范的程序设计方法。

(2) 解释方式

在高级语言源程序输入计算机后，启动解释程序，翻译一句执行一句，直到程序执行完为止，如图 1-12 所示。

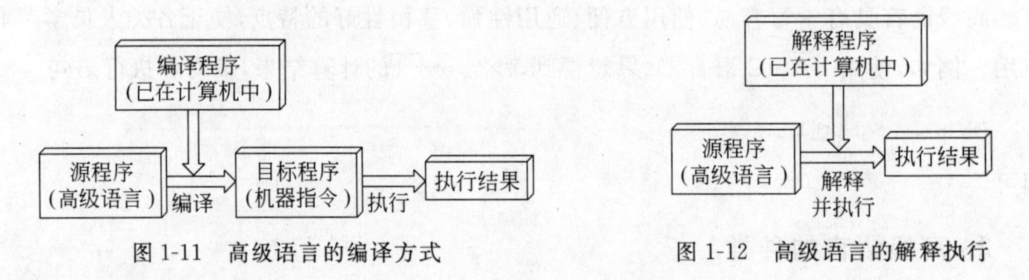

图 1-11　高级语言的编译方式

图 1-12　高级语言的解释执行

1.5.2　新型软件开发工具

计算机之所以能够应用于人类社会的各个方面，一个重要原因是因为有了大量成功的软件。软件开发已经发展成为一种庞大的产业，各种软件开发工具也应运而生。

今天，许多编程语言已经和传统意义上的语言有很大的不同了。它们不但功能强大，而且适应范围、程序形成的方法、程序的形式等都有极大的改进。例如，目前流行的 RAD (rapid application development，快速应用开发工具)，如 Visual Basic、Delphi、Visual C++ 、PowerBuilder 等，普遍采用可视化编程技术，用户只需依据屏幕的提示回答一连串问题，或在屏幕上执行一连串的选择操作之后，编写少量代码甚至不必编写代码就可以自动形成程序。另外，传统的高级语言和数据库管理系统有比较明确的界限，但目前流行的 RAD 除具备功能很强的通用程序设计功能之外，一般都有很强的数据库应用程序设计功能。

事实上，当今软件开发工具的功用已非程序设计语言一词所能概括。例如，由 BASIC 语言发展而来的 Visual Basic 就是由程序设计语言、组件库、各种支撑程序库，以及编辑、调试、运行程序的一系列支撑软件组合而成的集成开发环境。另外，当前流行的编程工具，如 Delphi、Visual Basic 等，都提供了对数据库的强有力支持。它们的数据库管理功能比一些传统的数据库管理系统产品毫不逊色，甚至更适合于进行数据库高级智能开发。

微软(Microsoft)公司精心打造的 VB. NET 就是一种可视化的集成开发环境，如图 1-13 所示。在 VB. NET 中，包括了所有设计、调试、配置应用程序所用到的工具。通过这些工具可以很容易地创建程序中的代码和可视化部分，及时地观察界面设计过程中的任何变化，并利用强有力的调试功能来查错和纠错，从而快速地设计出符合要求且使用户满意的应用程序。

不仅如此，VB. NET 所依托的 Microsoft. NET 框架还是一套综合工具集，能够创建从单机到复杂网络的多种不同形式的应用程序，允许使用多种程序设计语言协同工作，共享资源和代码，从而为软件开发者提供了开发各种应用程序所必需的高级工具。

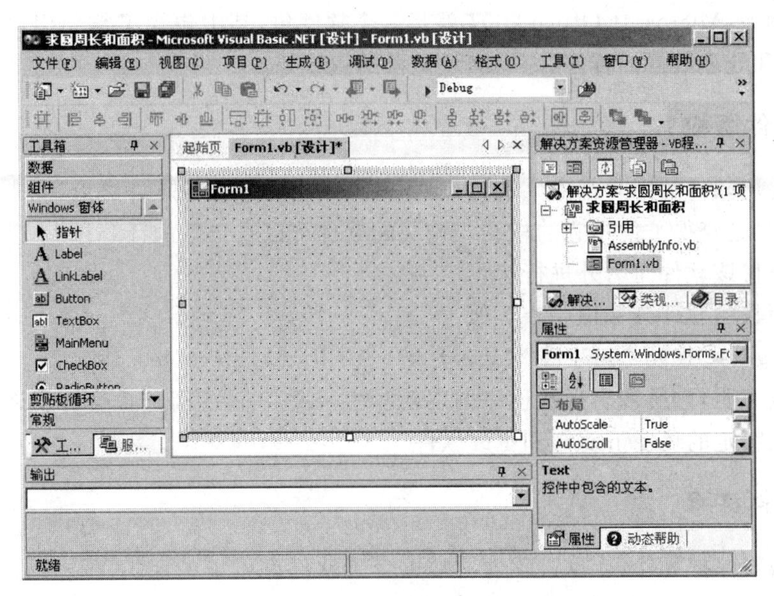

图 1-13 VB. NET 集成开发环境

1.5.3 商品软件的使用

软件是计算机系统的重要组成部分，但“软件”这个名词本身的含义却是随时间的推移而有所变化的。在计算机工业的早期时代，流行用“软件”来表示计算机系统的所有非硬件部分，即软件指的是计算机程序以及为这些程序所用的数据。

我国于 2001 年 12 月 20 日颁布并于 2002 年 1 月 1 日开始实行的《计算机软件保护条例》中规定：“计算机软件是指计算机程序及其有关文档”，而程序和文档的含义分别规定为：

计算机程序是指为了得到某种结果而可以由计算机等具有信息处理能力的装置执行的代码化指令序列，或者可以被自动转换成代码化指令序列的符号化指令序列或者符号化语句序列。同一计算机程序的源程序和目标程序为同一作品。

文档是指用来描述程序的内容、组成、设计、功能规格、开发情况、测试结果及使用方法的文字资料和图表等，如程序设计说明书、流程图、用户手册等。

实际上，“软件”这个名词通常指的是某种商业产品，该产品可能包含一个或多个程序，并且还可能包含必要的数据。在这里，我们将软件定义为：能够控制计算机完成某种任务且以电子格式存储的指令序列和相关的数据。由这个定义可知：如果多个计算机程序协作完成一个任务，则计算机软件就包含了多个程序；软件可以包含数据，但单独的数据不是软件。例如，文字处理软件可以包含字典数据，但使用文字处理软件生成的数据不能称为软件。如果使用一个软件包编写了一个报告，又将它保存在磁盘上，则报告中只有数据而没有可供计算机执行的指令，它也不是软件。

由此看来，软件实际上是一种组合起来的产品，我们经常用“软件包”来表示某种特定的软件。例如，Microsoft Office 2007 就是一个软件包，其中包含了帮助用户编写文书的程序、编辑和处理数据的程序、编辑演示文稿的程序等。

1. 软件版权

每个使用软件的用户都应该清楚，当你购买了享有版权的软件之后，并未成为版权的所有者，而只是获得了使用它的权利。购买的软件可以在自己的计算机上安装，但不能为了分发或出售该软件而另外进行拷贝。

享有版权的软件会标识一个类似于

Copyright ©1998-2007 TENCENT Inc. All Rights Reserved.

这样的版权声明，它通常出现在程序的启动屏中，参考手册中可能也会有。许可用户只能按版权法在特定的环境下复制和更改软件。

2. 软件许可

除了版权保护之外，计算机软件通常也受到软件许可证的保护。软件许可证是一种法律合同，确定用户对某种计算机程序的使用方式。可以在套装软件的盒子上、盒内的一张卡片或在参考手册中找到软件许可证。主机软件许可证通常是一份独立的法律文档。该文档由出版商与合作的购买者协商达成。

软件许可经常扩大版权给予用户的权利。例如，尽管版权法认为在一个以上的机器上复制使用一个软件是非法的，但有些软件许可证允许用户购买一个拷贝而同时安装在家中和办公室内的电脑上。

软件许可一般都很长，并以"法律条约"的形式编写，如图 1-14 所示。但阅读并不困难，只有在遵守这些条款的前提下才能继续使用该软件。

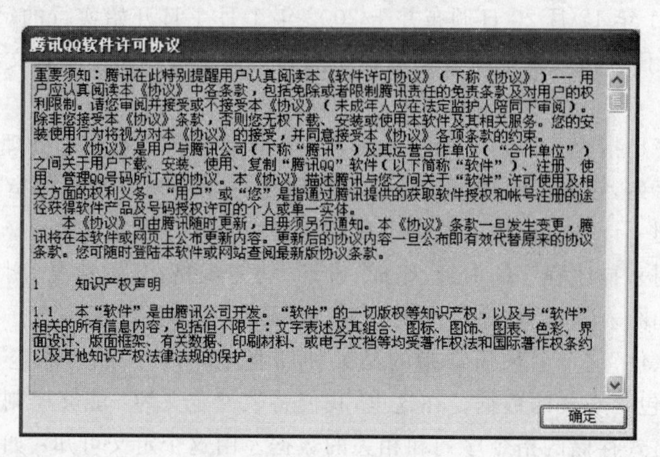

图 1-14 软件许可协议

3. 小包裹许可证

如果每次用户购买软件时都要签署和提交一个软件许可证，则多有不便，因而计算机企业常使用小包裹许可证。在购买软件时，软件包中的磁盘或光盘通常封装在一个信封或盒子内，上面贴有一个印着小包裹许可证（“注意”之类的提示信息）的条子，打开包裹就意味着用户同意了许可证的各项条款。

有了小包裹许可证，软件出版商避免了协商许可条款以及获得用户签字的冗长过程。这实际上是告知用户：要么接受，要么放弃。这是常用的一种合法保护计算机软件的方法。

4. 多用户许可证

如果要在一个单位的计算机网络系统上安装软件，要不要为每个用户或每台机器上安装的软件许可证都支付费用呢？

大多数软件出版商提供了多种许可选择，有些是为单用户设计的，还有一些是为多用户设计的。单用户许可证限制该软件在一段时间内只能为一个用户所用，大多数商业软件是以单用户许可证的方式发布的。

（1）多用户许可证

允许多个用户使用一个特别的软件包。当其中每个用户都有属于自己的个人软件版本时，可以采用这种许可方式。例如，一个电子邮件程序就有一个代表性的多用户许可证，因为每个用户都拥有自己的邮箱。一般地，多用户许可证仍按单个用户来计算价钱，但多用户许可中的每个用户付出的价钱比单用户许可所付出的少。

（2）同时使用许可证

允许同时使用一定数量的复制。例如，如果一个自有网络系统的公司购买了一个文字处理软件的五拷贝同时使用许可证，则在任何时候都可以有5个以内的职员使用该软件。同时使用许可证通常按人数的增长来计算价钱。例如，一个公司可以花5000元购买一张100用户的同时使用许可证，也可以花20 000元购买一张500用户的同时使用许可证。

（3）场所许可证

一般地，允许在一个特定地点（如互相协作的办公室之间、一所大学之内）的任意几个或所有计算机上使用软件，场所许可证通常是平等计算价钱的，例如，每个场所都收1000元。

5. 共享软件的使用

前面已经提到过，共享软件是以“买前试一试”的方式存在于市场上的具有版权的软件。这种软件通常包含一个允许试用一段时期的许可证。如果在过期后还想继续使用它，就要交一笔登记费。

一般来说，共享软件许可证允许制作该软件的多个复制，也允许将它们分发给别人，这是一个很有效的节约广告费的市场策略。但由于登记费的支付依赖于用户的自觉性，故软件开发者通常只能得到他们应得到的报酬的一小部分。正因为如此，有些很实用的共享软件在流通了一段时间之后，令人遗憾地自生自灭了。

课堂训练

训练1.1　微型机的安装与启动

本实验的任务和要求如下：

(1) 观察主机板和I/O扩充插槽以及各种接口卡。

(2) 观察软盘驱动器。

(3) 观察微机系统的连接。

(4) 学会开机、关机。

本实验要打开主机箱，但要由机房管理人员或任课教师完成。观察结束后，应及时盖好主机箱，并向使用者说明：不经允许不能打开主机箱。

打开后的主机箱如图1-15所示。

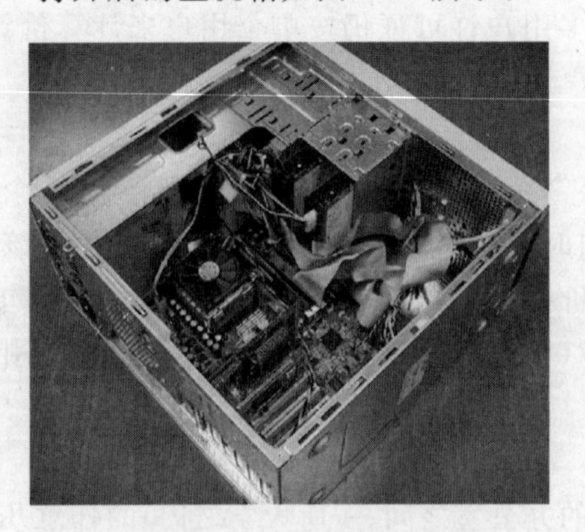

图1-15　主机箱的内部结构

图1-16　配置Pentium 4 CPU的主板

1. 观察主机电路板、I/O接口卡

【说明】 由教师逐步示范并现场讲解。

(1) 观察主板（主机电路板），认识CPU、RAM区、扩充插槽以及各种接口卡。

一款为Intel Pentium 4 CPU设计的主板如图1-16所示。

(2) 观察CPU的型号、形状以及怎样插入主板的CPU插座中。

(3) 观察RAM区、有几片RAM芯片以及怎样插入RAM插座中。

(4) 观察I/O扩充插槽，认识各种接口卡。

2. 观察磁盘和光盘

【说明】 这一部分由教师逐步示范并现场讲解。

(1) 认识硬盘、分辨盘体、控制板（用螺丝与盘体固定在一起）和接口卡。

(2) 观察软盘的磁头小车。

(3) 观察软盘的主轴压盘装置。

(4) 观察光盘驱动器和不同种类的光盘片。

3. 微机系统的连接

【说明】 由教师逐步示范并现场讲解。如果条件允许，也可由教师指导学生完成。

微机的安装没有特殊要求，机器的硬件包括主机箱、键盘、鼠标、显示器、打印机等，一般还要有一个直流稳压电源(如 UPS 不间断供电电源)，在有电的地方就可以安装。

按照下列步骤安装 PC。

(1) 连接键盘、鼠标与主机。把键盘和鼠标插头分别插到主机背后的两个插座内。

(2) 连接交流电源。应先把交流电电源插头插入主机背后的插座内，再把另一端插到交流电源插座内。要特别注意的是：交流电源的电压和主机插头上方指示的电压应一致。

(3) 连接显示器和打印机。先把数据线接到主机背板的插座内，再接好电源线。

(4) 取出软盘驱动器中的纸板，松开固定着的打印机打印头。

(5) 检查各部分是否正确连接，并开机测试。

安装时应注意下列问题。

(1) 微机应安装在通风较好、附近无热源、空气中灰尘少及较干燥又有一定湿度的地方。

(2) 最好装 UPS 电源，一是可保护机器供电电压稳定，二是当突然断电后，UPS 电源内部蓄电池有短暂的放电过程，有时间将正在工作的信息保存起来。

(3) 正确连线。微机系统基本配置中有两种连线：一种是信息线，另一种是电源线。应对照连线图，参照随机带的《用户手册》，将键盘的环绕线通过插头接到主机上。打印机信息线和显示器的信息线应与主机相连接，最后连接主机、显示器、打印机电源线。用于连线的微机主机箱后面板如图 1-17 所示。

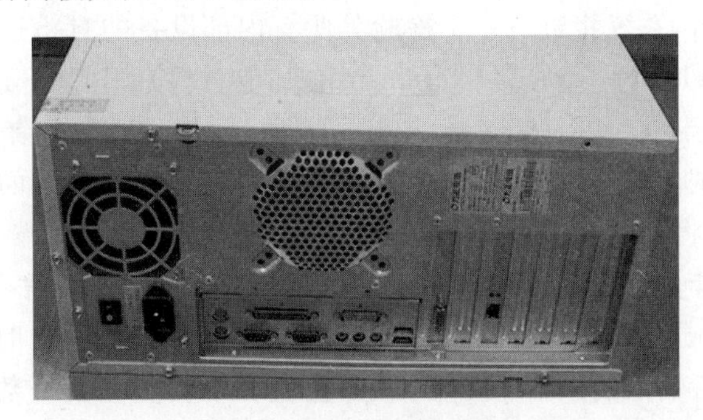

图 1-17 用于连线的主机箱后面板

(4) 连接好保护地线。

(5) 电源线接好后，通电之前一定要检查各电源开关是否处于关闭状态。

4. 练习开机、关机与操作系统的启动

【说明】由教师指导学生操作。

(1) 全部部件连接好后,先开各外设的电源(如打开显示器、打印机的电源),然后再开主机的电源。

系统加电后,首先进行机器硬件的自检:检查系统配置及各个部件是否能够正常工作,然后引导操作系统,即把 Windows(或其他)操作系统从磁盘装载到内存并运行。

(2) 在 Windows 操作系统启动之后,弹出对话框询问用户名及口令,可按机房规定输入,进入操作系统的用户界面。

(3) 查看 Windows 操作系统桌面布置及"开始菜单",可做一些简单的操作,例如,打开"我的电脑"查看本机上的资源;启动画图、写字板等程序做一些简单的编辑工作等。

(4) 利用"开始菜单"关闭计算机,即退出 Windows 操作系统。然后关闭计算机电源,关电源时,先关主机,后关外设。

开机、关机时,应注意以下两点。

① 为防止软盘片或光盘上的信息被破坏,在开关主机电源时应先将软盘片或光盘片从驱动器中取出。

② 为保护整个系统,从开电源到关电源,或从关电源到开电源的时间间隔不得小于10 秒,否则系统容易损坏。

训练 1.2　微机系统的 CMOS 设置

微机系统都使用一个基本输入输出系统,即 BIOS,这是一个永久性地记录在 ROM 中的程序,它使计算机系统的主板和其他部分能够互相通信。

打开微机电源时,系统将进行一个检验其所有内部设备的自检过程,这是 BIOS 的一个功能,通常称为 POST(power on system test,加电自检)。POST 进行 CPU,内存中的 RAM、ROM,系统主板,CMOS 存储器,视频控制器,并行和串行通信子系统,软盘和硬盘子系统及键盘的测试。自检测试完成后,系统便从安装了操作系统的驱动器上(如 C 盘)上寻找操作系统,并将其装入内存。

在第一次启动计算机之前或计算机系统的配置发生改变时,需要通知 BIOS 设置程序,当前系统里包括哪些硬件设备,这就是系统设置,在计算机启动时可以被调出。用户在进行系统设置时所输入的软盘驱动器类型、硬盘驱动器类型及个数、视频显示卡类型、内存容量、日期和时间等数据都存放在微机内的 CMOS 存储器中,所以,又称为 CMOS 参数设置。这样系统启动时就会根据这些数据建立正确的软件和硬件工作环境。如果记录在主板上 CMOS RAM 中的结构参数丢失或系统硬件结构有改变,如更换硬盘等,则需要再进入 BIOS 设置程序,重新进行 CMOS 参数设置。

本实验的任务和要求如下。

(1) 观察计算机系统的基本配置。

(2) 设置并使用口令。

本实验最好使用统一的口令,防止忘记口令而打不开机器的情况发生。

1. 进入 CMOS 设置

【说明】 这一部分由教师指导学生操作。

(1) 启动计算机,如果已处于 Windows 操作系统状态,则可利用"开始菜单"重新启动计算机。

(2) 系统启动时,加电自检(POST)结束之前屏幕下方会出现提示信息,按住"Del"键(不同的机器可能有不同的设置方法),即可进入 BIOS 设置程序。这时,屏幕上出现 BIOS 设置程序的主菜单,如图 1-18 所示。其中,表头是设置程序的版本信息;第一行列出主菜单中的选择项;第三行是可设置的主要项目:时间、日期、硬件、磁盘、类型等;第二行列出了一些功能键的用法。

ROM PCI/ISA BIOS(P5TX-LA9)
CMOS SETUP UTILITY
AWARD SOFTWARE,INC.

STANDARD CMOS SETUP BIOS FEATURES SETUP CHIPSET FEATURES SETUP POWER MANAGEMENT SETUP PNP/PCI CONFIGURATION LOAD BIOS DEFAULTS LOAD OPTIMUM SETTINGS	INTEGRATED PERIPHERALS SUPERVISOR PASSWORD USER PASSWORD IDE HDD AUTO DETECTION SAVE & EXIT SETUP EXIT WITHOUT SAVING
Esc: Quit f10: Save & Exit setup	↑ ↓ →←: Select Item (Shift) F2 : Change Color
Time, Date, Hard, Disk, Type…	

图 1-18 BIOS 设置程序的主菜单

- Esc 键:退出当前工作界面。
- 光标移动键:移动光带以便选择。
- (Shift) F2:改变屏幕显示颜色。
- F10:保存修改的配置数据并退出设置程序。

2. 查看计算机系统的基本配置

(1) 当光标带停留在 STANDARD CMOS SETUP 选项上时,按回车键进入"标准 CMOS 设置"菜单。

(2) 查看日期、时间设置。

(3) 查看外存储器配置及系统盘(primary master)性能参数。

(4) 查看内存容量。

(5) 按 Esc 键退回主菜单。

在查看过程中,可进行设置,方法是:使用光标移动键选择要设置的项目;使用翻页键(PgUp、PgDn)改变参数。

3. 设置口令

通过口令设置可以限制不相干的用户进行系统引导及CMOS设置,管理员口令限制进入系统引导和CMOS设置,而用户口令只限制进入操作系统引导。

(1) 选择主菜单的SUPERVISOR PASSWORD选项或USER PASSWORD选项,按Enter键,则屏幕显示:

```
Enter Password:
```

(2) 如果要清除原来输入的口令,则按回车键即可;如果是第一次运行该选项,则要输入由8个以内字符组成的口令,然后按回车键(屏幕上不显示口令)。屏幕上立即出现:

```
Confirm Password:
```

要求再次输入口令。

(3) 再输入一次口令并按回车键。

4. 将计算机设置成启动时必须输入口令才能引导操作系统

(1) 在CMOS主菜单中选择第2项:BIOS FEATURES SETUP,按回车键。

(2) 在当前菜单中选择SECURITY OPTION项,利用翻页键将其设置为SYSTEM。

(3) 按Esc键退回主菜单。

如果将SECURITY OPTION项设置为SYSTEM,则用户进入BIOS或启动机器加载操作系统时,都要输入设定的口令;设置为SETUP,则仅在进入BIOS时才需要输入口令。该项设置与主菜单中的口令设置项配合起来使用。

5. 保存设置

将光标移到"SAVE & EXIT"选项,按屏幕提示输入"Y"按回车键,则本次所作的所有BIOS设置项目存盘并退出设置。输入"N"则返回主菜单。

如果想不保存本次的设置而退出CMOS设置程序,则将光标移到"EXIT WITHOUT SAVING"选项,按屏幕提示输入"Y"并回车,则退出设置。输入"N"则返回主菜单。

这里要注意的是:由于CMOS中的配置数据对系统的启动是必要的。因此对这些数据最好有书面备份,以便在丢失这些数据时能调用设置来及时恢复。

6. 重新启动计算机

由于已经设置了口令且将计算机设置成启动时询问口令,故再次启动时,在上电自检结束后,屏幕会显示要求输入口令的提示信息,正确输入口令后才能引导操作系统。

自学内容

自学 1.1 微机体系结构的演变

20 世纪 80 年代初，IBM 公司吸收早期的成功经验，推出了开放体系结构的 IBM PC。在最初的 PC 上，除了一块称为"系统板"的带有键盘和磁带机接口的电路板之外，再没有什么集成的设备或器件了，显示器、软盘和硬盘都是按照用户决定是否配置的"可选"件，而且必须通过插在主板(系统板)上的接口卡与主机连接在一起。

随着时间的推移，主板上集成的部件越来越多。其结果是：单一设备上实现的功能更多了，移动更加方便了，设备的造价也降低了。从某种意义上说，PC 的发展一直是沿着集成度这条道路演进的。

在 IBM PC 的主板上，提供了安装 CPU 以及基本的内存 RAM 和 ROM 等部件的插口，最具特色的是带有 6～8 个扩展插槽，这些扩展插槽上可以方便地安装上各种功能的电路板卡，例如，显示器接口卡、并行打印机接口卡、磁盘驱动器控制卡、串行通信卡以及扩充内存 RAM 等。由于 IBM 公司公开了这种扩展插槽的规格，使得许多生产厂家可以围绕着 PC 生产各种配件，IBM PC 及其兼容机迅速成为微型机的主流机种。IBM PC 上的这种扩展插槽规格后来得到工业界认可，定为 ISA(industry standard architecture，工业标准结构)称为 ISA 总线。

集成化程度的提高是一个长期而缓慢的过程。直到 1995 年，许多厂商生产的 IBM PC 兼容机的 I/O 接口和磁盘控制器还是单独放在扩展卡上的。甚至今天，有许多 PC 的图形图像卡、网卡、声卡或者 SCSI 卡仍然是与主板分离的。许多 PC 制造商设想并试验了不同的集成化方案，也尝试过把所有的部件都集成在一起。然而人们发现，过分地提高集成化程度也会带来一些负面影响。例如，如果集成化的部件无法分离出来，就很难升级换代；高度集成化的主板往往是非标准化的；某个部件的故障可能会使得用户不得不购买全新的主板。

仔细观察目前 PC 的体系结构不难发现：凡是发展变化比较快、可选档次变化跨度比较大的部件，例如 RAM、CPU 和图形卡等，仍然是可插拔的。同样，不是每个用户都要用的部件，例如网卡、SCSI 卡等，也是与主板相分离的，这样可以使整体成本保持在比较低的水平上。

下面介绍一下对 PC 体系结构影响较大的几种部件的演变过程。

1. 主板

主板发展演变的一条主线是：将运行速度快的部件集成进来，把运行速度慢的部件从主板上剥离出去，快速部件通过快速总线相连接，从而保证了系统性能上的整体协调性。20 世纪 90 年代后期，将外设接口集成在主板上成为一种趋势，例如，声卡、图形卡、网卡，甚至SCSI(磁盘接口)和RAID(冗余磁盘阵列)控制器，都有可能集成在主板上。这样做的好处是成本大幅降低，但也限制了未来的升级能力。

早期PC使用的主板宽度达12英寸，上面集成的部件也很少，放不到现在这样小巧玲珑、形态各异的机箱中。1989年上市的Baby AT主板，尺寸缩小为9英寸宽、10英寸长，串行和并行接口都集成在主板上，并通过电缆与固定在机箱上的插头连接起来。此后，PC主板设计普遍遵循这样一个开放且不需要特别许可的标准，这就使得生产主板的厂家迅速增加。所以说，开放的标准为主板市场营造了百花争艳的繁荣景象，也使PC这种高科技产品不仅能够为个人所使用，而且变成了个人可以组装的计算机。

2. 芯片组

芯片组是一组用来协调PC内部关键部件数据流的集成电路，这些关键部件包括CPU、内存、二级缓存，以及连接在ISA总线及PCI总线上的设备。芯片组还要协调硬盘等通过IDE通道所连接的设备的数据流。初看上去，CPU一直是PC发展进步的热线，其实，芯片组占据着同等重要的地位。

生产芯片组的厂商并不少，但多年来Intel一直是中坚力量。Intel Triton芯片组是同类产品中最流行的，而且在主板市场上产生过革命性的影响，因为几乎所有的主板制造商都倾向于选用这种产品，其中的主要原因在于它对Intel系统CPU和PCI总线的支持。

在20世纪90年代后期，芯片组市场的竞争非常激烈。Acer Laboratories (ALI)、SIS和VIA等厂商都开发出了很好的芯片组，不仅支持Intel的CPU，而且能够与AMD和Cyrix的CPU很好地配合。在芯片组的发展过程中，1998年是非常重要的一年。在这一年中，Intel的一些竞争对手突破了PC系统总线66MHz的速率极限，将Socket 7芯片组的系统总线速率推向了100MHz。Intel很快就用440BX芯片组回应了对手，但时隔不久，竞争对手再次领先，把芯片组的速率提高到了133MHz。

3. 总线

通过总线可以把多种多样的设备连接起来，组成各种各样的应用系统，这是PC得以盛行的重要原因之一，这一优势应该归功于它的总线。

PC最重要的概念就是“基于简单扩展总线的开放体系结构”，可以让各种设备非常容易地连接在一起。这种体系结构已经沿用了20多年，如果将早期的PC扩展卡插在最新的PC主板上，仍然能够正常工作，这就是开放标准的魅力所在。然而，这并不意味着总线就没有发展。相反，总线的发展是翻天覆地的。

(1) ISA总线

ISA最初为8位宽度，运行速度为4.77MHz，与当时的CPU速度相同。后来发展为16位，运行速度达到8MHz。今天仍然有一些PC板卡采用8位技术。

(2) PCI总线

最初的PCI总线运行速度为33MHz，后来上升到66MHz，从而将理论上的吞吐速度提高到了266Mbps(bit per second，每秒位数)，比ISA总线快了33倍。PCI总线可以配置为32位和64位两种宽度。1999年，PCI总线的理论带宽达到524Mbps。另外，PCI比ISA的功能强得多，它可以共享IRQ(interrupt request，中断请求)，因为高端PC系统的IRQ非常紧张。同时，PCI总线实现了"即插即用"，这也是可圈可点的进步。

(3) PCI-X

PCI-X是PCI总线的一种扩展架构，是对PCI总线所做的高性能补充。它由IBM、HP和Compaq共同推出，1999年获得PCI SIG(Peripheral Component Interconnect Special Interest Group，互连外围设备专业组)批准。它完全向后兼容标准的PCI总线，但显著地增加了I/O带宽，满足了千兆以太网、光纤通道和Ultra3 SCSI等企业应用的需求。PCI-X不仅提高了PCI总线的速度，而且增加了高速接口插槽，成倍提高了现行标准PCI的速度，综合吞吐能力达到了1Gbps。

自学1.2　微机主板

微机系统板俗称主板(主机板)或母板，是一块可以安装许多电子元件的多层印刷电路板，是微机主机箱里最重要的部件。系统板上安装了组成计算机的主要电路系统，并具有扩展槽和各种接插件。微机的质量在很大程度上取决于系统板的设计和质量。所以，从微机诞生之时起，无论是生产厂家还是用户，都十分重视系统板的体系结构和加工水平。

主板通常都是针对某种级别的CPU设计制造的，如图1-19就是一种针对Pentium CPU设计的主板。也有些主板能够适应不同级别的CPU。但后面这类主板比较少，一般属于CPU更新换代时期的过渡产品。

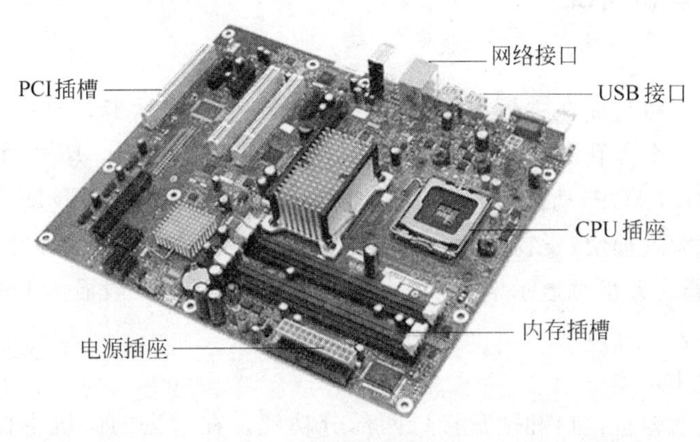

图1-19　微机主板

主板最重要的功能是实现系统总线、各主要系统部件之间的信息连接和通信管理。

1. 主板上的CPU和内存条

主板上CPU的安装方式有两种，一种是制造厂商直接把CPU芯片焊接在主板电路上，另一种是在主板上安装了一个CPU芯片插座，把CPU插入这个插座就可以工作了。

采用后一种方式的主板往往能够与同一级别的多种不同主频和型号的 CPU 配合使用，能够更好地满足用户需要。为了适应不同主频和型号，这种主板上设置了一些微型开关或者连线插脚，在安装 CPU 时必须根据情况拨好开关、插好连线（也称为跳线），才能够正常使用。不同主板提供的内存插槽种类和个数（或组数）也不相同，在选择主板时应该注意这方面的情况。

微机上的内存采用超大规模集成电路芯片制成，若干芯片安装在一个小电路板上，构成一个称为 SIMM 的存储模块（内存条）。内存条安装在系统板的内存插槽里，许多系统板都支持多种内存配置，可以根据需要选择合适容量的模块，构成整个系统的内存。

2. 扩展插槽与插卡

微机系统板上有一组扩展插槽，可以插入各种插卡，包括作为计算机基本配置的显示卡、磁盘接口卡，以及各种扩展卡，如用于输入输出音频信号的声音卡、用于恢复经过压缩的视频信号的解压缩卡、调制解调卡等。调制解调卡（modem 卡）用于将数字信号转换为模拟信号，以便通过一般通信线路（如电话线等）来传输信息。

扩展插槽就是设备连接总线的接口。不同系统板的扩展插槽数目和种类各不相同，一般扩展插槽数目在 5～8 个之间，且都提供几个 ISA 扩展插槽和几个 PCI 扩展插槽。ISA 扩展插槽比较粗大，目前主要用于连接低速外部设备，如声音卡、modem 卡、传真卡等。PCI 扩展槽接线细密，插槽比较短，适用于高速设备连接，如前面提到的高速磁盘、高性能彩色显示器等。目前有些系统板上也还提供 VESA 总线插槽，它是在 ISA 插槽的后端扩展了一段，增加了另一个插槽。具有这种总线方式的扩展卡插接在连续的两个插槽上，比较长，适用于连接高速设备。

3. 常用插卡和插口

(1) 显示卡

显示器接口一般是插在主板扩展槽上的一块卡，称为显示卡。显示卡安装在主板上，它在机箱后面有一个多孔的显示器连线插座。供连接显示器用。新型的彩色图形显示卡带有三维图形加速（AGP）功能，它们能够直接处理程序的标准图形显示命令，这种功能使图形显示速度大大加快，支持三维图形显示、动画等的功能。在显示卡上安装着显示存储器，这个存储器的大小对显示卡的功能有巨大影响。目前一般显示卡都配置了 1MB 以上的显示存储器。

(2) 磁盘接口卡

磁盘接口包括软盘接口和硬盘接口两部分功能。在过去的微机主板上，磁盘接口由一块称为多功能卡的接口卡提供，这种卡也有 ISA 卡或 VESA 卡之分，VESA 卡能够提供更快的硬盘数据传输速度。由于磁盘接口情况比较简单，仅仅是高速数据传输，没有复杂的操作，所以采用 PCI 总线的系统板大都把磁盘接口直接集成在板上。

微机硬盘接口有两个系列，其一是一般微机中广泛采用的 IDE 方式，其二是高性能工作站和网络服务器上广泛使用的 SCSI 方式。SCSI 方式数据传输速度高，但配套设备（磁盘等）以及接口部件的价格都较高。目前微机多采用扩展的 IDE（EIDE）硬盘连接方式，这种方式可连接最多四个硬盘，传输速度原则上可达到每秒 16.7M 字节。常见的硬盘接口卡或集成硬盘接口都采用 EIDE 接口。许多光盘驱动器也直接连接在 EIDE 接口上，当然，这就需要具有 IDE 接口的光盘驱动器。

微机软盘接口可以连接两个软盘驱动器，前些年也是由多功能卡连接的。现在具有 EIDE 磁盘接口功能的 PCI 系统板也提供了软盘连接插口。

(3) 其他外部设备接口

系统板上都有一个专用的键盘插口，这是一个有 5 个针孔的圆形插座，键盘直接安装在此。

微机机箱后面一般还提供几个其他接口，如小型的 9 针插座，是用于连接鼠标等低速数据传输设备的串行通信接口，也可用来与其他计算机进行互连通信。25 针大型插座是用于连接打印机等并行设备的并行接口。在一台微机上通常有一个或两个串行通信口，一个或两个并行通信口，此外还经常有一个专用的游戏控制杆接口。

许多扩展卡自身还提供外部接口插座。例如，modem 卡或传真卡带有连接电话线的插座，声音卡带有连接麦克风、扬声器或扩大器的音频输入输出插座，一些解压缩卡带有电视视频输出接口等。

习　　题

1.1　选择题

1. 最早的计算机是用来进行________的。

   A) 科学计算　　B) 系统仿真　　C) 自动控制　　D) 信息处理

2. 在计算机中采用二进制是因为________。

   A) 电子元件只有两个状态　　B) 二进制的运算能力强

   C) 二进制的运算规则简单　　D) 以上三个原因

3. 下面有关计算机的叙述中，________是正确的。

   A) 计算机的主机包括 CPU、内存储器和硬盘三部分

   B) 计算机程序必须装载到内存中才能执行

   C) 计算机必须具有硬盘才能工作

   D) 计算机键盘上字母键的排列方式是随机的

4. Pentium 4 2.8 微机型号中的 2.8 与________有关。

   A) 显示器的类型　　B) CPU 的速度　　C) 内存容量　　D) 磁盘容量

5. CPU 中的________可存放少量数据。

   A) 存储器　　B) 辅助存储器

   C) 寄存器　　D) 只读存储器

6. 如果一个微处理器有 12 条地址总线，那么它所能访问的存储器的最大容量为________。

A) 12KB　　B) 12MB　　C) 4KB　　D) 1MB

7. 内存储器的基本存储单位是________。

A) 比特(bit)　　B) 字节(byte)

C) 字(word)　　D) 字符(character)

8. 内存储器中的每个存储单元都被赋予一个唯一的序号,称为________。

A) 单元号　　B) 下标　　C) 编号　　D) 地址

9. 软盘磁道的编号是按从小到大的顺序________进行的。

A) 从两边向中间　　B) 视软盘而定　　C) 从外向内　　D) 从内向外

10. 显示器的________越高,显示的图像越清晰。

A) 对比度　　B) 亮度　　C) 对比度和亮度　　D) 分辨率

11. 下列数中最小的一个是________。

A) 100B　　B) 8　　C) 12H　　D) 11Q

12. 最大的15位二进制数换算成十进制数是________。

A) 65 535　　B) 255　　C) 32 767　　D) 1024

13. 最大的15位二进制数换算成十六进制数是________。

A) FFFFH　　B) 3FFFH　　C) 7FFFH　　D) 0FFFH

14. 已知小写字母的ASCII码值比大写字母大32,大写字母A的ASCII码为十进制数65,则二进制数1000100是字母________的ASCII码。

A) A　　B) B　　C) D　　D) E

15. 小写字母d的ASCII码是二进制数________。

A) 1100100　　B) 1000100　　C) 1000111　　D) 1110111

16. 下面有关计算机汉字处理的叙述中,________是不正确的。

A) 国家标准GB 2312—80中,共收集了6763个汉字

B) 通常汉字内码在微机系统中占两个字节

C) 汉字库也可存放在软磁盘上

D) 汉字扩展内码规范中,共收集了16 763个汉字

17. 下面有关计算机操作系统的叙述中,操作系统________是正确的。

A) 是计算机的操作规范

B) 是使计算机便于操作的硬件

C) 是便于操作的计算机系统

D) 是管理系统资源的软件

18. 下面有关计算机操作系统的叙述中,________是不正确的。

A) 操作系统属于系统软件

B) 操作系统只负责管理内存储器,而不管理外存储器

C) UNIX、Windows 2000属于操作系统

D) 计算机的内存、I/O设备等硬件资源也由操作系统管理

19. ________是生产活动现代化的一个具体的体现。

A) 虚拟现实　　B) CAD

C）并行工程　　　　D）计算机网络

20. 完整的计算机系统是由________组成的。

A）主机和外设系统　　　　B）硬件和软件系统

C）冯·诺依曼和非冯·诺依曼系统　　　　D）Windows 系统和 UNIX 系统

21. 一个磁盘上的柱面数等于________。

A）每个盘面上的磁道数　　　　B）512 字节

C）磁头数　　　　D）每个磁道上的扇区数

22. 为了支持 640×480 分辨率的真彩色显示方式，帧存储器需要约________的容量。

A）1MB　　B）1KB　　C）1GB　　D）2MB

23. 激光打印机是________式打印机。

A）页　　B）字符式　　C）行　　D）针

24. 下面各种软件系统中，________是数据库管理系统。

A）Word　　B）AutoCAD　　C）Oracle　　D）UNIX

25. ________软件不受版权保护。

A）公用　　B）商业　　C）共享　　D）自由

26. 任何人都可以取得、修改和重新发布________软件的源代码。

A）公用　　B）商业　　C）共享　　D）自由

27. 下面有关计算机病毒的叙述中，________是不正确的。

A）计算机病毒也是程序

B）将软盘片格式化可以清除病毒

C）有些病毒可以写入贴上了写保护标签的软盘片

D）现在的微机经常是带病毒运行的

28. 计算机能直接执行________。

A）C 语言源程序　　　　B）BASIC 语言源程序

C）汇编语言语言源程序　　　　D）机器语言程序

29. 为把 C 语言源程序转换为计算机能够执行的程序，需要________。

A）编译程序　　B）汇编程序　　C）解释程序　　D）编辑程序

30. Visual C++ 是一种常用的________。

A）CAD　　B）RAD　　C）DRAM　　D）CD-R

31. 有了________许可证，软件出版商避免了协商许可条款以及获得用户签字的冗长过程。

A）小包裹　　B）软件　　C）多用户　　D）场所

1.2　填空题

1. ROM、DBMS、GPL 的中文意义分别是________、________和________。

2. 1M 字节＝________K 字节＝________字节。

3. 15＝________B＝________H。

4. 标准 ASCII 采用________位二进制编码。汉字机内码是将 GB 2312—80 中规定的汉字国标码的每个字节的最高位置________得到的，例如，汉字"大"字，国标码为3473H，则机内码为________。真彩色是指用________位二进制编码来表示一个像素。

5. GB 18030 是________的扩展，采用________混合编码。

6. CD-ROM 盘通过________记录信息，与普通 VCD 唱盘的方式________。

7. 地址总线的位数决定了计算机的________能力，数据总线的宽度决定了计算机的________。

8. 功能最强的计算机是________计算机。规模最小的计算机是________计算机。存储器、CPU 和输入输出接口集成在一起，称为________计算机。

9. 一个硬盘中共有 16 个盘面，每个盘面上有 2100 个磁道，每个磁道分为 63 个扇区，每个扇区的存储容量为 512B，则该盘有________个磁头，________个柱面，它的存储容量是________ MB，即________ GB。

10. 磁盘读写动作过程分为________、________和________三个阶段。

11. 一个扇区的位置（称为地址）是由它所在的________编号、________编号和扇区在________中的位置编号三者共同确定的。

12. 计算机的运算速度用每秒钟所能执行的________数表示，单位是________。

13. ________插槽比较粗大，目前主要用于连接低速外设，________插槽接线细密，适用于高速设备连接。

14. 软件从________之日起便享有版权，从________之日起便实际受到保护。________软件不受版权保护。

15. 软件版权人依法享有________权和________权。

16. 共享软件是________版权的软件。通常包含一个允许________的许可证。

1.3 判断题

1. 机箱内的设备是主机，机箱外的设备是外设。 （ ）
2. MIPS 表示的是主机的类型。 （ ）
3. 计算机内存的基本存储单位是比特。 （ ）
4. 计算机程序必须装载到内存中才能执行。 （ ）
5. 自由软件允许用户进行修改，而共享软件却不一定。 （ ）
6. 数据总线的宽度决定了内存一次能够读出的相邻地址单元数。 （ ）
7. 每个汉字的字模码都用两个字节存储。 （ ）
8. 不同 CPU 的计算机有不同的机器语言和汇编语言。 （ ）
9. 微机就是个人计算机。 （ ）
10. 外存上的信息可直接进入 CPU 被处理。 （ ）
11. 操作系统只负责管理内存储器，而不管理外存储器。 （ ）
12. C 语言是一种面向对象的程序设计语言。 （ ）
13. 一个磁盘上各个扇区的长度可以不等，但存储的信息量相同。 （ ）
14. 计算机键盘上字母键的排列方式是保证录入速度的最佳方式。 （ ）
15. 显示器的分辨率不但取决于显示器，也取决于配套的显示器适配器。 （ ）
16. 开机时先开显示器后开主机电源，关机时先关主机后关显示器电源。 （ ）

第 2 章 操作系统

基本知识

计算机安装了操作系统之后，就可以为用户提供一个以操作系统为主体，以计算机硬件为依托的称为基本平台的工作环境。学习计算机技术的首要任务就是先学会一种或几种操作系统的使用方法，或者说，先学会一种或几种基本平台的操作方法。

计算机启动后，屏幕上会显示相应的信息，使得用户能够按照约定的方式发出操作命令，指示计算机来执行特定的任务。例如，安装了 Windows 操作系统的计算机启动之后，就会显示如图 2-1 所示的界面。其中，类似于“我的电脑”那样的图标(一个图片和一个标题组成)代表了一个应用程序，启动之后会显示一个窗口，用户使用窗口上提供的“菜单”和“工具栏”向计算机发出命令。例如，可以使用“我的电脑”执行以下任务：

(1) 查看本机的硬件配置：CPU 型号，内存储器容量，磁盘、光盘的容量和名称，打印机型号等。

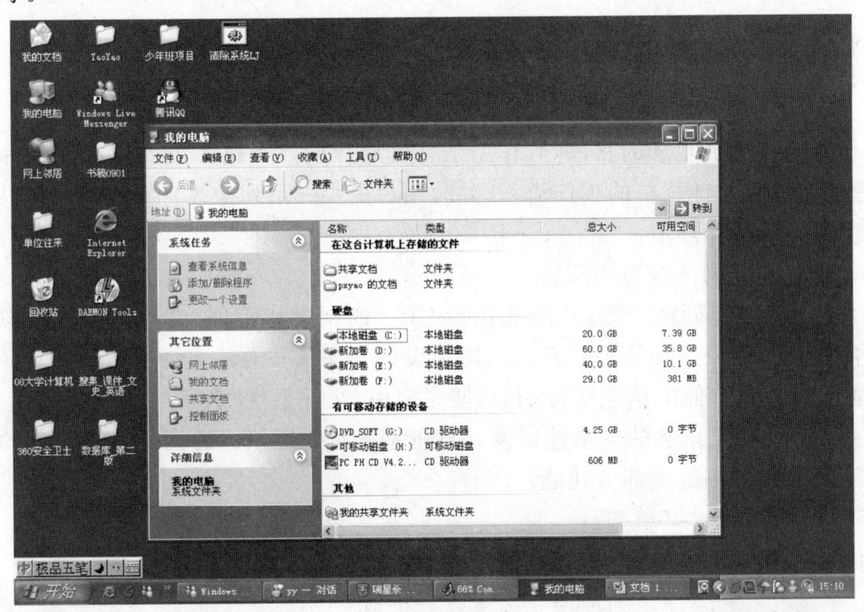

图 2-1 Windows 操作系统的界面

(2) 查看本机上安装了哪些应用程序,保存了哪些数据等。

(3) 在本机的不同设备或本机与移动设备(磁盘、光盘、U 盘等)上进行各种文件操作,包括文件的移动、复制、删除和更新等。

(4) 运行本机上已有的某个应用程序,执行特定的任务,如处理图片、写文章、播放视频剪辑等。

(5) 查看预先存起来的文本文件的内容。

此后,用户便可通过操纵桌面上的窗口、快捷方式、指示器等来操纵计算机了。这种操纵计算机的方式称为图形用户界面。

还有一种称为"命令行"的操纵计算机的方式,要求用户通过输入称为"命令"的字符串来操纵计算机。在早期,受限于计算机的速度和内存容量,操作系统一般都是通过这种方式来与用户进行交互式操作的。当前流行的操作系统(如 Windows、UNIX、Linux 等)在提供图形用户界面的同时,一般也都同时提供"命令行"方式。例如,在 Windows XP 中,用户可以通过如图 2-2 所示的"命令提示符"对话框来输入命令,达到操纵计算机的目的。

图 2-2 "命令提示符"对话框

2.1 操作系统的功能

操作系统是一套复杂的软件,其作用是有效地管理计算机系统的所有硬件和软件资源,合理地组织整个计算机的工作流程,并为用户提供一系列操纵计算机的实用功能和高效、方便、灵活的操作环境。

操作系统的功能可分为三部分。

(1) 管理计算机硬件资源,其功能包括 CPU 的调度和管理、内存储器的虚拟存储空间(可寻址空间)的分配和管理以及输入输出设备管理及其通信支持等。

(2) 管理磁盘存储的信息资源,其功能主要由"文件系统"来完成。

(3) 负责计算机系统的安全性以及计算机系统对它所执行的当前各项任务的监控等任务。下面分别介绍这三部分功能。

2.1.1 管理和分配系统资源

操作系统把 CPU 的计算能力、内存储器和外存储器的存储空间、输入输出设备(例如键盘、显示器和打印机）的信息通信能力以及在存储器中所存储的文件（数据和程序）等都看成是计算机系统的“资源”。它负责管理系统的这些资源，并确定各种资源在什么时候分配给什么计算任务使用。

1. CPU 调度和管理

CPU 芯片在每个时刻只执行一条指令，如果一个程序占用了 CPU 进行计算而另一个程序也要工作，则必须设法使前一个程序让出 CPU 一段时间。

单用户、单任务操作系统的管理方式是让每一时刻计算机只为一个用户服务，计算任务独占计算机系统的有关资源，包括 CPU 计算时间和内存储空间资源等。而且，总是让前一个任务结束后再接受下一个任务。MS-DOS 操作系统就是一个单用户、单任务的操作系统。

多任务操作系统允许多个任务同时共享系统资源，其工作方式是 CPU 在多个任务间“分时”地执行，即某个任务的程序占用 CPU 执行一段时间之后让出 CPU 给另一个任务，后一任务执行一段时间之后又让出 CPU 给前一任务，……。两个（或多个）任务轮流占用 CPU 的“时间片”向前推进，对每一个任务来说，它的程序一般是算算停停，每次恢复计算总是接着上次被打断的地方继续下去，而 CPU 是间断地在几个存放在内存并正在（或已准备好）执行的程序之间跳来跳去，每次对一个程序执行一段时间，如图 2-3 所示。

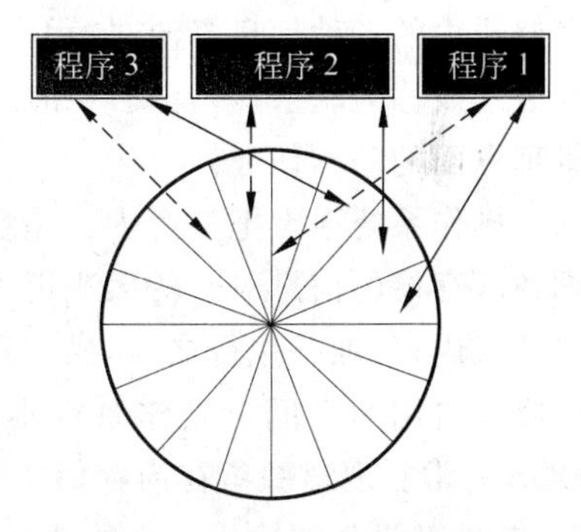

图 2-3　多任务的工作方式

由于任务之间切换 CPU 非常快，也就是说，每一个“时间片”都非常短，用户感觉不到他们的程序是算算停停的。从宏观上看，几个任务好像是在“齐头并进”地执行。例如，一个人正在用文字处理程序编写文章，又有一个用户作图程序需要制作图形，那么文字处理程序和作图程序就是这样工作的。

当然，CPU 时间片并不一定是平均分配的，有时也采用为不同类别的任务确定不同优先级别而按级别来确定时间片多少的办法，这样它们的工作进展速度也就可能不同了。由于实际的管理存在复杂的调度和控制问题，为了简化问题，有时也把任务划分为前台任务和后台任务两类。前台任务包括那些需要快速响应的任务，给予较高优先级，分配更多时间片。后台任务不要求及时响应，仅当无前台任务等待的时候，才能分配 CPU 时间片。

如果计算机中有多个 CPU，那么操作系统的管理就更复杂了。多 CPU 的计算机系统不仅能达到较高的性能，而且可以提高可靠性。当一个处理器执行的软件出现故障时，它可以报告给其他处理器而由后者来执行分析和诊断，设法让系统的工作继续下去。这种设想进一步发展就形成了“容错计算机”，即计算机系统的各种部件，包括 CPU、存储器、各种控制器、磁盘驱动器、信息存储等都有备份，数据处理过程是由多个 CPU 或者多台完整的计算机执行相同的软件，或者执行分头编写但功能相同的软件分别完成的，这样，总会得出正确的结果，因为多个 CPU 或者多台完整的计算机同时出错的可能性很小。

2. 存储管理

存储管理是操作系统的主要任务，其主要功能是解决对存储在计算机内的信息资源的有效利用和信息的安全保障问题。

在计算机中，CPU 对内存储器的访问极其频繁，内存储器向 CPU 供给数据和指令的速度在很大程度上决定着整个系统的工作效率。一般来说，存储器提供数据和提供指令的速度总是跟不上 CPU 的处理速度。如果二者的速度相差过于悬殊，"高速度"的 CPU 在大量时间内都因等待数据而处于空闲状态，整个系统的效率就会大大降低。另外，系统所存储的信息本身是宝贵的资源，必须设法保证它们的安全性并保证能够方便地反复使用（信息的复用性）。

存储器的物理存储空间是有限的，其中哪些部分已经被占用，哪些部分是空闲的，都要进行登记；有了新的需求时要分配存储，被放弃的存储空间要及时回收。更重要的是，存储器中的各种信息资源，如程序或数据文件等，其名称和所在存储空间位置两者的"对应表"（或称为映射表）是查询和提取它们的依据，必须管理好。这些都是操作系统在存储管理方面的基本任务。

操作系统通常把整个内存储空间划分为固定大小的存储块，当需要分配存储时，就根据请求存储的信息对象的大小把一些"存储块"分配给它。例如当一个应用任务需要从磁盘调入内存，准备执行之前，操作系统就为它分配内存空间。当该任务挂起时，操作系统回收它占用的空间。操作系统本身的程序和数据也需要占有内存储空间。例如，MS-DOS 的常驻内核驻留在内存储空间的低地址端。还有一些情况也需要分配内存储空间。例如，外部设备的输入输出的缓冲区等。

计算机工作时，所运行的程序可能很大，现有的内存容量不能满足要求。这在多任务操作系统中是很常见的。为了解决这个问题，操作系统常采用"虚拟存储管理"（virtual memory management）的方法。其基本思想是，每个时刻只将一部分当时"活跃的"，即正在执行的程序和数据装入内存，在需要用到另一部分程序或数据时，到外存（磁盘）中去调用，并替换掉已经不活跃的部分。这样，就可以将存储容量扩充到整个磁盘上。理想情况是得到一个速度与内存相当而容量与外存相当的存储器。当然，这实际上是无法达到的。而且，如何自动替换掉那些已经不活跃的部分在技术上是比较复杂的。

为了支持虚拟存储管理方式，在微机硬件构成上以及 CPU 芯片的设计上都采取了措施。其技术支持称为存储空间的分段和分页。分页技术就是磁盘上的程序和数据以"页面（大小固定，一般为数千字节）"为单位和内存储器频繁交换（微机运行时，机箱前板上的一个指示灯用来指示存储交换工作）。为了存放正在等待交换的页面，通常还需要在磁盘上建立一个特殊的缓冲区，实际上是一个大文件，称为交换文件。在必要时，操作系统也会在内存储器中建立缓冲区。分段加分页的技术更为灵活，为保护系统的程序数据的安全性提供了基础。段的大小是可变的，一段程序或一张数据表格都可以自然地被定义为一个段，每个段又可以包含多个页面。

3. 输入输出(I/O)设备管理

输入输出设备管理的主要功能是分配、回收外部设备和控制设备的运行。常用的设备管理方式有以下几种。

(1) 程序控制方式

由 CPU 执行对输入输出设备的驱动程序,包括启动、停止设备,测试设备的工作状态,数据传送等。这种管理方式不需要专门的接口硬件,但 CPU 要花费宝贵的时间处理输入输出工作,已很少采用。

(2) 中断方式

为了减少 CPU 对慢速外设的等待,对于键盘、鼠标等慢速、单字节设备多采用这种方式。例如,MS-DOS 操作系统的键盘命令行输入就采用这种方式,由键盘输入的字符先被 CPU 存入命令缓冲区(暂时中断 CPU),直到用户按换行键(Enter),才由 CPU 执行命令解释器来执行命令行的任务,所以未输完一个命令之前可以用退格键删除并修改。

(3) DMA (direct memory access,直接存储器存取)方式

这种方式适用于像磁盘这样速度快且总是成批传送的设备,其特点是由专门的 DMA 芯片来进行成批数据传送,CPU 只需在启动前把管理参数送给 DMA 芯片即可。

(4) 专用 I/O 处理机

高速的外连仪器或其他昂贵而高速的输入输出设备可以配备 I/O 处理机,专门负责输入输出工作。这种方式一般在规模较大、性能较强的计算机中采用。

理想情况下,将任何一个输入输出设备连到主机上都应该能够运行。但实际上并非如此。由于设备种类繁多,而且每类设备都有特定的控制方式和信息传递方式,因此一种操作系统往往只包含管理某些常用设备的程序,这样,有些设备连上去后就不能运行。为了解决这些问题,设备的制造厂家通常都针对多种操作系统提供专门用于该设备的控制和支持通信的程序模块,称为设备的驱动程序。设备驱动程序的主要任务是负责对设备的启动和停止,测试和监控设备的状态以及计算机内与输入输出有关的硬件的状态,必要时中断正常的计算以处理输入输出请求等。

有一部分设备,如打印机等,在运行时要求只为正在运行的作业服务,这类设备称为独占设备。由于单个作业往往不能连续地、充分地使用设备,故设备的利用率低。操作系统通常采用一种称为假脱机(spooling)的技术来解决这个问题:当接到一个打印任务后,先设法生成待打印作业的页面材料并送硬盘(一般只需很少时间),以一个磁盘文件的形式暂时存放,然后再从硬盘逐步取出打印。在实际打印过程(需要很长时间)中,CPU 可以转去执行其他的程序。打印完成后,打印机发出中断请求通知主机,计算机响应中断请求,处理善后工作。这样,主机和打印机基本上是并行操作,提高了整个系统的工作效率。假脱机技术也可同时满足多个用户的输出要求,系统为每个用户分配一个或多个磁盘文件,当用户发出输出请求时,操作系统把输出内容高速存入硬盘并按用户要求的格式加以整理,只有当用户作业完成以后,才从硬盘逐步取出打印。这样,用户看来好像是独占一台打印机,但实际上,一台打印机是分时地为多个用户服务的。

2.1.2 文件系统

外存储器所存储的信息种类繁多，使用方式也各不相同，但都是以文件(file)的形式存储和操作的。一个文件指的是包装在一起的一组信息，如能运行的应用程序、文章、图形、数字化的声音信号，或者任何一批相关的有用数据等，它们保存在外存储器中，作为一个整体命名，可以独立地使用、修改、更新和删除。文件的大小用这个文件所包含信息的字节数来计算。

外存储器中总是存储着大量文件，其中很多是计算机系统工作时所必须使用的。例如各种系统软件、各种应用程序、程序工作时所需要使用的各种数据等。系统在存储文件时，除了文件的内容外，还需要存储与文件相关的一些重要属性信息，例如文件的名字、它所存储的信息类别、信息在存储器中存放的位置、文件的长度等。文件管理是操作系统的一项重要工作，是由操作系统中的“文件系统”来完成的。

文件系统需要解决两方面的问题：一是要有效地利用外存储器等硬件设备的存储能力，设法适应各种硬件的具体工作方式和特点；二是要保证与文件有关的各种操作，如新文件的建立、已有文件的读写和更改等，能够方便有效地进行。

前面已经讲过，外存储器里存储信息的基本单位是扇区。通常把若干个扇区组成一个称为簇的基本文件信息存储单位。每个簇包含固定数目的扇区，不同计算机文件系统中一个簇的扇区数目可以不同。文件系统根据一个文件当时的大小为它分配若干个簇，该文件就顺序地存储在这些簇的扇区中。文件系统对硬件存储资源的管理就是对这些存储单元——簇的管理，它通过管理一张记录着所有簇分配情况的表来掌握外存所有簇的使用情况：这张表中记录着哪些簇是空闲的，哪些簇中已存放了信息，存储了哪个文件的信息等。在创建一个新文件时，文件系统给它分配一个或若干个簇，删除文件时，系统收回该文件所占用的簇；如果一个文件的内容增加或减少了，系统就为它增加新的簇或回收不再使用的簇。

文件可按其内容特性大致分为文本文件和二进制文件两类。文本文件的内容主要是可见字符(字母、数字、标点符号)和空格、换行符等各种特殊符号。二进制文件是可执行的程序文件和许多其他类型的文件。

文件系统中经常要保存大量的文件，每个文件都有一个名字。用户在使用时，要指定文件的名字。文件系统也通过这个名字确定要使用的文件保存在何处。一个文件取什么名字，创建时可以任意选择，但最好是用有一定含义、能看到名字就知道其中是什么样的内容的名字。否则，当文件系统里的文件非常多而自己又记不清要用的文件名字时就会带来麻烦。另外，文件命名也不是完全自由的，每个系统对文件的命名形式都有规定。例如，MS-DOS 系统就规定文件的名字由主名和扩展名两部分构成，且主名不超过 8 个字符，扩展名不超过 3 个字符，而 Windows 则允许使用多达 32 个字符的长文件名。

外存上的文件很多，如果全部存放在一起，要寻找某个文件就比较困难，也经常会发生因文件重名而引起的新文件覆盖原有文件等许多问题。因而，目前各种操作系统普遍采用一种称为目录(Windows 中称为文件夹)的分层结构把文件组织起来，各种文件分散到目录结构中的不同位置，以利于对它们的分类管理和使用。例如，图 2-4 是一个计算机上所存储的内容的列表，其中有很多文件夹，用于存放各种文件。

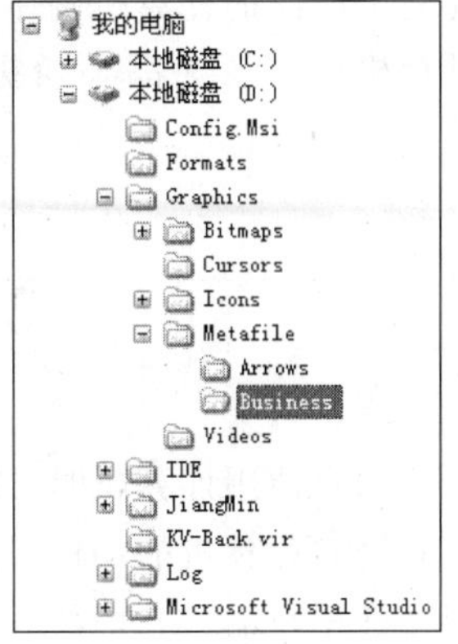

图 2-4　外存上的文件目录

目录本身是一种表格，其中每个表格记录一个文件的概要信息，也可以记录另一个目录（称为当前目录的子目录）。子目录同样也是目录（表格），它们之中可以包含一般的文件，也可以包含下一级的子目录。在每个磁盘（逻辑盘）上首先有一个唯一的最基础的目录，称为根目录。如果把根目录看成一棵树的根，根目录下可以存放一些文件，就像树的叶子。根目录如果包含子目录，这些子目录就像是一个一个的树枝。在子目录里还可有下一级的文件和子目录，就像树枝上既有树叶，又有更细的树枝一样。各个外存储器的根目录可以通过盘的名字（盘符）直接指明，根目录以外的所有子目录都有各自的名字，以便在进行与目录和文件有关的操作时使用。

采用树形目录结构，计算机中信息的安全性可以得到进一步的保护，由于名字冲突而引起问题的可能性也因此大大降低。例如，两个不同的子目录里可以存放名字相同而内容完全不同的两个文件。

2.1.3　对系统进行监控

操作系统对计算机系统进行监控的目的一方面是为了更好地满足计算机用户的需求，另一方面也是为了尽量发挥整个系统的能力。简单的操作系统，例如 MS-DOS，在系统监控方面的功能很有限。

操作系统要对计算任务的执行进行监测。例如，对用户的计算作业，操作系统可以在它们运行时自动进行分析，记录和统计对 CPU、内存和各种外部设备的使用情况等。不同类型的程序对各部件的使用率差别可能很大。例如，交互式编辑过程中对 CPU 的使用实际上非常少，而有些工程科学计算程序则会给 CPU 加上沉重的负担。对于多任务操作系统来说，可以适当调配任务作业类别的比例，使整个系统处于较平衡的工作状态。

为了保证系统的安全性，操作系统必须检查使用者的权限，保护信息资源（包括硬件、软件和数据）不受到有意或无意的侵犯。它的任务一方面要防止使用计算机的人未经授权而使用资源，同时另一方面还要保证计算机中的系统资源和用户资源不被计算机运行的程序非法侵占。对各种程序使用信息资源的使用方式、形式和范围予以监督管理。

安全性措施包括核对用户的合法性。用户登录时要提供自己的用户名和口令，系统管理员根据所建立的用户账户会为其设置一定的权限，比如可以使用哪些软件，可以访问磁盘的上哪些文件，允许执行什么操作等。操作系统为此目的提供了若干功能，供系统管理员和一般用户使用。通常的方法是可定义若干使用权限的等级，超出权限的操作都将被拒绝。另一种功能是把用户对计算机的所有操作都记录下来，建立系统运行记录，使系统管理员能够检查和及时处理。此外，还有重要信息的加密等。防止计算机病毒的侵害也是安全性的重要课题之一。总之，计算机安全性已经成为一个世界性的问题，尤其是在建立了广泛的计算机网络之后，安全性已成为一个必须注意的重要问题，计算机的硬件和计算机操作系统都必须提供足够的工具和支持措施。这方面的问题在本书最后还会讨论。

2.2 MS-DOS 操作系统

用户使用计算机时，需要通过操作系统向计算机发出操作命令，由操作系统来解释命令并控制计算机的动作。发命令的方法大体上可以分为两种：一种是字符方式，操作系统允许用户输入一串具有特定含义和结构的字符，另一种是图形用户界面，操作系统显示窗口和对话框，允许用户通过其中的菜单项和工具按钮来发命令。

2.2.1 MS-DOS 的结构与命令

DOS(disk operating system)的本意是磁盘操作系统。它是由许多程序模块组合而成的一个庞大的软件系统。用户通过由一串字符组成的命令来调用其中的程序模块，完成自己的任务。

1. MS-DOS 的程序模块

组成 MS-DOS 系统的程序模块可以分为两大部分。

(1) MS-DOS 操作系统的基本部分

MS-DOS 操作系统的基本部分包括 MS-DOS 的核心模块和命令解释器模块，对于 MS-DOS 系统的运行是必不可少的。在启动过程中由引导程序将它们自动装入内存，并进入工作状态。

(2) 一组实用程序模块

实用程序模块是一组分别完成各种功能的实用程序。它们提供一系列管理文件和管理其他部分的功能，帮助用户解决计算机使用过程中的问题。这些实用程序模块通称为外部程序，都以普通文件的形式存放在系统硬盘根目录下名为 \DOS 的子目录里，仅当系统运行需要用到某一种功能时，才将相应的外部程序装入内存储器中运行。

2. MS-DOS 的命令

MS-DOS 命令分为内部命令和外部命令两类。所有内部命令的处理程序都包含在命令解释器 COMMAND. COM 文件中，因而内部命令是由命令解释器执行的，而外部命令是由其他程序执行的。

在 MS-DOS 系统引导(启动)时，首先由存放在启动盘起始磁道(0 磁道)起始扇区(1 扇区)的引导程序(BOOT)将核心模块从磁盘装入内存，然后进行系统配置，配置完成后再装入命令解释器。在计算机工作过程中，系统的核心始终驻留在内存。

命令解释器无休止地循环工作，一直等待用户输入操作命令，得到一个命令后立即进行分析并启动执行。如果命令解释器接到的是内部命令，则立即要求系统核心执行命令，否则，将设法寻找对应的程序文件，找到后立即装入内存，启动该程序执行，并使它单独享有 CPU 和部分内存的使用权。当程序执行完毕后，MS-DOS 核心重新获得控制权，做一些善后工作，如回收已运行的程序所占用的存储区等，然后控制又回到命令解释器，解释器重新进入等待用户输入命令的状态。

如果命令解释器接到的不是内部命令，但根据命令名又无法找到相应的程序文件，命令解释器就会在显示器屏幕上给出错误信息：

```
Bad command or file name
```

由上述命令的执行过程可以看出：在一个外部程序执行的过程中，DOS 系统放弃了对系统资源的控制权。如果这个外部程序运行时出现错误，如陷入无法终止的循环之中等，MS-DOS 系统是没办法挽救的。这种情况称为“死机”。在 MS-DOS 系统里，死机后只能重新启动系统。有时热启动是不能成功的，那么就只能用冷启动了。重新启动之后，原来在内存中的信息将全部丢失。

2.2.2 MS-DOS 的工作方式

在 MS-DOS 操作环境中，用户是通过“字符行”方式与计算机进行交互式操作的。

1. 命令提示符

MS-DOS 启动成功后，屏幕上显示日期、时间、DOS 版本号等提示信息，并在最末一行显示 MS-DOS 系统的提示符，其后是一个闪烁的短杠，叫做“光标”，如图 2-5 所示。

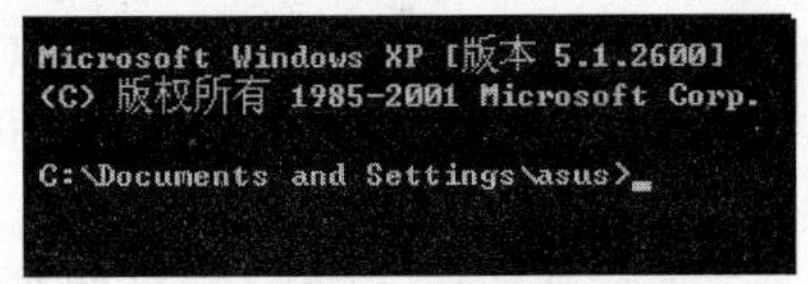

图 2-5　MS-DOS 操作系统的工作状态

光标指示着屏幕显示的当前位置。随后键盘输入的字符就显示在光标处，输入一个字符光标右移一格，如果这时按退格(BackSpace)键，则光标之前的一个字符被删除，光标左移一格。这就是说，用退格键可以修改当前已经输入的字符。

2. 命令的输入和执行

在 MS-DOS 操作环境中，要让计算机做每一件事情都要先输入由一串字符组成的操作“命令”。例如，假定有一篇文件名为“TZ1. TXT”的短文存放在 A 磁盘上，则可在提示符

```
C:\USER>_
```

之后输入命令

```
TYPE A:TZ1.TXT
```

再按回车键，该命令就开始执行。执行的结果是将文件 TZ1. TXT 的内容显示出来。

如果要把这个文件复制到 C 盘上，则输入命令：

```
COPY A:TZ1.TXT C:
```

然后按回车键即可。

可见，一条 MS-DOS 命令就是以回车符结束的一串字符，MS-DOS 系统的工作就是解释执行用户输入的命令，一条命令执行完毕后，它立即回到准备接受下一个命令行的状态。

如果输入的命令符合规定的格式且机器能够顺利执行，MS-DOS 显示命令的执行结果，或显示命令执行后的情况。如果命令不正确或不能正常执行，MS-DOS 系统一般也会显示一些信息，说明出现了问题以及问题的原因。

MS-DOS 系统积累了十分丰富的应用软件，软件都以文件形式存放在磁盘或光盘等存储介质上，有些软件还包括多个磁盘文件。要在 MS-DOS 环境下运行某一软件，先要知道这个软件的主要文件(运行程序)的名字，然后输入文件名(主名)，有时还要同时输入一个或几个规定的参数。

例如，Edit 是一个文字编辑软件，其运行程序的文件名是 Edit. EXE，用 Edit 来编写一篇文章(英文)时，先要启动 Edit 软件，即在 MS-DOS 提示符之后输入命令

```
Edit
```

再按回车键，或同时输入要编辑的文件名(假定为 TZ1. TXT)

```
Edit TZ1.TXT
```

再按回车键，进入 Edit。

进入 Edit 之后，使用 Edit 特有的一套操作命令来编写、修改、存储或打印文章。学会这一套操作命令是相当费时费力的事情。而且，这样一套复杂的操作命令只能用于 Edit 软件，要使用其他的软件，还得再学会另外一套操作命令。

更为麻烦的是，MS-DOS 操作系统不具有处理汉字信息的能力，汉字处理软件(汉字操作系统)实际上是通过修改 MS-DOS 中的输入输出部分来截取英文环境中的输入输出，加上汉字的输入输出功能，使英文 MS-DOS 实现汉字的输入输出。也就是说，汉字操作系统是“外挂”于 MS-DOS 之上的“外壳”。因此，如果要使用汉字，还要在 MS-DOS 系统下启动汉字操作系统，汉字操作系统种类繁多，这进一步加重了中文用户的学习负担。

2.2.3 MS-DOS 的文件操作

一个文件的内容可以是一个可运行的应用程序、文章、图形、一段数字化的声音信号或者任何相关的一批数据等。文件的大小用该文件所包含信息的字节数来计算。

外存中总是保存着大量的文件，其中很多文件是计算机系统工作时所必须使用的，包括各种系统程序和应用程序以及程序工作时需要用到的各种数据等。每个文件都有一个名字。用户在使用时，要指定文件的名字。文件系统也通过名字来确定每个文件保存的位置。

1. 文件名

一个文件的文件名是它的唯一标识，文件名可分为两部分：文件主名和扩展名，扩展名经常用来表示文件的类型。

MS-DOS 系统对文件命名规定为：主名是不超过 8 个字符的字符序列，扩展名是不超过 3 个字符的字符序列，而且不允许使用英文的句点、逗号等字符。例如，TONGZHI.TXT 就是一个正确的文件名。

MS-DOS 对一些扩展名有特殊的约定，例如：COM、EXE、BAT、BAK、SYS 分别表示系统命令文件、可执行程序文件、批处理文件、后备文件、系统文件。

MS-DOS 的文件并不仅仅是指外存储器(磁盘等)上存储的信息资源，还可以指硬件设备。例如，打印机可以被看做是一个仅能够接受输出信息的"设备文件"，而键盘则被看做是一个仅可以读入数据的设备文件。键盘、打印机、显示器等都有各自的文件名，称为设备名。常用的设备名如下。

(1) CON:：标准输入输出设备。用作输入时指键盘，用作输出时指显示器。

(2) LPT1：(或 PRN:)，LPT2:，LPT3:：分别指第一、第二、第三个并行打印口。

(3) COM1：(AUX:)，COM2:：分别指第一个和第二个异步通信口。

(4) NUL:：虚拟的外部设备名，在测试运行时使用。

设备名经常可以像一般的文件名一样地在命令中使用。

Windows 系统中可以使用长文件名(最多 250 个字符)。每一个文件也有 3 个字符的文件扩展名，用来标识文件类型和创建此文件的程序。Windows 系统用各种图标来表示不同的文件名，例如，图 2-6 分别为 Windows 系统中的 Word 文档(Word 所生成的文件)、可执行程序、文件夹(目录)、图片文档和压缩程序 WinRAR 所生成的文档。

图 2-6　Windows 系统的图标

2. 文件目录结构

MS-DOS 操作系统的文件系统采用了树状(分层)目录结构，每个(逻辑)磁盘可建立一个树状文件目录。磁盘依次命名为 A、B、C、D、…盘，其中 A 盘和 B 盘指定为软盘驱动器。C 及排在它后面的盘符(盘名)用于指定硬盘或其他性质的逻辑盘，如光盘，连接在网络上的文件系统或其中某些部分等。

在树状目录结构中，每个磁盘(逻辑盘)上有一个唯一的最基础的目录，称为根目录。其中可以存放一般的文件，也可以包含子目录。子目录中存放文件，还可以包含下一级的子目录，根目录以外的所有子目录都有各自的名字，以便在进行与目录和文件有关的操作时使用，而各个外存储器的根目录可以通过盘的名字(盘符)直接指明。

树状目录结构中的文件可以按照相互之间的关联程度存放在同一子目录里，或者存放到不同的子目录里。一般原则是，与某个软件系统或者某个应用工作有关的一批文件存放在同一个子目录里。不同的软件存放于不同的子目录。如果一个软件系统（或一项工作）的有关文件很多，还可能在它的子目录中建立进一步的子目录。用户也可以根据需要为自己的各种文件分门别类建立子目录。例如，与 MS-DOS 系统有关的文件通常存放在一个名字为 DOS 的子目录里，而进行 C 语言编程所必需的编辑、编译、连接等程序都存放在一个名字为 Turbo C 的子目录里。一个实际的目录结构如图 2-7 所示。

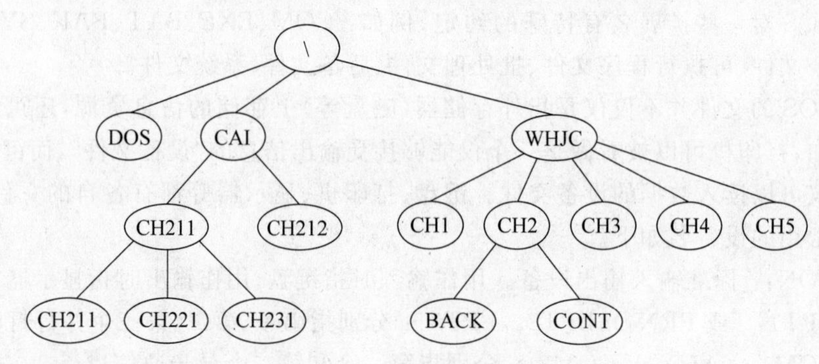

图 2-7 一个实际的目录结构

3. 树状目录结构中的文件访问

采用了树状目录结构之后，文件系统管理的就不只是个别的文件，还需要处理与目录结构有关的其他问题。例如，建立新目录，删除不再用的旧目录，把文件从一个目录复制到另一个目录里等。用户要调用某个文件时，除了给出文件的名字外，还要指明该文件的路径名。文件的路径名是从根目录开始，一步一步地说明子目录，子目录的子目录，……，直到要指明的文件为止。也就是说，目录路径描述了用于确定一个文件要经过的一系列中间目录，形成了一条找到该文件的路径。

目录路径在形式上由一串目录名拼接而成，各目录名之间用反斜杠(\)符号分隔。放在最前面的反斜杠表示根目录。例如，

```
C:\MyClass\Wang\Fang.txt
```

表示 C 盘根目录下的 MyClass 子目录下的 Wang 子目录中的名为 Fang、扩展名为 txt 的文件。

可以看出，一个完整的文件描述（称为文件描述名）的形式是：

```
[盘符:][目录路径][文件名]
```

其中，方括号表示里面的内容是可以省略的。MS-DOS 系统对命令中的字母不区分大小写，即把大写和小写字母同样看待。

文件系统中有“当前盘”和“当前目录”的规定，如果要对当前盘上的当前目录中的文件进行操作，只需要简单地给出文件名即可。系统在运行时，总把某个（逻辑）磁盘作为操作的“默认”盘。如果操作文件目录时不指明是操作哪个磁盘，系统就认为是要操作当前

盘。在每个(逻辑)磁盘上都有一个“当前目录”,在操作该盘上的文件时,如果不指明是操作哪个目录,系统就直接对当前目录下指定了名字的文件进行操作。当前盘和当前目录不是固定的,可以通过操作命令重新指定。

MS-DOS 系统启动之后,屏幕上显示带有盘符号的 MS-DOS 提示符,这个盘符号就是默认的当前盘,即启动所用的盘。启动成功之后,可以用在盘符号后面加一个冒号(:)的方式来指定另一个磁盘作为当前盘。例如,刚启动时,系统显示

```
C>
```

表示 C 盘为当前盘,可打入命令“A: ↙”将 A 盘设置为当前盘。

在一个完整的文件描述中,如果省略第一对方括号中的内容,则说明要描述的文件或目录在当前盘上;如果省略第二对方括号中的内容,则说明要指定的文件在指定磁盘的“当前目录”;如果上述两部分都省略,那就是指“当前盘中当前目录下”的文件;如果第三对方括号内容省略,那么指定的就是一个目录。例如,

```
A:TONGZHI.TXT
```

表示 A 盘当前目录中基本名为 TONGZHI、扩展名为 TXT 的文件。

如果第一个字符不是反斜杠符号,则说明由当前目录出发,按指定的子目录名到它的下属子目录中去查找文件。例如,

```
D:USER\TONGZHI.TXT
```

表示 D 盘当前目录下 USER 子目录里的名为 TONGZHI、扩展名为 TXT 的文件。

另外,在每个子目录里都包含两个分别用一个圆点和两个圆点命名的项目,其中一个圆点用来表示这个目录自身;两个圆点表示这个目录的上一层目录。目录路径可以用圆点来描述,例如,

```
..\USER2\TONGZHI.TXT
```

表示的是:当前盘当前目录的上层目录中的 USER2 子目录里的名为 TONGZHI、扩展名为 TXT 的文件。

上述文件描述方式可分为两类:绝对方式和相对方式。绝对描述方式应当包括完整的盘符号、由根目录出发、包括各级目录名的路径描述。相对描述方式则依赖于当前盘或当前目录。第一种例子就是一种绝对描述方式,最后一个例子是一种相对描述方式。一个文件常可用多种描述方式来指定。要按情况区别使用,以提高工作效率。

2.3 Windows 操作系统

Windows 系统采取的是“图形用户界面”的操作方式。与 MS-DOS 的“字符界面”方式不同,它的操作命令不是通过命令行发出,而是非常方便地通过“激活”屏幕上各种生动形象的图标的方式或激活包含一系列实用功能的“菜单”,然后选择其中一个功能项来发

出命令。而激活图标、选择菜单项等操作都是用户手持鼠标,在平板上任意移动,从而移动屏幕上的鼠标箭头来直观地完成的。

2.3.1 Windows 用户界面

Windows 系统启动之后,屏幕上显示任务栏、工具栏以及许多"图标",形象地称为"桌面"(见图 2-1)。

在桌面的左边,有几个由图形和文字组合而成的图标,如"我的电脑"、"网上邻居"、"回收站"等,它们中的每一个象征着一个可操纵的工具,或者可使用的对象,就好像在办公桌上摊放了许多办公用具一样。在屏幕上通过这些图标进行工作,就好像人使用办公工具或者命令单位里的专业人员去做应该是他做的某一件事情一样。桌面的底部是长条状的任务栏,任务栏左端是"开始"按钮,右端有一个数字时钟,有时还会有中英文切换指示器。当启动一个程序或打开一个窗口后,任务栏上就出现一个带有该窗口标题的按钮。

通过激活"开始"按钮,可以打开"开始菜单",其中包含了"程序"、"文档"、"设置"等选项,有些选项(如"程序"、"文档"等)还是级联菜单,它并非可执行的选项,而是下一级菜单的标题,如图 2-8 所示。

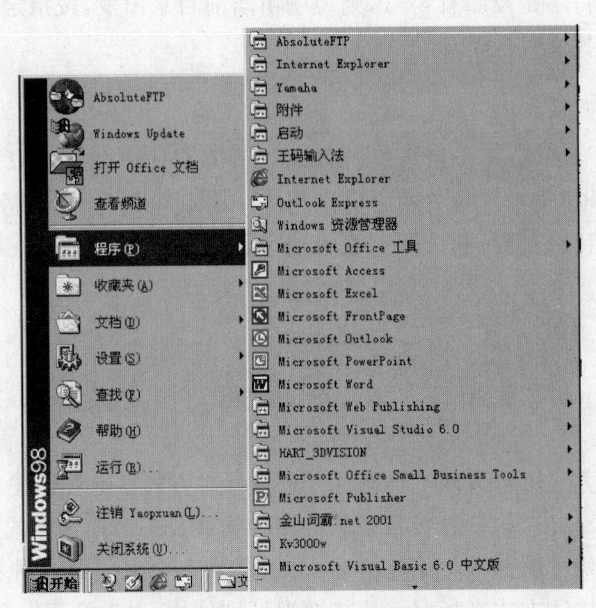

图 2-8　开始菜单及其级联菜单

1. 使用开始菜单

开始菜单里几乎罗列了 Windows 能够完成的所有工作,用户每次使用计算机时,总是鼠标单击"开始"按钮,打开"开始菜单",然后选择其中某一个功能项开始自己的工作,如启动某个应用程序、打开某个文件、改变系统的配置等。

例如,查找名字为 TZ1.TXT 的文件,可按以下步骤操作。

（1）打开“资源管理器”对话框。

单击“开始”按钮（单击鼠标左键），将高亮框移向“程序”项（手按住左键并滑动），则该选项的级联菜单出现，将高亮框移向级联菜单的“资源管理器”项，放开左键，则“资源管理器”启动，显示如图 2-9 所示的窗口。其中，左窗格为文件夹框，显示了系统的所有文件夹。所谓文件夹相当于 MS-DOS 系统中的目录，也是对各种文件进行分组存放的一种机构，磁盘上的一系列文件分别存放在各个文件夹中。每个文件夹既可以存放文件，又可以存放下一级文件夹（子文件夹）。右窗格为文件夹内容框，即正处于打开状态的文件夹中的所有文件名列表。

图 2-9 资源管理器窗口

左窗格和右窗格的右边都有一根滚动条，滚动条上下又各有一个滚动箭头。二箭头之间有一个滚动块，如果当前窗格中容纳不下要显示的所有内容时，操作滚动条即可使窗格内容滚动显示。

（2）在指定文件夹中找文件。

高亮框移向可能包含欲找文件 NORTHWIND. MDB 的文件夹，单击该文件夹的文件名，列表即显示在右窗格中。

观察右窗格中有无文件名 NORTHWIND. MDB，若没有，鼠标箭头移到滚动块下方，单击，则文件夹内容窗格下滚，显示新的文件名列表且滚动块下移。若滚动块已移到下滚箭头处，该文件夹中所有文件名均已显示了一遍。

（3）如果还没有找到 NORTHWIND. MDB，只好在左窗格中另选一个文件夹，再按上述步骤重复查找。

2. 使用搜索功能

实际上，Windows 中经常可以使用多种方法来做一件事情，例如，下面的方法也可以查找 NORTHWIND. MDB 文件。

（1）单击“开始”按钮，将高亮框移向“查找”项，则该选项的级联菜单出现，将高亮框移向级联菜单的“文件或文件夹”项，放开左键，则屏幕出现如图 2-10 所示的对话框。

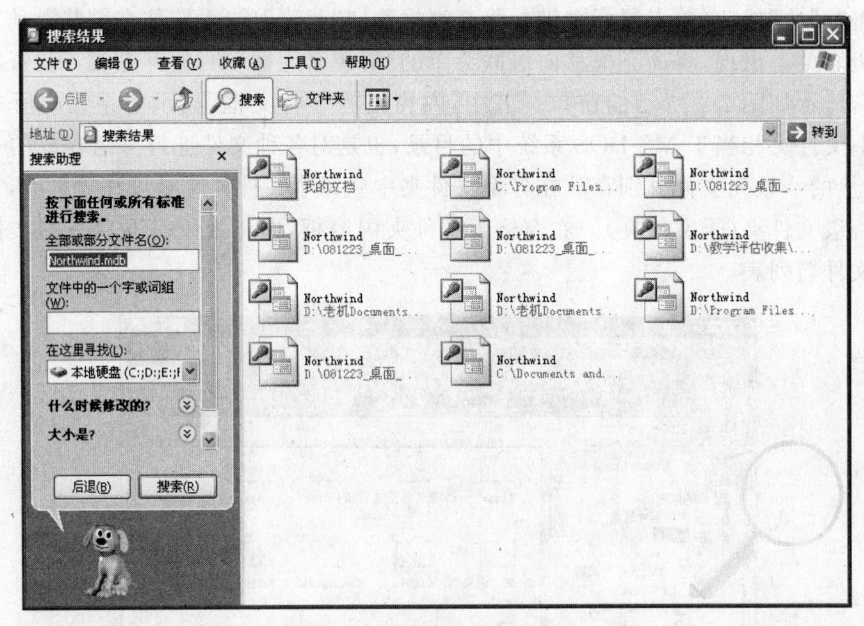

图 2-10 “搜索结果”对话框

(2) 在“全部或部分文件名”文本框中输入欲查找的文件名，并单击“搜索”按钮，开始查找文件，找到的文件显示在窗口右侧的列表框中。

执行上述查找任务的方法还有很多，例如，开机后，也可单击“我的图标”，启动“资源管理器”，然后按与上述类似的过程来进行查找。

2.3.2 Windows 操作系统的启动与关闭

Windows 中设置了“安装向导”来帮助用户工作，用户按照安装向导的提示，可以方便地完成安装工作，熟练的用户还可以灵活地调整安装过程。

1. Windows 系统的安装

一般地，新买的计算机都预装了操作系统，而且，现在微机上安装的 Windows 操作系统还提供了一键恢复功能，如果出了问题，按照经销商指定的方法，例如，单击键盘上的某个键或者把带有 Windows 操作系统的光盘装入光盘驱动器后重新启动机器，就会启动安装程序。在安装程序自动运行的过程中，会不时地在屏幕上显示某些信息，提示用户进行各种各样的选择，帮助安装程序完成安装过程中的系统配置，从而完成安装工作。正常情况下，用户只要按照屏幕的提示操作就行了，不需要太多的知识。而且，受版权的限制，不同厂家、不同档次的计算机的安装方式差别很大，因而这里不做讲解。

2. Windows 系统的启动

打开安装了 Windows 系统的计算机后，Windows 就会自动启动，受版权的限制，不同厂家、不同档次，以及不同版本的 Windows 系统的启动方式不尽相同，但大都要经过以下几个大的步骤。

(1) 检查计算机的硬件配置(CPU 型号、内存容量、外存及 I/O 设备种类、性能等)。

(2) 引导操作系统，即将 Windows 系统从磁盘装入内存。

(3) 一般情况下，计算机上都安装有某种反病毒软件(如瑞星、卡巴斯基等)，这类软件会在操作系统运行之后自动运行，检查内存及其他部件有没有感染计算机病毒，并清除病毒，以保证计算机的正常运行。

(4) 用户登录，Windows 系统启动之后，自动显示一个对话框，用户在指定的位置上输入"用户名"和"密码"，如果正确的话，就启动成功并显示"桌面"。

Windows 系统可能会因病毒的感染或硬件配置的改变而发生问题，这种情况下，可以采用"安全模式"或"最后一次正确配置"的方式来启动，方法是：启动过程中，当检查硬件配置工作将要完成之际，按住键盘上的"F8"键，等到屏幕上显示出一个操作方式的清单之后，用键盘上的箭头键"↑"或"↓"移动屏幕上的亮条，使其罩住"安全模式"或"最后一次正确配置"选项，然后按回车键。之后，Windows 操作系统便会以选定的方式启动。在安全模式下，Windows 操作系统的某些功能是不能使用的，但这种启动方式在很多时候都可以解决计算机无法正常启动的问题。

3. Windows 系统的关闭

关闭 Windows 的方法如下。

(1) 单击"开始"按钮，打开"关闭 Windows"对话框，如图 2-11 所示。

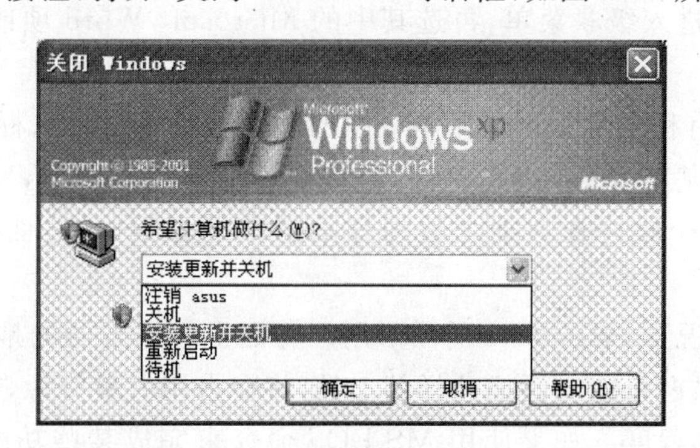

图 2-11 "关闭 Windows"对话框

(2) 单击下拉列表框右侧的下拉箭头▼，打开下拉列表。

(3) 选择其中的某一项即可执行相应的功能：

① 关机：关闭计算机。

② 安装更新并关机：用下载自 Internet 的操作系统更新程序来更新当前 Windows 系统。

③ 重新启动：先关机再重新启动。

④ 待机：不关机但计算机进入低功耗状态。

应该注意的是：关闭 Windows 时必须严格按照特定的方法，不能直接关闭电源，否则会引起文件丢失或其他错误。操作系统异常关闭或硬盘出现错误，Windows 将自动运行 ScanDisk 程序，以保持用户硬盘处于正常的工作状态，并释放丢失的簇和修复其他错误。

2.3.3 Windows 环境下的命令提示符

一般地，在 Windows 中完成一个任务比在 MS-DOS 中要容易得多，例如，将文件 NORTHWIND.MDB 从 C 盘上的一个文件夹中复制到 A 盘根目录下，在 MS-DOS 状态下，要在提示符后输入命令

```
COPY C: \USER\NORTHWIND.MDB A:
```

而在 Windows 中，则可按下列步骤进行。

(1) 按上述方法打开“资源管理器”。

(2) 鼠标按住左窗格的滑块找到 C 盘中的 USER 文件夹，单击，则右窗格显示该文件夹的所有下一级文件夹名和文件名，找到 NORTHWIND.MDB 文件，单击则选定它(变为突出显示)。

(3) 按住 Ctrl 键，同时按住鼠标左键，拖曳到 A 盘图标上。此时，计算机即自动执行复制工作，执行时，屏幕上形象地以在两个纸篓间扔纸片来表示复制正在进行。

在 Windows 中启动应用程序非常容易。例如，启动为 Windows 操作系统配备的字处理软件 Word 和电子表格处理软件 Excel 的过程是：单击“开始”按钮，调出“开始菜单”，选其“程序”项，进入级联菜单，再选其中的 Microsoft Word 项或 Microsoft Excel 项即可。

Windows 中所有程序都采用了基本一致的外表风格，由窗口、标题区、工具栏、菜单、按钮、滚动块等组成基本界面，整齐一致，用户很容易掌握。例如，Windows 环境中运行的 Word 和 Excel 两个软件在启动之后的显示窗口十分相似，然而，它们的功能却相去甚远。

但是，在某些情况下，Windows 的图形用户界面也有不方便的地方。例如，因为每个程序启动后都要提供窗口或对话框这样的工具，将会占用大量资源，有时候会使微机的性能下降到难以接受的程度。如果使用 MS-DOS 命令来完成某些功能，自然会提高效率。又如，有时候计算机病毒会破坏某些程序，使其不能正常运行，也可以使用 MS-DOS 命令来解决问题。所以，Windows 操作系统仍然提供了类似于 MS-DOS 的命令行操作方式。举例说明如下：

假定要查看 C 盘上的目录结构，则可按以下步骤操作。

(1) 打开“命令提示符”对话框。

单击“开始”按钮，选择开始菜单的“程序”选项，再选择其子菜单中的“附件”选项的子菜单中的“命令提示符”选项，打开“命令提示符”对话框(见图 2-2)。

(2) 在命令提示符后输入

```
DIR C:\*.*
```

则 C 盘根目录下的文件名及文件夹名列表便在该命令行之后显示出了，如图 2-12 所示。

图 2-12 “命令提示符”对话框

2.4 Windows 系统基本操作

Windows 系统以及各种程序呈现给用户的基本界面都是窗口，几乎所有操作都是在各种各样的窗口中完成的。如果操作时需要询问用户某些信息，还会显示出某种对话框来与用户交互传递信息。操作可以用键盘，也可以用鼠标来完成。

2.4.1 鼠标和键盘的操作方式

在 Windows 操作中，键盘不但可以输入文字，还可以进行窗口、菜单等各项操作，但使用鼠标才能够简易、快速地对窗口、菜单等进行操作，从而充分利用 Windows 易于操作的优点。

1. 鼠标操作

在 Windows 操作中，鼠标的操作主要有以下几种方法。

(1) 单击(click)

将鼠标箭头(光标)移到一个对象上，单击鼠标左键，然后释放。这种操作用得最多。以后如不特别指明，单击即指单击鼠标左键。

(2) 双击(double click)

将鼠标箭头移到一个对象上，快速连续地双击鼠标左键，然后释放。以后如不特别指明，双击也指双击鼠标左键。

(3) 右击(click)

将鼠标箭头移到一个对象上，单击鼠标右键，然后释放。右击一般是调用该对象的快捷菜单，提供操作该对象的常用命令。

(4) 左拖放(拖到后放开)

将鼠标箭头移到一个对象上，按住鼠标左键，然后移动鼠标箭头直到适当的位置再释放，该对象就从原来位置移到了当前位置。

(5) 右拖放(与右键配合拖放)

将鼠标箭头移到一个对象上，按住鼠标右键，然后移动鼠标箭头直到适当的位置再释放，该对象就从原来位置移到了当前位置。

2. 组合键

用键盘操作 Windows，常用到组合键，主要有几类组合键。

(1) 键名 1+键名 2

表示按住“键名 1”不放，再按“键名 2”。例如 Ctrl+F1：按住 Ctrl 键不放，再按 F1 键。

(2) 键名 1，键名 2

表示先按下“键名 1”，释放后，再按“键名 2”。例如 Alt，A：即为先按下 Alt 键，释放后，再按 A 键。

(3) 键名 1+键名 2+键名 3

表示同时按住“键名 1”和“键名 2”不放，再按“键名 3”。例如 Win+Shift+M：同时按住 Win 键和 Shift 键不放，再按 M 键。

在键位较多的键盘上，还增加了几个 Windows 专用键，其中两个是完全相同的 Windows 键(以 Windows 徽标作为键名上的标记)，其功能相当于鼠标左键。另一个是带有“文本、鼠标”样标记的键，其功能与鼠标右键相当。

3. 鼠标指针光标

鼠标指针光标指示鼠标的位置，移动鼠标，指针光标随之移动。在使用鼠标时，指针光标能够变幻形状而指示不同的含义。常见光标形状及意义如图 2-13 所示，其中一些解释如下。

(1) 普通选定指针(图中没有)

其形状为一个箭头，指针光标为这种形状时，可以选定对象，进行单击、双击或拖曳操作。

(2) 帮助选定指针

其形状为一个箭头和一个问号，指针光标为这种形状时，可以单击对象，获得帮助信息。

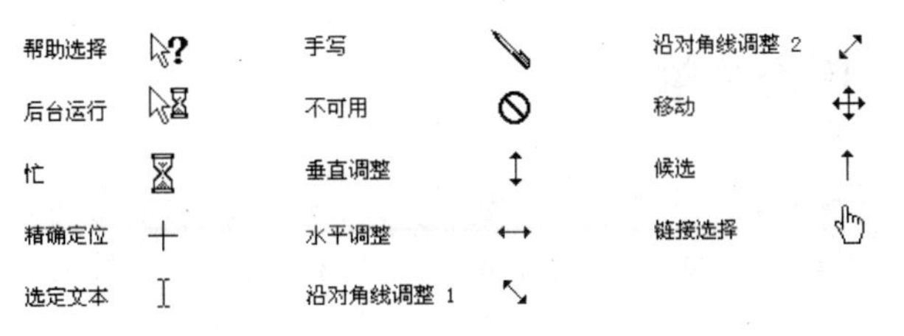

图 2-13 常见光标意义及形状

(3) 后台运行指针

其形状为一个箭头和一个沙漏,表示前台应用程序正在进行读写操作,不能进行选定操作,而后台应用程序可以进行选定操作。

(4) 忙状态指针

其形状为一个沙漏,此时不能进行选定操作。

(5) 精确定位指针

其形状为一个"十"符号,通常用于绘画操作的精确定位,如在"画图(paint)"程序中画图。

(6) 选定文本指针

其形状为一个竖线,用于文本编辑,称为插入点。

(7) 不可用指针

其形状为一个"⊘"符号,表示禁止用户的操作。

(8) 垂直调整指针

用于改变窗口的垂直大小。

(9) 水平调整指针

用于改变窗口的水平大小。

(10) 沿对角线调整指针

用于改变窗口的对角线大小。

(11) 移动指针

用于移动窗口或对话框的位置。

4. 选定和选择操作

在 Windows 操作中,选定和选择操作是两种不同的操作方法。

(1) 选定(select)

选定一个项目通常是给该项目作标记,使之突出(高亮度)显示,或者用一个虚线框表示,以区别于其他项目。一个选定操作不能产生一个动作,只用于作标记。例如,在对话框中,选定一个复选框是为了按该框所规定的作用进行下一步操作。

(2) 选择(choose)

选择一个项目导致一个动作。例如,选择菜单中的一个命令则将执行一个功能。在对话框中选择一个按钮之后,执行该按钮的功能。一般来说,要先选定一个项目,然后再选择此项目。鼠标双击一般是选择操作。

2.4.2 桌面与开始菜单

一张桌面上可随意放置一些对象，如电话、计算器、笔记本、笔等。Windows 把计算机屏幕看做一个桌面，用户在桌面上可放置常用的文件和工具，并可随意改变桌面的布置。

1. 桌面上的常见图标

刚安装好的 Windows 桌面上只有以下几个图标。

(1)“我的电脑”图标

该图标总显示在桌面上，鼠标双击该图标则弹出“我的电脑”窗口，如图 2-14 所示。

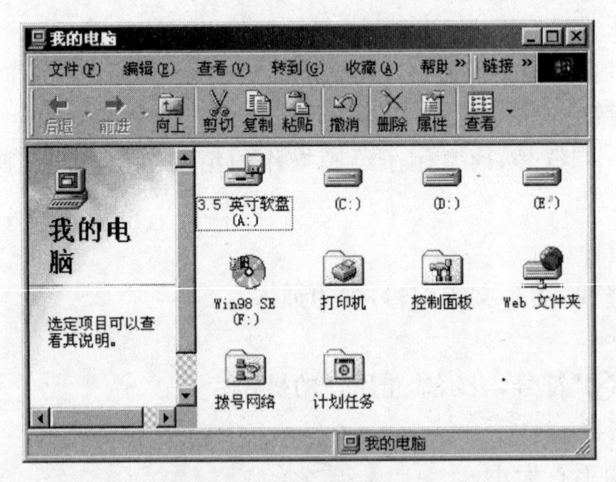

图 2-14 “我的电脑”窗口

可看到窗口中包含每个驱动器的图标、控制面板及所安装的其他设备，如打印机等。

使用“我的电脑”窗口可以查看和操作所用计算机上所有驱动器的文件，可以使用连接的打印机以及设置计算机的各种参数。

(2)“网上邻居”图标

如果计算机连接在一个网络中，该图标将出现在桌面上，鼠标双击图标，则弹出“网上邻居”窗口，与“我的电脑”窗口很像。该窗口包含连接的网络计算机图标，用户可查看和操作网络资源。

(3)“回收站”图标

回收站用于暂存已删除的文件，在 Windows 中，删除一个文件时，通常暂存在回收站中，当确认要真正删除时才从回收站中清除这些文件，清除之前还可以再恢复。

2. 排列图标

(1) 移动图标的位置

一般情况下，桌面上的图标放在左上部，但可方便地移动到任何位置，移动一个图标的方法很简单，只要用鼠标选中某个图标，并按住鼠标左键将图标拖到适当的位置，然后释放左键即可。

(2) 排列图标位置

用户移动图标之后，要想复原比较麻烦。可采用排列图标的功能，使图标自动排列整齐。方法是：在空白处单击鼠标右键，屏幕上弹出桌面布置菜单，选择"排列图标"项，然后在其子菜单中选择排列的方式：按名称排列、按类型排列、按大小排列、按日期排列、自动排列。其中自动排列是比较特殊的，选中了该项(左边小方钮中出现一个_号)后，桌面上图标自动排好，此后，用户无法再移动图标。确实需要移动时，应先关闭这一选项。

(3) 同时移动多个图标

要同时移动多个图标，首先要选中这些图标，方法如下。

如果同时移动的多个图标集中在一个矩形区域内，在这个区域左上角空白处按下鼠标左键并拖曳，屏幕上出现一个虚线矩形框并随着鼠标的拖曳而扩大，拖到把要移动的图标都包括在内时，松开鼠标，则矩形区域内的图标都被选中。

如果同时移动的多个图标不在一个矩形区域内，则要按住 Ctrl 键，并用鼠标单击每个要移动的图标，则所有单击过的图标都被选中。

选中了一批图标之后，用鼠标按住其中一个并拖曳，这时，所有被选中图标的轮廓都随着鼠标的移动而移动。移到适当的位置后，松开鼠标，选中的图标就被移过来了。在移动图标的同时，如果按住 Ctrl 键，则选中的图标将被复制成新的图标。要取消对多个图标的选择，只要用鼠标单击桌面的空白位置即可。

(4) 改变图标标题

图标标题是说明图标内容的文字信息，可以改变它，使之更能表示其实际意义。如将"我的电脑"改为"计算机资源"等。

要改变图标标题时，先用鼠标点中图标，这时它的图案变暗，标题变成蓝底白色。再用鼠标在标题行点一下，标题周围就出现一个黑边框，边框内出现闪烁的文字编辑光标，即可对标题进行编辑了。这时输入的文字会替代原有的标题，所使用的编辑键与其他文本编辑器类似，如用 BackSpace 键删除光标前字符，用 Del 键删除光标后字符，用 Enter 键换行等。

3. 任务栏

任务栏如图 2-15 所示，用于显示正在运行的应用程序和打开的窗口，单击任务栏可快速切换应用程序，任务栏的位置和大小可改变。

图 2-15　任务栏

(1) 任务栏组成

任务栏左边是"开始"按钮，右边包含一些指示器的状态栏，中间是一个快速启动工具栏(可以隐藏)和代表一些正在运行程序的按钮。

当用户启动一个应用程序时，它就会作为一个按钮出现在任务栏上。当该程序处于活动状态时，任务栏上的相应按钮处于被按下的状态；而当该程序处于不活动状态时，任务栏上的相应按钮就会处于弹起状态。任务栏上应用程序的按钮随着所打开的应用程序数的增加而变窄，以便容纳更多的按钮。

任务栏为用户在应用程序之间转换提供了一种方便的方法。只要单击相应的应用程序按钮，该程序就会转入活动状态，出现在屏幕上，就像按老式电视机的频道开关来选择观看的频道一样。

任务栏右边的状态栏用于显示当前的时间以及一些系统应用程序的状态。例如，当前所用输入法的状态、音量控制状态（喇叭状图标表示处于活动状态）、打印机状态、传真机状态、系统资源状态以及时间、声音、颜色等。

(2)"开始"按钮

鼠标单击"开始"按钮则显示如图 2-1 所示的"开始"菜单，用户通常是通过"开始"按钮来开始日常工作的。

(3) 改变任务栏的高度

在默认状态下，任务栏在屏幕底部，其高度只能容纳一行按钮。如果打开的应用程序过多，按钮就会因挤得太小而不能显示应用程序的名称，有时又需要全屏幕显示某个应用程序，则又想尽力压缩任务栏的高度。

改变任务栏高度的方法是：将光标移动到任务栏上边缘附近，光标变为"垂直"的形状，按住鼠标左键拖曳就可以改变任务栏的高度，而且即可以拖得变宽，也可以变窄，窄到只占据几个点的高度。

(4) 改变任务栏的位置

任务栏也可以不放在底部，而放到屏幕的左边、右边或上边。移动任务栏的方法是：将光标移动到接近任务栏的边缘，在还未变为上下箭头时，按住鼠标左键并拖曳到其他的屏幕边缘。

(5) 设置任务栏选项

任务栏是否出现在屏幕上，其右端是否显示日期、时间等，这些默认的设置都可以改变。按下任务栏左边的开始按钮，在弹出的菜单中选择"设置"项，屏幕上弹出一个子菜单，选中最后一项即"任务栏"项，屏幕上弹出"任务栏属性"对话框。该对话框分为两个标签页，其标签分别为"任务栏"、"「开始」菜单"，如图 2-16 所示。

单击"任务栏"选项卡的标签，即可切换到"任务栏"标签页，单击某个选项，即可在其前面的方框中打上"√"记号（前面有小方钮的多个条目每次可以选多个），再单击"确定"按钮，选定的项就会起作用了。

2.4.3 "开始"菜单

"开始"按钮位于任务栏左边，是整个 Windows 的焦点。鼠标单击这个按钮，其上方出现一个菜单，通常称为"开始"菜单。利用"开始"菜单可启动应用程序、打开文档、完成系统设置、联机帮助、查找文件、退出系统等。

Windows XP 的开始菜单与以前的形式（称为经典开始菜单）有所不同，它将 Windows 自身提供的常用功能用菜单项罗列出来，如图 2-17(a)所示，而将其他程序（多

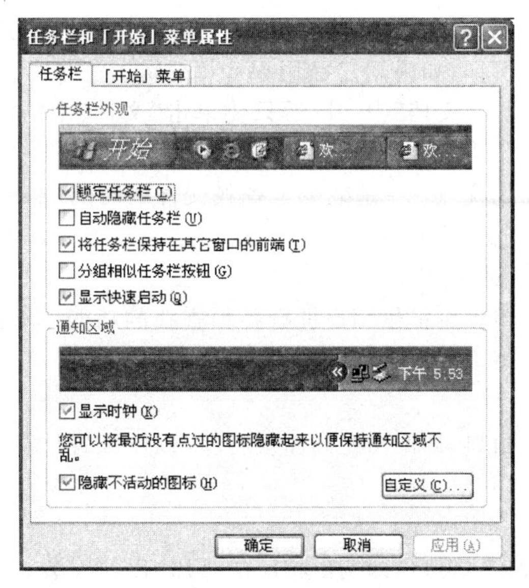

图 2-16 “任务栏和「开始」菜单属性”对话框

为用户自己安装的程序)全部集中在“所有程序”子菜单中,如图 2-17(b)所示。

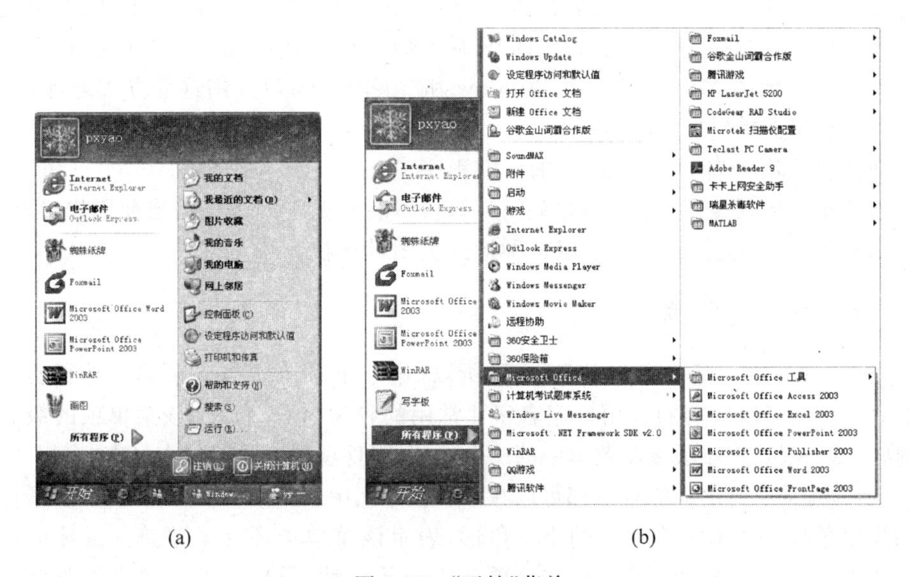

(a) (b)

图 2-17 “开始”菜单

1. 开始菜单的功能

开始菜单中和每个菜单项左边有一个代表该项的图标。可以通过图标很快地找到所要用的程序。开始菜单中几个菜单项的意义如下。

(1) 文档(最近使用过的文档)

在 Windows 系统中,将由应用程序生成的文件叫做文档。“文档”选项中列出了用户最近使用的 15 个文档。通过这个菜单项,用户可以快速地存取最近使用过的文档。点取它的子菜单中列出的文档，系统就会自动调用可以对该文档进行操作的应用程序并自动调入该文档进行编辑。例如，如果用户已用 Word 编辑了一个名为“ZHUREN. DOC”的文档，则这个文件将出现在“文档”中。以后只要单击“文档”中的“ZHUREN”这一选项，系统就会自动调入 Word，并命令 Word 打开“ZHUREN. DOC”的文档。

这样做有两个方面的优点：一是减少了查找文件的时间；二是鼓励用户采用面向文档而不是面向应用程序的工作方法。

(2) 搜索(调出查找对话框)

该菜单项的级联菜单项中提供用户进行各种查找的功能。不仅能用于查找文件，还可用于对文件夹甚至网络上的计算机站点的查找。

(3) 控制面板

用于打开控制面板窗口，即调出控制面板程序，以便配置计算机的硬件、安装设备驱动程序、安装软件、设置用户口令等。

(4) 打印机和传真

用于打开打印机和传真窗口，即调出相应的程序，以便安装或删除打印机驱动程序、进行打印或传真时的设置、查看或编辑打印任务列表等。

(5) 运行(命令方式执行程序)

允许用户使用命令行的方式运行 MS-DOS 或者 Windows 应用程序，也可用这个对话框打开文件夹。这是为习惯于 MS-DOS 系统命令行方式的用户保留的一种方法。对于一些不经常用到的 MS-DOS 或者 Windows 应用程序，可以采用这种方式运行。

(6) 帮助和支持(显示操作说明)

帮助菜单项用于启动 Windows 的帮助程序。

开始菜单上还设置了“注销”和“关闭计算机”按钮，前者用于注销当前用户，以便使用另一个用户名登录系统，后者用于以各种形式关闭计算机。

2. 所有程序子菜单

一般地，计算机上都要安装很多程序，所以，这个子菜单所包含菜单项是很多的。菜单项上显示的是可以启动的应用程序名字。常用的程序名分组放在该菜单项的级联菜单中。例如，“附件”是程序项级联菜单中的一个选项，附件项的级联菜单中又有“多媒体”、“游戏”等选项。几乎所有的应用程序都可以在某个程序组中用菜单项或图标的方式运行。

如果菜单项旁边有一个黑色的小三角形，表示该菜单项还有子菜单。鼠标单击这种菜单项或不作任何操作而只让光标在该项上停留几秒钟，屏幕上就会弹出该菜单项的子菜单。有时，某个子菜单项又带有下一级子菜单，按照这种方法，也可以进入下一级子菜单。例如，让光标在“附件”项上停留几秒钟，屏幕上就会弹出附件项的子菜单，再让光标在子菜单的“多媒体”项上停留几秒钟，屏幕上就会弹出多媒体项的子菜单。

还有些菜单项尾部有“...”符号，表示在使用该菜单项时，屏幕上将会弹出一个对话框。例如，“关闭系统”菜单项将在屏幕上弹出关闭 Windows 的对话框。

3. 开始菜单的形式

可以将开始菜单设置成“经典开始菜单”的样式，方法如下。

(1) 右击任务栏空白处，调出“任务栏属性”对话框。

(2) 单击“开始菜单”选项，并单击该标签页上的“经典开始菜单”选项，给前面的方框上打上钩。

(3) 单击“确定”标签，关闭“任务栏属性”对话框。

2.4.4 窗口操作

计算机屏幕上可以出现多个不同类型和大小的窗口。通常一个窗口是和完成某种任务的一个工作软件相联系的，窗口就是该软件为完成任务而设立的与人交换信息的界面，只要一个计算机软件模块需要以某种方式与人交换信息，它就设立一个相应的窗口，在完成工作后软件可以关闭这个窗口，使之从屏幕上消失。

窗口本身可以打开或关闭，用户也可以主动关闭窗口。窗口可以在屏幕上移动，也可以扩大或缩小尺寸。几个窗口之间可以相互部分地叠盖，被遮盖的窗口(或部分)虽然暂时看不见了，但是依然存在，一旦把遮盖在上面的窗口移开，下面的窗口就又出现了。窗口并不以物理屏幕的边界为边界。当一个窗口的一部分移出屏幕范围之外时，在屏幕中只能见到该窗口的一部分，但是还可以把整个窗口移回来，不会丢失任何对象。

有一些窗口内部又被划分为若干区域，可放置很多能够为用户使用的各种对象，例如操作各种计算机资源的工具箱等。用户在使用计算机时，能够看到这些“对象”以及它们的特点和活动。这些对象分别由各种窗口或形状各异的图标、文字来表示。一个窗口的内部表现了对应对象当前的工作情况和状态，以及用于管理和操纵这个对象的一组操作工具。

在 Windows 系统工作的每个时刻，桌面上总有一个对象处于活动状态，而其他对象都处在非活动状态。用鼠标单击任何一个当时处在非活动状态的对象，就能够使它变成活动的(称为“激活”该对象)。与此同时，原来的活动对象自动变为“非活动”的。

“我的电脑”是一个比较简单的窗口，这种典型的 Windows 窗口由以下几部分构成。

1. 边框

窗口的边框有两个作用：一是标志窗口的轮廓；二是改变窗口的大小。

将箭标移到边框上，箭标就变成双向箭头的形状。如果箭标在左右边框上，则变为左右箭头，按住左键并拖曳即可使窗口宽度变化；如果箭标在上下边框上，则变为上下箭头，按住左键并拖曳即可使窗口高度变化；如果箭标在边框的四个角上，则变为斜向的双向箭头，按住左键并拖曳即可使窗口高度和宽度同时变化。

窗口右下角有三条斜线组成的标志。有这个标志说明当前窗口不是处于最大的情况，按住这个标志拖曳就相当于按住右下角拖曳。

2. 标题栏

最上部横贯左右的是“标题栏”。将箭标放在标题栏上并拖曳，可以移动整个窗口。

在标题栏内的最左端是“系统菜单按钮”(图标)，单击这个按钮立即“弹出”一个与改变本窗口状态有关的标准的系统命令“菜单”，其中的每一个菜单项对应着一个能够改变本窗口状态的命令，选择菜单项将执行相应的命令。例如，选择“最小化”(minimize)菜单项能使这个窗口缩小成一个图标；选择“关闭”项(close)可以关闭这个窗口，使窗口在桌面上消失(实际上也导致窗口所对应的软件模块(工作程序)结束工作)。此外，用双击“系统菜单按钮”的方式也能够关闭窗口并结束程序工作。

标题栏最右端则分别是用于控制窗口自身大小的“最小化按钮”(上有一短划线)、“最大化按钮”(上有方框符号)和“关闭按钮”(上有×符号)。单击最小化按钮，该窗口立即缩小，变成了桌面上的一个图标(或任务栏上的一个按钮)；如果再用鼠标双击这个桌面图标(或单击任务栏上的按钮)，该图标(按钮)就会复原成为原来的窗口。实际上，桌面上的每一个图标(或任务栏上的一个按钮)都是一个最小化了的窗口。窗口的“最大化”按钮的操作方式与“最小化”按钮类似，用它可以使窗口扩大到占据整个屏幕。“关闭”按钮的作用是关闭窗口和应用程序，单击即可关闭。另外，按 Alt＋F4 键也可关闭窗口。

3. 菜单栏

标题栏下面就是菜单栏，这是该窗口的“主菜单”，其中含有应用程序定义的各种菜单。不同的窗口有不同的菜单栏和菜单项。

主菜单内的每一菜单项(文字和图标)都代表了一组有关命令，带有▶符号的命令还有自己的“子菜单”(子菜单也是菜单)，其中列出一组命令。有些子菜单中的菜单项还会弹出进一步的子菜单。有些操作命令的执行会弹出要求用户选择或检查的操作对象，等待用户的响应。

4. 客户区

在主菜单行下面是一个尺寸相对较大的区域，这就是客户区，是窗口的主要显示区域，这里显示窗口的主要信息，具体内容由窗口本身确定。

客户区是窗口中应用程序可以利用的部分。与客户区相比，边框、标题栏、菜单栏都是系统定义的，应用程序不能改变它们的外观。

5. 工具栏和状态栏

工具栏和状态栏并不是窗口的必需部分，但它们是非常有用的界面方式，已广泛应用于 Windows 的应用程序中。工具栏用来显示各种工具按钮，工具按钮可以看做是菜单命令的快捷方式，因为完成同样的操作，使用工具按钮比用菜单命令要方便得多。状态栏一般用来显示状态信息和提示信息。

2.4.5 对话框操作

对话框是系统用来和用户“对话”(交互操作)的一种特殊窗口。Windows 在执行某些操作时，弹出对话框，显示一些提问语句，用户按要求在其上的各种文本框、数字框中输入必要的内容，从而获取有关操作的细节信息。此外，Windows 也常用对话框显示附加信息和警告信息，或当任务未能完成时解释其原因。

1. 对话框的组成

对话框种类繁多，图 2-18 是其中的一种。多数对话框都包含以下内容。

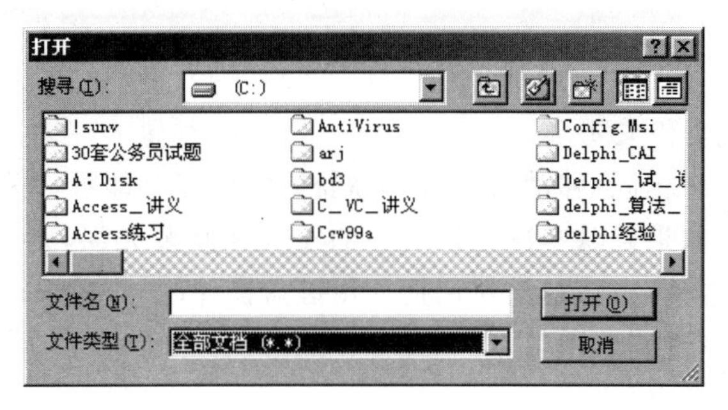

图 2-18　对话框的例子

① 标题栏：显示对话框名称，右端是关闭和求助按钮。

② 命令按钮：许多对话框都有“确定(OK)”和“取消(Cancel)”按钮。单击“确定”保存当前设置并关闭对话框。单击“取消”则取消当前设置并关闭对话框。

③ 文本框：用于输入一串字符。将焦点移到文本框(单击或按 Tab 键)后，从闪烁的插入点处输入文本。可用箭头键、Del 键、退格键等编辑字符串。

④ 数字框：用于输入数字，或单击右端的两个上下三角形按钮增大或减小数字。

⑤ “?”按钮：是 Windows 帮助系统的一部分，叫做“这是什么”。单击或按回车键则光标变成“?”形，再单击对话框的某一部分，就会显示该部分的提示信息。

比较复杂的对话框还可以包括如下几类组成元素。

(1) 列表框

显示多行文字或多个图形的列表，以便用户从中选取需要的对象。选取对象时，如果对象较多，框内显示不完，可操纵右端的滚动条来滚动显示。

还有一种下拉式列表框，用于在要显示的内容较多而空间较小时取代普通列表框。鼠标单击右侧的向下箭头或按键盘的方向键，即可将它的下拉框打开。

(2) 单选按钮(圆钮)

单选按钮是在可供选择的条目之前显示的圆钮，用于从多个相互排斥的选项中选择一个。被选中的选项前的单选按钮中有黑色圆点。单击一个单选按钮(使带黑点)即可选定相应的选项。用键盘选择时，找出待选钮提示文字中带下划线的字母，同时按 Alt 键和该字母键即可。

(3) 复选框(方钮)

复选框是在可供选择的条目之前显示的方钮，用于从一组选项中选择一个或同时选择多个选项。被选中的选项前的复选框带有“√”标记，逐次单击多个复选框(使带“√”标记)即同时选定相应的选项。用键盘选择时，找出待选钮提示文字中带下划线的字母，同时按 Alt 键和该字母键即可。如果待选的复选框没有带下划线的字母，用 Tab 键将虚线框移到该复选框上，按空格键或方向键确认即可。

复杂的对话框还广泛采用多标签页信息的形式，即一个对话框中包含几个不同的信息页。例如，在页面设置对话框中包含“页边距”、“纸张大小”、“纸张来源”、“版面”共4项信息。这样，一个对话框中就可以容纳更多的内容了。

另外，对话框中常有增量按钮、滑动条等。

2. 对话框主要操作

(1) 对话框的移动和关闭

与窗口的相应操作相同，移动时，单击标题栏，然后拖曳即可。关闭时，单击标题右侧的“关闭”按钮即可。如果确认本次对话框中的输入和修改无误，则单击“确定”按钮退出对话框，否则，单击“取消”按钮退出对话框。用键盘操作时，先按 Tab 键将虚线框移到相应的按钮上，再按回车键确认即可。

(2) 在对话框中移动

鼠标可任意在对话框的各选项之间移动，而用键盘在对话框中移动则有多种方式。

① 在不同选项组之间移动：可按 Tab 键从左到右或从上到下地顺序移动，也可按 Shift＋Tab 键以相反的顺序移动。按键时，虚线框移到某个按钮上，即表示激活了相应的选项或命令，再按回车键确认即可选定或执行。对于名称上带有下划线字母的选项或命令，直接按 Alt＋下划线字母来作为相应的选择或执行该命令。

② 在同一组选项中，可用光标方向键来移动虚线框。

(3) 对话框中的求助方法

对话框中未提供类似窗口那样的帮助菜单，可通过以下方法来请求帮助。

① 单击标题栏右端带有“?”的帮助按钮，使鼠标指针变为帮助选择模式。再单击对象项，则弹出一个带有阴影的、写有该对象的有关信息的文本框。单击某个空白区域或即可取消该文本框。

② 右击需要求助的对象项，则弹出一个写有“这是什么”的小框，单击则弹出相应的帮助信息文本框。

3. 滚动条和滑动杆

因为窗口和对话框的大小有限，经常有些内容不能完全显示，这时就要显示滚动条。滚动条有横向滚动条和纵向滚动条两种。

滚动条上都有两个方向(上下或左右)的箭头按钮和一个滑块。单击箭头按钮、单击滚动条上的某个位置、按住滑块拖曳都可以滚动窗口内容。一般来说，单击箭头按钮的滚动幅度较小，适合于比较精细的调整，而按住滑块拖曳的滚动幅度较大，适合于快速滚动。

滑动杆也是通过移动滑块来调整位置的，但一般用于设置某个参数值的大小。这些参数一般不需要特别精确的度量，故用滑动杆来调整比较形象。

滑动杆一侧表示“慢”，另一侧表示“快”。滑块在滑动杆上的位置大致决定了速度的快慢。按住滑块拖曳或单击滑动杆上的某个位置即可移动滑块。

2.5　Windows 98 的文件操作

各种信息都以文件的形式存于磁盘上，Windows 中文件管理的工具如下。

(1)“我的电脑”负责处理本地资源，即本计算机中的文件夹和文件。

(2)“网上邻居”负责处理网络上的资源，如共享文件、打印机等。

(3)“资源管理器”则处理所有本地和网络资源，因而，从某种意义上来说，“资源管理器”是“我的电脑”和“网上邻居”的综合。

在 Windows 中，设备也是当作文件来操作的，这些设备可以是软盘驱动器、硬盘、光盘、打印机、网络上的服务器或其他站点计算机等。因此，这些文件管理的工具也适用于设备管理。

2.5.1　Windows 中的文件和文件夹

Windows 环境下的绝大多数操作都是在与各种各样的文件打交道，因此，要学会操作系统的使用，先要了解文件和文件夹的概念及其基本操作。

1. 文件的基本概念

在 Windows 98 的文件操作中，涉及如下一些基本概念。

(1) 文件(存放信息的形式)

Windows 支持长文件名，最长可达 255 个字符。长文件名便于识别。在 Windows 中，文件由文件图标和文件名来表示，其中文件图标表示文件的种类，如应用程序、文档等，都有不同的图标。

(2) 应用程序(可以自主运行的文件)

分为 MS-DOS 应用程序和 Windows 应用程序，Windows 应用程序又分为 16 位应用程序和 32 位应用程序，是分别为 MS-DOS、Windows 3.1 和 Windows 而设计的。在 Windows 中可以运行 MS-DOS 应用程序、16 位 Windows 应用程序和 32 位 Windows 应用程序，但只有 32 位(或较新的 64 位)Windows 应用程序能较好地发挥 Windows 的性能。

(3) 文档(应用程序生成的文件)

文档可以是应用程序创建的任何文件，包括输入、编辑、查看和保存的各种信息。例如，文档可以是一个文本报告，也可以是一幅图片。

(4) 将设备当作文件操作

由于在 Windows 中，设备是当作文件来操作的。因此，在介绍文件夹和资源管理器时，如不特别指明，文件是指文档、应用程序、设备以及显示的任何文件。

(5) 文件夹(存放文件的机构)

在 Windows 中，用文件夹来对应用程序、文档等进行分组。一个文件夹中可以包含文档、应用程序、设备以及另一个文件夹。包含另一个文件夹的文件夹称为父文件夹，父文件夹中包含的文件夹称为子文件夹。用户可将文件夹看做是 MS-DOS 中的目录,而将子文件夹看做是子目录。

但文件夹与 MS-DOS 中的目录是有区别的,目录中保存的都是实实在在的磁盘文件,而文件夹中可以有磁盘文件,也可以有设备和快捷方式。

(6) 快捷方式文件(文件的联络点)

一个快捷方式文件对应于一个应用程序、一个文档或一个设备(如打印机)等。快捷方式文件的图标的右下角都有一个曲线箭头,双击快捷方式文件图标可启动对应的应用程序、打开文档或打开设备。

(7) 注册文件类型

在 Windows 安装时,内部保存了一些常用文件类型的各种操作信息,因而知道怎样来操作这些类型的文件。这些文件类型称为已注册的。在文件夹窗口中,双击已注册的应用程序可以启动该程序,双击已注册的文档可以打开该文档,而且可以快速查看文件的内容。但还有一些文件的内容未注册,要由用户自已来注册。

2. "我的电脑"窗口

在 Windows 桌面上,单击"我的电脑"图标,可以打开"我的电脑"窗口,显示计算机的磁盘、打印机和控制面板图标。使用"我的电脑"窗口可以查看计算机的各种信息,如文件、文件夹和打印机等。也可以把文件或者文件夹移动或复制到另一个地方。其中,工具栏下面的工作区内显示当前文件夹的内容,可根据需要改变显示的方式。

在"我的电脑"窗口中,双击一个驱动器图标,显示该驱动器的所有文件。双击"控制面板"图标,启动"控制面板"窗口。双击"打印机"图标,显示"打印机"窗口。

3. "文件夹"窗口

一个文件夹窗口显示该文件夹所包含的所有文件和文件夹。在文件夹窗口可完成文件的各种操作,如打开文件、复制、更名、删除、打印、创建快捷方式等。

Windows 的许多工具,如我的电脑、控制面板、回收站等,实际上都是文件夹窗口,"我的电脑"窗口就是一个标准的文件夹窗口。在"我的电脑"窗口中打开一个文件夹,则会显示该文件夹的窗口,如图 2-19 所示。

文件夹窗口中对文件的操作可以通过菜单、工具栏按钮或快捷键来完成。菜单中提供了许多执行各种功能的菜单项,分列在多个子菜单中。最重要的子菜单是"文件(file)"菜单。这个菜单第一部分包括打开、新建、发送、打印、删除、重命名、文件属性、关闭等各种选项,每个选项的功能看其名字即可得知。

工具栏由一系列小图标组成,每个小图标对应一个菜单命令,单击一个小图标可以快速地完成相应的功能。因此,可以把工具栏看做是菜单命令的一种快捷形式。状态栏显示文件夹窗口使用过程的信息,如工具栏各图标的含义等。可根据需要改变文件夹窗口的显示,决定是否显示工具栏和状态栏。

(1) 显示工具栏

选择"查看"菜单的"工具栏"命令,该命令左边出现"√"标记,则显示工具栏(工具栏

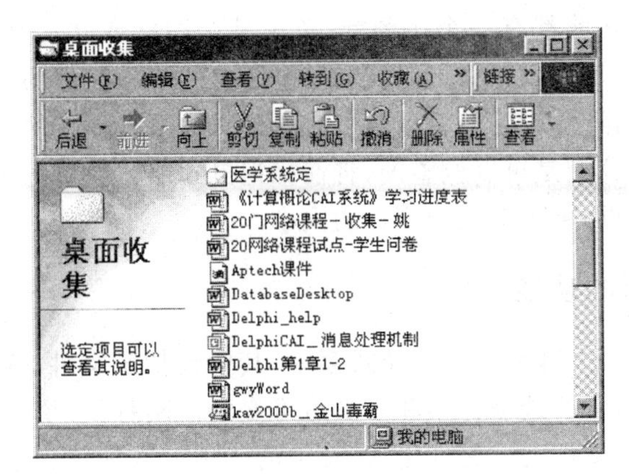

图 2-19　文件夹窗口

的使用见本节后续内容)。

再选择该命令,可关闭工具栏。

如果要了解工具栏上图标所对应的菜单命令,可将指针光标移到此图标上,图标旁边显示对应的菜单命令。如果要了解更详细的内容,按下鼠标左键,在窗口状态栏中显示详细的说明,然后按住鼠标左键,将指针光标移出工具栏,再释放左键。

(2) 显示状态栏

选择"查看"菜单的"状态栏"命令,该命令左边出现"√"标记。再选择该命令,可关闭状态栏。

2.5.2　我的电脑和资源管理器

资源管理器用于查看所有的系统文件和资源,并可完成对文件的各种操作。与"资源管理器"窗口相比,"文件夹"窗口则是用于查看一个文件夹的文件,它们的使用方法相似。

1. "资源管理器"窗口

"资源管理器"窗口的主要部分是两个列表区域,左边一个用来显示所有文件夹的结构,包含计算机系统中所有的"资源",如各个磁盘、光盘、打印机、网络、文件夹的树状结构的情况列表。右边一个用来显示所选中的"文件夹"(目录)中的内容。当窗口中内容很多,无法完全显示时,可以通过拉动"滚动条"的方式使其内容滚动显示。

2. 文件夹树状列表的使用方法

文件夹树状列表的"根"是 Desktop,其子文件夹有"我的电脑"、"网上邻居"等。

有的文件夹左边有一个"+"符号,表示该文件夹还有子文件夹,单击这个"+"符号或者双击文件夹名称便可选中它,文件夹改变颜色,同时右窗口显示其中的内容,即列出下一级子文件夹和文件名(文件夹打开),子文件夹以缩进的格式显示。已显示出子文件夹的文件夹左边的"+"符号变成"-"符号,单击这个"-"符号或者双击文件夹名称,就可以使子文件夹不显示(文件夹合拢)。

右窗口每个文件名前都有一个小图标，单击某个图标或文件名，就可以选中这个文件，然后可以进行文件复制、移动、删除，以及打开文件、查看文件的各种情况等操作。

通过上述几种操作及内容滚动，就可以查看到文件系统中任何位置的情况。

左右窗口的大小分配是可以调整的，将箭标拖曳到左右窗口的分隔条上，等箭标变为左右十字后，左右拖曳即可改变两个窗口的大小。

3. 资源管理器的功能

"资源管理器"窗口上部有一个下拉式菜单，其中包括了文件、编辑、查看等几个子菜单，各个子菜单中所包含的选项种类和多少是可变的。刚打开"资源管理器"窗口时选项较少，但当选定了一个文件夹或文件之后，其中的选项就增加了许多，以便能对所选定的对象进行各种操作。

(1) 文件[F]菜单

资源管理器最重要的功能在文件(file)菜单里。这个菜单第一部分包括打开、新建、发送、打印、删除、重命名、文件属性、关闭等各种选项，每个选项的功能看其名字即可得知。利用这些命令可以很方便地进行目录操作和文件操作。例如，如果要在当前文件夹下再建一个新的文件夹，先用鼠标选择"文件"菜单中的"新建"选项，在弹出的下一级菜单中选择"文件夹"选项，当前目录下立即就会出现一个"新建文件夹"，然后输入一个文件夹名字就完成了这项工作。

应该了解，在Windows中进行任何目录和文件操作都要遵循"先选后用"的原则，例如，要删除一个文件夹或文件，应该"先选定它，再进行操作"。当选定了一个文件之后，菜单的第一项是"打开"文件，在Windows里对每类文件都可定义相应的打开方式。

如果打开的是可执行程序文件(DOS中扩展名为EXE的文件)，就是执行这个程序；如果打开的是一个文档文件，即某一个应用程序所产生的文件，如Word所产生的文本文件，就是调用相应的应用程序来编辑这个文件，如此等等。

任何文件类型都可以类似地和某个软件模块唯一地建立这种"打开"方式的联系，打开这类文件就定义为启动它所联系的软件模块，处理这个文件。

菜单的最后一项是退出(exit)，选择这个命令使文件管理器程序的执行结束。

注意：菜单项：文件[F]中的F为该项的热键，即按Alt+F键与选择该项等效。

(2) 编辑[E]菜单

资源管理器的第二个菜单是"编辑"菜单，执行文件的复制、移动等操作。第三个菜单是"查看"菜单，用于改变文件的各种显示方式，可以只显示文件名，也可以显示部分属性或全部属性信息，可以控制文件列出的顺序，分为按名字(按照基本名)排列、按类型排列(按扩展名)、按文件大小或者按文件的最后修改时间排列。用户可以按自己需要选择排列方式。还可以控制按"大图标"、"小图标"显示等。第四个菜单是用于在网络上查找的。

资源管理器的"帮助"菜单是Windows中的标准形式的帮助信息，可以利用它来学习使用方法。

2.5.3 文件夹的基本操作

在文件夹中，可以进行文件或下属文件夹的选定、更名、重新排列或改变其显示方式等各种操作。

1. 改变文件夹内容的显示

(1) 改变显示方式

打开一个文件夹后，它的内容显示在窗口中，用“查看”菜单命令或用工具栏上的小图标可改变文件夹内容的显示方式。可以选择：以大图标方式、小图标方式、列表方式、详细内容方式或 Web(网页)方式显示。例如，选择以列表方式显示的方法如下。

单击工具栏的“小图标”按钮，或选择菜单项①“查看”|“小图标”，则文件夹窗口以小图标方式显示内容。

有时，磁盘文件已作了修改而文件夹窗口显示的还是以前的内容。选择“查看”菜单中的“刷新”命令，使文件夹窗口显示最新的文件内容。

(2) 文件图标排序

当文件夹的内容较多时，可将文件排序以方便查找。在“查看”菜单的“图标排序”命令的子菜单中，提供了四种排序命令：按文件名字、按文件类型、按文件大小和按文件日期，可任选一种。多次选择排序命令可改变排序的升降顺序。

当文件夹窗口以列表方式详细显示内容时，有一种更方便的排序方法：只需单击窗口列表的名字、类型、大小、日期，便可分别将列表内容按文件名字、文件类型、文件大小、文件日期来排序。多次选择这四项可改变排序的升降顺序。

当文件夹窗口以小图标和大图标方式显示内容时，有两种排列图标的方法。

① 横向排列图标：选择菜单项“查看”|“行列对齐”，使图标横向整齐排列。

② 自动排列图标：选择菜单项“查看”|“排列图标”，自动使图标横向整齐排列。

(3) 设置文件显示方式

如果对文件夹窗口显示的内容有特殊要求，可使用“查看”菜单中的“选项”命令来改变显示内容。选择“选项”命令时，出现“选项”对话框，选中“查看”标签，则出现对话框的“查看”选项卡，可选择以下几种文件显示方式。

① 显示所有文件：选择“显示所有文件”单选按钮。

② 在标题栏上显示文件夹全路径：选择“在标题栏显示 MS-DOS 路径全名”复选按钮。

③ 只显示已注册文件的文件名，不显示扩展名：选定“隐藏已注册文件的 MS-DOS 文件扩展名”复选按钮。

---

① 本书中选择菜单项操作的书写形式类似于：“文件”|“打开”弹出“打开”对话框，有时可能会省略方括号和热键名。

2. 查看另一个文件夹内容

如果要在文件夹窗口查看另一个文件夹的内容，可采用以下几种方法。

① 打开工具栏左边的下拉式列表，选定另一个文件夹。

② 在文件夹窗口，双击要查看的文件夹图标。

③ 如果要返回当前文件夹的上一层文件夹，单击工具栏的“返回父文件夹窗口”按钮，或按 BackSpace 键。

新文件夹内容可显示在原来的文件夹窗口，也可显示在另一个文件夹窗口。选择“查看”菜单中的“选项”命令，在“选项”对话框中选“文件夹”项，则出现对话框的“文件夹”选项卡，然后选定相应的项即可设置新文件夹窗口的显示方式。

3. 选定文件

文件夹窗口不但能显示文件，而且可完成文件的各种操作，如打开文件、删除文件、创建快捷方式等。在对文件进行操作之前，首先要选定文件。一次可选定一个或多个文件，选定的文件突出显示。有以下几种选定方法。

(1) 选定一个文件或文件夹

单击要选定的文件即可。用键盘时，使用光标方向键、End 键、Home 键、翻页键或字母键(下一个以此字母开头的文件或文件夹)将光标移到要选定的文件或文件夹即可。

(2) 鼠标拖曳选定文件

鼠标拖曳则出现一个虚线框，释放后选定虚线框中的所有文件。

(3) 选定多个连续文件或文件夹

先单击要选定的第 1 项，按住 Shift 键，再单击最后一个要选定的项。用键盘时，先选定第 1 项，按住 Shift 键，同时用光标方向键选定其他项。

(4) 选定多个非连续项

先按住 Ctrl 键，再依次单击不连续的各个项。

(5) 选定文件夹中的所有文件

选择“编辑”菜单中的“选定全部”命令，将选定文件夹中所有文件；选择“编辑”菜单中的“选定其余”命令，将选定文件夹中已选定文件之外的其他文件。

(6) 撤销选定

① 取消一项选定：按住 Ctrl 键，单击要取消的项。

② 取消所有选定：随意单击任一项即可。用键盘时，按光标方向键取消选定。

2.5.4 文件操作的方式

对文件的操作包括打开、更名、打印和删除等，可以利用各种窗口上的菜单项、工具按钮，或者利用拖放的方式来执行这些操作。在删除时，还可以利用回收站提供的功能。应该注意的是：文件的创建一般都要使用特定的软件来进行，不同种类的文件有不同的创建方式。因而，这里不便统一讲解。

1. 文件操作的3种方式

（1）利用菜单项

在选定了要操作的文件之后，打开“文件”菜单，选择其中的某个选项即可对文件进行相应的操作。

（2）利用快捷菜单项

右击要操作的文件，将会弹出一个与文件菜单相似的快捷菜单，选择其中的选项即可对文件进行相应的操作，这是一种更为便捷的方法。

（3）用拖放来操作文件

文件夹窗口中的文件图标可以从起始位置（源位置）拖放到一个文件、文件夹以及Windows桌面上的任何对象，如一个文件图标、文件夹、窗口、驱动器图标、打印机图标、桌面等对象中。

鼠标的拖放操作非常灵活，即可拖放一个图标，也可拖放多个图标，还可拖放一个文件夹中的所有文件，还可利用鼠标右键来执行拖放操作，即在拖放选定的文件时，按住鼠标右键，将会显示一个菜单，利用其中的选项来选择文件操作方式，如移动、复制、创建快捷方式等。

2. 文件的打开

文件夹窗口显示的文件有3类：文档、应用程序和文件夹。如果一个文档和一个应用程序建立了关联，则打开一个文档将启动一个应用程序，并显示文档内容。例如，打开一个用Word编辑的文档时，将首先启动Word，然后在Word中打开这个文档，因为这一类文档已与Word（应用程序）建立了关联。在Windows安装过程中，已将常用的文档类型注册与某个应用程序建立了关联。用户可注册其他文件类型。

打开一个应用程序，将启动该程序、打开一个文件夹、将显示文件夹窗口，打开一个文档，将显示该文档的内容。

打开文件的方法有以下几种。

① 在文件夹内容框双击该文件图标。这是最简单的方法。

② 选定要打开的文件，再选择“文件”菜单中的“打开”命令。

③ 右击要打开的文件名，在弹出的快捷菜单中选择“打开”命令。

④ 选定要打开的文件，然后按回车键。

如果要打开的文件未注册，双击该文档后弹出“打开方式”对话框，在列表框中选择用哪种应用程序打开文档。

可利用拖放操作来使一个应用程序打开文档：将选定的文档拖放到一个应用程序的图标处时，将启动程序并打开该文档。

3. 文件删除

要删除一个文件或一批文件时，先选定这些文件，然后按下列某种方法操作。

① 单击Del键，这是最简单的方法。

② 选择菜单项“文件”|“删除”。

③ 右击要删除的文件名，在弹出的快捷菜单中选择“删除”命令。

④ 用拖放操作来删除文件：将选定的文件拖放到桌面的“回收站”中即可。

如果删除一个文件夹，则删除其中的所有内容。

文件删除后，并未从磁盘上抹去，而是放在桌面的“回收站”中，必要时可以再恢复。

4. 回收站的利用

“回收站”是一个永远出现在桌面上的图标。它的功能正像它的图标一样，是一个存放“垃圾”的废纸篓。在Windows中用各种方式删除的文件、快捷方式和文件夹等都将被转移到回收站中。回收站中的内容也都可以被恢复，即将文件、快捷方式和文件夹等按原来的属性和设置恢复到原来的位置。

双击回收站图标，会弹出“回收站”窗口。“回收站”窗口的所有菜单、工具栏、状态栏等都和“我的电脑”窗口基本相同。

对于回收站来说，最常用的是它的“恢复”和“清除垃圾”功能。它们分别使用“文件”菜单的“还原”和“清空回收站”菜单项。要还原一个或几个文件的状态，只要选中这些文件，再选择“文件”菜单的“还原”菜单项，这些文件就从回收站中取出，还原到原来的位置。而“清空回收站”菜单项将清除回收站的内容，即将其中保存的文件真正从磁盘上删除。

5. 文件更名

要改变一个文件的名字，可按以下几种方法操作。

① 单击要更名的文件，再单击该文件的名字，名字处出现一个方框，在方框中输入新的文件名。这是最简单的方法。

② 选定要更名的文件，然后选择“文件”菜单中的“更名”命令，名字处出现一个方框，在方框中输入新的文件名。

③ 右击要删除的文件名，在弹出的快捷菜单中选择“更名”命令，名字处出现一个方框，在方框中输入新的文件名。

6. 文档打印

如果文件是一个文档，可以打印出来，有以下几种操作方法可供选择。

① 选定要打印的文件，然后选择“文件”菜单中的“打印”命令。

② 右击要删除的文件名，在弹出的快捷菜单中选择“打印”命令。

③ 用拖放操作来打印文档：将选定的文件拖放到打印机图标即可。

2.5.5 文件的复制、移动和查找

在文件夹窗口中，可以完成各种文件（包括文档、应用程序和文件夹等）在桌面上任何位置（不仅是文件夹窗口）的移动和复制。方法是先将要移动和复制的文件传送到Windows的剪贴板上，再从剪贴板上粘贴到目的位置。如果文件传送到剪贴板上时即行

删除，则粘贴成功后就相当于完成了文件的移动操作，如果文件传送到剪贴板上后并不删除，则粘贴成功后就相当于完成了文件的复制操作。也可用拖放操作来移动和复制文件。

1. 利用剪贴板移动或复制文件

(1) 将文件内容复制到剪贴板

要剪切一个文件，即将文件内容复制到剪贴板上，先要选定这个文件，然后按以下列出的某一种方法操作。

① 选择菜单项："编辑"|"剪切"或"复制"。

如果选择的是"剪切"命令，所选定的文件被删除，但内容传送到剪贴板上；如果选择的是"复制"命令，所选定的文件仍然保留，内容也传送到剪贴板上。

② 单击"文件夹"窗口的"剪切"按钮或"复制"按钮。

③ 右击要传送的文件名，将弹出快捷菜单，选择其中的"剪切"或者"复制"命令。

(2) 将剪贴板上的内容粘贴到指定位置

当一个文件的内容传送到剪贴板后，可以将它粘贴到桌面的任何对象上，实现文件的移动或复制。在文件夹窗口的粘贴信息(剪贴板上的内容)操作有以下几种方法。

① 打开要粘贴到的文件夹(目的地)，然后选择"编辑"菜单中的"粘贴"命令。剪贴板上的内容将插入该文件夹中。

② 打开目的文件夹，然后单击文件夹窗口的"粘贴"按钮。

③ 打开目的文件夹，然后右击该文件夹，将弹出快捷菜单，选择"粘贴"命令。

2. 用拖放来移动或复制文件

用拖放来移动或复制文件的步骤如下。

① 打开文件所在的文件夹窗口，如"我的电脑"窗口、"资源管理器"窗口等。

② 在文件夹窗口选择要移动的文件或文件夹，使之突出显示。

③ 使拖放的目的位置(如文件夹、驱动器图标等)可见。

④ 如果是在不同的驱动器上移动文件，先按下 Shift 键，再将选定的所有图标拖放到目的位置。在同一驱动器上移动文件时，直接拖放即可。用拖放来复制文件时，先按下 Ctrl 键，再将选定的文件拖放到目的位置，如文件夹中、桌面上等。

⑤ 释放鼠标按钮。至此，文件移动操作完成。

3. 快速传送文件

在文件夹窗口的"文件"菜单中，有一个"传送"命令，可以方便地将文件传送到任意目的位置，如复制到软盘中，送到打印机打印，放到公文包中等。在选该命令时所显示的子菜单中，列出了可以传送的目的位置。如有必要，还可在"传送"命令中增加其他传送位置的名称。

"传送"命令对应于 Windows 文件夹的"传送"子文件夹，用户可在其中增加其他快捷方式文件，如增加一个打印机快捷方式等。

4. 查找文件或文件夹

(1) 执行“查找”命令

① 选择“开始”菜单中的“查找”选项，在其级联菜单中选择“文件和文件夹”选项。

② 打开“资源管理器”窗口，选择“工具”菜单中的“查找”选项，在级联菜单中选择“文件和文件夹”选项。

③ 打开“我的电脑”窗口，选择“文件”菜单中的“查找”选项。

(2) 指定“查找”条件

执行了查找命令之后，屏幕上弹出“查找”对话框，然后按下列某种方法进行查找前的设置。

如果是根据文件名和文件夹查找，则进行以下设置。

① 选择“查找”对话框的“名字和位置”选项卡。

② 在“名称”文本框中输入要查找文件或文件夹的名字(可含通配符)。

③ 在“搜索”下拉式列表框中输入或选择要查找文件或文件夹的位置，即文件所在的磁盘和文件夹；也可按下“浏览”按钮，在所显示的列表框中选择磁盘和文件夹。

④ 选定或不选定“包含子文件夹”复选框，以确定是否查找下属的子文件夹。

⑤ 单击“开始查找”按钮，开始查找文件(或文件夹)。

如果是根据日期查找，则进行以下设置。

① 在“查找”对话框的“名字和位置”选项中输入要查找文件的名字和位置。

② 然后选择“修改日期”选项；由“所有文件”和“找出所有已创建和已修改的文件”两个单选按钮来确定是否按日期查找。

③ 单击“开始查找”按钮，开始查找文件(或文件夹)。

如果要进行“高级”查找，则进行以下设置。

① 单击“查找”对话框的“高级”选项卡，进入“高级”查找选项。

② 打开“类型”下拉式列表框，可选定要查找的文件类型。

③ 在“包含文字”文本框中输入要查找的文件所包含的一段文字。

④ 在“大小”下拉式列表框中输入文件“最大”和“最小”，并在数字输入框中输入文件的大小。

(3) 开始查找

单击“开始查找”按钮，开始查找文件(或文件夹)。

如果要在查找过程中中断查找，可单击“停止”按钮。单击“新搜索”按钮将删除查找结果并重新查找。

当完成查找操作之后，找到的文件显示在“查找”对话框的下部，这如同一个文件夹窗口，可以使用窗口的各个菜单中的选项来对文件进行各种操作，如用“文件”菜单中的更名、删除、打印等命令来操作文件等。

2.5.6 创建快捷方式

快捷方式是 Windows 中的一个重要概念，它是指向某个程序(可执行文件)的“软连接”，将一个程序的快捷方式放在桌面上或一个文件夹中，用户可以像操作桌面或文件夹上的其他程序一样来操作这个程序。例如，在桌面上放置 MS-DOS 的快捷方式，双击即可启动 MS-DOS。这好比是一个“中介公司”，自身并不能给用户提供任何商品和服务，但只要用户提出要求并支付相应的款项，这个公司就会联系某个实际的产业公司来满足用户的要求，对用户来说，这个“中介公司”所提供的商品和服务与实际的产业公司的效果相同。

1. 创建快捷方式的 3 种方法

在桌面上为某个应用程序（或文档、打印机等）创建快捷方式有 3 种不同的方法。

（1）使用创建快捷方式向导

① 右单击桌面空白处，则弹出桌面菜单，选择其中的“新建”项，弹出它的子菜单，选择其中的“快捷方式”项（第二个菜单项），则桌面上弹出“创建快捷方式”向导。

② 在“创建快捷方式”向导中的“命令行”文本框中输入要创建快捷方式的项目的路径和名字。

③ 当桌面上出现一个图标且“创建快捷方式”向导中出现“完成”按钮时，单击“完成”按钮，则桌面上出现一个所要创建的快捷方式图标。

（2）拖放创建快捷方式

① 在“我的电脑”窗口或“资源管理器”窗口中找到应用程序（或文档、打印机等）的运行文件。

② 选中这个运行文件并拖放到桌面上放开鼠标，则桌面上出现该应用程序的快捷方式。如果拖放到开始按钮处再放开，则将该程序添加到开始菜单的最顶端。

（3）用鼠标右键拖放创建快捷方式

① 找到应用程序（或文档、打印机等）的运行文件。

② 选择“文件”菜单中的“创建快捷方式”命令，将在当前文件夹生成选定文件的快捷方式，也可右击所需要的文件，在弹出的快捷菜单中选择“创建快捷方式”命令。

2. 在当前文件夹中创建快捷方式

在当前文件夹中创建快捷方式的方法如下。

（1）使用“创建快捷方式”命令

① 在当前文件夹中选定所需要的文件，如文档、应用程序、打印机等。

② 选择“文件”菜单中的“创建快捷方式”命令，将在当前文件夹生成选定文件的快捷方式，也可右击所需要的文件，在弹出的快捷菜单中选择“创建快捷方式”命令。

（2）用拖放操作来创建快捷方式

为选定的文件创建快捷方式时，先按住 Ctrl＋Shift 键，再将选定的文件拖放到文件夹中。如果要在当前文件夹中创建其他文件夹中文件的快捷方式，步骤如下。

① 选择“文件”菜单中的“新文件”选项的“剪切”命令，将出现一个对话框，在其中的“命令行”中输入要创建的文件命令行，或单击“浏览”命令，选择一个文件。

② 单击对话框的“下一个”按钮，将出现一个对话框，在其中文本框输入要创建的快

捷方式文件的名字，再单击“完成”按钮。要返回上一个对话框时，单击“上一个”按钮。

2.5.7 磁盘操作

Windows操作系统将设备(磁盘、光盘、打印机等)都看成文件，提供了统一的操作方法，还提供了像“快捷方式”这样的方便操作的方法。

1. 格式化磁盘

格式化磁盘的操作方法如下。

(1) 将磁盘插入驱动器并执行格式化命令

在“我的电脑”窗口选定磁盘图标，再选择菜单项：“文件”|“格式化”弹出“格式化”对话框，或右击文件夹窗口的磁盘图标，选择快捷菜单“格式化”命令，也会弹出“格式化”对话框，如图2-20所示。

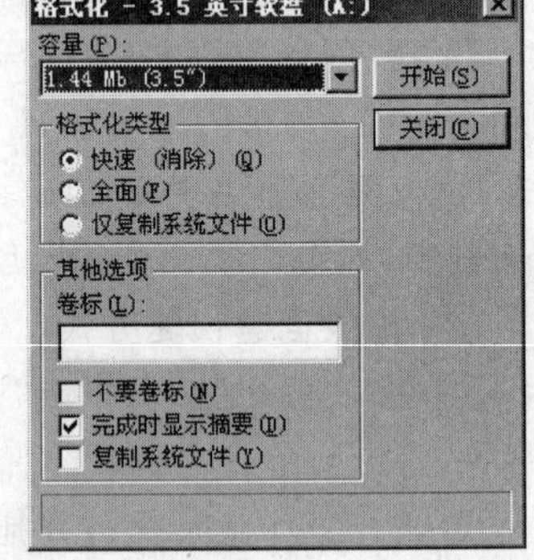

图2-20 格式化对话框

(2) 在对话框中选择填充

① 在“容量”下拉式列表框中选定磁盘容量。

② 在“格式化类型”栏选择格式化的方式。

- 如果磁盘已格式化，选“快速格式化”方式。
- 未格式化则选定“全部格式化”方式。
- 选“只复制系统文件”，则复制文件后不删除磁盘原有文件，使之成为启动盘。

(3) 标识磁盘(指定卷标)及其他

磁盘也可以像文件一样命名，即用一个卷标名来标识。要标识磁盘时，清除对话框中的“无卷标”复选框，在“卷标”文本框中输入或修改卷标名即可。可选“无卷标”复选框。

选定“完成时显示摘要”，则在格式化后显示磁盘信息；选定“复制系统文件”则在磁盘上复制系统文件，使它成为启动盘。

(4) 按“开始”按钮则开始执行格式化

如果要复制软盘，先选定磁盘图标，再选择“文件”菜单中的“复制磁盘”命令。

2. 查看或修改文件属性

要查看文件的属性，有以下几种方法。

① 选定要查看的文件，再选择菜单项“文件”|“属性”弹出“属性”对话框。

② 右击要查看的文件名，在弹出的快捷菜单中选择“属性”命令。将出现一个对话框显示文件属性。

属性对话框中显示文件的常规属性，如文件的大小、类型、位置等，同时在底部以复选框显示文件的4种可选属性。

- 只读属性：选定的文件只能读出，不能写入。
- 隐含属性：选定文件的文件名不显示，用户要知道文件名才能看到或使用文件。

• 档案属性：一般的可读写文件，普通文件基本上都是档案文件。
• 系统文件：系统使用的文件，用户一般不能使用和修改。

可以在属性对话框中修改文件的各种属性。

3. 查看磁盘属性

要查看磁盘的属性，有以下几种方法。

① 选定要查看的磁盘，然后选择“文件”菜单中的“属性”命令，将出现一个对话框显示磁盘的各种属性。

② 右击要查看的磁盘名，在弹出的快捷菜单中选择“属性”命令，将出现一个对话框显示磁盘属性。

属性对话框中有“常规”选项卡和“工具”选项卡，“常规”选项卡显示磁盘的容量、可用空间、磁盘的卷标(标号(L))等，用户可以修改卷标。“工具”选项卡可以完成对磁盘的维护操作，单击“开始检查”按钮，可以检测磁盘中的错误；单击“开始备份”按钮，可以进行磁盘备份；单击“开始整理”按钮，可以整理磁盘。

2.6 控制面板

控制面板用于查看或改变 Windows 的系统设置，如背景颜色、屏幕保护方式、鼠标、键盘属性、日期和时间等，都能在控制面板里设置。不使用控制面板也能操作计算机，但要使用特殊的功能或表现自己的个性，控制面板是一个方便的工具箱。

图 2-21 是控制面板的窗口，窗口显示系统设置的选项，根据用户安装的设备不同，控制面板的选项有所不同。

图 2-21 “控制面板”窗口

下面讲解一些常用的查看和设置项目。

2.6.1 鼠标属性设置

在"控制面板"窗口中双击"鼠标"图标,屏幕上弹出"鼠标属性"对话框,如图 2-22 所示,可用于设置鼠标的按钮、光标、移动方式以及鼠标类型。

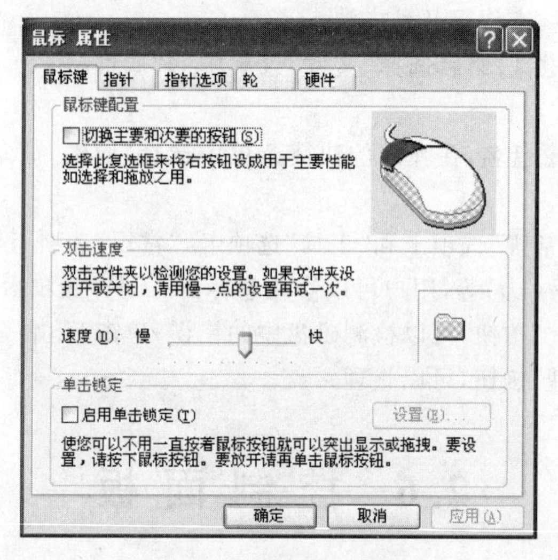

图 2-22 "鼠标属性"对话框

1. "鼠标键"选项卡(设置使用鼠标习惯和速度)

"鼠标键"选项卡包括"鼠标键配置"、"双击速度"和"单击锁定"三个栏目,按照显示出来的提示信息,单击某个方框,打上钩选定它,即可选定相应的选项并执行它所代表的功能。其中,"鼠标键配置"项用于将鼠标左键和右键的功能倒转过来,以便惯用左手的人使用。"双击速度"项用于设置双击按钮的间隔时间,拖曳滑动杆的滑块即可提高或降低双击速度。

2. "指针"选项卡(设置鼠标箭标外形)

可以整体调整,即同时改变所有箭标外形,在"方案"下拉式列表框中选择要用哪套方案,不选择则为"Windows 默认(系统方法)",可选择"Windows 标准(大)"或"动态光标"等各种方案。

还可以设置单个箭标。方法是:在自定义栏中选择相应的图标,单击"浏览"按钮,在外存或其他设备上查找事先放好的图标。

3. "指针选项"选项卡

拖曳"指针速度"滑动杆可设置箭标移动的快慢。选中"显示指针轨迹"复选框,则鼠标移动时,鼠标移动的路线上将显示一串拖过的痕迹,复选框下面的滑动杆还可设置"尾巴"的长短。还可以设置"在打字时隐藏指针"、"当按 Ctrl 时显示指针的位置"以及"自动将指针移动到对话框中的默认按钮”等。

4. “轮”选项卡

现在的鼠标多使用 USB 接口接到计算机上且一般带有滚轮，该选项卡用于设置滚轮滚动的速度。

5. “硬件”选项卡

用于查看鼠标名称、制造商等，其中有一个“属性”按钮，用于打开另一个对话框，用于安装或卸载驱动程序、设置电源工作方式等。

2.6.2 显示器设置

在“控制面板”窗口中双击“显示器”图标，屏幕上弹出“显示 属性”对话框，如图 2-23 所示。实际上，显示器的属性就是桌面的属性，所以用桌面快捷菜单中的“属性”项也可弹出这个对话框。“显示 属性”对话框有 5 个选项卡。

图 2-23 “显示 属性”对话框

1. “主题”选项卡

用于设置桌面背景、图标风格以及进行各种操作时的提示声音等。

2. “桌面”选项卡

用于设置桌面上背景图片及其摆放方式(居中、拉伸、平铺)，其中有一个“自定义桌面”按钮，用于选择放置在桌面上的图标。

3. “屏幕保护程序”选项卡

用于设置屏幕的保护方式。在一段时间内，如果用户没有任何鼠标或者键盘输入，屏幕保护程序便在屏幕上显示一些动态图像，从而保证不使某个特定的点亮得太久。而此后如果移动鼠标或按下一键，则屏幕保护程序自动结束，恢复原状。

从“屏幕保护程序”下拉式列表框里可选择某种屏幕保护程序，所选的会在上面的模拟屏幕上表演。按下“设置”按钮可进一步设置，如设置字幕颜色、字体等(不同的屏幕保护程序的可设置参数不同)。

屏幕保护程序在屏幕静止一会儿之后就会自动启动，这段时间的长短(以分钟计)可以在“等待”输入框中设置，以 10～20 分钟为宜。

可以为屏幕保护程序设置口令，有了口令后，必须输入口令才能恢复窗口状态。选中“在恢复时使用密码保护”复选框，然后单击“应用”按钮可输入或更改口令。

4. “外观”选项卡

用于对桌面的外观、风格等进行更精细的设置。

5. “设置”选项卡

用于设置分辨率和颜色质量。使用“屏幕分辨率”滑动杆可高速设置显示器分辨率。不同显示卡可供选择的分辨率不同。在“颜色质量”下拉列表框里可选择计算机中表示颜色的位数(位数越多颜色的质量越高),其中有一个“高级”按钮,用于更精细的设置,如改变设置后是否重新启动计算机等。

2.6.3 用户账户和密码设置

用户账户定义了用户可以在 Windows 中执行的操作。在用户个人使用的计算机或作为工作组成员的计算机上,用户账户创建了分配给每个用户的特权。

注意:在作为网络域一部分的计算机上,用户必须是至少一个组的成员。授予组的权限和权力也会指派给其成员。

计算机上有两种类型的可用用户账户:计算机管理员账户和受限制账户。在计算机上没有账户的用户可以使用来宾账户。

1. 计算机管理员账户

计算机管理员账户是专门为可以对计算机进行全系统更改、安装程序和访问计算机上所有文件的人而设置的。只有拥有计算机管理员账户的人才拥有对计算机上其他用户账户的完全访问权。该用户可以:

① 创建和删除计算机上的用户账户。

② 为计算机上其他用户账户创建账户密码。

③ 更改其他人的账户名、图片、密码和账户类型。

但他们无法将自己的账户类型更改为受限制账户类型,除非至少有一个其他用户在该计算机上拥有计算机管理员账户类型。这样可以确保计算机上总是至少有一个人拥有计算机管理员账户。

2. 受限制账户

只有这种账户的用户不能更改大多数计算机上已有的设置且不能删除重要文件,使用受限制账户的用户:

① 无法安装软件或硬件,但可以访问已经安装在计算机上的程序。

② 可以更改其账户图片,还可以创建、更改或删除其密码。

③ 无法更改其账户名或者账户类型。使用计算机管理员账户的用户可以进行这些类型的更改。

注意:对于使用受限制账户的用户,某些程序可能无法正确工作。如果发生这种情况，可将用户的账户类型临时或者永久地更改为计算机管理员。

3. 来宾账户

来宾账户是为那些在计算机上没有用户账户的人设置的。来宾账户没有密码，所以他们可以快速登录，以便检查电子邮件或者浏览 Internet。登录到来宾账户的用户：

① 无法安装软件或硬件，但可以访问已经安装在计算机上的程序。

② 无法更改来宾账户类型。

③ 可以更改来宾账户图片。

注意：在安装期间，将会创建名为 Administrator 的账户。该账户拥有计算机管理员特权，并使用在安装期间输入的管理员密码。

4. 在计算机上添加新用户

向计算机添加一个新用户，意味着允许他访问计算机上的文件和程序。执行该任务的步骤会因计算机是否属于网络域的成员或工作组的一部分而有所不同。如果所用的计算机不在网络域中，则应先以计算机管理员身份登录，再按以下步骤添加新用户。

① 在“控制面板”中，单击“用户账户”图标。

② 单击“创建一个新账户”项。

③ 输入新用户账户的名称，然后单击“下一步”按钮。

④ 根据想要指派给新用户的账户类型，单击“计算机管理员”或“受限制”，然后单击“创建账户”。

注意：指派给账户的名称就是将出现在菜单上的名称。必须将第一个添加到计算机的用户指派为计算机管理员账户。

5. 更改用户的密码

密码增加了计算机的安全性。当与其他人共享计算机时，如果为登录名或用户账户名分别分配不同的密码，则每个用户的自定义设置、程序以及系统资源会更加安全。执行该任务的步骤会因计算机是否属于网络域的成员或工作组的一部分而有所不同。

如果还没有给用户账户指派密码，将需要先创建密码然后才能更改。如果所用的计算机不在网络域中，则应先以计算机管理员身份登录，再按以下步骤更改某个用户的密码。

① 在“控制面板”中，单击“用户账户”图标。

② 单击“Administrator 计算机管理员密码保护”图标。

③ 单击“更改我的密码”选项。

④ 在“输入您当前的密码”文本框中，输入当前密码。在“输入新密码”和“再次输入密码以确认”中，输入新密码。

⑤ 也可以在“输入词或短语作为密码提示”中输入描述性或有意义的文本，以便于自己记住密码。

⑥ 单击“更改密码”按钮。

注意：拥有计算机管理员账户的用户可以创建和更改计算机上所有用户的密码。拥有受限账户的用户仅能创建和更改自己的密码，以及创建自己的密码提示。如果拥有计算机管理员账户的用户更改另一个用户的密码，则该用户将丢失所有 EFS 加密的文件、个人证书和用于网站或网络资源的存储密码。

2.6.4 计算机管理和时间设置功能

本节介绍“计算机管理”工具集的功能以及日期和时间的设置方法。

1. “计算机管理”窗口

控制面板上的“计算机管理”图标用于打开“计算机管理”窗口（如图 2-24 所示），用于查看或改变计算机的硬件配置。

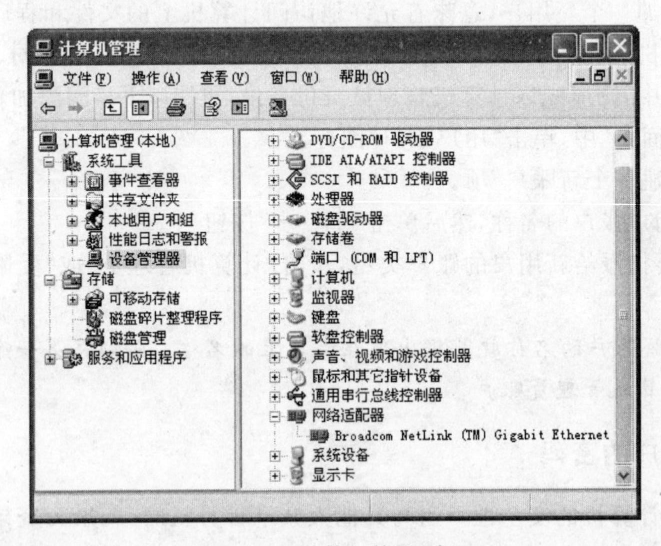

图 2-24 “计算机管理”窗口

计算机管理是管理工具集，可以用于管理单个的本地或远程计算机。它将几个管理实用程序合并成一个“控制台树”，提供对管理属性和工具的便捷访问。可以使用“计算机管理”做下列操作。

① 监视系统事件，如登录时间和应用程序错误。

② 创建和管理共享资源。

③ 查看已连接到本地或远程计算机的用户的列表。

④ 启动和停止系统服务，如“任务计划”和“索引服务”。

⑤ 设置存储设备的属性。

⑥ 查看设备的配置以及添加新的设备驱动程序。

⑦ 管理应用程序和服务。

注意：如果不是Administrator组成员，可能不具备查看或修改某些属性或执行某些任务的权限。

“计算机管理”包含下面三个项目：系统工具、存储以及服务和应用程序，其中，“系统工具”是“计算机管理”控制台树中的第一个项目。可以使用默认工具(事件查看器、共享文件夹、本地用户和组、性能日志和警报以及设备管理器)管理目标计算机上的系统事件和性能。

2. 查看计算机配置

因为涉及的概念太多，这里只介绍一下如何查看计算机的基本配置功能。

① 单击“系统工具”项，展开它(“+”号变成“－”号)。

② 单击左侧栏目中的“设备管理器”项，并在右侧栏目中查看计算机当前配置。

③ 还可在右侧单击某项，展开它，查看更详细的内容。例如，从图2-24中可以看出本机上的网络适配器(即网卡)型号。

3. 日期和时间设置

在“控制面板”窗口中双击“日期/时间”图标，屏幕上弹出“日期/时间属性”对话框。另外，双击任务栏最右边显示的当前“时：分”区域，也可弹出这个对话框。该对话框用于调整日期和时间以及设置时区。

在时间和日期标签页的“日期”下拉式列表框中可选择月份，在其右边的数字框中可以输入或选择年份。单击其下面的月历中的某个日期即可设置日期。

在“时间”数字框中可以输入或选择时间。时间的格式为“时：分：秒：上下午”，鼠标单击其中的某个区域即可修改这个项目。

课堂训练

训练2.1 Windows基本操作

1. 训练任务

(1) 将如图2-25所示桌面上的图标排列整齐，且设置为：禁止再次排列。

(2) 在桌面上创建一个名为“社会常识”的文件夹；将桌面上“经济与社会”文件夹中的前5个文件及第10～15、第20～25及第33个文件复制到该文件夹中。

(3) 删除“经济与社会”文件夹中的其他文件；并将该文件夹改名为“经济信息”。

(4) 将D盘上“新建文件夹”下的所有文件复制到“经济信息”文件夹中。

(5) 在D盘上创建“歌曲”文件夹；利用搜索功能找到10个扩展名为mp3或rm的文件，将指定的几个应用程序复制到该文件夹中；在桌面上创建任意三个文件的快捷方式；

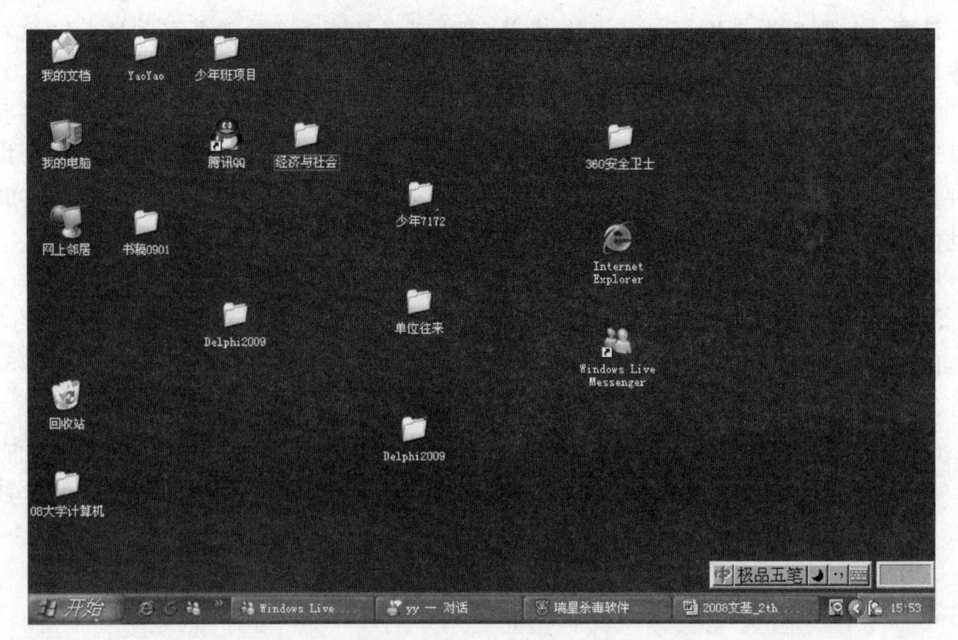

图 2-25　需要整理的桌面

指定这三个文件用一种特殊的“音频播放器”播放。

(6) 查看本机的硬件配置。

(7) 设置“自动隐藏任务栏”及“经典开始菜单”。

2. 训练目的

(1) 掌握 Windows 操作系统的启动和关闭。

(2) 掌握桌面上图标的整理。

(3) 掌握文件及文件夹的移动、复制、删除和查找。

(4) 掌握任务栏设置。

3. 操作步骤

(1) 启动 Windows 操作系统

可按以下步骤分两次启动 Windows。

① 正常启动：按本章的说明启动 Windows。

② 安全模式启动：启动 Windows 时，按 F8 键，将显示一个启动方式列表，其中包含“安全模式”项，选中该项后，便会以“安全模式”启动计算机。

注意：安全模式是为解决启动过程中的问题而设置的，以安全模式启动时，用基本配置代替常用配置启动 Windows，系统的某些组件可能无法像正常启动那样运行，在启动之后，可以改变配置，并重新启动计算机。

(2) 整理桌面

① 通过拖放的方式，将桌面上图标排成三列摆放在桌面左上部。

② 右击，选择“排列图标”项，再选择子菜单中的“名称”项，重排桌面上图标。

③ 右击，选择“排列图标”项，再选择子菜单中的“自动排列”项，禁止重排桌面上的图标。

(3) 创建文件夹并复制文件

① 右击，选择“新建”项，再选择子菜单中的“文件夹”项，在桌面上创建名为“社会常识”的文件夹。

② 双击，或右击并选择“打开”项，打开“社会常识”文件夹。

③ 将桌面上“经济与社会”文件夹中的前5个文件及第10～15、第20～25及第33个文件复制到该文件夹中。

④ 关闭该文件夹。

(4) 删除文件并重命名文件夹

① 双击，或右击并选择“打开”项，打开“经济与社会”文件夹。

② 删除“经济与社会”文件夹中除上一步复制过的那些文件之外的所有文件。

③ 关闭该文件夹。

④ 两次单击“经济与社会”文件夹的标题，或右击标题一次，再选择“重命名”项，切换到编辑状态，并输入“经济信息”。

(5) 从指定外存上复制文件

① 双击“我的电脑”，或右击并选择“打开”项，打开“我的电脑”窗口。

② 用同样的办法打开D盘及其上的“新建文件夹”文件夹窗口。

③ 双击，或右击并选择“打开”项，打开“经济信息”文件夹。

④ 通过拖放或剪贴板，将该文件夹中的所有文件复制到“经济信息”文件夹中。

⑤ 分别关闭两个文件夹。

(6) 搜索指定种类的文件并设置文件与程序的联系

① 在桌面上创建“歌曲”文件夹。

② 打开“开始”菜单，选择“搜索”项，再选择子菜单中的“文件或文件夹”项，打开“搜索结果”窗口。

③ 在“全部或部分”框中输入“ *.mp3”或“ *.rm”，并单击“搜索”按钮。

④ 打开“歌曲”文件夹，通过拖放或剪贴板，将右边列表框中的文件全部复制到该文件夹中。

⑤ 关闭“歌曲”文件夹。

(7) 查看本机的硬件配置

① 右击“我的电脑”图标，选择“属性”项，打开“系统属性”对话框，如图2-26所示。

② 在“常规”选项卡查看CPU型号及内存容量。

③ 在“硬件”选项卡查看本机其他配置信息。

④ 在“计算机名”选项卡查看本机命名相关的信息。

(8) 设置任务栏

① 右击任务栏空白处，打开“任务栏和开始菜单属性”对话框。

② 在“任务栏”选项卡中，勾选“自动隐藏任务栏”复选框。

③ 在“「开始」菜单”选项卡中，点选“经典「开始」菜单”单选按钮。

图 2-26 “系统属性”对话框

(9) 启动应用程序(附件)

① 启动“记事本”。

- 在“开始菜单”中选“程序”项；在级联菜单中选“附件”项；在级联菜单中选“记事本”项，则显示记事本窗口。
- 单击左上角的最小化按钮，使窗口收缩为任务栏上的一个按钮。

② 启动“画图”。

- 在“开始菜单”中选“程序”项；在级联菜单中选“附件”项；在级联菜单中选“画图”项，则显示画图窗口。
- 单击左上角的最小化按钮，使窗口收缩为任务栏上的一个按钮。

③ 在记事本和画图之间转换。

- 单击任务栏上的“记事本”按钮，打开记事本窗口。
- 单击任务栏上的“画图”按钮，打开画图窗口。
- 可反复在两个窗口之间转换，观察任务栏的变化。

(10) 退出 Windows 98

① 正常退出。

在“开始菜单”中选择“关闭系统”，则显示“关闭 Windows 98”菜单，单击“是(Y)”按钮，退出 Windows 98 系统。

② 退出后再启动。

在出现“关闭 Windows 98”菜单后，选“重新启动计算机”项，单击“是(Y)”按钮。

③ 非正常退出后再启动。

在 Windows 98 正常工作时，按 Ctrl+Alt+Del 键强行热启动，观察启动过程。

注意：因不是正常关机，重新启动时 Windows 98 将重新检测后再启动计算机。

(11) 整理 Windows 98 的桌面图标

① 任意调整几个图标的位置。

② 将桌面上的图标整体右移；再将桌面上第二列的图标整体右移。

③ 改变图标标题：如将“我的电脑”图标标题改为：“本机资源”。

④ 排列图标：右击桌面空白处，在快捷菜单中选“排列图标”选项，在级联菜单中选“按名称”或“按类型”选项来排列图标。

注意：做完上述操作之后，将“本机资源”变回原来的标题。

⑤ 保持桌面现状：右击桌面空白处，在快捷菜单中选“排列图标”选项，在级联菜单中选“自动排列”选项，则该选项处出现“√”符号，其后的移动图标操作将被禁止。

注意：执行前几步时，须先关闭“自动排列”选项，即取消“√”符号，操作才是有效的。

(12) 改变任务栏

① 改变任务栏高度：先使任务栏变高(拖曳上缘)，再恢复原状。

② 改变任务栏位置：将任务栏移到左边缘(箭标指向任务栏空白处，按住左键，拖曳)，再恢复原状。

③ 设置任务栏选项：选择“开始菜单”中的“设置”选项，在级联菜单中选“任务栏”选项，在“任务栏属性”对话框的三个复选框(有“√”符号)中选择。

(13) 添加与删除桌面图标

在桌面上添加一个应用程序的图标的方法是：打开“资源管理器”，打开“MS Office”子文件夹，打开其下属的“Winword”子文件夹，将“Winword”应用程序拖到桌面上，则桌面上出现其快捷方式图标。

注意：也可打开“我的电脑”窗口操作；拖曳时，还可右击调出快捷菜单辅助操作。

(14) 在桌面上添加“工具”文件夹

① 打开“我的电脑”窗口，选定 C 驱动器图标，并建立一个“工具”文件夹。

② 右击“工具”文件夹，在快捷菜单中选择“创建快捷方式”选项，则 C 盘上出现“工具”文件夹的快捷方式图标。

③ 将这个快捷方式图标拖到桌面上。

(15) 将应用程序的快捷方式放入“工具”文件夹中

① 打开“资源管理器”，打开 C 盘上的“Program Files”文件夹，再打开其下属的“Accessories”子文件夹。

② 右击“Mspaint”(画图)应用程序图标，并拖曳到“工具”文件夹，松开，在快捷菜单中选择“在当前位置创建快捷方式”项，则桌面上出现 Paint 图标。

③ 将图标标题“Mspaint. exe”改成“画图”。

可仿此将“写字板”的快捷方式放入“工具”文件夹中。

训练 2.2　Windows 文件操作

本训练包括文件夹窗口的基本操作，以及文件的复制、移动等多种操作。

1. 认识文件夹窗口

(1) 在 Windows 桌面上，单击“我的电脑”图标，打开“我的电脑”窗口。

(2) 观察“我的电脑”窗口的构造，认识菜单、工具栏等各种构成部分。

(3) 在列表框中选择 C 盘(双击其图标)，打开其文件夹窗口。

(4) 分别以“大图标”、“小图标”等各种方式显示 C 盘直属文件名(相当于根目录下的文件)及文件夹名列表。

(5) 在列表框中选择 C 盘上的某个文件夹，如 Cstar 文件夹，则屏幕上弹出显示该文件夹的窗口，显示它的直属文件及下一级文件夹。

(6) 观察列表框中的图标，找出文件夹图标、程序文件图标、文本文件图标等。

2. 文件夹的创建

(1) 在“我的电脑”窗口(或“资源管理器”窗口)中打开 C 盘文件夹，以大图标方式显示其上文件或文件夹。

(2) 选择“文件”菜单中的“新建”选项，则列表框出现一个突出显示的新建文件夹，光标在文件夹标题框闪烁。

(3) 输入一个文件名，如“例 1”(任意)等，按回车键。

按以上步骤再创建两个文件夹：“例 2”和“例 3”。

3. 文件的复制、移动和删除

按 2.5.5 节的方法进行以下练习。

(1) 将“飞行 Windows”、“三维变形物”、“三维飞行物”等文件分别复制到刚建立的“例 1”、“例 2”和“例 3”三个子文件夹中。

(2) 删除文件及文件夹，并练习回收站的用法。

4. 创建快捷方式

在桌面上为“画图”程序创建一个快捷方式，方法如下。

(1) 选择 Windows 子文件夹中的“附件”子文件夹。

(2) 箭标移到“画图”图标，按住左键，拖到桌面上即可。

也可使用快捷方式向导来创建快捷方式。

5. 格式化磁盘

(1) 将软盘插入 A 驱动器。

(2) 打开“我的电脑”窗口(单击桌面上的“我的电脑”图标)。

(3) 选择“文件”菜单中的“格式化”选项，按屏幕的提示完成磁盘格式化工作。

(4) 将 My Document 文件夹(或其他文件夹)中的某个文档复制到 A 盘上。

6. 文档操作

(1) 创建文档：打开记事本窗口，输入一段文字；选择“文件”菜单中的“保存”选项，在弹出的对话框中输入一个文件名，如“通知”，单击“保存”按钮保存文件。

(2) 直接打开文档：选择“开始”菜单中的“文档”选项，单击级联菜单中的“通知”图标或文档名，则记事本窗口自动打开，并在记事本中打开“通知”文档。

7. 打印文档

(1) 连接好打印机，装上打印纸(假定是连续打印纸)。

(2) 选择“文件”菜单中的“页面设置”选项，在“页面设置”对话框中设置纸张来源是“进纸箱”，设置纸张大小是 210cm×280cm。

(3) 选择“文件”菜单中的“打印”选项，按屏幕提示操作。

注意：上述操作完成之后，删除刚建立的文档。

训练 2.3 Windows 系统设置

【**说明**】打开“控制面板”窗口的方法有以下几种。

(1) 选择“开始菜单”中的“设置”选项，在级联菜单中选择“控制面板”选项。

(2) 在“我的电脑”窗口的“我的电脑”下拉式列表框中选择对象“控制面板”。

(3) 在“资源管理器”窗口的下拉式列表框中选择对象“控制面板”。

(4) 双击桌面右上角工具栏中的“控制面板”按钮。

1. 查看系统配置情况

按 2.6.4 节的说明查看本机的配置。

2. 鼠标的设置

(1) 选“鼠标键”选项卡，调整“双击速度”(移动滑块)。

(2) 选“指针”选项卡，在“方案”下拉式列表框中选择“动画沙漏”选项。

(3) 选“指针选项”选项卡，选择“显示指针轨迹”复选框。

单击“鼠标属性”对话框上的“确定”按钮，退出设置；观察鼠标操作方式的变化；再恢复到原来的设置。

3. 账号和口令的设置

按 2.6.3 节介绍的方法完成账号和口令的设置。

(1) 以 Administrator 账号登录计算机。

(2) 设置一个名为“Zhang”的受限制账号。

(3) 将该账户的密码设置为“99886633”。

(4) 退出当前账号，并以刚设置的账号登录，比照 2.6.3 节的说明，验证一下这个账户的操作受哪些限制。

(5) 退出该账号，再以 Administrator 账号登录计算机。

4. 显示器的设置

(1) 打开“显示器属性”对话框(双击“显示器”对象)。

(2) 将“背景”设置为“Straw Mat”且“平铺”。

(3) 设置“屏幕保护程序”为“三维变形物”，再选择“口令保护”，按屏幕提示设置口令，单击“确定”按钮，观察屏幕的变化。

(4) 将“方案”设置为“预备高对比方案”，观察屏幕的变化。

(5) 将屏幕分辨率设为“800×600”及 32 位真彩色。

注意：执行完上述操作之后，将修改后的各种设置项目再恢复到原来的设置值。

5. 安装和删除打印机驱动程序

(1) 打开“打印机”窗口(双击打印机图标或选择菜单项：“开始”|“设置”|“打印机”)。

(2) 选择“添加打印机”对象(双击)，按照“添加打印机向导”的提示逐步安装。安装成功后，打印机窗口中将显示相应型号的打印机对象，其标题为打印机型号。

如果要删除打印机驱动程序，选定对象，按 Del 键或 Shift+Del 键(不移入回收站)。

6. 安装和删除应用程序

【说明】使用以下方法，即用“添加/删除程序”工具来直接安装和删除应用程序，可以保持 Windows 98 中文版对于安装和删除过程的控制，不会因为误操作造成对系统的破坏。

(1) 打开“添加/删除程序属性”对话框(双击相应的对象)。

(2) 选“安装/卸载”选项卡，单击“安装”按钮，启动安装过程的向导工具，按屏幕提示逐步安装所需要的应用程序。

安装了应用程序之后，如果程序是为 Windows 98 中文版而开发的，就会出现在“安装/卸载”选项卡下部的列表框中。单击要删除的应用程序，然后单击“添加/删除”按钮，就可以删除该程序，或者删除其安装组件。但若要删除的文件正在使用之中，则不能被删除。

训练 2.4 Windows 附带的实用程序

Windows 98 系统中捆绑了大量的应用程序，如 Internet Explorer、记事本、画图、CD 播放器等。下面介绍使用的一些原则及常用软件的用法。

1. 切换和排列窗口

在 Windows 98 中,可以使用以下几种方法在打开的多个应用程序之间切换。

(1) 使用任务栏:任务栏的“开始”按钮的右边是一系列其他应用程序的按钮,只要单击相应的应用程序按钮,该程序就会转入活动状态,出现在屏幕上。

(2) 按 Alt+Tab 键:按键后,弹出包含正在运行的程序图标的窗口,边框罩住的是当前窗口。反复按键则循环罩住各图标,当停在要切换到的窗口时,放开键即可切换到该窗口。

(3) 按 Alt+Esc 键:反复按键,将循环地在各个正在运行的程序之间切换。

各窗口可以按不同形式排列,方法是:右击任务栏空白处,选择快捷菜单的“层叠”、“横向平铺”、“纵向平铺”等选项。

2. 自动启动程序

某些经常使用的应用程序或文档可以设置成在 Windows 启动时自动启动。在启动盘的 Windows 文件夹中有一个 Start Menu 子文件夹,包含了 Windows 启动时自动启动的文档、应用程序和快捷方式,将应用程序或其快捷方式放入其中即可达到自动启动的目的。

可按上述的方式将应用程序的快捷方式放入这个文件夹中,也可按以下步骤操作。

(1) 选择菜单项“开始”|“设置”|“任务栏”,弹出“任务栏属性”对话框。

(2) 选择“开始菜单程序”选项,单击“添加”按钮以启动“创建快捷方式”向导。

(3) 在“命令行[C]”文本输入框中输入要启动的程序名,也可单击“浏览”按钮以便在计算机上查找。例如,在每次启动 Windows 时要启动 Word 软件,则可输入

```
"C:\MSOFFICE\WINWORD\WINWORD"
```

或单击“浏览”按钮,然后在下拉列表框中查找 Winword 程序,双击该程序,则自动回到“创建快捷方式”向导,这时在“命令行”文本框里出现程序的名字。

单击“下一步”按钮,则显示“选定程序”文件夹对话框,向下浏览列表并单击称为“启动”的文件夹,然后单击“下一步”按钮。

(4) 在“选定快捷方式的名称”文本框中输入程序的名字(如“文本编辑”)或使用默认的名字,这个名字将出现在“启动”的文件夹的快捷方式图标的下面。

(5) 单击“完成”按钮。

至此,Windows 在每次启动成功之后,自动启动添加到“启动”的文件夹里的程序。

3. 系统工具

Windows 附件(开始菜单中的附件选项)所提供的“系统工具”主要用于文件备份和磁盘管理。如果安装 Windows 时选择的是“典型安装”,则“系统工具”中有些程序就不安装。

(1) 磁盘扫描程序

用于检查磁盘信息的完整性和正确性。选择"系统工具"项的级联菜单的"磁盘扫描程序"项即可启动该程序并弹出对话框,其中有"选定要查错的驱动器"、"测试类型"、"自动修复错误"等多个选项,可按提示操作直到显示磁盘的各种信息或进行必要的修复为止。

(2) 磁盘碎片整理程序

计算机在使用过程中要不断地添加和删除文件,会使磁盘未用空间分散在各处,则当再存入文件时,一个文件常被分成几块不连续的碎片,这会影响磁盘的读写效率,所以有必要通过磁盘碎片整理程序重新调整各个文件的存储位置。

选择菜单项"开始"|"程序"|"附件"|"系统工具",打开"磁盘碎片整理程序"对话框,用户只需按屏幕的提示(非常明确)设置必要的选项,便可自动完成磁盘碎片整理的操作。

4. 安装打印机

"打印机"文件夹中有一个"添加打印机"图标,双击它就会进入"添加打印机"向导,在它的指引下一步步安装新的打印机驱动程序。

(1) 设置打印机和主机的连接方式。

在"本地打印机"和"网络打印机"中任选其一。其中前者是指直接与主机相连的打印机;后者是指连接在其他计算机上,但与本机可以通过网络相通的打印机。

(2) 在列表框中选择打印机的生产厂商和型号。

例如,选择"Fujitsu DL 1100 Color",则要先在左边的列表框中找到"Fujitsu"项,单击它,右边的列表框中就显示出所有 Fujitsu 公司的打印机产品,从其中找到"Fujitsu DL 1100 Color"并单击它,然后单击"下一步"按钮即可。

(3) 设置打印机端口。

一般情况下,应使用"LPT1:"或"LPT2:"(并行打印机)。

(4) 输入打印机名称,决定是否设置为系统的默认打印机:打印机的默认名称就是它的型号,用户可任意起一个另外的名字。

(5) 确定是否打印一个测试页,测试打印机的设置是否正确。

(6) 单击"完成"按钮。

5. 打印队列管理

安装好的打印机都以图标的形式显示在文件夹中。双击一个打印机图标,将显示该打印机上的打印队列。用户可以使用菜单命令停止某个打印任务,或调整打印顺序等。

选择"开始"菜单中的"设置"选项,选择级联菜单中的"打印机"选项,则屏幕弹出"打印机"窗口。在此窗口可以执行以下几种操作。

(1) 双击要查看的打印机图标,出现包含所有打印作业的打印队列。

(2) 要暂停某个作业的打印,可单击该作业,然后使用"文档"菜单的"暂停打印"选项。

(3) 要停止某个作业的打印,使用"文档"菜单的"取消打印"选项。

(4) 要暂停整个打印机的操作，使用“打印机”菜单的“暂停打印”选项。

(5) 要清除所有打印作业，使用“打印机”菜单的“清除打印”作业。

自学内容

自学 2.1 几种主要的操作系统

理想情况下，最好是各种各样的计算机硬件系统上都运行同一种操作系统，或者说，一套操作系统软件能够适应多个计算机厂商生产的不同种类的计算机硬件。但到目前为止，世界上存在的几种主要的操作系统能够适应的计算机类型还是各不相同的。其主要原因是由于操作系统与计算机硬件的关系很密切，很多管理和控制的工作都依赖于硬件的具体特性，以至于每一种操作系统都只能在特定的计算机硬件系统上运行。这样，不同的计算机之间或不同的操作系统之间一般都没有“兼容性”，即没有一种可互相替代的关系。另外，操作系统是非常庞大、复杂的软件，修改、更新比较困难，因而常常跟不上计算机硬件制造技术的发展速度。当然，每个计算机生产厂家在推出新型号计算机时，都要设法为新计算机配备与已有型号类似的操作系统，以便原来的客户继续购买和使用自己的新机器。但是，这种操作系统的新版本通常是在原操作系统的基础上的局部改进或扩充，其目的主要是为了使老用户能够把已开发的软件、积累的数据等与操作系统软件新版本兼容，可以不加修改地在新的计算机上使用。

目前，多数用户使用的都是微机，微机上能够见到的操作系统主要有以下几种。

1. MS-DOS 操作系统

MS-DOS 操作系统是美国微软(Microsoft)公司在 1981 年为 IBM PC 开发的操作系统。最初命名为 PC-DOS，到 PC-DOS 3.3 版以后，便出现了与同版本 PC-DOS 3.3 功能相当的 MS-DOS。它是一种单个用户独占式使用，并且仅限于运行单个计算任务的操作系统。在运行时，单个用户的唯一任务占用计算机上所有的硬件和软件资源。

MS-DOS 有很明显的弱点：一是它作为单任务操作系统已不能满足需要。另外，由于最初是为 16 位微处理器开发的，因而所能访问的内存地址空间太小，限制了微机的性能。而现有的 32 位、64 位微处理器留给应用程序的寻址空间非常大，当内存的实际容量不能满足要求时，操作系统要能够采用某种技术手段将存储容量扩大到整个外存储器空间。在这一点上，MS-DOS 原有的技术就无能为力了。

2. Windows 和 Vista 操作系统

Windows 是微软公司开发的具有图形用户界面(graphical user interface，GUI)的操作系统。在 Windows 下可以同时运行多个应用程序。例如，在使用 Word 字处理软件编写一篇文章时，如果想在其中插入一幅图画，可以不退出 Word 而启动 Windows 中附带的应用软件“画笔”来画，然后插入正在用 Word 编写的文章中去。这时，两个应用程序实际上都已调入内存储器中，处于工作状态。

Windows 3.1 是第一个较为成功的 Windows 版本。它只能在 MS-DOS 系统之上运行，不是独立的操作系统，它扩充了 MS-DOS 系统的功能，为所有程序提供统一的图形用户界面，支持多个程序同时运行，管理的内存空间较大。

1995 年推出的 Windows 95 是一个真正的个人用 32 位操作系统，它在功能上比 Windows 3.1 增强了许多，图形界面上也有改进。此后，微软公司又相继推出了 Windows 98、Windows NT、Windows 2000 以及 Windows XP 等多种版本。

在 Windows XP 之后，微软又根据计算机及计算机网络技术的进步而推出了 Windows Vista 操作系统，这种操作系统扩充了 Windows XP 的功能，并在安全性、可靠性、易用性、互联互通，以及多媒体处理等多方面都有了明显的进步。

3. UNIX 操作系统

UNIX 是在操作系统发展历史上具有重要地位的一种多用户多任务操作系统，它是 20 世纪 70 年代初期由美国贝尔实验室用 C 语言开发的，首先在许多美国大学中推广，而后在教育科研领域中得到了广泛应用。20 世纪 80 年代以后，UNIX 作为一个成熟的多任务分时操作系统，以及非常丰富的工具软件平台，被许多计算机厂家如 SUN、SGI、DIGITAL、IBM、HP 等公司所采用。这些公司推出的中档以上计算机都配备基于 UNIX(但一般都换了一种名称)的操作系统，如 SUN 公司的 SOLARIES，IBM 公司的 AIX 操作系统等。今天，大多数用作服务器的计算机上都配有 UNIX 操作系统。

UNIX 最初是为开发程序的专家使用的操作系统和工具平台，涉及的概念比较多，相对于 MS-DOS 或 Windows 而言，其使用方法和学习过程要复杂一些。

4. Linux 操作系统

Linux 是一个与 UNIX 完全兼容的免费操作系统，但它的内核全部重新编写，且所有源代码都是公开发布的。Linux 由芬兰人 Linus Torvalds 首创，由于具有结构清晰、功能简捷等特点，许多编程高手和业余计算机专家不断地为之添加新的功能，已经成为一个稳定可靠、功能完善、性能卓越的操作系统。目前，Linux 已获得了许多计算机公司，如 IBM、SGI、HP 以及多个中国公司的支持。许多公司还相继推出了在 Linux 环境中运行的应用软件。Linux 正在成为 Windows 操作系统强有力的竞争对手。

5. 其他操作系统

除上述操作系统之外，还有其他一些操作系统值得注意。例如，Macintosh OS 是美国苹果(apple)公司为自己设计生产的苹果系列电脑上配置的操作系统，曾因相应硬件的升级而多次改名。该系统于 1984 年推出，是微机市场上第一个成功采用图形用户界面的操作系统。由于苹果系列电脑在美国等国家和地区一直有较大的市场份额，因而这种操作系统也成为一种行销全球的产品。

自学 2.2　Windows 注册表

Windows 的注册表(registry)是 Windows 系统内部的信息数据库,存储着以下内容。

(1) 软件和硬件的有关配置和状态信息,应用程序与资源管理器的初始条件和卸载数据。

(2) 计算机的整个系统的设置,文件扩展名与应用程序的关联,硬件的描述和属性。

(3) 计算机性能记录和底层的系统状态信息,以及各类其他数据。

也就是说,Windows 注册表是连接 Windows 操作系统、硬件及其驱动程序的数据库。在 Windows 中,驱动程序的位置、存放地址和版本号等信息都保存在注册表中。有了这些针对各种设备的信息之后,操作系统就可以通过驱动程序使用相应的硬件设备了。

注册表也是 Windows 操作系统与应用程序相关联的数据库。在启动一个应用程序时,注册表就会向系统本身提供与该应用程序相关的设置,如文件位置、配置文件以及启动应用程序所需的其他的必要设置等。

1. 注册表的层次结构

Windows 注册表由两个文件组成:System. dat 和 User. dat。它们由二进制数据组成,保存在 Windows 系统所在的文件夹中。其中 System. Dat 文件中保存的是系统硬件和软件的设置信息,User. dat 文件中保存的是与用户有关的信息,如资源管理器的设置、颜色方案以及网络口令等。

Windows 提供了一个注册表编辑器(Regedit. exe),如图 2-27 所示。可用它来查看和维护注册表。

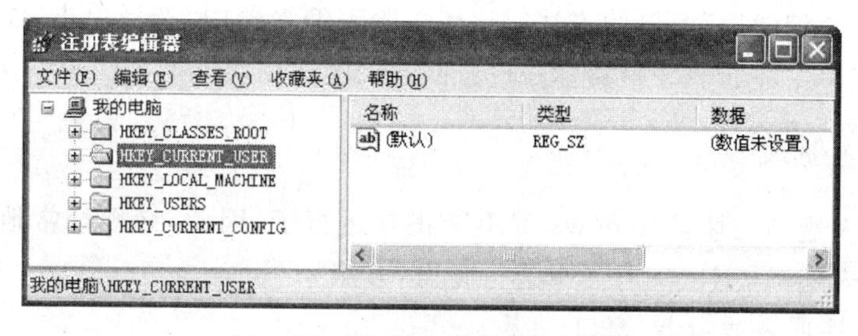

图 2-27　"注册表编辑器"对话框

注册表编辑器左窗口列出了 5 个分支,每个分支名都以 HKEY 开头,称为主键(key),展开后可以看到主键还包含次级主键(subkey)。单击某一主键或次级主键时,它包含的一个或多个键值(value)便会显示在右窗口中。

键值由键值名称(value name)、类型(type)和数据(valuedata)组成。主键中可以包含多级的次级主键,注册表中的信息就是按照多级的层次结构组织的。每个分支中保存计算机软件或硬件之中某一方面的信息与数据。

注册表中各分支的功能如下。

(1) HKEY_CLASSES_ROOT 根键：包含了启动应用程序所需的全部信息。

(2) HKEY_CURRENT_USER 根键：包含了当前登录用户有关的配置信息。

(3) HKEY_LOCAL_MACHINE 根键：保存了使系统及其硬件、软件正常运行所需的设置。

(4) HKEY_USERS 根键：包含了默认用户和登录用户的配置信息。

(5) HKEY_CURRENT_CONFIG 根键：包含了系统硬件的配置信息。

2. 注册表中的键值项数据

注册表通过键和子键来管理各种信息，所有信息都是以各种形式的键值项数据保存的。在注册表编辑器右窗格中显示的都是键值项数据，可以分为 3 种类型。

(1) 字符串值

一般用于表示文件的描述和硬件的标识。通常由字母和数字组成，也可以是汉字，最大长度不能超过 255 个字符。

(2) 二进制值

注册表中的二进制值没有长度限制，可以是任意字节长。在注册表编辑器中，二进制以十六进制的方式表示。

(3) DWORD 值

DWORD 值是一个 32 位的数值。在注册表编辑器中也是以十六进制的方式表示的。

3. 打开或退出注册表

按以下步骤打开“注册表编辑器”窗口。

(1) 单击“开始”菜单的“运行”命令，弹出“运行”对话框。

(2) 在对话框中输入“Regedit”，并单击“确定”按钮。

关闭“注册表编辑器”窗口的方法是：在注册表编辑器中，选择单击“注册表”菜单的“退出”命令，或单击注册表编辑器标题栏右侧的关闭按钮。

4. 备份注册表

如果注册表遭到破坏，Windows 就不能正常运行了，因此，必须经常地备份注册表。可以利用注册表编辑器 Regedit. exe 进行备份，方法如下。

(1) 打开“注册表编辑器”窗口。

(2) 在“注册表编辑器”窗口中选择“文件”菜单的“导出注册表文件”命令，选择保存的路径，保存文件即可。

如果注册表损坏了，则当 Windows 系统启动时，会自动调用 System. dat 文件和 User. dat 文件的备份文件进行恢复，当不能自动恢复时，可以运行 Regedit. exe 导入保存的备份注册表。

5. 禁用注册表

为了安全起见，可以采用禁止使用注册表编辑器的措施，可按以下步骤操作。

(1) 打开注册表编辑器。

(2) 进入注册表项 HKEY_LOCAL_MACHINE\SOFTWARE\Microsoft\Windows\CurrentVersion\ policies\system。

(3) 在该注册表项下新建一个双字节(REG _ DWORD)类型的值项 disableregistrytools,如图 2-28 所示。

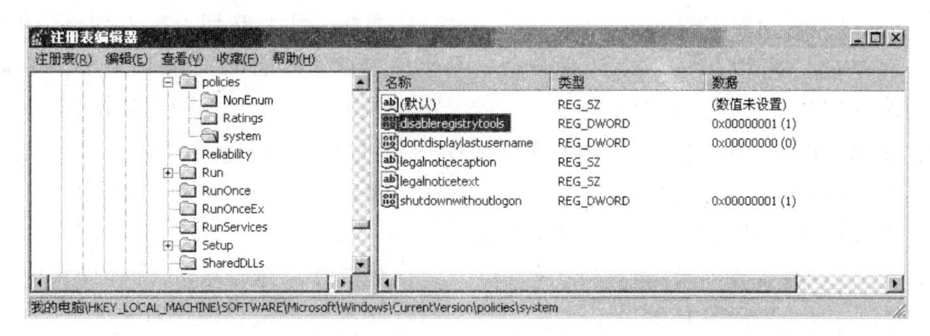

图 2-28 注册表的值项

(4) 修改该值项的值为 1,重新启动计算机后即可。

6. 恢复注册表

禁用注册表之后,用户便不能再运行注册表编辑器来恢复注册表,常会因此而感到束手无策。可通过以下方法可以帮助用户恢复注册表。

(1) 打开 Windows 自带的文本编辑器"记事本"。

(2) 输入以下内容:

```
Windows Registry Editor Version 5.00
[HKEY_CURRENT_USER\Software\Microsoft\Windows\CurrentVersion\Policies\System]
"DisableRegistryTools"=dword:00000000
```

(3) 将这些内容保存为以. reg 为后缀的文件,如 unlock. reg 等。

(4) 双击这个文件名,运行它,即可解除注册表的限制。

习 题

2.1 选择题

1. 下面几种操作系统中,________不是网络操作系统。

   A) MS-DOS　　　　B) Windows 98

   C) Windows NT　　　　D) UNIX

2. 下面有关 Windows 的叙述中,正确的是________。

   A) Windows 不能脱离 DOS 操作系统而自行工作

B) 在 Windows 环境下，安装一个设备驱动程序，必须重新启动后才起作用

C) 在 Windows 环境下，一个程序没有运行结束就不能启动另外一个程序

D) Windows 是一种网络操作系统

3. 对话框和窗口的区别是：对话框________。

A) 标题栏下面有菜单　　B) 标题栏上无最小化按钮

C) 只能移动而不能缩小　　D) 单击最大化按钮可放大到整个屏幕

4. 在 Windows 中，________个项目通常是给该项目作标记，使之突出显示。

A) 选择　　B) 选定　　C) 单击　　D) 双击

5. 在 Windows 中，________一个项目导致一个动作。

A) 选择　　B) 选定　　C) 单击　　D) 击两次

6. Windows 操作具有________的特点。

A) 先选择操作对象，再选择操作项　　B) 先选择操作对象，再选择操作项

C) 同时选择操作对象和操作项　　D) 把操作项拖到操作对象上

7. ________键可用来在任务栏的两个应用程序按钮之间切换。

A) Alt＋Esc　　B) Alt＋Tab　　C) Ctrl＋Esc　　D) Ctrl＋Tab

8. 在启动盘的文件夹中有一个________文件夹，Windows 启动时自动启动其中的文档、应用程序和快捷方式。

A) Program file　　B) Start Menu　　C) Desktop　　D) Command

9. 选择了________选项之后，用户就不能再自行移动桌面上的图标了。

A) 自动排列　　B) 按类型排列　　C) 平铺　　D) 层叠

10. 如果一个窗口右下角有 3 条斜线组成的标志，________。

A) 按住这个标志就可以把窗口最小化成任务栏上的一个按钮

B) 说明该窗口不能最小化成任务栏上的一个按钮

C) 说明该窗口不是最大化的

D) 这个标志只是一种装饰

11. “资源管理器”中“文件”菜单的“复制”选项可以用来复制________。

A) 菜单项　　B) 文件夹　　C) 窗口　　D) 对话框

12. Windows 中的文档是指________。

A) Windows 中的所有文件

B) 构成 Windows 操作系统的一系列文件

C) Windows 中的应用程序文件

D) 应用程序所生成的文件

13. 具有________属性的文件是一般的可读写文件。

A) 只读　　B) 档案　　C) 隐含　　D) 系统

14. 可以使用启用控制面板上的________图标进行设置存储设备的属性工作。

A) 计算机管理　　B) 任务和计划　　C) 事件查看器　　D) 安全中心

15. Linux 是一个与________完全兼容的免费操作系统。

A) MS-DOS　　B) Windows 98　　C) Windows XP　　D) UNIX

2.2 填空题

1. MS-DOS 是一种________用户、________任务的操作系统。

2. 为了解决内存容量不足的问题，操作系统常采用________存储管理的方法，其技术支持称为存储空间的________和________。

3. 在当前目录下建立 USER 子目录的命令是________；显示根目录下的隐含文件和系统文件目录的命令是________；将当前系统提示符 C:\>变为 C:\F1>的命令是________。

在 Windows 的菜单命令中，有些命令是暗淡显示的，说明该命令________；有些命令后有"▶"符号，说明该命令________；有些命令后有"..."符号，说明该命令________。

4. MS-DOS 的文件并不仅仅是指________上存储的信息资源，还可以指________。

5. 常用于查看计算机及网络上的资源并进行文件操作的三个窗口是________窗口________窗口和________窗口。

6. 在 Windows 中，把活动窗口或对话框复制到剪贴板上，可按________键；要退出 DOS 方式用________命令。

7. 删除文件时，如果不想把文件移入回收站，可先选择要删除的文件，右击这些文件，再按住________键不放，则点一个文件就删除此文件。如果使用键盘，则在按住________键的同时，按________键即可。

8. 利用控制面板进行设置：在 5 分钟内如果不按键也未移动鼠标，就以"飞行 Windows"窗口进行屏幕保护，设置的过程是：打开________窗口；选择________对象；选择________对话框的________选项卡。

9. Windows 注册表是连接 Windows 操作系统、________及其________的数据库。

2.3 判断题

1. 操作系统管理计算机的所有硬件资源，处理机也是在操作系统的完全控制下工作的。 (　　)

2. 没有鼠标无法操作 Windows。 (　　)

3. SECOND QUARTER SALES REPORT 是 Windows 中的合法文件名。 (　　)

4. 利用 Windows 的安全启动模式可以解决启动时的一些问题。 (　　)

5. Windows 的对话框和窗口只有个体的差异而没有本质的区别。 (　　)

6. Windows 工作的每个时刻，桌面上总有一个对象处于活动状态。 (　　)

7. 要找到一个打开的、被缩小的窗口的唯一办法就是寻找任务栏上的按钮。 (　　)

8. 在 MS-DOS 方式下不能启动 Windows。 (　　)

9. 在 Windows 环境中不能使用 MS-DOS 命令。 (　　)

2.4 简答题

1. 按照内容可把磁盘文件分为哪几大类？各类文件的内容有什么区别？

2. 如何判定一个 MS-DOS 命令是内部命令还是外部命令？

3. 什么是 DOS 默认的标准输入设备和标准输出设备？它们的设备名各是什么？

4. 简述 Linux 和 UNIX 的联系与区别。

5. 拼音码输入法与区位码输入法有什么不同？

6. 描画常见的 5 种鼠标箭头的形状，说明它们各自的作用。

7. 举例说明资源管理器中的 5 种文件图标。

8. 举例说明：什么是 Windows 的“即插即用”特性？为什么可以这样？

9. 请举例说明：应用程序窗口和文档窗口有什么不同？关闭应用程序窗口和关闭文档窗口的结果是否相同(请在机器上验证)？

10. 举例说明：Administrator 账户和来宾账户有什么不同？

第3章 文字处理软件

基本知识

中文 Word 是 Microsoft 公司推出的 Office 中的一个重要组件，是 Windows 平台上的文字处理软件，它可以辅助写作、编辑、设计、打印，并出版电子刊物。

如果需要制作一份宣传奥运的简报，除了文字以外，你可能想通过一些排版手段使简报更加生动或直观。图 3-1 是一份用 Word 编排的简报，在这个文档中使用了 Word 提供的编排功能，如：页眉和页脚（在每页顶部的上页边距线与页上边缘之间以及每页底部的下页边距线与页下边缘之间的说明性信息）、图文混排（在文档中插入图片，并进行各种格式编排）、艺术字、分栏（将文档分成两栏或多栏）等。

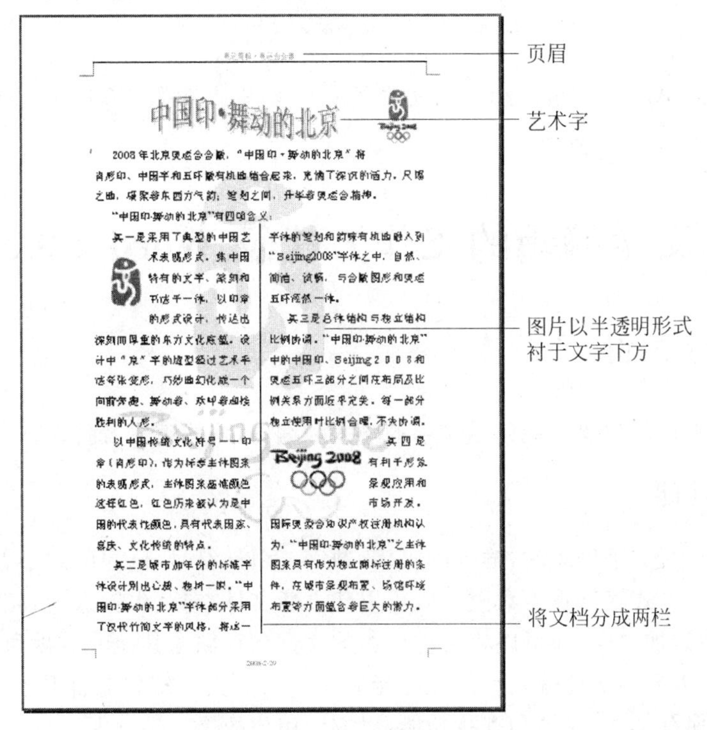

图 3-1　用 Word 编排的简报

图 3-2 是一份表格式的个人简历，对于一个没有经验的人，该如何设计简历的的内容和格式不是一件容易的事。Word 提供了各种风格和样式的简历模板，可轻而易举地制作出非常专业的简历，Word 也具有制作表格的功能，可以根据个性需求选择。

个人简历					
基本资料	求职意向：				
	姓名		出生日期		照片
	性别		户口所在地		
	民族		专业和学历		
	联系电话				
	通信地址				
	E-mail 地址				
工作经验	教育背景				
	个人技能				
	获奖情况				
	曾任职务				
	社会实践				
	主修课程				
	兴趣爱好				

图 3-2　表格式的个人简历

撰写论文时，Word 还可以编排论文中的一些复杂的公式；Word 还提供各种格式的报告、信函、传真、公文的模板。

3.1　文字编辑的工作方式及 Word 2003 概述

3.1.1　文字编辑

文字编辑软件的主要功能包括文字的输入和编辑、格式编排及打印。

1. 文件功能

用计算机进行文字处理时，输入的汉字、数字、字母、符号，创建的图形、图表和表格等信息是以文件的方式存储在磁盘上。既可以建立新文件，向其中输入内容，也可以打开原有文件，向其中添加内容，还可以将文件以新的文件名存储在其他的磁盘和文件夹中。对于较长的文件，需要多次地输入和修改方能完成，因此，文字编辑软件具有强大的建立文件、打开文件、保存文件、保护和查找功能，以方便用户的操作。

2. 文字编辑功能

计算机文字处理的最基本和最耗时的操作是文字输入和修改，包括输入、插入、删除、移动和替换等编辑操作。

(1) 输入

可以通过键盘或其他输入设备输入文字，输入的文字马上显示在屏幕上。

(2) 插入

可以在任意位置插入信息，短则一个汉字、一个单词或一个符号，长则数段或数页。插入信息后，该位置原来的内容相应地往后移动。

(3) 删除

可以删除不需要的信息。删除信息后，后面的其他内容向前移动填充其位置。

(4) 移动

可以将一个文件中的信息从一个位置移动到另外一个位置，甚至可以在不同的文件或不同的系统之间移动信息。

(5) 复制

可以将一个文件中的信息从一个位置复制到另外一个位置，甚至可以在不同的文件或不同的系统之间复制信息。

(6) 替换

可以在一个文件中统一用一个词替换另外一个词。

3. 格式编排功能

为了使文稿具有漂亮的外观、和谐的布局，需要对文字进行字体、大小、粗体、斜体、下划线、阴影和底纹等修饰；对段落进行行间距、段间距、对齐、缩进编排；对纸张大小及页边距进行合理设置。

科技文章中，经常会出现数学公式，插入特殊符号及设置公式的格式是编辑软件必不可少的功能，而艺术字、多栏版式、页眉和页脚、图文混排和图表功能等则是文稿的“增色剂”。

4. 打印功能

文字处理的最终效果是将编排好的文字或图表在纸张或胶片上打印出来。用户不但希望打印之前就看到准备打印出来的文档的效果，而且会有多种打印需求，如打印指定的内容、双面打印、打印时隐藏文档中的图形对象等。

3.1.2 Word 2003 中文版窗口简介

启动 Word 后就可以看到如图 3-3 所示的 Word 窗口，该窗口由以下几个主要部分组成。

1. 任务窗格

任务窗格是 Word 2003 新的特点，它将用户要做的许多工作归纳到了不同类别的任务中，并将这些任务以一个“任务窗格”的窗口形式提供给用户，以方便用户操作。

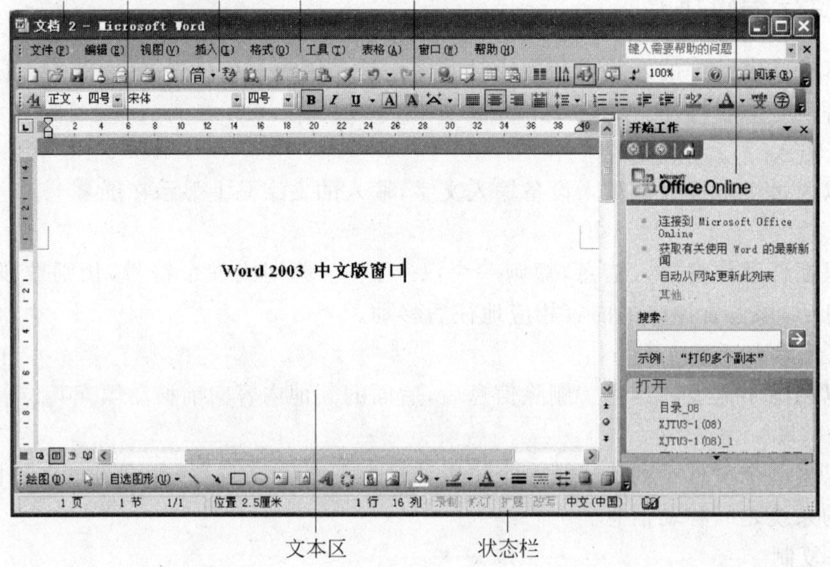

图 3-3　Word 窗口

Word 2003 默认启动时，在窗口的右侧显示如图 3-4 所示的任务窗格。可单击“视图”|“任务窗格”菜单项将其打开。

单击“任务窗格”的标题栏，将显示如图 3-5 所示的菜单，可根据需要从中选择任意一个任务选项。

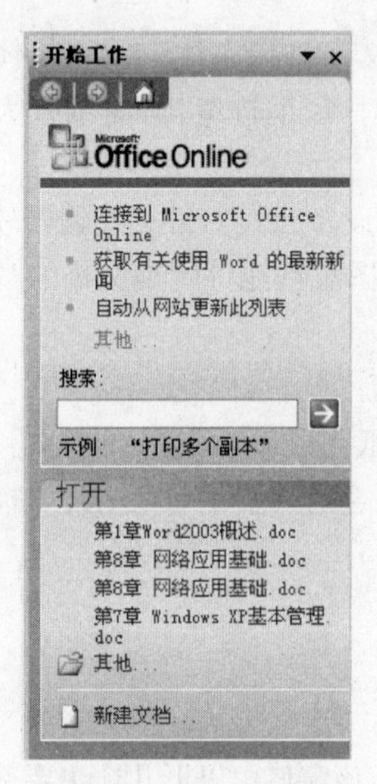

图 3-4　任务窗格

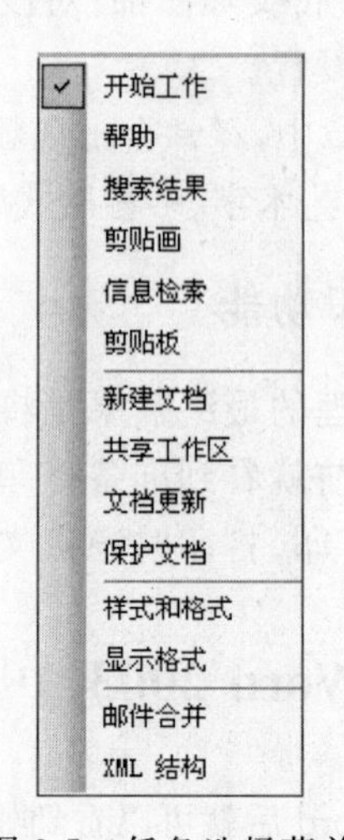

图 3-5　任务选择菜单

2. 标题栏

Word 2003 主窗口最上面的一栏是标题栏，当 Word 2003 窗口不是全屏时用鼠标拖曳标题栏可在屏幕上移动窗口。

3. 菜单栏

菜单栏位于标题栏之下，其中包含文件(F)、编辑(E)、视图(V)、插入(I)、格式(O)、工具(T)、表格(A)、窗口(W)和帮助(H)等9个菜单项。各菜单项中包含一组相关的命令，选择命令可完成某种操作。括号中带下划线的字母表示：当按下Alt键不放，再同时按下该字母键时，即打开该菜单，与单击菜单效果一样。

4. 常用工具栏

常用工具栏位于菜单栏下方，其中包含许多按钮，用鼠标单击某一按钮，便执行该按钮所对应的功能。例如，要打开一个文档，只需用鼠标单击“打开”按钮( )，再选择指定的文档即可打开。使用工具栏命令按钮，可以使操作更便捷。

如果不知道某一按钮所代表的功能，将鼠标指针指向该按钮，稍停一会便会显示其功能的说明标识。

常用工具栏可以显示在屏幕上，也可以被隐藏。要使常用工具栏在屏幕上显示或被隐藏，可按如下步骤操作，选择菜单项：“视图”|“工具栏”，在弹出的工具栏列表中选择“常用”选项，选中时，“常用”命令左边出现“√”符号，不选择时不出现“√”符号。

5. 格式工具栏

格式工具栏位于常用工具栏下方，利用格式工具栏中的按钮，可以设置字符的字体、大小及其修饰，设置段落的对齐格式，建立项目符号和编号等。格式工具栏中按钮的用法和常用工具栏一样。

6. 文本区

窗口中间大部分的空白区域叫做文本区，用户创建文档、编辑文档和查看文档，都是在文本区中完成的。

文本区中有一个闪烁的垂直线称为插入点，插入点表明当前输入字符的位置，即当前输入的字符出现在插入点位置。

7. 选定栏

选定栏是位于文本区左端的一个隐含栏，即不可见的栏。鼠标指针在该区时变为指向右上方的箭头。利用选定栏可对文本进行大范围的选择。

8. 滚动条

在窗口的右边沿和下边沿各有一个滚动条，分别称为垂直滚动条和水平滚动条。通过拖曳滚动条内的滚动块或单击箭头按钮，可以浏览查看整个文档内容。在垂直滚动条下端有一组按钮：选择浏览对象按钮( )、前一对象按钮( )和后一对象按钮( )。

单击“选择浏览对象”按钮，在弹出的菜单(见图3-6)中选择某个对象，如“按图形浏览”,这时当单击前/后一对象按钮时,插入点将在文档中各前/后一图形中切换。在编辑长文档时,滚动条的这一功能非常有用。

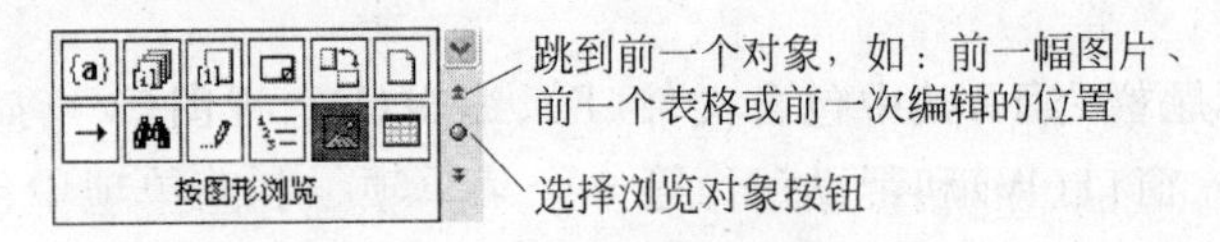

图 3-6 选择浏览对象

9. 状态栏

状态栏位于屏幕底部,状态栏显示插入点所在的节号、页号、行号、列号、文档中总页数、操作步骤等信息。

3.2 文档操作

文档是指一组相关数据的集合体,它们分别是用不同的应用软件创建的。文件中数据的含义及组合的方式不同,便构成了不同的文件格式。因此,文件格式也就成为各种应用软件识别文件的一种重要依据。Word 文档是这些文件格式中的一个重要成员,其文件扩展名为.doc。

3.2.1 创建新文档

创建文档是使用 Word 2003 开始工作的第一步。Word 2003 中文版可以用不同的创建方法创建各种各样的文档。

1. 创建一个空白文档

在刚启动 Word 2003 中文版时,系统会自动建立一个空白文档让你输入文本,并自动以“文档 1”作为此文档的文件名。

此时若需要再建立一个新文档,可使用如下操作。

(1) 选择菜单项“文件”|“新建”命令。

(2) 在任务窗格中选择“空白文档”选项。

还可以单击常用工具栏中“新建空白文档”按钮(□)或按 Ctrl+N 组合键可快速创建一个新文档。

2. 使用模板创建文档

Word 2003 还提供了一些预先设计的模板供选用。模板就是文档的基本框架和套用的样板。使用模板可以快速地生成一种类型文档的基本框架。在 Word 中,把模板按照不同的类别分放在相应的标签页中。这些模板可以用来创建信件,还可以快速地创建标准的传真、简历等专业文档。用户只需将精力集中于文档中的内容,而不必在文档的设计方案或格式上花费太多的时间。

(1) 选择菜单项“文件”|“新建”。

(2) 在任务窗格中选择“本机上的模板”选项。

参见课堂训练 3.1 文档模板的使用。

3.2.2 保存文档

建立文档之后,应将文档保存到磁盘上供以后使用。

1. 保存新文档

当第一次保存某个文档时,(即文档名暂被命名为“文档 1”、“文档 2”等),用户至少要考虑两件事情:一件是给这个新文档起名字,另一件是把这个文档存放在某个位置,以便以后查找。

(1) 选择菜单项“文件”|“保存”,或者单击常用工具栏中的“保存”按钮。打开“另存为”对话框,如图 3-7 所示。

图 3-7 “另存为”对话框

(2) 在“文件名”文本框中,Word 根据文档第一行的内容,自动给出文件名。我们可以输入一个便于记忆的新名字来取代它。比如:example。

单击“保存位置”列表框的下箭头,从下拉列表中选择所需驱动器,比如 C 盘,该驱动器中的所有文件夹和 Word 2003 文档名会显示在列表框中。双击文档列表框中要使用的文件夹图标,比如 My documents,然后单击“保存”按钮,该文档就以 example 为文件名,被保存在 C 盘的 My documents 文件夹中。

2. 保存已有文档

对于已命名并保存过的文档,只需要随时单击常用工具栏中的“保存”按钮,或单击文件菜单中的保存命令来保存当前文档。系统将自动将当前文档的内容保存在同名的文档中，不再显示“另存为”对话框。

3.2.3　关闭文档

如果不想对编辑过的文档再进行修改，可选择“文件”|“关闭”命令，系统会检查该文档是否已经保存。如果未曾对保存过的文档进行任何修改，系统会直接关闭该文档。如果对该文档进行了修改并且尚未保存，则会出现消息框询问是否要保存对该文档的修改。回答“是”，系统会先进行保存再关闭该文档；如果回答“否”，则表示不存盘直接关闭文档，此次所做的修改也将消失。如果回答“取消”，即不存盘也不关闭窗口。

3.2.4　打开文档

1. 双击文档

在“资源管理器”或“我的电脑”中找到要打开的文档，双击其文件名或图标即可打开该文件。

2. 打开最近使用过的文档

在文件下拉菜单的底部列出 4 个最近使用过的文档名。单击要打开的文件名，或者输入文件名前面所对应的编号，就可以打开相应的文档。

3. 使用打开命令

选择菜单项“文件”|“打开”，或单击常用工具栏中的“打开”按钮，打开如图 3-4 所示的“打开”对话框，如图 3-8 所示。

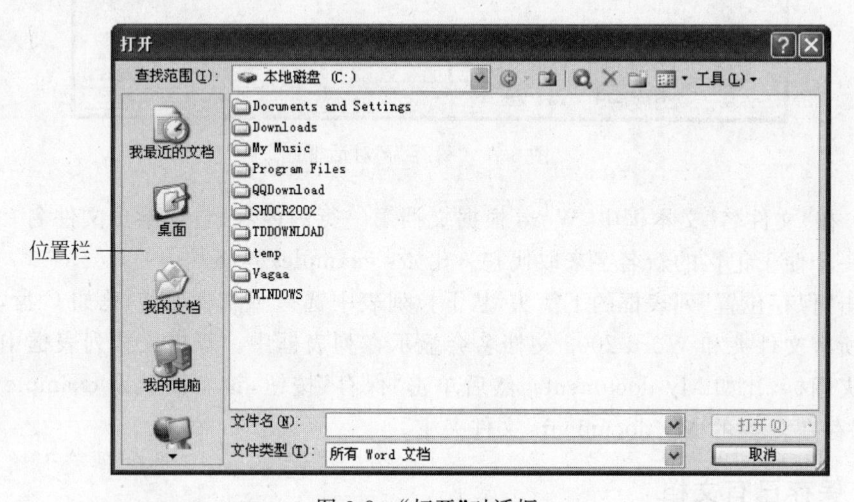

图 3-8　“打开”对话框

下面对这个对话框中的元素作一个说明。

(1) 位置栏。其中有5个图标:“我最近的文档”、“桌面”、“我的文档”和“我的电脑”。单击图标即可快速在文件列表框中列出相应位置的文件夹和文档名称。这些文件夹的含义,相信用户对它们已经很熟悉了,这里不再赘述。

(2) “查找范围”下拉列表框。单击此下拉列表框右部的下箭头,在弹出的列表中选择文档所在的驱动器或文件夹名称,找到所需文档。

(3) “后退”按钮。单击它可将当前文件夹切换至上次显示的文件夹。例如,用户在My Documents 文件夹中没有找到所要的文档,便切换到了历史文件夹,这时再单击“后退”按钮就可重新切换回 My Documents 文件夹。

(4) “向上一级”按钮。将当前文件夹切换到当前文件夹的上级文件夹。

(5) “搜索 Web”按钮。单击此按钮可启动 Web 浏览器并打开 Word 2003 提供的搜索页查找 Internet 上的文档和有关任意主题的信息。

(6) “删除”按钮。单击此按钮可将文件列表中选定的文件移到回收站中。

(7) “新建文件夹”按钮。单击此按钮可在当前文件夹中新建一文件夹。

(8) “视图”按钮。单击该按钮可切换文件列表中的文件显示方式,单击按钮右部的下箭头可打开一个菜单,用户在菜单中直接选择文档的显示方式。还可以对文件图标进行排列。如果用户希望一次显示更多的文件名,可选择“列表”命令;如果用户需要查看文件的修改日期、大小,可选择“详细资料”命令;如果用户需要了解文档的主题、作者等信息,可选择“属性”命令;如果用户需要在打开文档前确认文档的内容,可选择“预览”命令。用户还可以在“排列图标”子菜单中对文件夹中的文档进行简单的排序,以方便查找。

(9) 工具菜单。此菜单中提供了一些常用的文档管理命令,如查找、重命名、删除文档等。使用其中的添至“收藏夹”命令,可将比较重要而且经常需要打开的文档在收藏夹中创建快捷方式。

(10) “文件名组合”列表框。在打开文件时,用户可在此输入要打开文档的名称,通常使用它来打开网络上或 Web 上一些不容易浏览到的文档。单击右部的下箭头,可打开用户曾经输入的文档或文件夹名称列表,以减少用户的重复输入。

(11) “打开”按钮。直接单击此按钮可以按默认的方式打开文档,单击按钮右部的下箭头可以选择文档的打开方式。

(12) “文件类型”下拉列表框。打开该列表框可以选择或查看 Word 2003 可打开的文档类型。如果要打开其他程序创建的文档,可首先在此选择。

在“打开”对话框中回答了你要打开的文件的文件名和它所在的位置等信息之后,单击“打开”按钮,即可打开该文档。

3.2.5 打印文档

如果仅打印一份文档,可单击常用工具栏中的“打印”按钮,或打印预览工具栏中的“打印”按钮,便将正在编辑或预览的文档内容在打印机上打印出来。

如果要打印多份文档,或打印文档的部分内容,或打印文档的摘要信息、自动图文集

词条、批注等,通过文件菜单的打印命令来实现。操作步骤如下:

(1) 选择菜单项"文件"|"打印",弹出如图 3-9 所示的"打印"对话框。

图 3-9 "打印"对话框

(2) 在"份数"文本框中输入或选择要打印的份数。

(3) 在"页码范围"选项中选择要打印的范围。

如果要打印文档中的若干页,可选择"页码范围"单选项,并在其文本框中输入要打印的页号。各页号之间用逗号隔开,连字符"-"表示两个页号之间的所有页。例如,要打印文档中的第 1 页、第 7 页、第 15～30 页和第 36 页,在页码范围文本框中输入"1,7,15—30,36"。注意,必须使用半角逗号和连字符。

(4) 单击"确定"按钮,便可以将正在编辑的文档中的指定内容打印指定的份数。

3.3 文本编辑

作为文字处理软件,文档的编辑是 Word 2003 的核心部分。Word 2003 的文档编辑功能十分简单,只要学会了打字,再掌握一些编辑操作,就可以灵活、高效的处理文字了。

3.3.1 视图介绍

用户是通过屏幕查看文档中的文本及其格式效果的。为了方便用户进行文字编辑及格式编排,Word 2003 提供了多种显示模式,也称为视图。

1. 普通视图

普通视图是用户进行文字输入、编辑及格式编排时,Word 2003 所默认的视图——普通视图简化了版面布局,以方便用户输入、编辑文字及进行格式编排,但是用户看不到页边距、页眉、页脚等效果。

如果用户已在其他视图下操作，要回到普通视图，可采用下列两种方法中的一种。

(1) 选择菜单项“视图”|“普通”。

(2) 单击水平滚动条左边的“普通视图”按钮，即左边的第一个按钮(▤)。

2. 页面视图

在页面视图下，用户可以看到文档的真实打印效果，包括页边距、页眉、页脚及脚注等在页面上的位置及图文框中各项目的确切位置，如不满意可及时修改。

单击水平滚动条左边的“页面视图”按钮(▣)，可切换到页面视图。

3. 大纲视图

在大纲视图下，用户可以创建或修改文档的大纲，组织文档结构。可以只显示标题，将标题下的文本内容隐藏，也可以将标题的层次提升或降低。

单击水平滚动条左边的“大纲视图”按钮(☰)，可切换到大纲视图。

4. 主控文档视图

在主控文档视图下，可方便地将长文档分成若干个子文档进行编辑，也可将多个Word文档组合成一个文档，然后可对该文档进行更改(例如添加索引或目录)而不用打开单个的文档。这样就解决了因文件过大而工作速度慢的问题，同时又能将多个文档当作一个文件进行目录制作。

要切换到主控文档视图，首先将视图方式切换到大纲视图方式下，然后在“大纲”工具栏上单击“主控文档视图”按钮(▤)。

5. 全屏视图

全屏视图将屏幕上的标题栏、菜单栏、常用工具栏、格式工具栏、标尺、滚动条及状态栏全部隐藏，用整个屏幕显示文档内容。要进入全屏视图，只需选择菜单项“视图”|“全屏视图”命令。

在全屏视图下，屏幕上出现一个“全屏显示”菜单，单击“关闭全屏显示”按钮，便返回到全屏视图前的视图。

6. Web版式视图

Web版式视图的最大优点是：在屏幕上阅读和显示文档时效果极佳，它的正文显示得更大，并且自动换行以适应窗口，而不是显示实际打印的形式。也就是说，不管Word的窗口大小如何改变，在文档编辑区中，每一行文本都会随着窗口缩小而适当地自动换行以适应窗口的大小，始终显示文档的所有文本内容。此外，在Web版式视图方式下，还可以设置文档的背景颜色，进行浏览和制作网页等。

单击水平滚动条左边的“Web版式视图”按钮，即左边的第二个按钮(▣)，便可切换到Web版式视图。

3.3.2 在文档中输入文本

1. 输入文字

Word 2003 可以支持五笔、标准、区位、郑码、全拼和双拼等多种汉字输入法，按组合键 Ctrl＋Shift 可以在不同的输入法之间切换。在文档中输入文字时，文本将在一行的最右端自动换行。如果要结束一个段落，按回车键即可。

可以选择在插入或者改写状态下输入文本。在插入状态下，字符在插入点处写入，其后的字符顺序后移；在改写状态下，输入的字符将替换鼠标指针所到处的字符。

切换插入或改写状态的方法有两种，一种是按 Insert 键，一种是用鼠标双击状态栏上的"插入/改写"按钮(改写)。

2. 即点即输

使用即点即输功能可以在文档的空白区域中快速插入文字、图形、表格或其他内容。在页面视图和 Web 版式视图下，文档中的大部分空白区域都可以插入内容。例如，可用即点即输功能在文档末尾的下面插入图形，而不必先按 Enter 键添加空行，或者在图片右边输入文字，而不必手动加入制表位。在使用即点即输功能时，不能在以下区域内使用：多栏、项目符号和编号列表、浮动对象旁边、具有上下型文字环绕方式的图片左边或右边、缩进的左边或右边。

要使用即点即输功能插入文本，必须首先确认已经启用了即点即输功能：选择菜单项"工具"|"选项"，打开"选项"对话框，选择"编辑"选项卡，选中"启用即点即输"复选框，然后单击"确定"按钮。

设置完毕，切换到页面视图或 Web 版式视图。在文档中，将鼠标指针移到要插入文本的位置，然后单击页面，以启用即点即输指针。指针的形状表明了将要插入的内容对应哪种格式。例如，如果指向页面中间，指针形状为 I，表示内容将居中放置。双击页面，然后照常输入文本或插入内容。如果不想在双击的位置插入内容，只需双击其他区域，即可撤销插入状态。

3. 输入标点符号和特殊符号

可以输入像书名号"《》"和温度单位"℃"之类的标点符号和特殊符号。在 Word 2003 中，将标点符号和特殊符号分成两大类：符号和特殊字符。将符号类又分成标点符号、特殊符号、数学符号、单位符号、希腊字母、旧体拼音、日语符号和俄语等几种。特殊字符类中包括长划线、短划线、不间断连字符、省略号等字符。

输入符号的操作步骤如下。

(1) 选择菜单项"插入"|"符号"，弹出如图 3-10 所示的"符号"对话框。

(2) 选择"符号"选项卡，在"字体"下拉列表框中选择"全角符号"。在"子集"的下拉列表框中选择要输入的符号所属的种类。

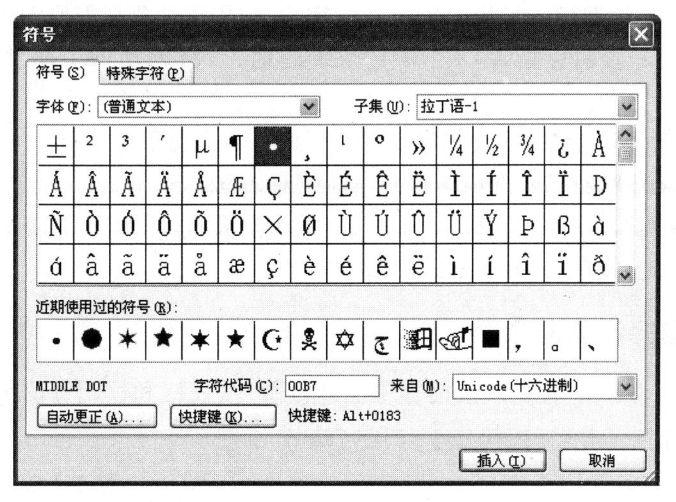

图 3-10 “符号”对话框

(3) 单击要输入的符号,并单击“插入”按钮,便将该符号输入到插入点所在位置,此时“取消”按钮变成“关闭”按钮。

重复步骤(2)和(3)可以输入多个符号。

(4) 单击“关闭”按钮,便将符号对话框关闭,结束输入符号的操作。

利用“快捷键”按钮,可以给常用的符号指定快捷键,按快捷键便可快速输入符号。

输入特殊符号的方法是:选择菜单项“插入”|“特殊符号”命令,出现如图 3-11 所示的“插入特殊符号”对话框。

选择不同的选项卡,即可在相应的选项卡中找到所需的特殊符号。

除此之外,还可以通过“符号栏”输入标点符号和特殊符号,其操作方法如下。

选择菜单项“视图”|“工具栏”|“符号栏”,使“符号栏”显示在屏幕上,单击“符号栏”中的某个符号按钮,便将该符号输入到插入点位置。

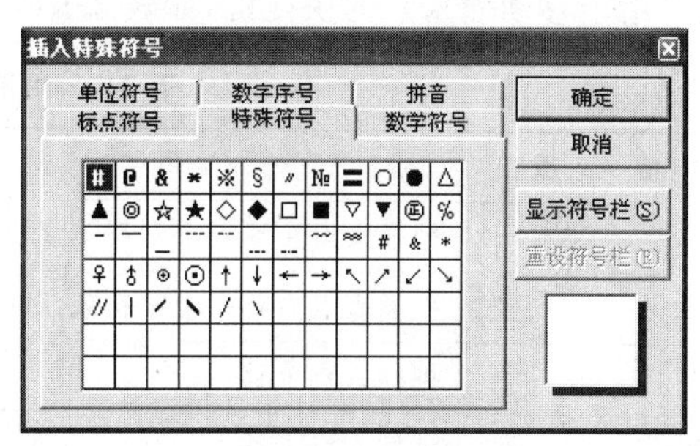

图 3-11 “插入特殊符号”对话框

关于特殊字符的输入,请参见课堂训练 3.2。

3.3.3 定位文档

当在文档进行编辑操作时,首先必须把插入点移到要编辑的文本处,因为任何编辑操作都是从插入点位置起进行的。Word 允许用户使用鼠标或键盘来移动插入点。

1. 用鼠标移动插入点

使用鼠标移动插入点的方法很简单:只要把 I 形鼠标指针移到要设置插入点的位

置，然后单击鼠标左键即可。如果编辑的文章很长，先用滚动条把需要编辑的部分显示在文档窗口中，再用 I 形鼠标指针单击需要修改的地方，将闪动的 I 型光标移动到了插入点。

如果屏幕上没有滚动条，可以按照以下步骤来显示滚动条。

(1) 选择菜单项“工具”|“选项”，打开“选项”对话框。

(2) 单击“视图”选项卡，在“显示”区中选择“水平滚动条”和“垂直滚动条”复选框。

(3) 单击“确定”按钮，屏幕显示滚动条。

2. 利用“选择浏览对象”按钮

利用“选择浏览对象”按钮可以很容易地进行图片、表格和标题等的浏览。在垂直滚动条下单击“选择浏览对象”按钮( )，打开“选择浏览对象”菜单，如图 3-12 所示。

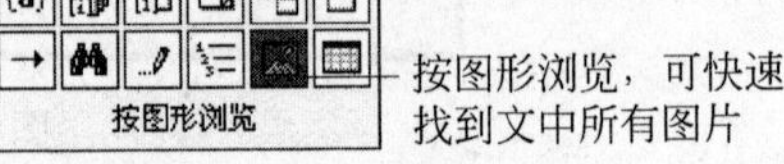

图 3-12　选择浏览对象

在该菜单中可以选择需要浏览的对象，比如选择“按图形浏览”对象。此时滚动条的“上一页”和“下一页”按钮会变成“前一张图片”和“下一张图片”按钮，而且会呈蓝色显示。单击这两个按钮，就能很轻松地查看文档中的所有图片。

3. 用键盘移动插入点

当你正在用键盘输入时，也许更愿意直接用键盘来移动插入点。中文 Word 2003 提供了用于移动插入点的快捷键，如表 3-1 所示。

表 3-1　用于定位的快捷键

按　　键	作　　用	按　　键	作　　用
←	把插入点左移一个字符或汉字	Ctrl+End	把插入点移到文档的末尾处
→	把插入点右移一个字符或汉字	Ctrl+PgUp	把插入点移到屏幕顶端
↑	把插入点上移一行	Ctrl+PgDn	把插入点移到屏幕底端
↓	把插入点下移一行	Ctrl+←	把插入点左移一个单词
Home	把插入点移到当前行的开始处	Ctrl+→	把插入点右移一个单词
End	把插入点移到当前行的末尾处	Ctrl+↑	把插入点上移一段
PgUp	把插入点上移一屏	Ctrl+↓	把插入点下移一段
PgDn	把插入点下移一屏	Alt+Ctrl+PgUp	把插入点移到窗口顶端
Ctrl+Home	把插入点移到文档的开始处	Alt+Ctrl+PgDn	把插入点移到窗口末尾

3.3.4　选择文本

在 Word 2003 中，如果要编辑文档中的某些内容，应首先标记这些内容，称为选定。

被选定的内容反像显示(在黑色背景上显示白色文字)。可以用鼠标快速地进行选定,也可以用键盘进行选定。

(1) 拖曳选定。选定文本的最基本方法是用鼠标拖曳要选定的内容,即先将鼠标指向要选定内容的首部,接着按住鼠标左键不放,由左向右、由上向下移动鼠标直到要选定的内容全部反像显示,再放开鼠标左键。

(2) 双击选定。为了选定一个英文单词,只需双击该单词的任意部分即可。双击一个汉字便选定了该汉字。

(3) 单击-Shift-单击选定方法。首先单击要选定内容的首部,接着按下 Shift 键的同时单击要选定内容的尾部。

(4) Ctrl-单击选定方法。为了选定一个句子(相邻两个句号之间的部分),按住 Ctrl 键的同时单击要选定句子的任意位置。

(5) 选定栏选定方法。若选定文档中的一行,只需单击该行左端的选定栏。若选定文档中的一段(一个自然段),只需双击该段任一行左端的选定栏。若选定文档中连续的数行,用鼠标拖曳要选定的数行左端的选定栏。

(6) 键盘选定方法:按下 Shift 键的同时,按下其他移动插入点的键。例如按下 Shift 键的同时,按"→"键一次,选定右边一个字符或汉字;按"←"键一次,选定左边一个字符或汉字。表 3-2 列出了用键盘选定文本的按键方法。

表 3-2　键盘选定文本的组合键

选定目标	组合键	选定目标	组合键
右边一个字符	Shift+→	左边一个字符	Shift+←
到单词末尾	Shift+Ctrl+→	到单词开头	Shift+Ctrl+←
到行尾	Shift+End	到行首	Shift+Home
下一行	Shift+↓	上一行	Shift+↑
到段尾	Shift+↓	到段首	Shift+↑
下一屏	Shift+Ctrl	上一屏	Shift+PgUp
到文档尾	Shift+Ctrl+End	到文档首	Shift+Ctrl+Home
到窗口底	Shift+Ctrl+PgDn	到窗口顶	Shift+Ctrl+PgUp

注意:表中的"+"号表示按住前面键的同时,按下后面的键。例如,Shift+→表示按下 Shift 键的同时,按下→键。

(7) 要选定文档中的所有内容,按 Ctrl+A 组合键,或者选择菜单项"编辑"|"全选"。

(8) 取消选定。选定的文本反像显示,为了取消选定,使选定的文本由反像显示变为正常显示,只需用鼠标单击窗口中的任意位置,或按一下键盘上的任一移动插入点的键。

3.3.5 移动和复制

1. 剪贴板

剪贴板是内存中的一块存储区域。在进行复制或移动操作时，先把选定的内容“复制”或“剪切”到剪贴板上，然后再将其粘贴到插入点所在位置。例如：可以先在Microsoft Excel 中复制一个图表对象，然后切换到 Microsoft PowerPoint 中复制项目符号列表，再切换到另一个 Word 文档复制一段文字，最后切换至正在编辑的 Word 文档并粘贴复制的内容。

所有被复制或剪切的内容都将自动置于 Office 剪贴板之中。收集到的内容将保留在“Office 剪贴板”上，直到关闭了计算机上的所有运行程序。

选择菜单项“编辑”|“Office 剪贴板”，或在任务窗格中打开“Office 剪贴板”将打开如图 3-13 所示的窗口。

图 3-13 Office 剪贴板

如果在一个 Office 程序中的任务窗格中打开剪贴板，在切换到另一个 Office 程序时，剪贴板不会自动出现，但仍可继续从其他程序中复制项目。

在将内容复制到剪贴板时，最新的内容总是添加到顶端，每项都有一个图标及部分内容或是所复制图形的缩略图。

剪贴板的内容可以逐项粘贴，也可以一次性粘贴全部内容。

如果剪贴板中的项目不再有用，可以清空 Office 剪贴板中的所有项目；以备容纳新的内容。清空剪贴板的方法是：单击剪贴板工具栏上的“清空剪贴板”按钮()。

2. 移动文本或图形

移动文本或图形。将文本或图形从一个位置移到另一个位置，可按如下步骤操作。

(1) 选定要移动的文本或图形。

(2) 选择菜单项“编辑”|“剪切”，或单击常用工具栏中的“剪切”按钮()，或按 Ctrl+X 组合键将要移动的文本或图形移到剪贴板中。

(3) 选择菜单项“编辑”|“粘贴”，或单击常用工具栏中的“粘贴”按钮()，或按 Ctrl+V 组合键将要移动的文本或图形移到插入点所在位置，插入点位置处原来内容向后移动。

也可以用鼠标拖曳选定的文本或图形移动文本或图形。当用鼠标拖曳选定的文本或图形时，鼠标指针变成一个带有虚竖直线和虚方框的箭头。松开鼠标左键时，虚竖直线的位置就是被拖曳内容移到的目标位置。

3. 复制文本或图形

要将文本或图形在另一位置进行复制，可按如下步骤操作。

(1) 选定要复制的文本或图形。

(2) 选择菜单项“编辑”|“复制”，或单击常用工具栏中的“复制”按钮( )，或按 Ctrl+C 组合键将要移动的文本或图形复制到剪贴板中。

(3) 选择菜单项“编辑”|“粘贴”，或单击常用工具栏中的“粘贴”按钮，或按 Ctrl+V 组合键便将要复制的文本或图形复制到插入点所在位置，插入点位置处原来内容向后移动。

可以用一种十分简便的方式来进行文本的复制，那就是使用鼠标拖曳的方法。

在移动或复制文字和图形时，用鼠标右键拖曳选定内容，在释放鼠标右键时，将出现一个快捷菜单，其中将显示移动和复制的有效选项。选择“复制到此位置”命令，即可实现复制操作。

上面介绍的移动或复制的操作，既可以在一个文档中进行，也可以在不同文档之间或不同的应用程序之间进行。

如果需要复制的项目在其他程序或文档中，需要切换到该程序或文档，在其中选择需要复制的项目。然后，单击剪贴板工具栏上的“复制”按钮，如果视图或程序中没有显示剪贴板工具栏，可选择菜单项“编辑”|“复制”。重复该操作，直到复制了所有需要复制的项目，但不能超过 12 项。

复制完毕，切换到要粘贴项目的 Word 文档中，单击需要粘贴项目的位置。用户可以选择粘贴全部项目还是只粘贴某些特定项目。如果需要粘贴所有项目，可单击剪贴板工具栏上的“全部粘贴”按钮；如果不需要粘贴所有项目，则可以粘贴特定项目。

3.3.6 删除文本

若想删除一段文本，首先要选定这段文本，然后，对这段文本进行剪切操作，将文本暂存在剪贴板中，也可以将该文本永久地删除。对一段文本进行剪切操作，也就是从当前文档中将该文本删除，只不过暂时还保留在 Office 剪贴板中，如果没有打开剪贴板工具栏，则在下一次使用剪切操作时，新的剪切内容就会覆盖剪贴板中原有内容。

1. 删除插入点左右的文本

按 BackSpace 键，删除插入点左边的一个字符或汉字，插入点及其后边的内容向前移动一个字符或汉字的位置。按 Delete 键，删除插入点右边的一个字符或汉字，插入点不动，其后面内容向前移动一个字符或汉字的位置。

2. 删除选定的文本

用下面 3 种方法可以删除选定的文本。

(1) 按 Delete 键或 BackSpace 键。

(2) 选择菜单项“编辑”|“清除”。

(3) 选择菜单项“编辑”|“剪切”，或单击常用工具栏中的“剪切”按钮，便将被选定的文本移入剪贴板，而从原位置删除。

用这3种方法也可以删除选定的公式、图形或其他对象。

3.3.7 撤销、恢复和重复操作

在进行输入、删除和改写文本等操作时，中文Word 2003会自动记录下最新的击键和刚执行过的命令。这种存储功能使得恢复某次编辑操作成为可能。如进行了删除文本的操作，单击常用工具栏中的“撤销”按钮，便撤销操作即恢复刚被删除的文本，使被删除的文本重新出现。如进行了输入文本操作，撤销操作便将输入的文本删除。

单击常用工具栏中的“撤销”按钮()右边的下拉箭头，会自动显示可撤销操作的名称，如“清除”等。有些操作是无法撤销的，如保存文档。

单击“常用”工具栏中的“重复”按钮()，可重复地执行刚才的操作。

3.3.8 查找和替换

1. 查找文本

处理一篇长文档时，有时要对整篇文档中的某一相同内容进行修改，例如，要将文档中所有的“【”改成“[”。Word 2003提供了强大的查找与替换功能。

要查找文档中的指定内容，可按如下步骤操作。

(1) 选择菜单项“编辑”|“查找”，出现如图3-14所示的“查找和替换”对话框。

图3-14 “查找和替换”对话框(1)

(2) 在“查找内容”的文本框中输入欲查找的内容。

(3) 单击“查找下一处”按钮，Word 2003便从插入点所在位置向后查找指定内容所出现的第一个位置，找到后便将内容反像显示；如果再单击“查找下一处”按钮或按回车键，Word 2003便继续向后查找第二次出现的指定内容，找到后便将所找到的内容反像显示；以此类推。

如果单击“取消”按钮，关闭了查找对话框，Word 2003将反像显示最近一个找到的指定内容。用户可在该位置附近进行编辑工作。

当 Word 2003 查找到文档的尾部时，将弹出对话框让用户选择是否从文档的起始处(首部)继续向后查找。单击“是”按钮，Word 2003 将从文档的起始处继续向后查找；单击“否”按钮，Word 2003 将结束查找工作。

2. 替换文本

查找不仅仅是用来定位查找的内容，有时要将找到的替换为新的内容。下面进行文本的替换操作。

按 Ctrl+H 组合键或在打开“查找和替换”对话框后，选择“替换”选项卡，如图 3-15 所示。

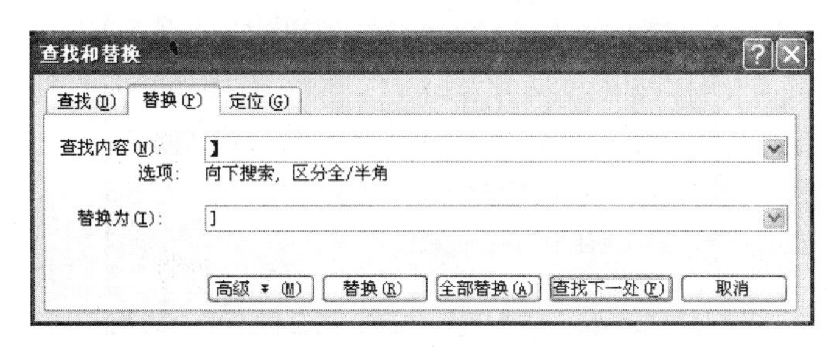

图 3-15 “查找和替换”对话框(2)

(1) 在“查找内容”文本框中输入查找内容，这里输入“】”，如果在“查找”选项卡中已经设定过，那么此处可以缺省。

(2) 在“替换为”文本框中输入要替换的内容，这里输入“]”，然后单击“全部替换”，Word 2003 就会自动将文中所有的“】”替换为“]”。

“查找和替换”功能除了能用于一般文字外，还能查找和替换带有格式的文本，以及一些特殊的字符，如空格符、制表符、分栏符和图片等。要实现这些功能，只需单击图 3-15 中的“高级”按钮，设置对话框中各选项即可。

在“替换”选项卡的“高级”选项中的各个选项的作用如下。

(1) “搜索范围”列表框用于选择查找和替换的方向，如可以选择从当前插入点处向上或是向下查找和替换，或者选择全部。

(2) 单击“格式”按钮可以打开菜单，从中选择命令就可以设置“查找内容”框与“替换为”框中的文本格式、段落格式及样式等。

(3) 单击“特殊字符”按钮可以打开菜单，从中选择查找或替换的一些特殊符号。如可以将空格符替换成制表符等。

3.3.9 自动更正

利用自动更正功能，可以防止输入错误单词，如将 and，错误输成 the 时，Word 2003 会自动将其更正。除此以外，还可以通过短语的缩写形式快速输入短语，如通过“xjd”输入“西安交通大学”。为让 Word 2003 能自动将错误的单词进行更正，或将短语的缩写形式替换成短语，要为错误的单词或缩写建立一个自动更正词条。

建立自动更正词条的操作步骤如下。

(1) 选择菜单项“工具”|“自动更正”,弹出如图 3-16 所示的“自动更正”对话框。

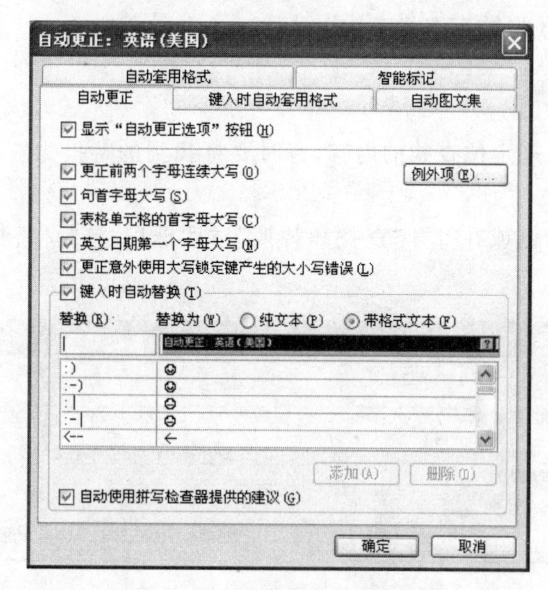

图 3-16 “自动更正”对话框

(2) 在“替换”文本框中输入错误单词或短语的缩写形式。

(3) 在“替换为”文本框中输入正确单词或短语的全称。

(4) 单击“添加”按钮,便将该内容的自动更正词条加入自动更正词条表中。

(5) 单击“确定”按钮,便完成为该内容建立自动更正词条的操作。

为错误单词或短语的缩写形式建立了自动更正词条后,当输入该错误单词或短语的缩写形式时,按 Spacebar(空格)键或标点符号,Word 2003 便自动将错误单词或短语的缩写形式替换成正确单词或短语的全称。

注意:要让 Word 2003 进行自动更正,应选择如图 3-16 所示的自动更正对话框中的“输入时自动替换”复选框。

3.3.10 字数统计

Word 2003 可以自动统计文档中的字数、字符数、段落数及行数,操作方法如下。

选择菜单项“工具”|“字数统计”,弹出如图 3-17 所示的“字数统计”对话框。其中,字数和字符数不包含空格。字数中,用空格隔开的 1 个数字串、单词等算 1 个字。字符数中,1 个汉字算 1 个字符。行数中包含空行,但段落数中不包含空行。

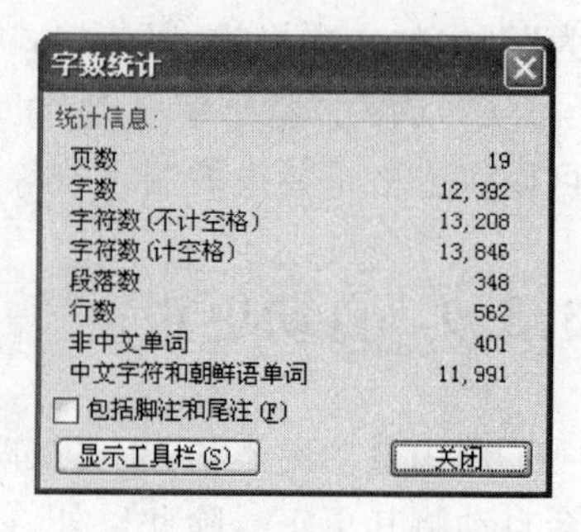

图 3-17 “字数统计”对话框

3.3.11　拼写检查

Word 2003 可以对英文和中文进行拼写和语法检查。这一功能大大减少了文本输入的错误率。为了能够在输入文本时自动地进行拼写和语法检查，需要进行设置。操作步骤如下。

选择菜单项“工具”|“选项”，打开“选项”对话框的“拼写和语法”选项卡，选中“输入时检查拼写”和“输入时检查语法”选项。这样就能够在输入时自动进行拼写和语法检查。

当 Word 2003 中文版检查到有错误的单词或中文时，就会用红色波浪线标出拼写的错误，用绿色波浪线标出语法的错误。

若在输入过程中没有设置自动拼写和语法检查的功能，可用手动方式进行拼写和语法检查。选择菜单项“工具”|“拼写和语法”，或单击常用工具栏中的“拼写和语法”( )按钮，打开“拼写和语法”对话框，如图 3-18 所示。Word 2003 便从插入点所在位置检查。如果查到一个主词典中没有的单词，便认为是错拼的单词，将其显示在上边的文本框中，并在“建议”列表框中给出一些修改方案供用户选择。从“建议”列表框中选择一个单词，并单击“更改”按钮，便将错拼的单词用所选择的单词替换，并继续向下查找。如果单击“全部更改”按钮，便将文档中的该错拼单词全部用所选择的单词替换。

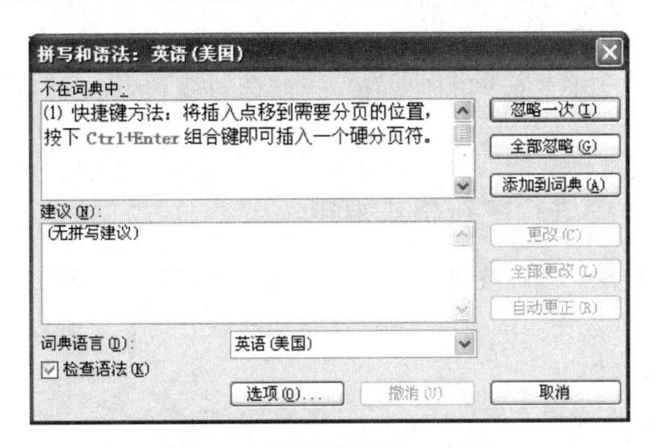

图 3-18　“拼写和语法”对话框

3.4　格 式 编 排

为了使文档格式美观、内容重点突出，可以对文档进行格式编排。格式编排包括设置字体、字形及字号大小、对段落进行对齐及缩进、通过分节对文档各部分的风格进行设置等。

3.4.1 字体格式编排

1. 字符格式

(1) 字体

字体是字符的形状。Word 2003 中可以使用 Windows 98 或外挂的其他中文环境中的字体。Windows 98 提供的中文字体有宋体、黑体、楷体等。

(2) 字号

中文 Windows 98 提供的字体大小分为八号、七号、小六到初号。同时提供按磅值设置的字体大小,其值从 8 到 72。

(3) 字型

对字符做的一些修饰,如粗体、斜体、加下划线、设置下标和颜色等。

2. 使用格式工具栏进行字符格式编排

使用格式工具栏中字体和字号列表框可以编排字符的字体和大小,操作步骤如下。

(1) 选定要编排的文字。

(2) 单击格式工具栏上的工具按钮,如单击字体(宋体)、字号(五号)按钮的下拉箭头,选择字体和字号。

(3) 单击格式工具栏上的"粗体"(B)、"斜体"(I)按钮,可将文字修饰成粗体或斜体。

3. 使用字体命令进行字符格式编排

格式工具栏上的各个排版按钮是比较常用的按钮,但有些字符排版的功能却不能在此工具栏上出现,如排版文字的空心字、给文字加动态效果等。所以需要打开"字体"对话框进行排版,操作步骤如下。

(1) 选定要编排格式的文字。

(2) 选择菜单项"格式"|"字体",弹出如图 3-19 所示的"字体"对话框。

(3) 在"字体"选项卡中选择所要的字体、字体大小、下划线类型、着重符号、字符颜色等。

在"文字效果"选项卡中选择是否加删除线、双删除线,是否编排成上标或下标,是否隐藏,是否编排成小型大写字母或全部大写字母。

如果要进行字符缩放,则在"字符间距"选项卡的"缩放"文本框中,选择或输入字符缩放比例。

如果要加宽或紧缩字符间的横向间距,则在"字符间距"选项卡的"间距"列表框和"磅值"文本框中进行相应的选择和输入。

如果要提升或降低字符位置,则在"字符间距"选项卡的"位置"列表框和"磅值"文本框中进行相应的选择和输入。

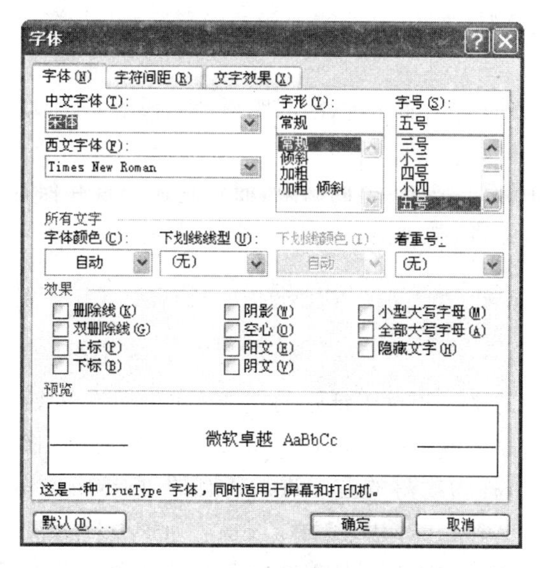

图 3-19 “字体”对话框

(4) 单击“确定”按钮，便可将选定的文字编排成所要的字符格式。

4. 复制字符格式

在编排文档时，文档中许多位置的字符格式都要求一致，使用 Word 2003 提供的复制字符格式功能就可以轻松地将文档中某一部分文字的格式复制给其他位置的字符。

(1) 将字符格式复制到某个位置

首先选定具有被复制格式的源文字块，然后单击常用工具栏上的“格式刷”( )按钮，这时鼠标指针变成刷子形状，拖曳刷子形状的鼠标选定要复制格式的目标文字块，便将源文字块的格式复制给目标文字块。

(2) 将字符格式复制到多个位置

选定具有被复制格式的源文字块，双击常用工具栏上的“格式刷”按钮，拖曳刷子形状的鼠标选定第一个要复制格式的目标文字块，松开鼠标按键后，再选定下一个位置上要复制格式的目标文字块，如法炮制，便将源文字块的格式复制给多个位置的目标文字块。全部复制完成后，再单击一下“格式刷”按钮，退出字符格式复制状态。

3.4.2 段落格式编排

1. 段落标记

(1) 段落与段落标记

段落是由任意数量的文字、图形和其他对象构成的自然段，以回车键结束。在每一个段落结尾处，当用户输入回车键后，Word 2003 便在文档中插入一个段落标记。在 Word 2003 中，段落标记符是一个隐藏字符，用户可以使用常用工具栏上的“显示/隐藏”按钮

( )或选择菜单项“工具”|“选项”命令来显示或隐藏段落标记符。

(2) 段落格式

段落格式是段落的外观，比如缩进、字间距、行距、段落间距、段落的对齐方式、文字边框或底纹等。

段落标记不但用来标记一个段落的结束，而且它还记录并保存着该段落的格式编排信息，如段落对齐、段落缩进、制表位、行距、段落间距等。

2. 段落缩进

(1) 段落缩进

段落缩进是段落中的文字相对于纸张的左或右页边距线的距离。编排文章时，通常将每段中的第一行向右缩进两个汉字，称为首行缩进。有时，除将第一行缩进外，还将其他行的左边向右缩进去，称为段落的左缩进。还有的时候，将段落各行的右边向左缩进去，称为段落的右缩进，所缩进的长度称为缩进量。如果不是缩进去，而是伸出来，即缩进量为负，称为悬挂缩进。通过水平标尺、格式工具栏及段落命令设置段落缩进，如图 3-20 所示。

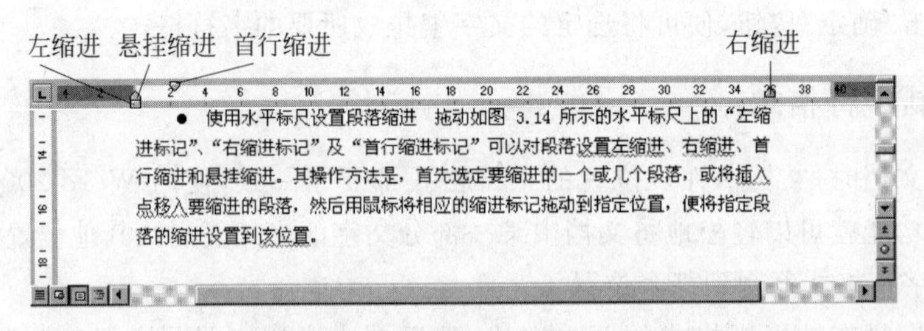

图 3-20 水平标尺上缩进标记

(2) 使用水平标尺设置段落缩进

拖曳如图 3-21 所示的水平标尺上的“左缩进”、“右缩进”及“首行缩进”，可以对段落设置左缩进、右缩进、首行缩进和悬挂缩进。其操作方法是，首先选定要缩进的一个或几个段落，或将插入点移入要缩进的段落，然后用鼠标将相应的缩进标记拖曳到指定位置，便将指定段落的缩进设置到该位置。

(3) 使用格式工具栏设置段落缩进

单击格式工具栏中的“增加缩进量”按钮( )，将增大选定段落或插入点所在段落的左缩进量，单击格式工具栏中的“减小缩进量”按钮( )，将减小选定段落或插入点所在段落的左缩进量。

(4) 使用段落命令设置段落缩进

它的操作步骤如下。

① 选定要设置缩进的段落，或将插入点移入要缩进的段落。

② 选择菜单项“格式”|“段落”，弹出如图 3-21 所示的“段落”对话框。

③ 在“缩进和间距”选项卡的“缩进”框的“左”、“右”文本框中分别输入或选择所要设置的缩进量，缩进量允许为负值，用户可以在“预览”框中查看设置后的效果。

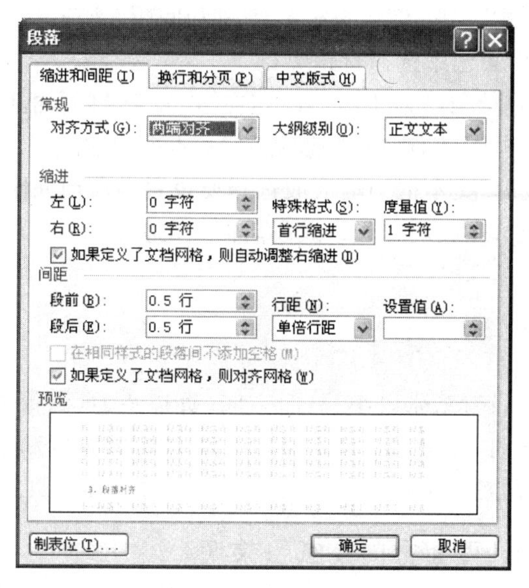

图 3-21 “段落”对话框

如果要建立首行缩进或悬挂式缩进，在“特殊格式”下拉列表框中进行选择，并在“度量值”文本框中输入或选择缩进量。

④ 单击“确定”按钮。

3. 段落对齐

Word 2003 提供了各种段落对齐的编排操作，包括将段落编排成左右两端都对齐、居中对齐、向右边对齐或分散对齐。

(1) 使用格式工具栏设置段落对齐格式。操作方法是首先应选定要对齐的段落，然后单击格式工具栏相应的对齐按钮( )即可。

(2) 使用段落命令设置段落对齐格式，其操作步骤如下。

① 选定要对齐的段落，或将插入点移入要缩进的段落。

② 选择菜单项“格式”|“段落”，并选择“缩进和间距”选项卡，在“对齐方式”的下拉列表框中选择指定的对齐方式。

(3) 单击“确定”按钮。

4. 调整行距与段落间距

行距是指段落中相邻两行文字之间的距离，段落间距则是指相邻两个段落之间的距离。

Word 2003 对于不同大小的字符或图形会自动调整行距，此行距称为默认行距。可将行距增加到默认行距的 1.5 倍、2 倍或多倍，也可以设置某一个行距值。段落间距包括段前间距和段后间距两部分。两个段落之间的实际距离等于前一段落的段后间距加上后一段落的段前间距。调整行距与段落间距的操作步骤如下。

① 选定要调整行距或段落间距的段落。

② 选择菜单项“格式”|“段落”，并选择“缩进和间距”选项卡。

③ 在“行距”下拉列表框中选择行距类型。

如果选择的是“固定值”或“最小值”，还需在“设置值”文本框中输入或选择具体的行距值。如果选择的是多倍行距，则应在“设置值”文本框中输入或设置相应倍数。

④ 在“段前”和“段后”文本框中输入或选择要设置的段前间距和段后间距值。

⑤ 单击“确定”按钮，完成调整行距或段落间距的操作。

3.4.3 页面设置

页面设置主要包括设置纸张大小、页面方向、页边距、页码等内容。页边距是指页面上文本与纸张边缘的距离，它决定页面上整个正文区域的宽度和高度。对应页面的四条边共有四个页边距，分别是左页边距、右页边距、上页边距和下页边距。

1. 设置纸张大小、页面方向及纸张来源

在打印文档之前首先需要设置纸张大小、纸张使用的方向及纸张来源。经常使用的纸张大小有 A4、A3、B5 和 16 开等。纸张使用的方向是指纵向打印或横向打印，纵向指纸张的高度大于宽度，横向指高度小于宽度。纸张来源指打印所用的纸是由手动送纸、送纸盒送纸还是其他方式送纸。Word 2003 默认的纸张大小是 A4，纸张使用的方向是纵向。纸张来源依据打印机的不同而有所不同。

设置纸张大小及页面方向的操作步骤如下。

① 选择菜单项“文件”|“页面设置”，弹出“页面设置”对话框，如图 3-22 所示。也可以双击水平标尺打开“页面设置”对话框。

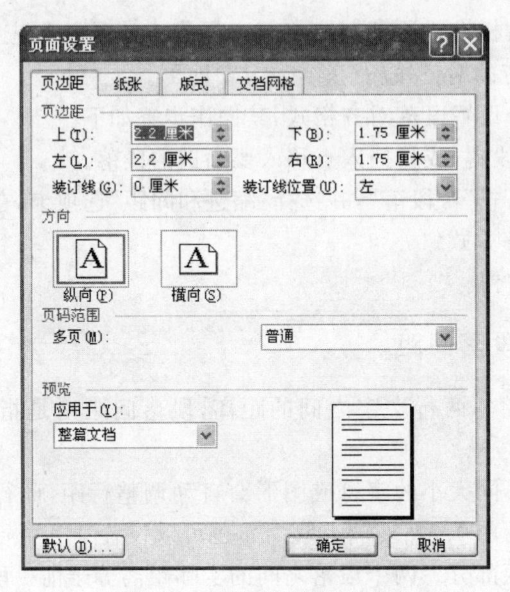

图 3-22 “页面设置”对话框

② 选择“纸张”选项卡，在“纸型”的下拉列表框中选择纸张大小，默认设置为 A4 纸，也可以在“宽度”和“高度”文本框中输入或选择用户自定义纸张的大小。通过选择“纵向”或“横向”单选按钮来选择页面打印方向。

③ 选择“页边距”选项卡，在“上”、“下”、“左”和“右”文本框中分别输入或选择上页边距、下页边距、左页边距和右页边距，页眉、页脚与边界的距离。

④ 单击“确定”按钮，完成设置。

2. 插入页码

Word 2003 在普通视图中不显示页码，只有在页面视图或打印预览中才显示页码。

插入页码的操作步骤如下。

① 选择菜单项“插入”|“页码”，弹出“页码”对话框。

② 在“位置”下拉列表框中选择页码的插入位置。

③ 在“对齐方式”下拉列表框中选择页码的对齐方式。可通过“格式”按钮设置页码格式，如在页码中插入章节号。

④ 单击“确定”按钮，完成插入页码的操作。

3. 分页

Word 2003 会根据纸张的大小及页边距自动分页，在分页位置插入一个分页符，叫软分页符。在普通视图中，Word 2003 在屏幕上将其显示为一条水平虚线。如果希望在某个位置强行分页，则应在此处加入一个硬分页符。在普通视图下，Word 2003 在屏幕上用一条带有“分页符”三个字的水平虚线表示之。

在文档中插入硬分页符有两种方法。

(1) 快捷键方法

将插入点移到需要分页的位置，按下 Ctrl＋Enter 组合键即可插入一个硬分页符。

(2) 菜单方法

将插入点移到需要分页的位置，选择菜单项“插入”|“分隔符”，出现如图 3-23 所示的“分隔符”对话框，选择“分页符”单选按钮，再单击“确定”按钮即可插入一个硬分页符。

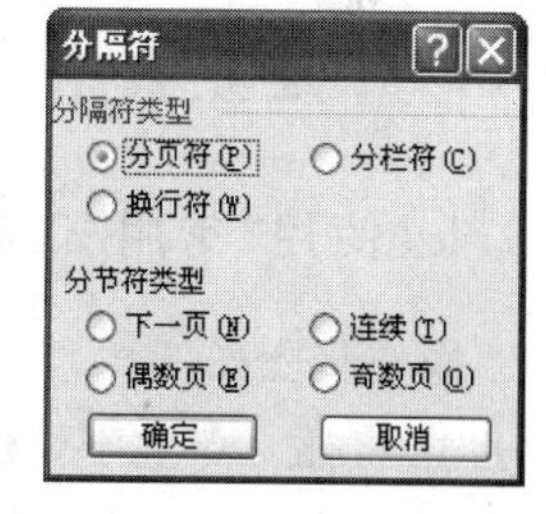

图 3-23 “分隔符”对话框

硬分页符可以删除。用鼠标单击硬分页符的任意位置，按 Delete 键便可将之删除。

3.4.4 分节

如果要使文档的某些部分与其余部分的编排格式有所不同，例如，要对文档的前几页应用一种页眉，对其余页又应用另一种页眉，则可以将文档分成几节。在同一节中，具有相同的页眉、页脚、编号格式和页面设置，不同的节中可以有所不同。缺省情况下，一个文档就是一节，如果要将文档分成多节，可以在需要分节的位置插入分节符。在普通视图下，分节符在屏幕上用带有“分节符”字样的双虚线表示。节的格式（如页眉和页脚、页边距、页码）都储存在本节后的分节符中。也就是说，分节符控制其前面文字的节格式。例如，若要删除某个分节符，其前面的文字将合并到后面的节中，并且采用后者的格式设置。通常，文档的最后一个段落标记控制文档最后一节的节格式（如果文档没有分节，则控制整篇文档的格式）。

分节的操作步骤如下。

① 将插入点移到要分节的位置。

② 选择菜单项“插入”|“分隔符”，弹出“分隔符”对话框。

③ 选择“分节符”下面的单选按钮指定新节开始的位置。

其中，“连续”表示在插入点处开始新节，“下一页”表示在下一页顶端开始新节，“偶数页”表示在下一个偶数页顶端开始新节，“奇数页”表示在下一个奇数页顶端开始新节。

④ 单击“确定”按钮，便在所指定位置插入分节符。

可以通过复制分节符的方法复制节的格式。复制分节符的方法和复制文本的方法基本相同。复制分节符后，新分节符以上的段落将应用该分节符保存的节格式。可以删除分节符，将分节符位置前一节和后一节合为一节，合节将采用原后一节的格式。删除分节符的方法是，首先选定要删除的分节符，然后按 BackSpace 键或 Delete 键即可。

3.5 表格编排

表格是文字处理的重要组成部分。用表格表示数据直观、明了。利用 Word 2003 提供的表格功能，可以快速简便地建立、编辑和格式化表格。

3.5.1 建立表格

1. 使用“常用”工具栏建立表格

操作步骤如下。

① 将插入点置于要建立表格的位置。

② 单击常用工具栏上的“插入表格”按钮（▦），出现表格图框如图 3-24 所示。

③ 在图框上从左上角单元格向右下拖曳鼠标，以选定表格的行数与列数。图框中的蓝色背景为选中的行与列，行数与列数在图框底端显示出来（如 5×3 表格）。释放鼠标后，图框消失，在插入点位置生成所指定的（如 5 行 3 列）表格框架。

2. 使用插入表格命令来建立表格

操作步骤如下。

① 将插入点移至要建立表格的位置上。

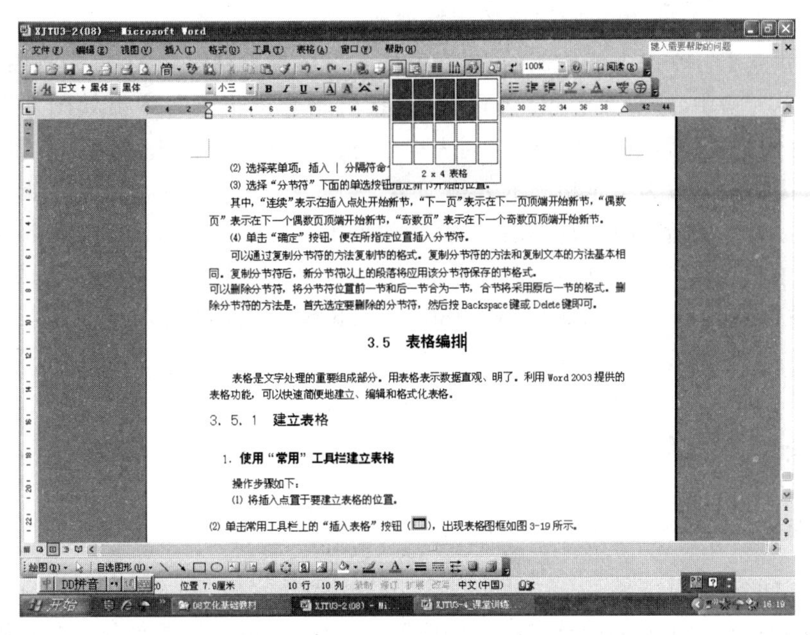

图 3-24　表格图框

② 选择菜单项“表格”|“插入”|“表格”，弹出“插入表格”对话框，如图 3-25 所示。

③ 在“行数”和“列数”文本框中输入或选择表格的行数和列数。

④ 在“固定列宽”文本框中可选择“自动”，也可输入列宽数据。如果选择“自动”，Word 2003 将根据纸张的左右页边距建立相等列宽的表格。

⑤ 如果单击“自动套用格式”按钮，出现“表格自动套用格式”对话框，如图 3-26 所示。对话框中列出了 Word 2003 提供的多种表格格式，从“格式”列表框中选择一种表格格式，在预览框中可看到选择的表格效果。

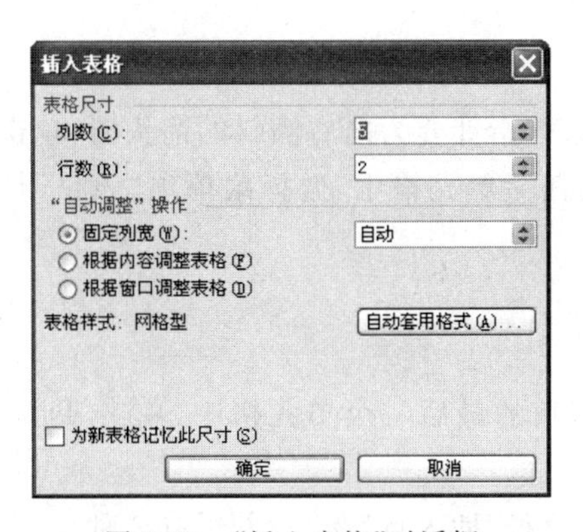

图 3-25　“插入表格”对话框

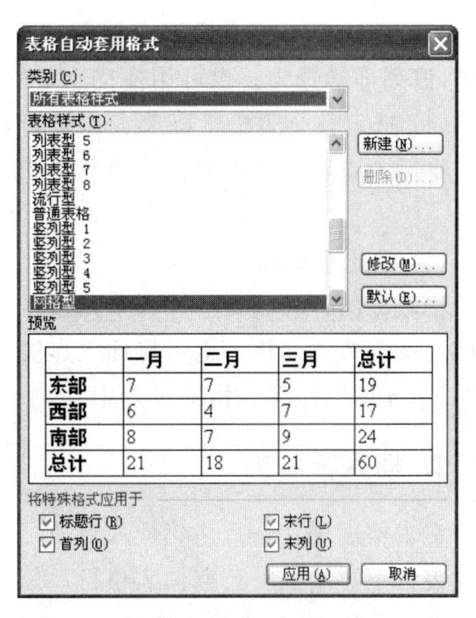

图 3-26　“表格自动套用格式”对话框

⑥ 单击“确定”按钮，生成所指定的表格框架。

如果已建立了一个由虚线构成的表格，要使它变成带有特定格式，首先将插入点置于表格的任一单元格中，选择菜单项“表格”|“表格自动套用格式”，弹出如图 3-26 所示的“表格自动套用格式”对话框，从“格式”列表框中选择一种表格格式，再单击“确定”按钮，将原虚线框表格框架改为指定格式的表格框架。

建立了表格框架后，便可以向表格中输入数据了。要向某一单元格输入数据，首先将插入点移入该单元格。用鼠标单击某一单元格，便将插入点移入该单元格。按 Tab 键一次，将插入点向后移动一个单元格；按 Shift＋Tab 键一次，将插入点向前移动一个单元格。

3.5.2 编辑表格

1. 选定

(1) 选定单元格内容

将鼠标指针移到单元格中首字符左侧位置，这时鼠标指针为指向右上方的箭头，单击鼠标便选定了该单元格。在单元格中的文本上任意位置双击鼠标便可选中该文本段落内容。一个单元格中可以包含多个文本段落。

(2) 选定行

将鼠标指针移至表格外某行左侧位置(选定栏)，此时鼠标指针变为向右倾斜的箭头，单击鼠标，该行即被选中，拖曳鼠标便可选定多行。也可将插入点置于某行任一单元格，选择菜单项“表格”|“选定”|“行”，该行即被选中。

(3) 选定列

将鼠标指针移到表格外某列的上端，此时鼠标指针变为竖直向下的箭头，单击鼠标，该列即被选中。也可将插入点置于某列的任一单元格中，选择菜单项“表格”|“选定”|“列”，该列即被选中。也可用拖曳选定的方法选定一列或多列。

(4) 选定整个表格

将插入点置于表格的任一单元格中，选择菜单项“表格”|“选定”|“表格”，便选定整个表格。

(5) 选定单元格

将鼠标指针移到要选择的单元格左下角，当鼠标指针变为向右倾斜的箭头时，单击鼠标即可选中该单元格。也可将插入点置于某列的任一单元格中，选择菜单项“表格”|“选定”|“单元格”，该单元格即被选中。

2. 插入行和列

在表格后增加一行。将插入点置于表格右下角的最后一个单元格中，单击 Tab 键，可在表格下方增加一行空白表格行。

要插入行，首先必须选中插入行的位置，然后执行“插入行”命令，方法有 3 种。

(1) 选中行后，在选中的行中单击鼠标右键，选择快捷菜单中的“插入行”命令。

(2) 选中行后，选择菜单项“表格”|“插入”|“行”。

(3) 选中行后，单击常用工具栏上的“插入行”按钮()。

要插入列，方法与插入行的方法类似，不同之处在于插入列之前选择的不是行，而是列。

当在表格中选中行、列或单元格后，“常用”工具栏上的“插入表格”按钮()会分别变成“插入行”按钮()、“插入列”按钮()或者是“插入单元格”按钮()。具体取决于选中的对象。

3. 删除行和列

(1) 选定要删除的行或列，然后单击常用工具栏上的“剪切”按钮。

(2) 选择菜单项“表格”|“删除”|“行或列”，即可完成对选定的行或列(包括其中的内容)的删除。

(3) 如果只删除行或列中的内容，而不删除表格行或列，首先选定要删除的行或列，然后按 Delete 键，即可将选定行或列中的内容全部删除。

4. 插入和删除单元格

首先要选定单元格，然后单击常用工具栏上的“插入单元格”按钮()，或者选择菜单项“表格”|“删除单元格”，出现“插入单元格”或“删除单元格”对话框，如图 3-27 和图 3-28 所示。选择单元格的插入或删除方式，单击“确定”按钮，即可插入或删除指定的单元格。

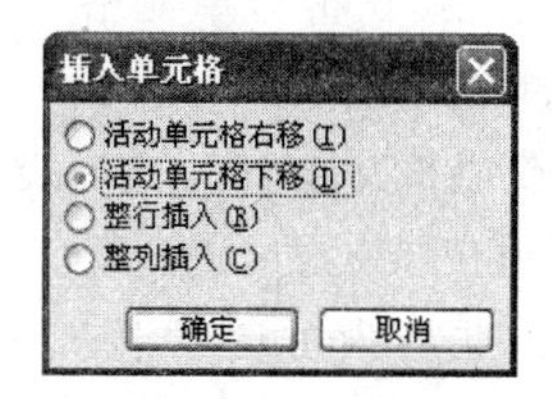

图 3-27 “插入单元格”对话框

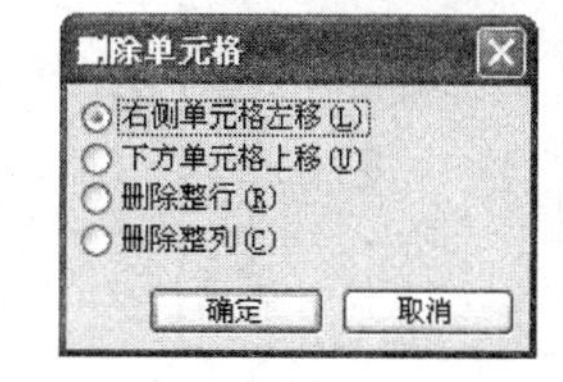

图 3-28 “删除单元格”对话框

5. 修改列宽和行高

(1) 用鼠标拖曳列框线改变列宽。将鼠标指针停留在要更改宽度的列边界上，鼠标指针变为双向箭头，左右拖曳表格的列框线，便可修改该列框线两侧的列宽。

(2) 拖曳水平标尺上列框线标记也可以改变列宽。

(3) 如果按下 Alt 键，用鼠标拖曳列框线时，可看到调整过程中列宽尺寸的变化。

(4) 如果要将列宽改为一个特定的值，可选中要编辑的对象，然后选择菜单项“表格”|“表格属性”，在打开的“表格属性”对话框中选择“列”选项卡，如图 3-29 所示。在“尺寸”框架中选中“指定宽度”复选框，并在其后的框中输入或选择宽度值。

可以使用同样的方法对行高进行调整。

若要使表格中的列根据内容自动调整宽度，可以选择菜单项“表格”|“自动调整”|“根

据内容调整表格”。

另外，如果想统一多行或多列的尺寸，可先选定要统一的行或列，然后选择菜单项“表格”|“自动调整”|“平均分布各行或平均分布各列”命令。

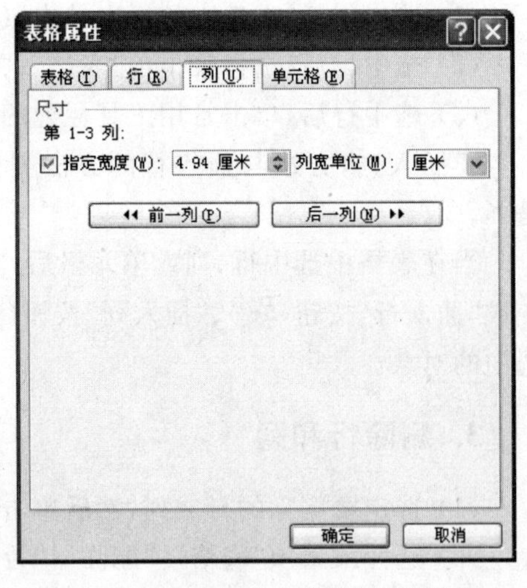

图 3-29 “表格属性”对话框的“列”选项卡

6. 拆分表格

可以将一个表格拆分为上下两个表格，操作方法如下。

将插入点移入要将表格拆分的行上任一位置，选择菜单项“表格”|“拆分表格”，便将原表格拆分为由插入点以上各行和包含插入点在内的以下各行所组成的两个表格。

如果将上下两个表格之间的段落结束符删除，便将两个表格合并为一个表格。

7. 合并和拆分单元格

要将多个单元格合并为一个单元格，首先选定要进行合并的单元格。然后选择菜单项“表格”|“合并单元格”。

要拆分某个单元格时，先在该单元格中单击，如果要拆分多个单元格，则选定这些单元格。然后选择菜单项“表格”|“拆分单元格”，打开“拆分单元格”对话框，如图 3-30 所示。

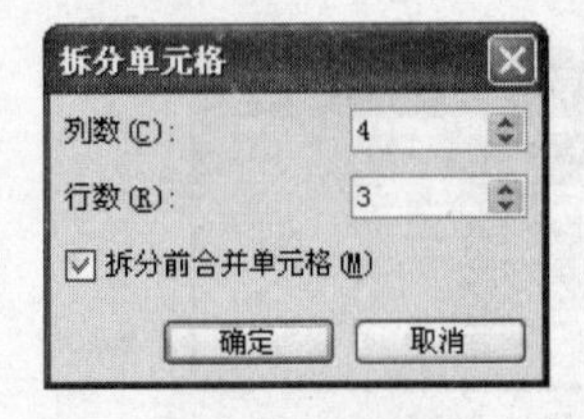

图 3-30 “拆分单元格”对话框

在“列数”和“行数”数值框中分别输入或选择要拆分的列数和行数值。如果用户要拆分的是多个单元格，则“拆分前合并单元格”复选框将为可选状态。选中该复选框，Word 2003 将先合并所选单元格，然后将“行数”和“列数”数值框中的值应用于整个所选内容；否则，在“行数”和“列数”数值框中的值分别应用于每个所选单元格。图 3-31 为合并和拆分单元格的实例。表格的最后一列的三、四、五行被拆分为四列；第一行的三、四列被合并为一列。

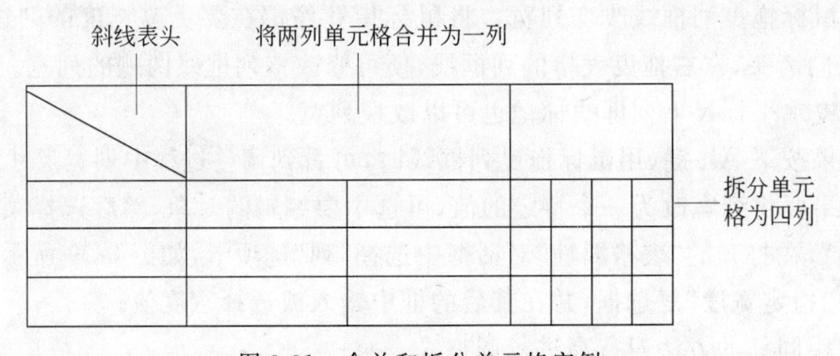

图 3-31 合并和拆分单元格实例

8. 绘制斜线表头

在绘制斜线表头之前,首先将光标置于表格中,然后选择菜单项“表格”|“插入斜线表头”,打开“插入斜线表头”对话框,如图 3-32 所示。在“表头样式”列表框中选择一种表头的样式。共有 5 种选择,如图 3-32 所示选择“样式一”。然后在“行标题”、“列标题”文本框中输入表头文本。最后,在“字体大小”列表框中设定字号,单击“确定”按钮即可完成。

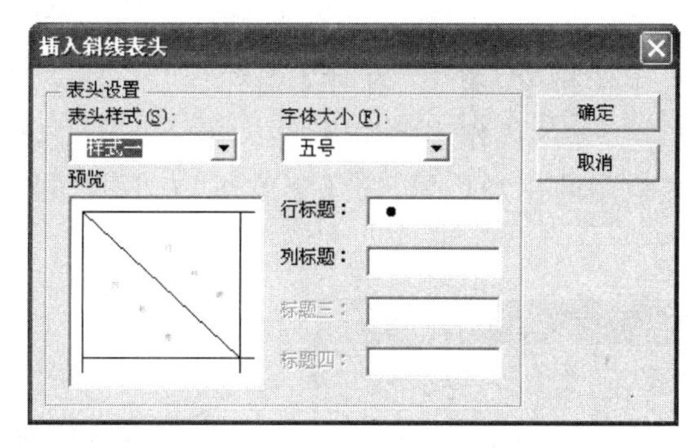

图 3-32 “插入斜线表头”对话框

9. 删除表格

要删除表格,首先选定整个表格,然后选择菜单项“表格”|“删除”|“表格”,便将表格删除。

如果单击 Delete 键,只是将选定表格中各单元格中的内容删除,表格的框架继续保留。

10. 对齐

在默认情况下,Word 根据单元格的左上方对齐表格中的文字,可以更改单元格中文字的对齐方式。单元格中文字的对齐方式有垂直对齐和水平对齐两种;垂直对齐有顶端对齐、居中和底端对齐,水平对齐有左对齐、居中对齐和右对齐。

图 3-33 中对左边表格中的文字进行垂直居中的处理,得到右表的效果。其做法既可以使用“表格和边框”工具栏,也可以使用“表格属性”对话框,更可以使用右键快捷菜单。

用户信息	UserAddress	{USERADDRESS [邮件地址]}
	UserInitials	{ USERINITIALS [缩写] }
	UserName	{ USERNAME [姓名] }

用户信息	UserAddress	{USERADDRESS [邮件地址]}
	UserInitials	{ USERINITIALS [缩写] }
	UserName	{ USERNAME [姓名] }

图 3-33 表格文字居中处理的效果

(1) 使用菜单项“视图”|“工具栏”|“表格和边框”,在“表格和边框”工具栏中选择垂直居中,如图 3-34 所示。

(2) 使用菜单项“表格”|“表格属性”,在“表格属性”对话框中设置垂直居中,如图 3-35 所示。

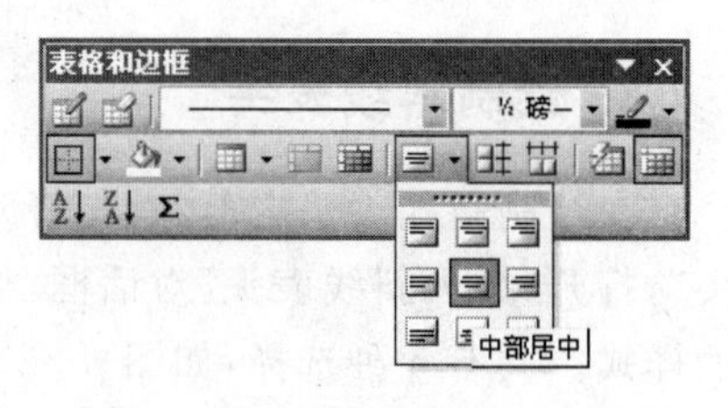

图 3-34 使用“表格和边框”工具栏设置垂直居中

11. 表格排序

为了美观或便于查询,经常要对表格中数据进行排序。例如,先按照表格第一列数据进行排序,当第一列数据相同时,再按照表格第二列数据进行排序等。这时就称第一列为主关键字,第二、三列分别称为第一和第二次关键字。排序的操作步骤如下。

① 将插入点移入表格中的任意位置,选择菜单项“表格”|“排序”,弹出如图 3-36 所示的“排序”对话框。

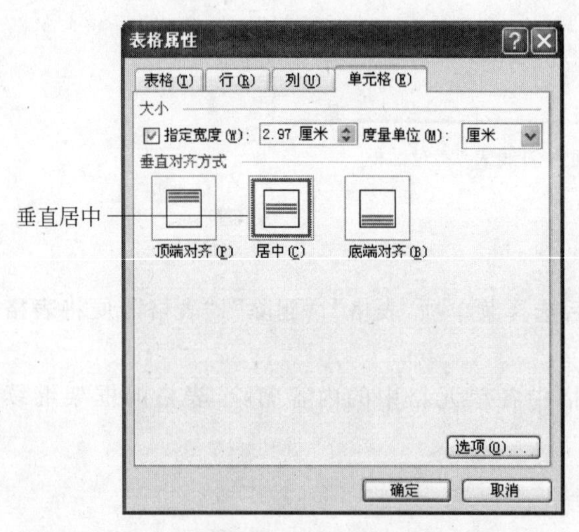

图 3-35 在“表格属性”对话框中设置垂直居中

图 3-36 “排序”对话框

② 在“排序依据”框架的第一个下拉列表框中,选择主关键字,以确定要用做排序基准的列;在“类型”下拉列表框中选择按照“笔划”、“拼音”、“数字”或“日期”中的一项作为主关键字排序类型。单击“递增”或“递减”表示按照关键字升序还是降序排列,可以 在“然后依据”框架的第一个下拉列表框中选择某列,用上述方法进行设置。

③ 单击“有标题行”单选按钮可在排序时忽略表格第一行。

④ 单击“确定”按钮,完成对表格的排序。

参见课堂训练 3.5。

3.5.3 数据计算

可以对表格中的数字型数据进行计算,并填入表格中,操作步骤如下。

① 将插入点移入表格中要放置计算结果的一个空白单元格内。

② 选择菜单项“表格”|“公式”,弹出如图 3-37 所示的“公式”对话框。

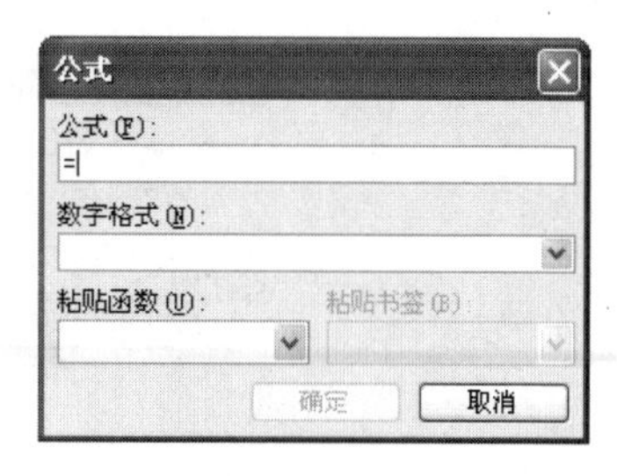

图 3-37 “公式”对话框

③ 在“公式”的文本框中输入“=”及计算公式，也可以在“粘贴函数”的下拉列表框中选择一个计算公式。在“数字格式”下拉列表框中选择计算结果的表示格式。

在输入计算公式时，要用到单元格的编号。单元格的编号用其所在的列编号和行编号表示。列编号按照从左到右的顺序用字母表示，第一列用 A 表示，第二列用 B 表示，以此类推。行编号按照从上到下的顺序以数字表示，第一行用 1 表示，第二行用 2 表示，以此类推。如位于第二列的第三行的单元格编号为 B3。

④ 单击“确定”按钮，在插入点得到计算结果。

另外，选择菜单项“视图”|“工具栏”|“表格和边框”，打开“表格和边框”工具栏，利用“表格和边框”工具栏中的升序( )、降序( )和自动求和(Σ)按钮，可快速地对表格数据进行排序或求和运算。

参见课堂训练 3.4。

3.6 高级编排

3.6.1 公式编排

Word 2003 提供了专门用于公式编排的应用程序 Microsoft 公式编辑器 3.0，通过对象嵌入法利用公式编辑器可以非常方便地编排包含各种符号的复杂公式。

如果排版公式时出现安装界面，这是因为没有安装公式编辑器的缘故，因为在第一次安装 Office 时，默认安装是没有安装公式编辑器的，用户可以使用自定义安装的办法，只需在安装到选择安装功能时的界面中，单击 Microsoft Word for Windows 前面的“+”号，然后再在展开的选项中选择“Office 工具”，然后再选择“公式编辑器”项，再用鼠标左键单击它，即可弹出如图 3-38 所示的一个菜单，在此菜单中选择“从本机运行”选项，然后再按照安装向导一步步进行安装即可。

1. 编排公式的操作步骤

① 选择菜单项“插入”|“对象”，弹出“对象”对话框，选择“新建”选项卡。

② 在“对象类型”列表框中，选择“Microsoft 公式编辑器 3.0”。

③ 单击“确定”按钮，打开“公式”编辑器窗口，如图 3-39 所示。

在“公式”编辑器窗口中出现一个“编辑框”和一个“公式”工具栏，而且一些菜单被公式编辑器的菜单所代替。在“公式”工具栏中提供了各种数学符号模板，如关系运算、间距和省略号等，还有分式、上下标、集合、积分和求和等模板。用户可以从“公式”工具栏中选择符号、输入变量和数字，以便构造公式。在“公式”工具栏的上面一行可以选择其中的150 多个数学符号。在下面一行中，可以在包含如分式、积分和求和等符号的许多模板或

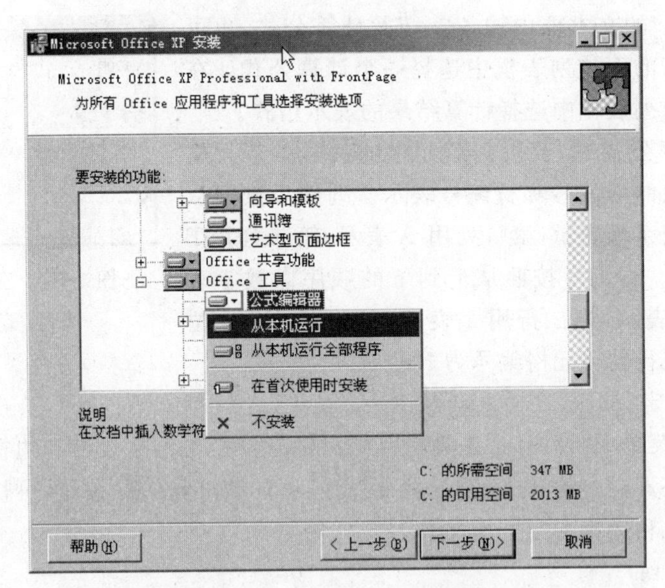

图 3-38 选择安装公式编辑器界面

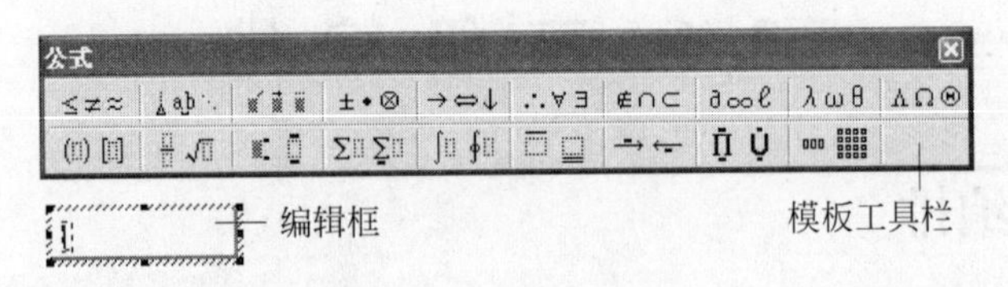

图 3-39 “公式”编辑器

框架中进行选择。

④ 在“公式”编辑器窗口的编辑框中，输入和编排公式。

⑤ 单击编辑框外的任意一点或按 Esc 键，退出公式编辑器窗口，将所编排的公式嵌入(插入)到 Word 2003 文档中的插入点位置。

2. 输入公式

输入公式时，所有的元素都将输入到编辑框中。如果要输入键盘上已有的数字、字母、运算符号等，按相应的键即可。如果要输入键盘上没有的希腊字母、特殊符号或公式的框架(如分式、积分等)，可以使用鼠标通过窗口中的工具栏输入。

使用鼠标通过窗口中的工具栏输入希腊字母、特殊符号的方法是：首先单击符号栏中的一个符号按钮，出现该符号按钮所包含的所有符号的列表框，然后单击符号列表框中的一个符号，便将该符号输入到编辑框中的插入点位置。

使用鼠标输入公式框架的方法是：首先单击模板工具栏中的一个框架按钮，出现该按钮所包含的所有公式框架的列表框，然后单击公式框架列表框中的某个公式框架，将该框架输入到编辑框中的插入点位置。

输入的公式框架带有自己的虚线输入框，在此输入框中可以输入该框架中的元素。例如，分式框架在分数线的上面和下面各有一个虚线输入框，在上面的输入框中输入分数的分子，在下面的输入框中输入分数的分母。

通过模板工具栏输入的公式框架是可以嵌套的，可以在一个公式框架的输入框中输入另一个公式框架，从而实现复杂公式的输入。

公式中的任何元素都是输入到编辑框中的插入点位置。因每一个公式框架中带有自己的输入框，有的框架还有多个输入框，且公式框架可以嵌套，所以输入一个复杂的公式时，将出现很多输入框。要在某一输入框中输入元素时，必须将插入点移到该输入框中。

① 利用鼠标移动插入点的方法是：用鼠标单击要移至的输入框。

② 利用键盘移动插入点的方法是：每按 Tab 键，便将插入点移至其所在框架中的下一个输入框中。如果插入点已位于所在框架中的最后一个输入框中，则将插入点移至下一个公式框架的第一个输入框中；按 Shift＋Tab 键使插入点的移动方向正好与 Tab 键相反。

③ 当插入点移出某一个内嵌的输入框时，该内嵌的输入框自动消失。

例如：要建立一个根式 $\sqrt{(a+b+c)^3}$，可单击“分式和根式模板”按钮，在打开的符号列表中单击所需要的根号符号（$\sqrt{\square}$）；这时，页面上的编辑区中即会出现一个根号符号，并在需要输入数字的位置显示一个编辑虚框，如图 3-40 所示。这时在编辑虚框中输入（$a+b+c$），接着单击“下标和上标模板”按钮（$\square^{\square}$），在打开的符号列表中单击上标符号，在出现的编辑框中输入 3。编辑完成后，单击文档中的其他任何位置可返回到 Word。

图 3-40　根式编辑区

3. 公式编辑

“公式”编辑器已对公式版面作了预先设置，包括各级符号（如标准字符、上下标）的字体及其大小、符号之间的间隙，如变量采用斜体、汉字采用宋体等。如果用户对这些缺省的设置不满意，可进一步编排，改变各级符号的字体、大小及其修饰，改变符号之间的间隙和位置。方法是：双击公式，打开“公式”编辑器窗口，进行修改操作。

改变字体及其修饰操作步骤如下。

① 双击公式，选定要编辑的符号。

② 选择菜单项“尺寸”|“定义”，弹出如图 3-41 所示的“尺寸”对话框。

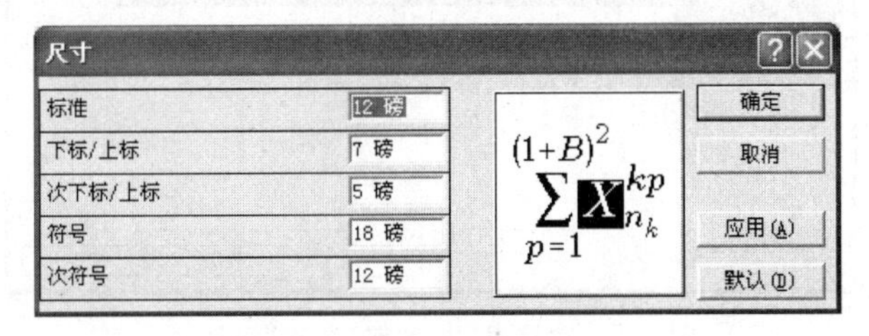

图 3-41　“尺寸”对话框

③ 在相应选项后的文本框中输入自定义的尺寸。

④ 如果需要查看某一尺寸选项的情况，单击该选项，即可查看示例图形。

公式对齐。在公式编辑器窗口选择格式菜单中的居中、左对齐、右对齐等命令，使所输入的公式按相应格式对齐。

参见课堂训练3.6。

3.6.2 艺术字编排

1. 插入艺术字

① 单击绘图工具栏上的“插入艺术字”按钮(A),可打开“艺术字库”对话框,如图3-42所示。或者选择菜单项“插入”|“图片”|“艺术字”,也可打开“艺术字库”对话框。

图3-42 “艺术字库”对话框

② 在对话框中首先选择一种艺术字样式,然后单击“确定”按钮,便可打开“编辑‘艺术字’文字”对话框,如图3-43所示。

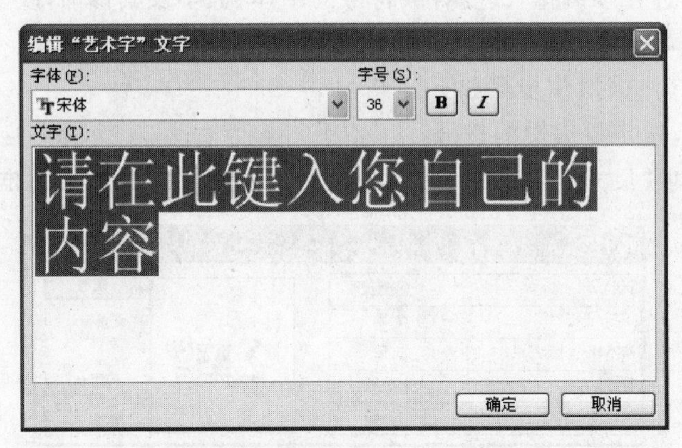

图3-43 “编辑‘艺术字’文字”对话框

③ 在“文字”框中输入要建立具有艺术效果的文字。

④ 选择艺术字的字体、字号和字形。

⑤ 单击“确定”按钮,即可在插入点位置插入艺术字。单击“艺术字”工具栏外的任意一点,便可将其关闭。

2. 艺术字工具栏

当插入了艺术字后，Word 2003 会同时打开一个“艺术字”工具栏，如图 3-44 所示。利用工具栏中的按钮可以完成所有对艺术字的操作。

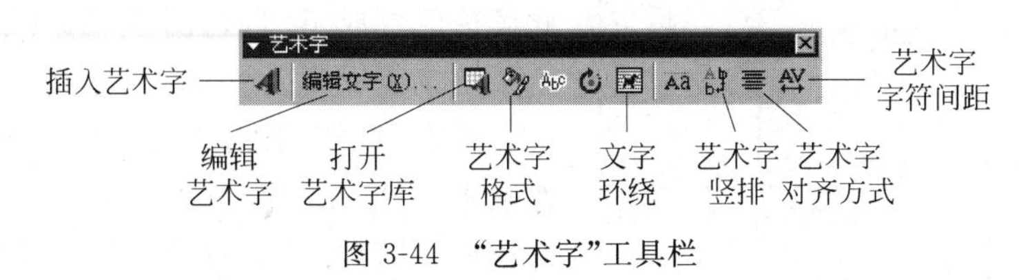

图 3-44 “艺术字”工具栏

3. 修改艺术字

① 双击选定的艺术字，进入编辑“艺术字”文字窗口。

② 在文字框内执行增加文字、删除文字，改变艺术字的字体、字形和字号等操作。

③ 单击“确定”按钮，关闭编辑“艺术字”文字窗口。

④ 利用“艺术字”工具栏修改艺术字形状、设置阴影等，单击“艺术字”工具栏外的任意一点，将其关闭，回到 Word 2003 文档中。

参见课堂训练 3.3。

4. 移动、复制和删除艺术字

在 Word 2003 文档中，移动、复制和删除艺术字的操作方法类同于对文本的操作方法。选中后单击 Delete 键即可删除艺术字。

3.6.3 插入图片与图文混排

向 Word 2003 的文档中插入图片的方法有多种，可以使用绘图工具创建图形对象，也可以插入图形文件中的图片。这两种对象的不同之处在于：图形是在当前文档中创建的，它属于文档的一部分，以“浮于文字上方”的文字环绕方式插入文档；而图片则是由其他文件创建的图形，包括位图、扫描的图片和照片以及剪贴画，这些图片均以“嵌入型”的文字环绕方式插入文档。

1. 使用绘图工具栏绘制图形

在页面视图或打印预览方式显示时，可以使用绘图工具栏上的按钮绘制图形。操作方法是，首先单击绘图工具栏上的一个按钮，然后拖曳鼠标便可以绘制出相应的图形。单击“自选图形”(自选图形(U)▾)按钮，打开图形类型菜单，其中有 6 个命令，分别为“线条”、“基本形状”、“箭头总汇”、“流程图”、“星与旗帜”和“标注”。这 6 个命令各包含一组图形。在绘制自选图形时，只需在菜单中单击需要绘制图形的工具按钮，然后按下鼠标左键拖曳即可。

有时为了方便操作，可以使“自选图形”菜单脱离“绘图”工具栏，单独成为一个工具栏。在打开“自选图形”菜单后，将鼠标移到菜单的标题栏上，就会出现“拖曳可使此菜单浮动”选项，这时按下鼠标并拖曳到文档窗口中，此菜单就变成了“自选图形”工具栏，同样下级子菜单也能变为一个工具栏，如图 3-45 所示。

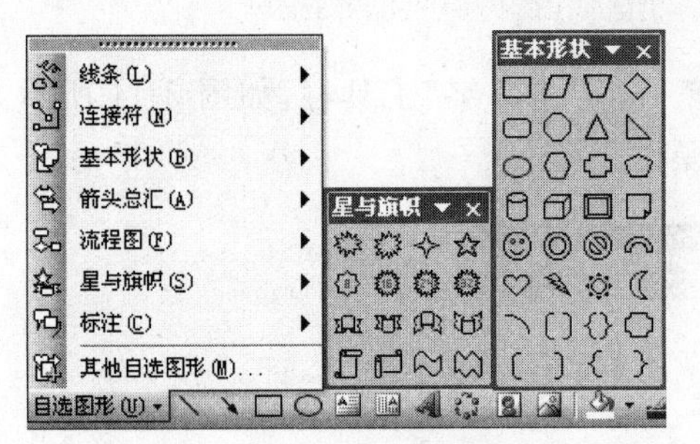

图 3-45　子菜单脱离绘图工具栏

单击“直线”按钮( )，可以画直线，如果要画水平线、30°线、45°线、60°线、垂直线等特殊类型的直线，可在按住 Shift 键的同时拖曳鼠标。

单击“矩形”( )按钮，可以画矩形。若要画正方形，则按住 Shift 键的同时拖曳鼠标。

2. 插入剪贴画

Word 2003 在剪辑库中拥有一套自己的图片。剪辑库中有大量的剪贴画，这些剪贴画有从风景到地图，从建筑物到人物等各种各样的图形。其操作步骤如下。

① 将插入点置于要插入剪贴画或图片的位置，选择菜单项“插入”|“图片”|“剪贴画”。

② 在“剪贴画”任务窗格中的“搜索”框中，输入描述所需剪辑的词汇，或输入剪辑的全部或部分文件名，如图 3-46 所示。

③ 若要缩小搜索范围，请执行下面的一项或两项操作。

- 若要将搜索结果限制为特定的剪辑集合，请单击“搜索范围”框中的箭头并选择要搜索的集合。
- 若要将搜索结果限制为特定类型的媒体文件，请单击“结果类型”框中的箭头并选择要查找的剪辑类型旁边的复选框。

图 3-46　“剪贴画”任务窗格

3. 插入其他图形处理软件制作的图片

用户可将位于其他程序或文件中事先处理好的图片插入到 Word 文档中，如风景、人物等图像文件。这些图像文件可以在本地磁盘上，也可以在 Internet 网站上。

插入图像时，先将插入点移动到需要插入图像的位置，再选择菜单项“插入”|“图片”|“来自文件”，打开“插入图片”对话框。选择适当的驱动器名和文件夹名，找到要插入的图片后，双击该图片，即可将其插入指定位置，如图 3-47 所示。

在默认情况下，Word 在文档中嵌入图片。通过链接图片，可减小文件大小。链接图片的方法是在“插入图片”对话框选中图片后，单击“插入”按钮右边的箭头，打开一个下拉列

图 3-47 “插入图片”对话框

表，然后单击其中“链接文件”选项。

除用“插入”命令链接图片的方法之外，还可以通过复制和粘贴将一些位于其他应用程序或文档中的图像粘贴到 Word 文档中。粘贴进来的文件以位图(bmp)格式存储。

将其他应用程序的图像粘贴到 Word 文档中的操作步骤如下。

① 先在图像应用程序中制作图像，或打开包含图像的文件，从中选择图像。

② 选择菜单项“编辑”|“复制”。

③ 切换到要插入图片的 Word 文档中，将插入点移到要插入图像的位置。

④ 单击常用工具栏中的“粘贴”按钮。

4. 图文混排

Word 2003 提供了文本对图片的 7 种环绕方式：嵌入型、四周型、紧密型、浮于文字上方、浮于文字下方、穿越型和上下型。“嵌入型”是系统默认的图片插入方式。

设置图片的文字环绕方式的方法如下。

① 选定图片(单击图片)，即弹出图片工具栏。

② 单击图片工具栏中的“文字环绕”按钮( )。

③ 在打开的下拉式菜单中选择一种文字环绕方式。

除了可以通过设置图片的文字环绕方式来改变文字与图片的关系之外，也可以使用 Word 的即点即输功能，在图形旁边快速插入文字。

当把图片设置为其他环绕类型后，如果仍要更改为嵌入式图片，可用右击图片，在弹出的快捷菜单中选择“设置对象格式”命令，打开“设置对象格式”对话框，选择“版式”选项卡，如图 3-48 所示。选中“环绕方式”框架中的“嵌入型”选项。最后，单击“确定”按钮。

参见课堂训练 3.4。

图 3-48 “设置对象格式”对话框

3.6.4 边框和底纹

给文本添加边框与底纹可以突出文档中的内容，给人以深刻的印象。Word 2003 提供了添加各种线型的边框和各种颜色的底纹的功能。

1. 添加边框

Word 2003 可以为文字、段落添加边框，还可以给整个页面添加边框，步骤如下。

① 选择需要添加边框的文字或段落，然后选择菜单项“格式”|“边框和底纹”，打开“边框和底纹”对话框，如图 3-49 所示。

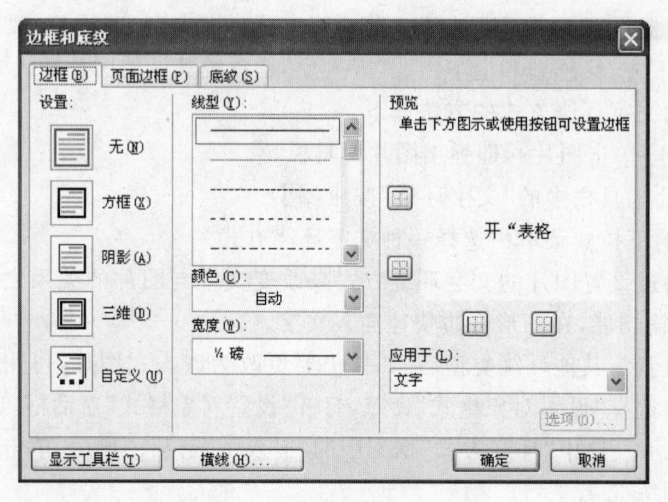

图 3-49 “边框和底纹”对话框

② 打开“边框”选项卡，在“设置”选项组中选择一种边框样式，如“三维”、“阴影”等。

③ 在“线型”列表框中选择边框线的线型，如双线、点画线等。

④ 在“颜色”列表框中选择边框线的颜色。

⑤ 在“应用范围”框中可以选择“文字”或“段落”（如果在打开对话框之前已选定了文档内容，此操作可省略），并单击“确定”按钮。

若要取消边框线，在“设置”选项组中选择“无”。

选择“页面边框”选项卡，可以给整个页面加边框。

2. 添加底纹

添加底纹不同于添加边框，它只能对文字、段落添加底纹，而不能对页面添加底纹。在添加底纹时，首先选定要添加底纹的文本，再打开“边框和底纹”对话框，选择“底纹”选项卡，执行添加底纹的操作，如图 3-50 所示。

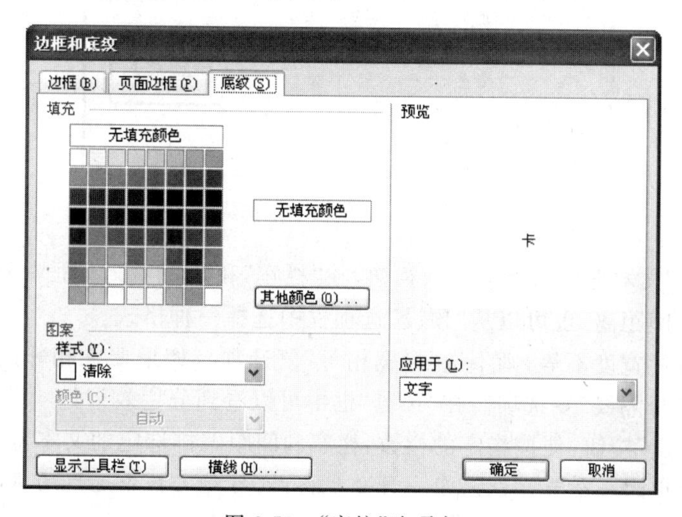

图 3-50 “底纹”选项卡

在“底纹”选项卡的“填充”列表框中选择填充颜色，在“图案”选项组中选择底纹的样式和颜色。最后，单击“确定”按钮。

此外，添加边框和底纹也可以通过使用工具按钮的方式实现。首先选择菜单项“视图”|“工具栏”|“表格和边框”，打开“表格和边框”工具栏，选择“表格和边框”工具栏中的相应命令，实现添加边框和底纹的操作。

3.6.5 分栏

可以将文档的全部内容编排成多栏格式，也可以将文档的部分内容排成多栏格式，其余部分仍使用普通的一栏格式。

1. 分栏

所谓分栏就是将一段文本分成并排的几栏，可以按照以下步骤操作。

① 切换到页面视图。

② 选定要编排成多栏的文本。

如果要将整个文档设置成多栏格式，应选择菜单项“编辑”|“全选”，选定全部正文；如果要将文档的一部分设置成多栏格式，应选定要设置成多栏格式的文本；如果要将文档的某一节设置成多栏格式，可将插入点移到这一节中的任意位置上。

③ 选择菜单项“格式”|“分栏”，弹出如图 3-51 所示的“分栏”对话框。

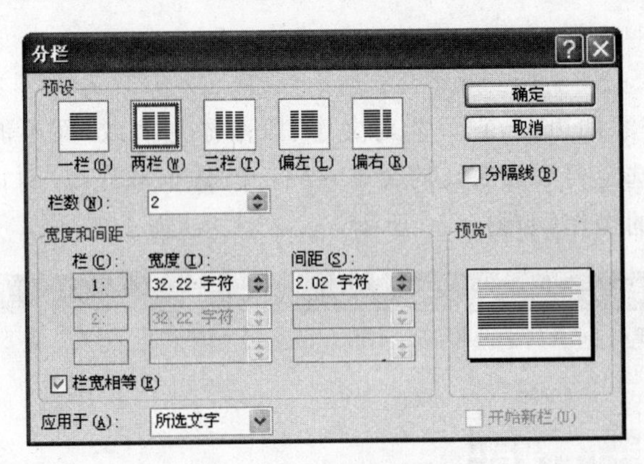

图 3-51 “分栏”对话框

④ 在“栏数”文本框中选择或输入栏数，在“栏宽”和“间距”文本框中分别选择或输入各栏的栏宽和栏间距离，也可以从“预设”选项框中选择一种格式。

如果要使各栏宽度不等，则不选“栏宽相等”复选项。如果要在相邻两栏之间插入纵向分隔线，选择“分隔线”复选项。在“预览”框中可以看到分栏效果。

⑤ 单击“确定”按钮，便按指定的栏数、栏宽和间距编排选定的文本。

注意：文档中的一个节只能采用一种分栏格式，当对文档中选定的部分内容分栏时，Word 2003 将自动插入分节符，即将选定的内容作为一节处理。

2. 分栏的删除

删除多栏格式非常简单，只需将已分成多栏的文本重新分为一栏即可。

3. 查看分栏效果

在普通视图下，Word 2003 只能按栏的宽度显示其中的一个栏，不能显示多栏并排的实际效果。但是却显示分节符以标明下一个分栏格式开始和前一个分栏格式结束的位置。

在页面视图下，Word 2003 显示多栏并排的实际效果。

4. 分栏的版面修饰

当文档建立多栏格式后，可以对分栏的版面进行修饰。例如，改变栏宽或栏数，改变分栏点，将最后一栏调匀等。

(1) 改变栏数。要改变栏数只需重新进行分栏操作。

(2) 改变栏宽。可以使用两种方法改变各栏的栏宽，一是在分栏对话框中指定各栏的栏宽和栏间距的精确尺寸，另一种是通过拖曳水平标尺上的分栏标记改变栏宽。

如果插入点所在的节中各栏宽度相等，拖曳栏标记时所有栏的宽度会同时改变，而且保持相等。如果插入点所在的节中各栏宽度不等，当拖曳栏标记时，左右两栏的栏宽同时改变。

(3) 改变分栏点。分栏点表示文档中前一栏文本的结束和下一栏文本的开始。在分栏时，Word 2003 自动将选定文本均衡地分配到各栏中。很可能使一个段落分割在两个栏目中，也可能将标题和其后面的文字分开在两个栏目中。用户可通过插入分栏符来使文档在某处强行分栏。操作步骤如下。

① 切换到页面视图，将插入点移到要强行分栏的位置。

② 选择菜单项"插入"|"分隔符"，弹出"分隔符"对话框。

③ 单击"分栏符"按钮，然后单击"确定"按钮，即在插入点处插入一个分栏符。

(4) 将最后一栏调匀。在分栏的文本中，如果最后一页不是一个满页，最后一栏可能比其他各栏短，显得不协调。为了使最后一页各栏长短相等，可以在最后一栏的结尾处插入一个分节符，Word 2003 便将最后一栏调整成各栏相等长度。

3.6.6 页眉和页脚

页眉是打印在每页顶部的上页边距线与页上边缘之间的说明性信息，可以是文字，也可以是图形，或者两者都有。页脚是打印在每页底部的下页边距线与页下边缘之间的说明性信息，也可以是图形和文字。如我们常见杂志的每页顶部一般都打印有文章标题、日期等页眉，底部一般都打印有书名、页码等页脚。

1. 创建页眉和页脚

创建页眉和页脚的操作步骤如下。

① 选择菜单项："视图"|"页眉和页脚"，Word 2003 自动切换到页面视图方式，并出现页眉和页脚编辑窗口和"页眉和页脚"工具栏，如图 3-52 所示。

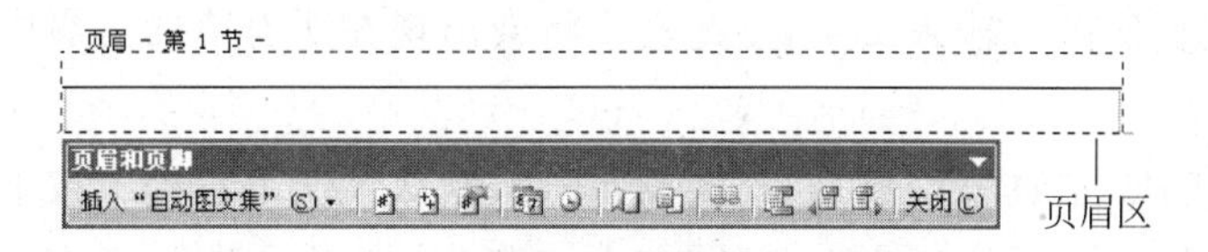

图 3-52 "页眉和页脚"工具栏和页眉区

在每页顶端出现的由虚线框起来的矩形区域为页眉区，在每页底端出现的由虚线框起来的矩形区域为页脚区。

② 在页眉区中输入页眉，在页脚区中输入页脚，并进行页眉和页脚的格式编排。

如果要插入页号，单击"页眉和页脚"工具栏上的"插入页码"按钮(▣)，便在页眉区或页脚区插入页码。

如果要插入日期，单击“页眉和页脚”工具栏上的“插入日期”按钮( )，便在页眉区或页脚区插入日期。

可通过“格式”工具栏对页眉和页脚进行格式编排，如果要对页眉和页脚进行垂直位置的编排，可单击“页眉和页脚”工具栏上的“页面设置”按钮( )，在页面设置对话框中进行设置。

如果要给首页建立与其他页不同的页眉和页脚，或给奇数与偶数页建立不同的页眉和页脚，可通过“页面设置”对话框进行。

③ 单击“页眉和页脚”工具栏上的“关闭”按钮，完成创建页眉或页脚，同时关闭页眉和页脚编辑窗口，并隐藏“页眉和页脚”工具栏。

建立了页眉和页脚后，便可在页面视图下及打印预览方式下看到所建立的页眉和页脚，但在普通视图下看不到页眉和页脚。

2. 删除页眉和页脚

要删除页眉和页脚，可按照如下步骤操作。

① 将插入点移到要删除页眉或页脚的节中。

② 选择菜单项“视图”|“页眉和页脚”，弹出“页眉和页脚编辑”窗口及“页眉和页脚”工具栏(或双击页眉区)。

③ 选定要删除的页眉和或页脚，然后按 Delete 键。

④ 单击“页眉和页脚”工具栏上的“关闭”按钮，便完成删除选定页眉或页脚的操作。

3. 为不同的节添加不同的页眉

页眉的左上角显示有“页眉-第 1 节-”的提示文字，表明当前是对第 1 节设置页眉。由于第 1 节是封面，不需要设置页眉，因此可在“页眉和页脚”工具栏中单击“显示下一项”按钮，显示并设置下一节的页眉。

第 2 节是目录的页眉，同样不需要填写任何内容，因此继续单击“显示下一项”按钮。

第 3 节的页眉的右上角显示有“与上一节相同”提示，表示第 3 节的页眉与第 2 节一样。如果现在在页眉区域输入文字，则此文字将会出现在所有节的页眉中，因此不要急于设置。

在“页眉和页脚”工具栏中有一个“同前”按钮，默认情况下它处于按下状态，单击此按钮，取消“同前”设置，这时页眉右上角的“与上一节相同”提示消失，表明当前节的页眉与前一节不同。

此时再在页眉中输入文字，例如可用整篇文档的大标题“中国互联网络发展状况”作为页眉。后面的其他节无需再设置页眉，因为后面节的页眉默认为“同前”，即与第 3 节相同。

在“页眉和页脚”工具栏中单击“关闭”按钮，退出页眉编辑状态。

课堂训练

训练 3.1　文档模板的使用

操作要求：应用模板建立表格式个人简历。

操作步骤如下：

① 选择菜单项“文件”|“新建”。在任务窗格中选择“本机上模板”，在“模板”对话框中选择“其他文档”选项卡。

② 在“其他文档”选项卡中双击“简历向导”图标。

③ 在打开的“简历向导”对话框中单击“下一步”按钮。

④ 选择“现代型”单选项，再单击“下一步”按钮。

⑤ 在“姓名”、“地址”、“邮编”等文本框中填写内容，单击“下一步”按钮。

⑥ 在列出的“技能”、“教育”、“专业经验”等复选框中选择所需项目，单击“下一步”按钮，被选中的项目将出现在最后形成的简历中。

⑦ 在列出的“应聘职位”、“业余活动”、“证书”等复选框中选择所需项目，单击“下一步”按钮，被选中的项目将出现在最后形成的简历中。

⑧ 单击“下一步”按钮，再单击“完成”按钮，即生成一份简历，如图 3-53 所示。

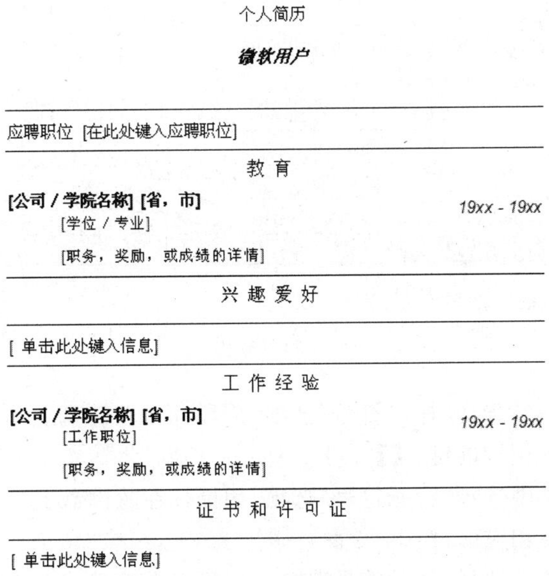

个人简历

微软用户

应聘职位 [在此处键入应聘职位]

教 育

[公司 / 学院名称] [省，市]　*19xx - 19xx*

[学位 / 专业]

[职务，奖励，或成绩的详情]

兴 趣 爱 好

[单击此处键入信息]

工 作 经 验

[公司 / 学院名称] [省，市]　*19xx - 19xx*

[工作职位]

[职务，奖励，或成绩的详情]

证 书 和 许 可 证

[单击此处键入信息]

图 3-53　个人简历

⑨ 在方括号中填写信息，完成简历。

⑩ 选择菜单项“文件”|“保存”，弹出“另存为”对话框。在“保存位置”下拉列表框中

选择 C 盘的文件夹\my documents，在“文件名”文本框中输入文件名“resume”，单击“保存”按钮。

训练 3.2　在 Word 中插入特殊字符

操作要求：

(1) 插入以下特殊字符：

【】{}·§※→≈≠∽∞

当前日期

(2) 任意旋转文字。

操作步骤如下：

① 利用软键盘输入以下字符：【】{}·§※→≈≠∽∞。

Windows 内置的中文输入法提供了 13 种软键盘。鼠标右击输入法词条的软键盘按钮，在弹出的软键盘菜单中选中需要的软键盘，即可选定、插入符号(见图 3-54)。

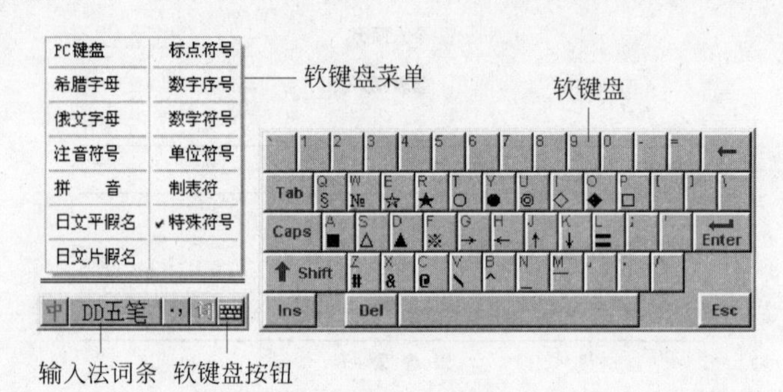

图 3-54　软键盘

- 在软键盘菜单中选择“标点符号”选项，用鼠标在软键盘上单击相应的标点符号或在键盘上按下相应的键：【】　{}　·。
- 在软键盘菜单中选择“特殊符号”选项，用鼠标在软键盘上单击相应的标点符号或在键盘上按下相应的键：§　※　→。
- 在软键盘菜单中选择“数学符号”选项，用鼠标在软键盘上单击相应的标点符号或在键盘上按下相应的键：≈ ≠ ∽∞。

② 插入当前时间和日期。将光标置于需要插入日期或时间的位置，按下 Alt＋Shift＋D 组合键即可插入日期，而按下 Alt＋Shift＋T 可插入当前时间。也可以执行“插入”

菜单上的“日期和时间”来完成同样的工作。

如果在插入日期和时间的时候在“日期和时间”对话框中选择了“自动更新”的话，则每次打开该文档时日期和时间都会变成当前的日期和时间。如果不需要日期和时间的自动更新，可以单击时间和日期处，按下 Ctrl+F11 组合键，这样就可以锁定时间和日期了。还有一种一劳永逸的方法，就是按下 Ctrl+Shift+F9 组合键使时间和日期变为正常的文本，自然就不会自动更新了。

③ 快速输入大写中文数字。在一些特殊领域，例如银行等金融部门，经常需要输入中文的数字，一次两次可以，但是输入次数多了未免太麻烦了，这里介绍一种快速输入中文数字的方法：执行“插入”菜单上的“数字”命令，在弹出的“数字”对话框中输入需要的数字，如输入 1231291，然后在“数字类型”里面选择中文数字版式“壹、贰、叁……”，单击“确定”，中文数字式的“壹佰贰拾叁万壹仟贰佰玖拾壹”就输入好了。

④ 使用⑩以上的数字序号：⑪⑫。以前在 Word 中输入 10 以上带圈序号非常困难，现在用 Word 2003 可以轻松插入带圆圈 10 以上的序号。单击工具栏上的字按钮，或选择菜单项“格式”|“中文版式”|“带圈文字”命令，在“文字(T)”栏输入“11”、“12”，在“圈号(Q)”栏中选“○”，单击“确定”即可完成。

单击带圈文字命令，在“文字(T)”栏输入文字“迎奥运！”，可得到如下效果。

壹 迎 奥 运 !

⑤ 使用自动更正词条输入特殊字符：© ® → ➔ ☺ ⇔。

利用自动更正词条库中的默认项可输入这些字符：

分别输入：(C) (R) — > ==> :) < = >。

可得到：© ® → ➔ ☺ ⇔。

利用英文字体设置🚑 🚭 🚲 🕴 🌶 🚔 ␣ ↙。

在英文字体 Wingdings 和 Webwings 下，数字、英文字母和其他的一些字符显示为一些符号。

在格式工具栏中选择 Wingdings 字体，可输入以下图形字符：🚑 🚭 🚲 🕴 🌶 🚔。

在格式工具栏中选择 Webding 字体，可输入以下图形字符：␣ ↙。

⑥ 任意旋转文字。

- 插入文本框，在文本框中添加文字（见图 3-55）。

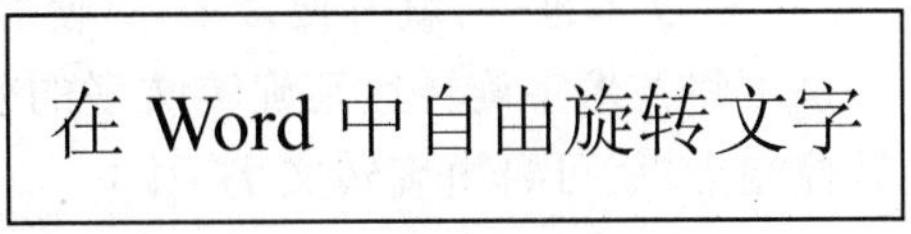

在 Word 中自由旋转文字

图 3-55 带有边框的文本框

- 右击文本框的边框，在弹出的快捷菜单中选择“设置文本框格式”，在“设置自选图形格式”对话框（见图 3-56）中选择“颜色与线条”选项卡，在“线条”项中的“颜色”下拉列表框中选择“无线条颜色”，然后点“确定”退出。
- 再次右击文本框的边框，左键单击“剪切”把文本框内容送入剪贴板。
- 选择菜单项“编辑”|“选择性粘贴”，在“选择性粘贴”对话框（见图 3-57）中选择“图

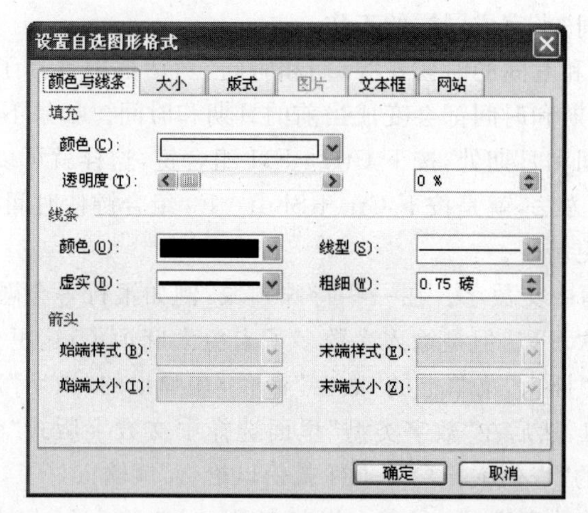

图 3-56 “设置自选图形格式”对话框

片(Windows 图元文件)”或图片(GIF)、图片(PNG)、图片(JPEG)中任意一种格式,不能选“MS Office 图形对象”(选它接下来不能直接旋转)和图片(增强型图元文件)(选它旋转时会把文字转丢),最后点“确定”按钮。拖曳“文本框”上方的“自由旋转控制点”就可以旋转“文本框”了(见图 3-58)。

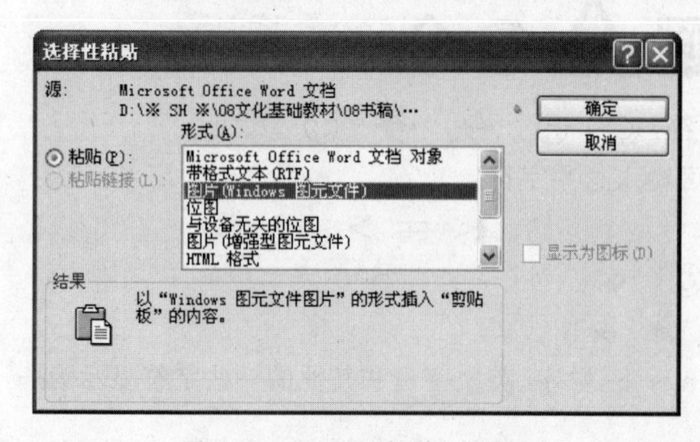

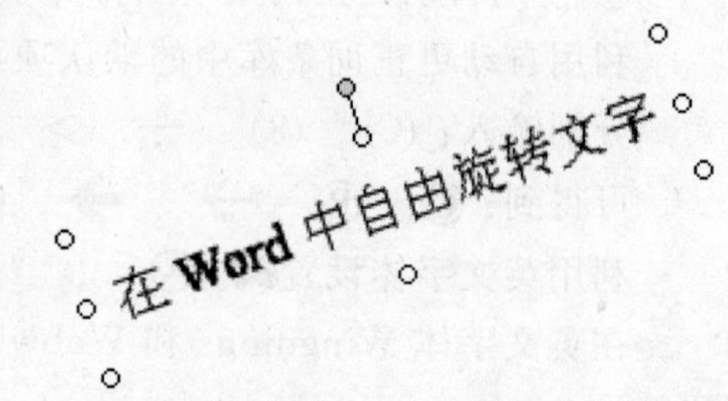

图 3-57 “选择性粘贴”对话框

图 3-58 文字旋转

- 右击旋转后的“文本框”,左键单击“设置图片格式”,在“设置图片格式”对话框中选择“版式”选项卡,在“环绕方式”项中选择“紧密型”,点“确定”退出,这样再移动该“文本框”时就方便多了,且使版面设计更加人性化。

也可将艺术字旋转达到旋转文字的效果。其方法是:拖曳艺术字上方出现的“自由旋转控制点”就可自由旋转文字了。

训练 3.3 图 文 混 排

操作要求:

(1) 按要求编排下列文档。

（2）建立超链接。

图 3-59　图文混排

操作步骤如下：

① 制作标题艺术字“岳飞”：艺术字库中第一行第六种。

② 插入文本框。选择菜单项“插入”|“文本框”|“竖排”，在文本框中添加文字。

③ 插入文件夹中的图片。选择菜单项“插入”|“图片”|“来自文件”，选择图片所在文件夹，在其中找到所需图片并插入文档中。排版效果如图 3-59 所示。

④ 用鼠标右击图片，在弹出的菜单中选择“超链接”命令，或单击工具栏中的“插入超链接”按钮（ ）。

⑤ 在弹出的“插入超链接”对话框中的“请输入文件名”或“Web 页名称”文本框中输入网页地址：http://www.sf108.com/bbs/viewthread.php? tid=175955 或单击“Web 页”按钮，找到要链接的网页。

⑥ 单击“确定”按钮。

⑦ 建立超链接后，当鼠标再指向该图时，鼠标指针变成一只手，单击后便链接到该网页。

训练 3.4　公式编排

操作要求：输入一元二次方程的求根公式：$X_{1,2}=\frac{-b\pm\sqrt{b^2-4ac}}{2a}$。

操作步骤如下：

① 单击要输入公式的位置，即将插入点移至该位置。

② 选择菜单项“插入”|“对象”，在出现的“对象”对话框中选择“新建”选项卡。在“对象类型”列表框中选择“Microsoft 公式编辑器 3.0”，并单击“确定”按钮，便进入公式编辑器的窗口。

③ 输入“x”。

④ 单击模板工具栏中带有上下标框架的按钮( )，便打开该框架按钮所包含的所有公式框架的列表。单击右下标框架，便将右下标框架输入到“X”的右边，即在“X”的右下角出现一个输入框(插入点位于此框中)。输入下标“1,2”。

⑤ 单击“X”的正右方，将插入点移出下标输入框，输入“＝”。

⑥ 单击模板工具栏中带有分式框架的按钮( )，便打开该框架按钮所包含的所有公式框架的列表。单击水平分数线的分式框架，便将该框架输入(插入点位于分子输入框中)。

⑦ 输入“－b”。

⑧ 单击符号工具栏中带有符号“±”的按钮，便打开该符号按钮所包含的所有符号的列表。单击符号“±”，便将符号“±”输入。

⑨ 单击模板工具栏中带有平方根框架的按钮，便打开该框架按钮所包含的所有公式框架的列表。单击平方根框架，便将该作架输入(插入点位于根导下的输入框中)。

⑩ 按“b”键，输入 b。

⑪ 单击模板工具栏中带有上下标框架的按钮，便打开该框架或所包含的所有公式框架的列表。单击右上标框架，便将该框架输入(插入点位于输入框中)。

⑫ 输入“2”。单击“b”的正右边，将插入点移出上标输入框，输入“－4ac”。

⑬ 单击分母输入框，将插入点移入分母输入框(平方根内的输入框和分子输入框自动消失)，输入“2a”。

⑭ 单击输入槽外的任意一点，或按 Esc 键，便结束公式的输入。

自学内容

自学 3.1　对象嵌入与链接(OLE)简介

对象的链接与嵌入(object linking and embeding)技术，简称 OLE。从实质上讲，Windows 应用程序间的数据共享都是通过链接对象和嵌入对象的方式来实现的。使用 Office 剪贴板共享数据实质上就是嵌入对象的一种操作方法。通过链接和和嵌入对象，用户可在 Word 文档中使用其他文件的全部或部分，此文件可以是其他 Office 程序创建的，也可以是其他支持对象链接和嵌入的 Windows 应用程序所创建的。因此，通过 OLE 可以使 Word 2003 与其他也支持 OLE 的应用程序共享信息，这些信息可以是文字、图形、数学公式或数据库数据等。

1. 对象

对象是应用程序所建立的信息，可以是文字、图形、声音、图像等。一种应用程序可以使用另一种应用程序中的数据。使用方式有两种：链接和嵌入。

2. 文件和目标文件

提供信息的应用程序称为源应用程序，信息所在的文件称为源文件，接受信息的应用程序称为目标应用程序，接受信息的文件称为目标文件。

3. 嵌入

嵌入就是将源文件中的信息插入(复制)到目标文件中，称为对象嵌入。

4. 链接

链接时不复制信息，但可以达到复制信息的结果。链接的信息仍然存放在源文件中，目标文件中只保留信息的存放位置。

5. 链接和嵌入的选择

链接与嵌入的主要区别在于数据存放的位置和更新的方式不同。嵌入时对象的数据存放在目标文件中，嵌入的对象融为目标文件的一部分。更改源文件时，嵌入的信息不会更新。双击嵌入的对象即可在源应用程序中打开并编辑它，而在源文件中的原始对象保持不变。链接时目标文件仅保存数据的存放位置并显示链接数据的映像。更改源文件时，目标文件中的链接信息将更新。

一般来说，当需要与另一应用程序共享随时变化的数据时，并且考虑文件不要过大时，使用链接方式为好；当共享的数据不变化时，采用嵌入方式为好。

自学 3.2　嵌 入 操 作

嵌入是将源应用程序中的内容真正存放到目标文件中。

1. 嵌入整个文件内容

使用插入菜单中的对象命令可以将一个文件中的所有内容嵌入到 Word 2003 文件中，操作步骤如下。

① 选择菜单项“插入”|“对象”，弹出“对象”对话框，选择“由文件创建”选项卡，如图 3-60 所示。

② 在“文件名”文本框中，输入要嵌入其内容的文件名。

③ 单击“确定”按钮，便将指定文件中的全部内容嵌入到正在编辑的文件中的插入点位置。

若需查找要嵌入的文件，可单击对象对话框中的“浏览”按钮，然后进行相应的选择。

注意：嵌入操作时，不能选择“对象”对话框的“链接到文件”复选框。如果要将嵌入的对象显示为一个图标，可选择“显示成图标”复选框。

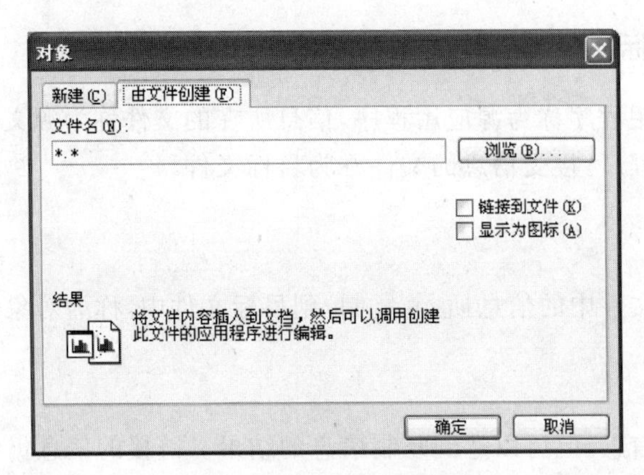

图 3-60 “对象”对话框

2. 嵌入新建内容

Word 2003 提供了 Microsoft Word 2003 图片，Microsoft Graph 5.0，Microsoft Word Art 2.51，Microsoft 公式编辑器等应用程序，使用插入菜单中的对象命令可以将通过这些应用程序编辑的图形、图表、艺术字、公式等嵌入到 Word 2003 文件中。操作步骤如下。

① 选择菜单项“插入”|“对象”，弹出“对象”对话框，选择“新建”选项卡。

② 在“对象类型”列表框中，选择要用来编辑嵌入内容的源应用程序名。

③ 单击“确定”按钮，打开所选择的源应用程序窗口。

④ 在源应用程序窗口中编辑要嵌入的内容。

⑤ 单击源应用程序窗口外的任意一点，便退出源应用程序，将所编辑的内容嵌入到 Word 2003 文件中。

3. 修改嵌入内容

在 Word 2003 文件中进行了嵌入操作后，如果要修改嵌入的内容，可按照下步骤操作。

① 双击要修改的嵌入内容，打开建立该嵌入内容的源应用程序窗口。

② 在源应用程序窗口中修改嵌入的内容。

③ 单击源应用程序窗口外的任意一点，完成对嵌入内容的修改，返回 Word 文档中。

4. 缩放嵌入内容

在 Word 2003 文件中的嵌入内容可像图片一样缩小或放大，要缩小或放大 Word 2003 文件中的嵌入内容，可按照如下步骤操作。

① 在目标文件中选定要缩放的嵌入内容。

② 用鼠标上下拖曳水平边中点的缩放手柄，将选定的嵌入内容在竖直方向缩入。用鼠标左右拖曳竖直边中点的缩放手柄，将选定的嵌入内容在竖直方向缩放。用鼠标拖曳

顶角的缩入手柄，将选定的嵌入内容在两个方向缩放。缩放比例在状态栏中显示出来。

自学3.3 链接操作

可将其他应用程序（或Word 2003其他文档）中的内容链接到Word 2003文档中。当对源文档中的被链接内容进行修改时，Word 2003文档中的链接内容将进行相应地更新。

1. 建立链接

要将其他应用程序中的内容链接到Word 2003文档中有两种方法。

(1) 若要从已有文件中的部分内容创建链接对象，使用编辑菜单中的选择性粘贴命令。建立链接的操作步骤如下。

① 启动包含要链接内容的应用程序，打开包含要链接内容的源文件。

② 将要链接的内容复制到剪贴板上。

③ 切换到要建立链接的Word 2003文档中（目标文件）。

④ 选择菜单项“编辑”|“选择性粘贴”，弹出如图3-61所示的“选择性粘贴”对话框。

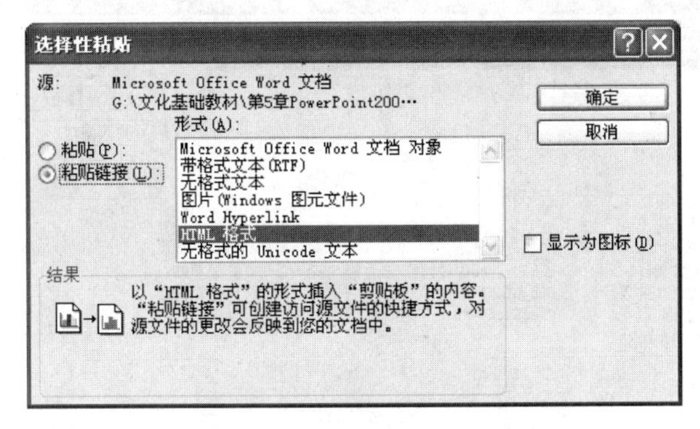

图3-61 “选择性粘贴”对话框

⑤ 选择“粘贴链接”单选项。

⑥ 单击“确定”按钮，将要链接的内容链接到Word 2003文档（目标文件）中的插入点所在位置。

如果要使链接的内容以图标方式显示，则选择“显示为图标”复选框。

注意：不能用这种方法来插入图形或某些类型的文件。要在Word文档中插入图形，最好选择菜单项“插入”|“图片”来进行。

(2) 使用插入菜单的对象命令可将其他文件中的全部内容链接到Word 2003文档中，操作方法如下。

① 选择菜单项“插入”|“对象”，弹出“对象”对话框，选择“由文件创建”选项卡。

② 在“文件名”文本框中输入包含要链接内容的源文件名，或单击“浏览”按钮在“浏览”对话框中选择源文件名。

③ 选择“链接到文件”复选框。如果不选该复选框,将创建嵌入对象。

④ 单击“确定”按钮,将指定文件中的全部内容链接到正在编辑文档中的插入点位置。

2. 更新链接内容

当对源文件中的被链接内容进行了修改,目标文件中的链接内容可进行相应的更改,与源文件中的链接内容保持一致,称之为链接内容的更新。

链接内容的更新可采用两种方式:自动更新方式和人工更新方式。更新方式可由用户设置。如果设置了自动更新方式,每当源文件中的被链接内容更改时,目标文件中的链接内容自动进行相应的更改,始终保持与源文件中的被链接内容相一致。自动更新方式是 Word 2003 的缺省更新方式。如果设置了人工更新方式,当源文件中的被链接内容更改时,目标文件中的链接内容不会自动进行相应的更改。要想使目标文件中的链接内容进行相应的更改,与源文件中的被链接内容一致,用户需执行更新链接内容的操作。

3. 设置更新方式

(1) 选择菜单项“编辑”|“链接”,弹出“链接”对话框,如图 3-62 所示。

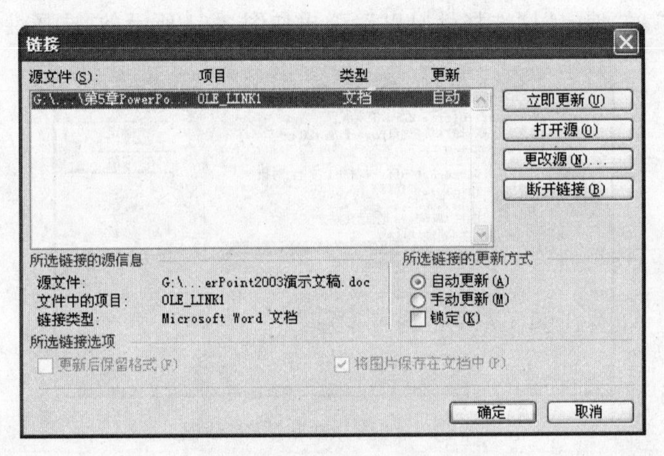

图 3-62 “链接”对话框

在“源文件名”列表框中显示已建立的链接目标表。

(2) 在“源文件”列表框中,选定要更新的链接目录。

① 如选择“自动”单选项,则为选定的链接设置了自动更新方式;如果选择“人工”单选项,则为选定的链接设置了人工更新方式。

② 单击“确定”按钮,结束设置更新方式的操作。

4. 新方式下更新链接内容

① 在链接对话框的“源文件名”的列表框中,选定要更新的链接目标。

② 单击“立即更新”按钮,被选定的链接便进行内容更新,与源文件中的被链接内容保持一致。

③ 单击“确定”按钮，完成人工更新链接内容的操作。

5. 修改链接内容

如果要修改目标文件中所建立的链接内容，只需在包含被链接内容的源文件中进行修改，而目标文件中的链接内容则进行相应的修改。

在目标文件中双击要修改的链接内容，启动包含该链接内容的源应用程序，并打开包含被链接内容的源文件，在源文件的编辑窗口对被链接内容进行相应的修改，然后关闭源文件，便完成对链接内容的修改。

6. 断开链接

如果某一链接内容不需要再更新了，可以切断它与源文件的联系，称为断开链接。要断开一个链接，可按如下步骤操作：

① 在链接对话框的“源文件名”的列表框中选定要断开的链接目录。

② 单击“断开链接”按钮，将弹出对话框，让用户确认是否断开选定的链接。

③ 单击“是”按钮，将断开所选定的链接。

断开链接后，目标文件中的链接内容将保持断开链接时的原状，但已转换成图片。如果要对目标文件中的链接内容进行修改，只能通过对图片的编辑方法进行编辑。

习　　题

3.1 单选题

1. Word 2003 的集中式剪贴板可以保存最近________次拷贝的内容。

A) 1　　B) 6　　C) 12　　D) 24

2. 在________中，能够仿真 WWW 浏览器来显示 HTML 文档。

A) 普通视图　　B) Web 版式视图

C) 大纲视图　　D) 页面视图

3. 打开 Word 2003 的________功能，可以大大减少断电或死机时由于忘记保存文档而造成的损失。

A) 快速保存文档　　B) 建立自动备份

C) 启动保存文档　　D) 为文档添加口令

4. Word 2003 中查找文件时，如果输入“*.doc”，表明要查找当前目录下的________。

A) 文件名为*.doc的文件　　B) 文件名中有一个*的doc文件

C) 所有的doc文件　　D) 文件名长度为一个字符的doc文件

5. 选择“即点即输”功能只能在________视图中使用。

A) 普通　　B) Web 版式　　C) 页面　　D) 大纲

6. 若想控制段落的第一行第一个字的起始位置,应该调整________。

A) 悬挂缩进　　B) 首行缩进　　C) 左缩进　　D) 右缩进

7. 在________视图下,用户是无法看到自己绘制的图形的。

A) 页面　　B) Web 版式　　C) 打印预览　　D) 普通

8. Word 2003 新增的制表功能必须在________视图下才可使用。

A) 普通　　B) Web 版式　　C) 页面　　D) 大纲

9. Word 2003 与其他应用程序共享数据时,只有通过________方式共享,Word 文档中的信息才会随着信息源的更改而自动更改。

A) 嵌入　　B) 链接　　C) 拷贝　　D) 都可以

10. 下列操作中能在各种中文输入法之间切换的是________。

A) Ctrl+Shift 键　　B) Ctrl+Space 键

C) Alt+F1 键　　D) Shift+Space 键

3.2　填空题

1. 如果希望在 Word 主窗口中显示常用工具栏,应当选择________菜单的"工具栏"命令。

2. 将源文件中的信息插入(复制)到目标文件中,称为对象的________。

3. 在对新建的文档进行编辑操作时,若要将文档存盘,应当选用"文件"菜单中的________命令。

4. 在 Word 中输入文本时,按回车键后将产生________符。

5. 通常 Word 文档文件的扩展名是________。

6. 如果已有一个 Word 文件 A. doc,打开该文件并经过编辑修改后,希望以 B. doc 为名存储修改后的文档而不覆盖 A. doc,则应当从________菜单中选择"另存为"命令。

7. 在 Word 中,如果一个文档的内容超过了窗口的范围,那么在打开这个文档时,窗口的右边(或下边)会出现一个________。

8. 在 Word 中,用户在用 Ctrl+C 组合键将所选内容复制至剪贴板后,可以使用________组合键将其粘贴到所需要的位置。

9. 在 Word 中,用户可以使用________组合键选择整个文档的内容,然后对其进行剪贴或复制等操作。

10. 在 Word 中,要查看文档的统计信息(如页数、段落数、字数、字节数等)和一般信息,可以选择文件菜单下的________菜单项。

3.3　操作题

1. 利用模板创建一份表格式个人简历。

2. 编排公式。

$$S_n = \sum_{k=1}^{n} \sqrt{(\Delta x_k)^2 + (\Delta y_k)^2 + (\Delta z_k)^2}$$

3．编排表格。

要求：编排如表 3-3 所示的表格。

表 3-3

课 程 表

星期 节次		一	二	三	四	五	六
上午							
下午							
晚上							

第4章 Excel表处理软件

基本知识

Excel表处理软件是办公自动化软件Office中的重要成员，经过不断改进和升级，当前流行的多为Excel 2003之后的版本。在电子表格中，能够使用公式和函数对数据进行复杂的运算；用各种图表直观明了表示数据的动态；并且可以与世界上任何位置的互联网用户共享工作簿文件。

现代生活中如何理财？Excel对此能提供哪些帮助？

基金是一种代理炒股的理财产品，图4-1是两支基金在2007年11月22日—2008年2月22日之间的单位净值变化图表，从图中可看出，表示华安基金的折线涨跌势陡，而代表添富基金的折线变化势缓，在一定程度上显示出经营者的运作特点。欲投资者可选择适合自己的心理特点的产品。产生此图表的电子表格如图4-2所示。

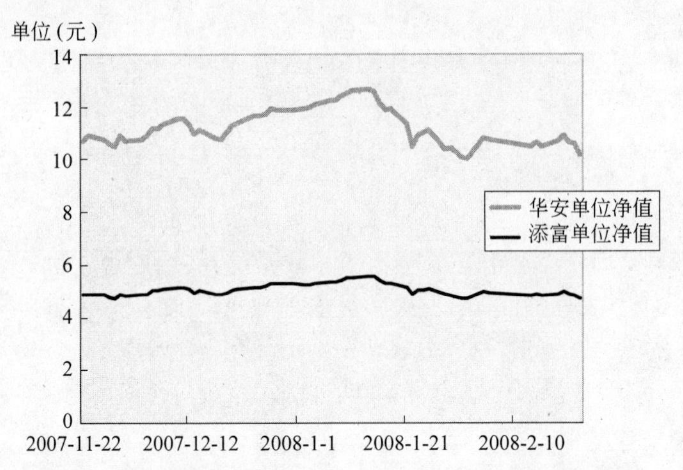

图4-1　两支基金2007年11月—2008年2月的净值变化线

在图4-2的表格中如果有相当长的系列图表供分析，投资者还可以试着总结什么时间接近"底"可以购进，什么时间接近"峰顶"应赎回(抛出)。读者不妨做个虚拟试验。

Excel亦可用数值计算或验证某个数学表达式，如：

$$\lim_{x\to 0}\frac{\sin x}{x}=1$$

将 0.5、0.05、0.005、0.0005 等数据在 Excel 自动生成并代入以上的算式中计算，见图 4-3。表内只需要输入 A 列中第一个数据 0.5，A 列第二个数据由表达式 A1/10 计算产生，余者自动填充。B 列第一个数据由表达式 SIN(A1)/A1 计算产生，余者自动填充。

jijin.xls

	A	B	C	D	E
1	日期	华安 单位净值	增长率	添富 单位净值	增长率
2	2007-11-22	10.723	-4.35%	4.8563	-3.90%
3	2007-11-23	10.912	1.76%	4.899	0.88%
4	2007-11-26	10.784	-1.17%	4.8708	-0.58%
5	2007-11-27	10.587	-1.83%	4.7855	-1.75%
6	2007-11-28	10.476	-1.05%	4.7432	-0.88%
7	2007-11-29	10.94	4.43%	4.883	2.95%
8	2007-11-30	10.689	-2.29%	4.8095	-1.51%
9	2007-12-3	10.772	0.78%	4.8551	0.95%
10	2007-12-4	10.901	1.20%	4.9053	1.03%
11	2007-12-5	11.203	2.77%	5.0182	2.30%
12	2007-12-6	11.213	0.09%	5.0312	0.26%
13	2007-12-7	11.365	1.36%	5.0882	1.13%
14	2007-12-10	11.54	1.54%	5.1661	1.53%
15	2007-12-11	11.54	0.00%	5.1639	-0.04%
16	2007-12-12	11.366	-1.51%	5.0903	-1.43%
17	2007-12-13	10.971	-3.46%	4.9187	-3.37%
18	2007-12-14	11.16	1.72%	5.0327	2.32%
19	2007-12-17	10.843	-2.84%	4.8957	-2.72%

Sheet1 排序 Sheet3

图 4-2　华安、添富基金单位净值与增长率

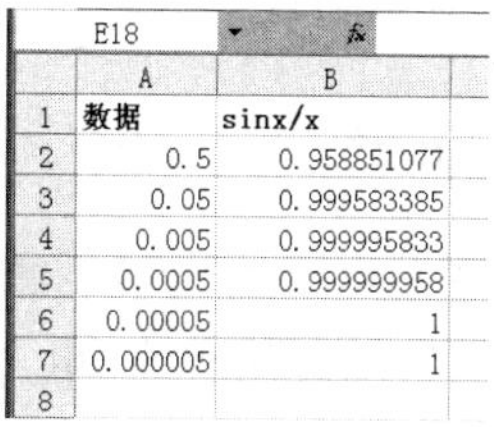

E18

	A	B
1	数据	sinx/x
2	0.5	0.958851077
3	0.05	0.999583385
4	0.005	0.999995833
5	0.0005	0.999999958
6	0.00005	1
7	0.000005	1
8		

图 4-3　自动填充

Excel 主要功能如下。

1. 建立电子表格

启动 Excel 之后，屏幕上显示具有行、列坐标的空白表格，填入数据就形成现实生活中的各种表格。表中不同栏目的数据有各种类型，无需专门指定，Excel 可以自动区分数字型、文本型、日期型、时间型、逻辑型等。表格的编辑便易，可任意插入和删除表格的行、列或单元格；并可对数据的字体、字号、颜色及对单元格的边框、底纹等形式进行修饰。

2. 工作表的规格和数据管理

Excel 文件类型名为工作簿，一个工作簿文件可提供多个空白工作表，每张工作表最大限制为 256 列乘以 65 536 行，行和列交点组成单元格，每一单元格最多可容纳 32 767 个字符。这样的工作表规格可以满足许多数据处理业务的需要；由纸质表格变为电子表格，由静态数据变成动态数据，令数据管理发生了质的变化。在 Excel 中可直接对工作表中的数据进行检索、分类、排序、筛选等操作，并利用系统内部函数完成各种数据的分析。

3. 制作图表

Excel 提供了 14 类 100 多种基本的图表，包括柱形图、饼图、条形图、折线图、三维图等。图表对于数据间的复杂关系表现更加直观。图表中的各种对象如：标题、坐标轴、网格线、图例、数据标志、背景等能任意的进行编辑，可添加文字和图形图像，利用图表向导可方便地完成图表的制作。

4. 数据网上共享

Excel 提供了强大的网络功能,用户可以创建超链接获取互联网上的共享数据,也可将自己的工作簿设置成共享文件,保存在互联网的共享网站中,让世界上任何一个互联网用户分享。

4.1 Excel 的基本操作

4.1.1 启动与退出

1. 启动

在 Window 的窗口环境下,主要有以下 3 种方法启动 Excel。

(1) 启动应用程序,单击“开始”按钮,执行“开始”|“程序”|“Microsoft Excel”命令。

(2) 建立 Excel 文件,打开“我的电脑”或“资源管理器”窗口,选择某个文件夹右击,选中“新建”|“Microsoft Excel 工作表”命令,即通过建立工作簿文件的方式启动 Excel。

(3) 直接在目标文件夹中打开 Excel 文档。

2. 退出

退出 Excel 方法如下。

(1) 在 Excel 主窗口中,选择“文件”菜单中的“退出”命令。

(2) 单击主窗口标题栏右边的关闭按钮;或双击主窗口标题栏左边的控制按钮。

注意:如果有编辑操作而未保存,在关闭 Excel 时,将出现对话框,询问用户是否保存其修改的内容。处理同 Word 文档。

4.1.2 Excel 主窗口

Excel 启动成功后,显示如图 4-4 所示的界面,这个窗口实际上由两个窗口组成:Excel 应用程序窗口和当前打开的工作簿窗口。

1. 标题栏

标题栏位于 Excel 主窗口的最上面,显示当前应用程序名和工作簿名,如图 4-4 所示“Microsoft Excel-EXCE30. xls”。

2. 菜单栏

菜单栏位于标题栏的下方,也称主菜单栏,其中包含“文件”、“编辑”、“视图”、“插入”、“格式”、“工具”、“数据”、“窗口”和“帮助”9 个菜单项。大多数 Excel 操作命令包含在以

	A	B	C	D	E	F
1	二次方程求根公式计算					
2	a	b	c	(b^2-4ac)	x_1	x_2
3	2.10	5.00	1.50			
4	1.00	2.00	3.00			
5	1.00	3.00	2.00			
6	5.00	5.00	4.00			
7	5.00	-9.00	4.00			
8	3.00	5.00	2.00			
9	3.00	-5.50	2.10			
10	4.00	6.80	2.50			
11	2.00	-5.00	3.00			
12	1.50	-4.50	2.50			

图 4-4　Excel 主窗口

上各菜单的子项中。

3. “常用”工具栏

“常用”工具栏位于菜单栏的下方，包含许多命令按钮。将操作中使用频度高的命令定义在这些按钮上，用鼠标单击某一按钮，便执行该按钮所对应的功能。例如，要打开一个文件，只需用鼠标单击“打开”按钮(即左起第二个按钮)即可。同前所述，将鼠标指针指向某个按钮，便会在按钮旁弹出关于该按钮功能的简明注释。

除了菜单栏以外，其他工具栏可以显示在屏幕上，也可以被隐藏。若使“常用”工具栏在屏幕上显示或被隐藏，可按如下步骤操作：选择“视图”菜单中的“工具栏”命令 → 单击“常用”命令，令其左侧出现选中符号“√”；若再次单击菜单中“常用”命令，选中符号“√”被隐藏。

4. “格式”工具栏

“格式”工具栏位于“常用”工具栏下方，利用该栏中的按钮，可以设置文本的字体、字号大小及其修饰，设置数据的对齐格式及颜色等。“格式”工具栏中按钮的用法同“常用”工具栏。

5. 编辑栏

编辑栏用于显示工作表中当前单元格(即被选中的单元格)的地址及数据。编辑栏左侧为“名称框”，显示当前单元格的地址，当对于某单元格输入数据或进行数据修改时，在编辑栏中出现“取消”、“输入”和“编辑公式”3 个按钮，并将输入的数据或公式显示在编辑栏中，见图 4-5。其中，单击“取消”按钮将放弃用户的输入或修改，单击“输入”按钮将确认用户的输入和修改，单击“编辑公式”按钮将弹出“公式选项板”，帮助用户输入函数和建立公式并进行

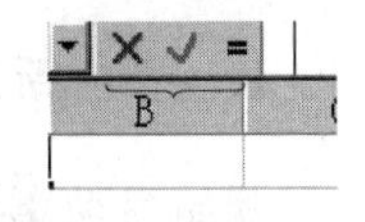

图 4-5　按钮

计算。

6. 工作区

编辑栏的下方是工作区，由工作表区、滚动区和工作表标签组成。工作表最大可有65 535行，行标位于工作表左侧；最多有256列，列标位于工作表上沿，从左到右的顺序用A，B，C，…，Z，AA，AB，AC，…，IV表示。单元格地址用其所在的列标和行标描述，如C7表示位于第C列第7行的单元格。

每个工作表有一个名字，称为标签。缺省情况下，一个工作簿中有3个工作表，其工作表标签分别为Sheet1、Sheet2和Sheet3。任一时刻，工作区只显示一个工作表，该工作表称为当前工作表。当前工作表的标签高亮度显示。

在工作区的右侧和下边分别设有垂直滚动条和水平滚动条。用鼠标拖曳其中的滚动块能快速移动窗口在工作表中的位置。用鼠标单击滚动条两端的微动按钮(▲)，可缓慢移动窗口；通过滚动块或微动按钮可浏览整个工作表内容。

在水平滚动条的右侧有“工作表”标签和“工作表”滚动按钮，单击某一标签，可将其切换为当前工作表。若当前工作簿中有更多的工作表而不能尽览，可通过标签滚动按钮使其滚动显示。

将鼠标指向垂直滚动条的微动按钮上方，鼠标指针呈水平分割线状，拖曳水平窗口分割线可以将窗口分割为上下两个窗口，在两个窗口里可以分别显示工作表中的不同区域。在水平滚动条的微动按钮右边有一个垂直窗口分割线，拖曳垂直窗口分割线可以将窗口分割为左右两个窗口。

7. 状态栏

状态栏位于应用程序窗口底部，状态栏显示选定命令或按钮功能和当前工作表的状态。如果当前单元格准备接受数据，状态栏显示“就绪”；如果在当前单元格输入数据或修改数据，状态栏显示“编辑”。

4.1.3 建立和打开工作簿

在Excel中，用户输入到工作表中的数字、文本和符号等数据是以工作簿文件方式存放在磁盘上的。一个工作簿由一个或多个工作表组成，一个工作簿即一个Excel文件。其缺省扩展名为.XLS。若将工作簿描述为会计业务中的一个账册，工作表则是这个账册中的账页，账页的多少由实际业务需要确定。在工作簿中有多张工作表便于数据操作和处理，例如可使一个工作簿文件中包含多种类型的相关数据，而不需将数据存在不同的文件中。

1. 建立新工作簿

开始启动Excel时，系统自动建立一个名为“Book1”的新建工作簿。如果用户再建立另一个新工作簿，按照如下步骤操作。

① 选择“文件”菜单中的“新建”命令，弹出“新建”对话框，并自动选择“常用”选项。

② 单击“确定”按钮，即建立一个名为“Book2”的新工作簿。

如果单击“常用”工具栏的“新建”按钮，不出现对话框，直接建立一个新工作簿。

在工作表中，不仅可以输入数字、字母、符号或汉字等数据，还可以输入公式对工作表中的数据进行计算。数据是以单元格为单位操作的。要向某一个单元格输入数据或公式，首先要用鼠标单击的方式“选定”单元格，选定的单元格的边框成为粗黑线，见图4-4。

2. 打开工作簿

要打开一个工作簿，按照如下步骤操作。

① 选择Excel窗口“文件”菜单中的“打开”命令，或单击“常用”工具栏中的“打开”按钮，出现如图4-6所示的“打开”对话框。

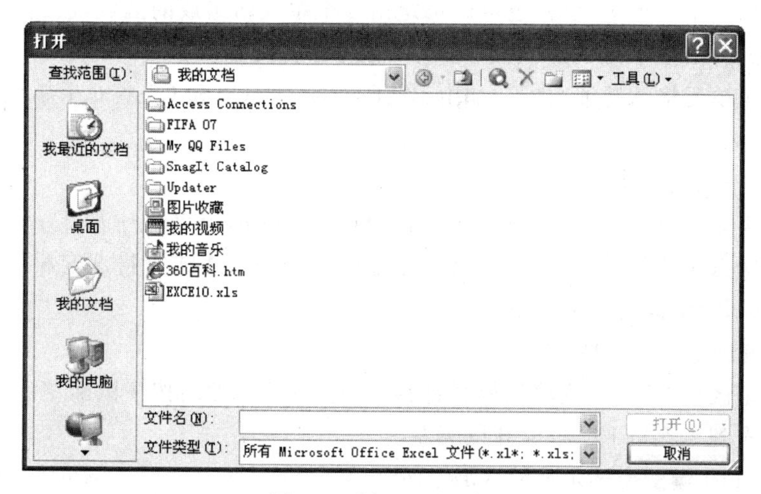

图4-6 “打开”对话框

② 在“打开”对话框的“查找范围”中选择要打开的工作簿所在的驱动器、文件夹和工作簿文件名。

③ 双击工作簿名或单击“打开”按钮，便可将所选择的工作簿打开。

3. 保存新建工作簿

要保存一个新工作簿，按下述步骤操作。

① 选择“文件”菜单中的“保存”或“另存为”命令，或单击“常用”工具栏中的“保存”按钮，出现 “另存为”对话框。用户在“保存位置”中指定要保存工作簿的驱动器、文件夹、工作簿名和保存类型(缺省为Microsoft Excel 工作簿)。

② 单击“保存”按钮，便将正在编辑的工作簿以指定的名字保存到指定的路径中。其中，工作簿名是由汉字、字母和数字组成的长度不超过255个字符的字符序列。工作簿的扩展名缺省为.XLS。

用此方法也可以将一个以前保存过的工作簿以新的工作簿名存放在其他驱动器或其他文件夹中。

4. 保存已有工作簿

要保存一个已存在的旧工作簿，只需选择"文件"菜单中的"保存"命令，或单击"常用"工具栏中的"保存"按钮即可。

4.1.4 编辑工作表

1. 区域选定

在 Excel 中，如果要向单元格输入数据或移动单元格中数据，应首先标记这些单元格，称为活动单元格，其地址显示在编辑栏左边的名称框中，其中的数据或公式显示在编辑栏中。可以选定一个单元格，也可以选定由多个单元格组成的区域，被选定区域中的第一个单元格成为活动单元格，其他单元格采用透明模式显示。区域的地址用其左上角单元格和右下角单元格的地址组成。如由 B3、B4、B5、C3、C4 和 C5 共 6 个单元格组成的区域用 B3:C5 表示。

(1) 选定一个单元格

若单击某单元格，便选定了此单元格。按 Tab 键选定该行中的下一个单元格；按 Shift＋Tab 键选定该行的前一个单元格；按方向键→、←、↑或↓将选定相应方向的单元格；按 Ctrl＋Home 键选定单元格 A1。

(2) 拖曳选定一个区域

如要选定区域 B3:D6，先将鼠标指针指向单元格 B3，然后按住鼠标左键不放，向右下方移动鼠标直到单元格 D6，再放开鼠标左键。

(3) 用 Shift 键配合选定连续区域

首先单击要选定区域的左上角单元格，接着按下 Shift 键，再单击要选定区域右下角单元格。这种方法适于选定较大的连续区域。

(4) 行首或列首选定

单击一行(列)的首部(显示行、列标的位置)，选定该行(列)的所有单元格。拖曳多行(列)的首部，选定这些行(列)的所有单元格。

(5) 全部选定

单击工作表的左上角，选定工作表中的所有单元格。

(6) 用 Ctrl 键配合选定不相邻区域

首先选定第一个区域，然后按下 Ctrl 键，再选定其他区域。

2. 输入数据

首先选定单元格或单元格区域，然后再输入数据。输入的数据同时显示在编辑栏里。数据输入结束后按 Enter 键或按编辑栏中的"输入"按钮确认；如果按 Esc 键或单击编辑栏中的"取消"按钮，便可取消本次输入。

数据不仅可以从键盘输入，还可以自动输入，输入时还可以设置有效性检验，以保证原始数据输入时的正确性。

Excel 对输入的数据会自动区分类型，一般采取默认格式，下面介绍几种常用数据的输入。

(1) 文本输入

文本包括汉字、英文字母、数字、空格及所有键盘能输入的符号；文本输入后在单元格中左对齐，有时为了将数字编码(如学号等)作为文本处理，可在数字前加上一个英文格式单引号，即可变成文本类型。文本输入超出单元格的宽度，将遮蔽右列，若右旁列内有内容，将被截断显示。

(2) 数值输入

数值类型的数据中只包括 0～9 、+、-、E、e、$、%、小数点(.)和千分位(,)，数值输入后在单元格中右对齐；若输入数值超长，以科学记数法显示，实际计算在单元格中的数值保留 15 位有效数字；若输入小数超出设定的位数，将从超出位四舍五入显示；若小数位没有设定，默认保留 15 位有效数字。

(3) 日期/时间的输入

自动识别日期格式为："yy/mm/dd"和"yy-mm-dd"，时间格式为："hh:mm(am/pm)"。注意(am/pm)和前面的时间之间有一空格；若不符合此格式，Excel 将视为文本格式；识别为日期和时间的数据靠右对齐。

(4) 分数输入

为了和日期的输入区分，分数输入时前加 0 和空格，如：0 1/3 ，0 2/5。

(5) 自动输入

在利用 Excel 进行数据处理时，有时需要输入大量有规律的数据，如等差数列、自定义数列等，用鼠标拖曳单元格右下角的"复制柄"比较容易实现。如要输入一个等差数列 1,3,5,7,9,11,…，选定起始的两个单元格区域，分别输入这列数据的开始两个数据 1 和 3，鼠标箭头移向区域右下角复制柄，指针变成实心的十字形，按下左键，拖曳到最后一个单元格即可。若初始值是文本和数字混合体，如 B2、B4，拖曳后文本不变，而数字变化。即成 B6，B8，B10…。

若要输入 Excel 预设的自动填充序列中的数据，如：Sun、Mon、Tue、Wed、Thu、Fri、Sat；甲、乙、丙、丁、戊、己、庚、辛、壬、癸等；只要在单元格中输入序列中的任何一个，即可用拖曳复制柄的方法完成序列中其他数据的循环输入。

用户也可以自定义序列数据并保存，为以后的输入提供方便；如制表时经常用到"姓名"、"性别"、"年龄"等作为列标题。通过"工具"菜单中"选项"命令，单击"选项"对话框中的"自定义序列"标签，在输入序列框中输入自定义的数据，每输入一个数据，均要回车，最后单击"添加"按钮。再按"确定"按钮完成保存。

(6) 填充输入

选"编辑"菜单中的"填充"，再从下拉菜单中选"序列" 命令，出现如图 4-7 所示的"序列"对话框。

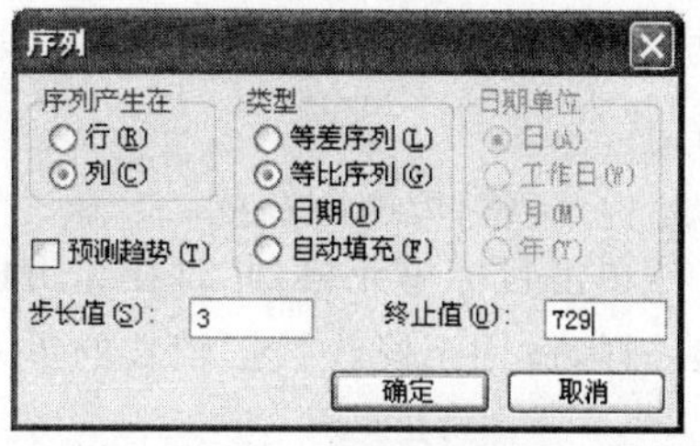

图 4-7 "序列"对话框

可以看出,此对话框的不同选择,能完成在行或在列的各种序列数据的填充。例如要在 B2 开始的单元格中输入一列等比数列 3,9,27,81,234,729。选定 B2 单元格,输入初值 3,在序列对话框中选序列产生在列,步长值输入 3,终止值为 729。

(7) 有效性输入

原始数据输入的正确性是保证数据处理结果正确的前提,输入时为了防止一些明显不合逻辑的错误数据,Excel 提供了一种有效性输入。例如:在处理学生成绩时,输入的原始分数应大于等于 0 和 小于等于 100,则有效性输入设置如下。

① 选定输入的区域。

② 在"数据"菜单中选"有效性"命令,出现"数据有效性"对话框,如图 4-8 所示,在有效性条件的"允许"下拉列表中选"整数",在"数据"下拉列表中选"介于",在"最小值"的文本框中输入 0,在"最大值"的文本框中输入 100;单击"确定" 按钮完成。

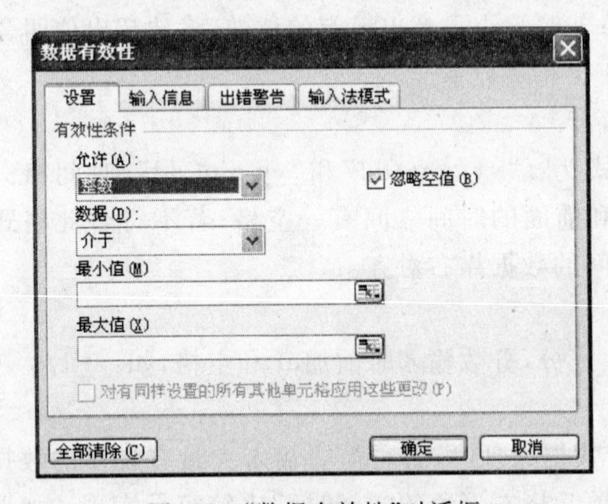

图 4-8 "数据有效性"对话框

3. 编辑数据

修改某一单元格内的数据,有以下两种方法。

(1) 单元格内的修改

首先双击目标单元格,或者选中该单元格后按 F2 键,使该单元格内出现竖线编辑光标,即为插入点,插入点的位置就是输入字符的位置。可以通过方向键或鼠标,在单元格内移动插入点。按 Delete 键可以删除插入点右边的字符,按 BackSpace 键可以删除插入点左边的字符。按 Enter 键或单击编辑栏中的"输入"按钮,完成对该单元格内数据的修改。按 Esc 键或单击编辑栏中的"取消"按钮,则取消本次修改。按 Ins 键则切换"插入/改写"状态。

(2) 编辑栏内的修改

单击目标单元格,此时在编辑栏出现当前单元格中的数据,修改数据的方法同单元格内一样,适用于修改数据较长的单元格或数据的字体格式。

4. 移动、复制和选择性粘贴数据

(1) 用拖曳法移动数据

选定要移动的单元格或区域,将鼠标指针移向选定单元格或区域的边框,此时鼠标指针由空心十字变成箭头形状,按下鼠标左键拖曳,可见一个和选定单元格或区域等大小的虚框跟着移动,到达目标位置时,放开鼠标左键,便将选定的单元格或区域内的数据移动到目标位置。

如要将区域 A1:B3 内的数据移入区域 F1:G3,首先选定区域 A1:B3,然后拖曳区域 A1:B3 的边框到区域 F1:G3,便将区域 A1:G3 内的数据移入区域 F1:G3 内。

(2) 用菜单命令移动数据

除了用拖曳法移动单元格或区域内的数据外,还可以用菜单命令移动单元格内的数据,操作步骤如下。

① 选定要移动的单元格或区域。

② 选择"编辑"菜单中的"剪切"命令,将选定单元格或区域内的数据移入剪贴板。

③ 单击目标位置左上角单元格,选择"编辑"菜单中的"粘贴"命令,便将选定单元格或区域内的数据移入目标位置。

如要将区域 B1:C2 内的数据移入区域 E5:F6,首先选区域 B1: C2,再选择"编辑"菜单中的"剪切"命令,然后激活单元格 E5,最后选择"编辑"菜单中的"粘贴"命令即可完成。

(3) 用拖曳法复制数据

选定要复制的单元格或区域,将鼠标指针移向选定单元格或区域的边框并按下 Ctrl 键,按下鼠标左键拖曳,到达目标位置时,放开鼠标左键,便将选定的单元格或区域内的数据复制到目标位置。

(4) 用菜单命令复制数据

除了使用菜单中的"复制"命令以外,其他操作同(2)。

(5) 选择性粘贴

一个单元格或区域中含有多种特性,如数值、格式、批注、公式、边框线等,可以有选择的将它们粘贴到另一个单元格或区域中,在粘贴的过程中还可完成算术运算、行列转置和粘贴链接,操作步骤如下。

① 选定要粘贴的源单元格或区域,复制到剪贴板。

② 再选定待粘贴的目标区域中的第一个单元格,选择"编辑"菜单中"选择性粘贴"命令,出现如图 4-9 所示的对话框。

③ 选择相应的选项后,单击"确定"按钮完成。

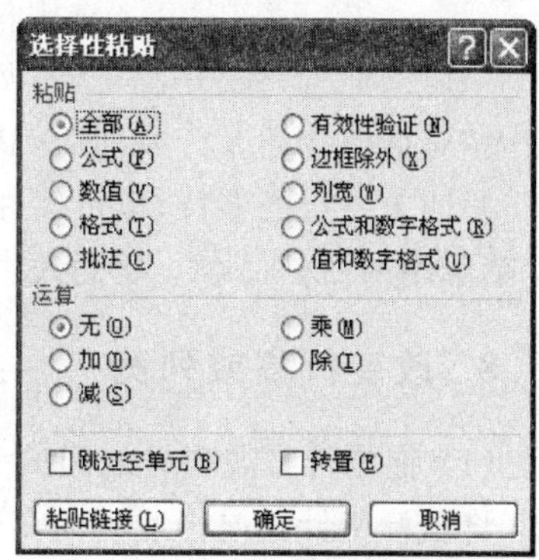

图 4-9 "选择性粘贴"对话框

5. 清除数据

清除单元格或区域内的数据,类似复制操作,可以在选定要清除的单元格区域后,选择"编辑"菜单中的"清除"命令,在弹出的下拉菜单中选择"格式"、"内

容”、“批注”或“全部”中的任意一项，完成相应的清除操作。只需要清除数据内容本身，在选定单元格后按 Del 键即可。

6. 删除数据

删除单元格或区域内的数据与清除操作不同，将引起后续单元格的内容前移，操作步骤如下。

① 选定要删除的单元格或区域。

② 选择“编辑”菜单中的“删除”命令，弹出“删除”对话框，如图 4-10 所示。

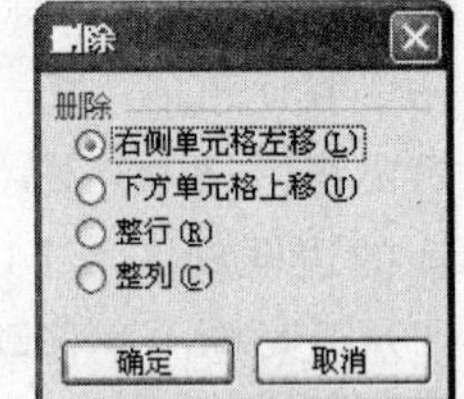

图 4-10 “删除”对话框

其中，“右侧单元格左移”选项表示将选定单元格或区域删除后，其右侧的单元格或区域向左移动。“下方单元格上移”选项类似。“整行”选项表示将包含选定单元格或区域的所有行删除，其下方的所有行向上移动。“整列”选项类似。

如果选定的是一整行或多行、一整列或多列(单击拖曳行、列的标签)，将不出现“删除”对话框。删除了行或列后，下方的行或右侧的列重新编号。如将第 5、6 和 7 行删除后，原第 8 行将便成新的第 5 行，后以此类推。

7. 插入单元格或区域

① 在要插入位置选定一个单元格(当要插入一个单元格时)或与要插入区域相等大小的一个区域。

② 选择“插入”菜单中的“单元格”命令，弹出“插入”对话框，如图 4-11 所示。

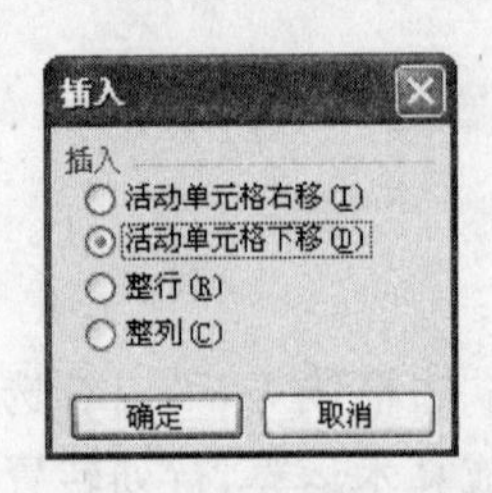

图 4-11 “插入”对话框

其中，“活动单元格右移”选项表示插入空白单元格或区域后，将选定的单元格或区域向右移动。“活动单元格下移”选项则表示相应操作后，将选定单元格或区域向下移动。“整行”选项表示插入一空白行(当选定一个单元格时)或与选定区域相等数的空白行。“整列”选项操作类似。

③ 选择图 4-11 中的一个选项，并单击“确定”按钮，便在选定位置插入所指定的单元格、区域、行或列。

如果选定的是一整行或多行、一整列或多列，将不出现“插入”对话框。插入行或列后，其下方的行或右侧的列重新编号。

要插入一行或多行，也可以在要插入的位置选定与要插入的行数相等的行，选择“插入”菜单中的“行”命令。要插入一列或多列的操作类似。

8. 改变行高或列宽

(1) 拖曳行号或列号之间的分隔线改变行、列的宽度

将鼠标指针指向行或列的相邻标记之间，鼠标指针变成水平或竖直方向的双向箭头，按下鼠标左键后左右拖曳，便可以改变该列宽；上下拖曳可改变行高；同时在鼠标指针右上方，将显示该列的宽度值或该行的高度值。

(2) 双击行标或列标之间的分隔线改变高度和宽度

用鼠标双击某行行标或某列列标之间的分隔线，使该行或该列选取所有单元格中数据高度或宽度的最大值。

(3) 用菜单命令改变行高和列宽

以改变列宽为例，操作步骤如下。

① 选定要改变其列宽度的列中的任一单元格。

② 选择“格式”菜单中的“列”命令，显示下拉菜单。其中共有 5 个子项：“列宽”、“最合适的列宽”、“隐藏”、“取消隐藏”和“标准列宽”。

③ 选择“列宽”，将弹出“列宽”对话框，如图 4-12 所示。在“列宽”的文本框中输入指定的列宽，单击“确定”按钮，便将该列更改为新的列宽。

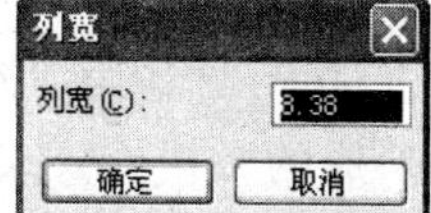

图 4-12 “列宽”对话框

选择“最合适的列宽”，使该列取选定单元格内最长数据的宽度。

当列宽不足以容纳单元格中的数字，便将数值显示为“#####”，加列宽度后，数值恢复正常显示。

9. 查找和替换

可以通过查找和替换命令可对工作表进行批量编辑，应用得当效率极高。

(1) 查找

在工作表中查找数据，操作方法如下。

① 选择“编辑”菜单中的“查找”命令，出现“查找和替换”对话框，如图 4-13 所示。

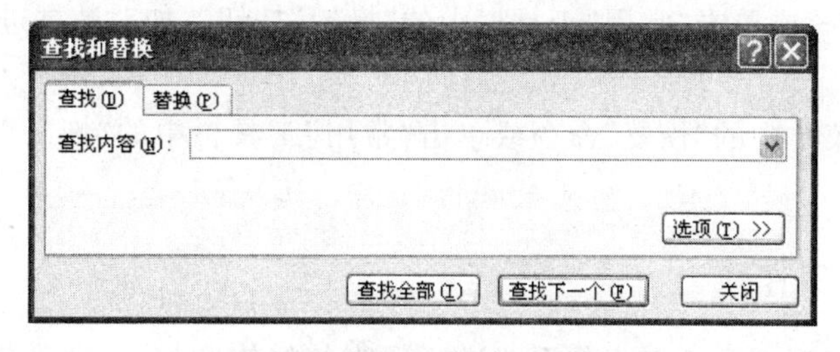

图 4-13 “查找和替换”对话框(1)

② 在“查找内容”的文本框中要输入查找的数据，单击“选项”按钮，在展开的“搜索”的下拉列表框中选择是“按行”还是“按列”进行查找，在“查找范围”的下拉列表框中确定是按“值”还是“公式”或者是“批注”进行匹配。还可以选择查找时是否区分字母的大小写、是否要求单元格匹配或区分全/半角等复选项。

③ 单击“查找下一个”按钮，便从活动单元格开始按照指定的方式及范围在工作表中查找指定的数据或公式。找到后，激活所找到的单元格；如果再单击“查找下一个”按钮，继续向后查找；如果单击“替换”按钮，将出现替换对话框，让用户指定要替换成的数据或公式。单击“关闭”按钮，结束查找工作。

(2) 替换

在工作表中替换数据或公式，操作步骤如下。

① 选择“编辑”菜单中的“替换”命令，出现“查找和替换”对话框，如图 4-14 所示。

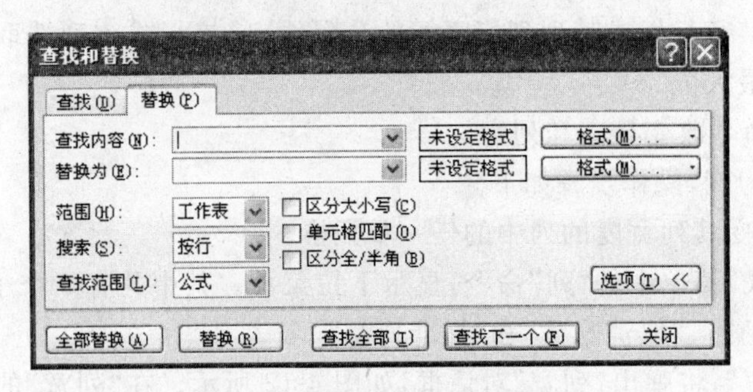

图 4-14 “查找和替换”对话框(2)

② 在“查找内容”的文本框中输入要被替换的数据或公式，在“替换为”文本框中输入要替换成的数据或公式，亦可对图中细节进行设置。

③ 单击“查找下一个”按钮，便从活动单元格开始按照指定的搜索方式在工作表中查找指定的数据或公式。如果单击“替换”按钮，将该单元格的数据或公式进行所指定的替换；如果单击“全部替换”按钮，对工作表的所有单元格内的数据或公式进行所指定的替换(应慎用，如将表中所有“葛英材”替换为“葛英才”时，要防止对“诸葛英材”进行误换，应采用逐个替换)。单击“关闭”按钮，结束替换工作。

10. 撤销与恢复操作

在 Excel 中，最多可以撤销最近的 16 次操作。要撤销上次操作，只需选择“编辑”菜单中的“撤销”命令，或单击“常用”工具栏中的“撤销”按钮。如对数据进行误删，“撤销”可使数据又重现。

选择“编辑”菜单中的“恢复”命令或单击“常用”工具栏中的“恢复”按钮，便恢复撤销操作前的状态。

11. 格式化工作表

为了更好地表现内容而对表的形式进行适当的修饰和加工，此类操作称为格式化工作表，格式化以单元格区域来实现。

工作表的格式化可通过格式工具栏、命令菜单和自动套用格式完成，同样是先选定对象而后操作。格式工具栏对工作表中的字符、汉字可以进行字体、大小及颜色编排，设单元格的边框和填充颜色，对数字还可以进行货币样式、千位分隔样式、百分比样式、小数位数的增减等格式编排。格式工具栏中的字符格式一般包含字体、字体大小和字体修饰，应用方法类似 Word。如字体大小按磅值设置，其值从 8～72。磅值越大，字体越大。

数字形式具有字体、大小和字修饰符格式。此外，数字根据其应用领域的不同，还具有不同的数字格式，如数值、货币、日期、时间、百分比、分数、科学计数格式等。在“格式”菜单中的“单元格”命令给出了更多更详细的格式化命令。如图 4-15 所示，它有 6 个选项卡，下面分别介绍。

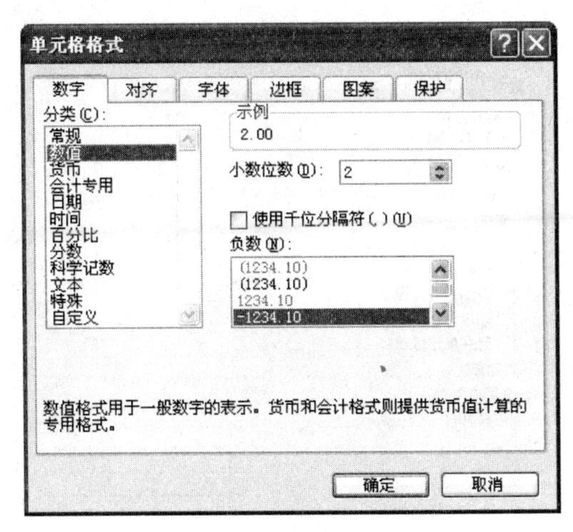

图 4-15 “单元格格式”对话框

(1) 设置数字格式

① 选定需进行格式编排的单元格区域后，选择“格式”菜单中的“单元格”命令。

② 出现“单元格格式”对话框，选择“数字”选项卡。

③ 在“分类”的列表框中选择数值格式类别，在右面选择具体的格式。对于不同的数值格式，类别对话框右边的显示内容有所不同。在“示例”框中可以看到所编排的效果。

④ 单击“确定”按钮，完成数值格式编排。

Excel 常用的数字格式有：

- 数值格式。数值格式有整数、小数及负数格式。如在单元格内输入 5678.543，其整数格式显示为 5679，一位小数格式显示为 5678.5，三位小数格式为 5678.543。如在单元格内输入－4523.34，可以将其显示为(4523.34)或－4523.34，既可以用红色显示，也可以用黑色显示。
- 货币格式。货币格式除具有数值的格式外，还可以在前面加货币符号“￥”。
- 日期格式。可以按照多种日期格式显示日期。如在单元格内输入 2006-10-23，可以显示为“二〇〇六年十月二十三日”、“2006 年 10 月 23 日”、“10 月 23 日”、“二〇〇六年十月”、“2006 年 10 月”、“星期一”、“一”等。
- 时间格式。可以按照多种时间格式显示时间。如在单元格内输入 13:35:23，可以显示“13 时 35 分 23 秒”、“下午 1 时 35 分”、“13:35:23PM”等。
- 百分比格式。将数值的小数点向右移动两位，并加％。如 0.2354，可以显示为 23.54％、24％。
- 分数格式。如输入 0.25，可以显示为 1/4、25/100 等。
- 科学计数格式。如输入 234673，可以显示为 2.35E＋5 或 2.3E＋5。

(2) 设置对齐格式

一般情况下，Excel 会自动调整输入数据的对齐格式，如图 4-16 所示，选择对齐格式选项卡，可进行更多的对齐设置。

① “水平对齐” 列表框包括常规、靠左、居中、靠右、填充、两端对齐、跨列居中、分散

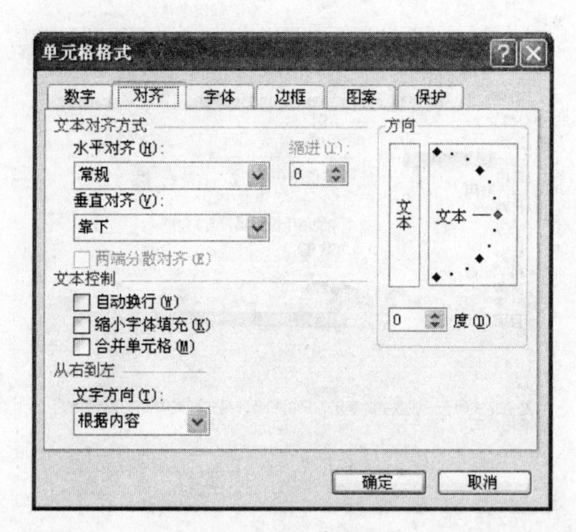

图 4-16 “对齐”选项卡

对齐。

② “垂直对齐” 列表框包括靠上、居中、靠下、两端对齐、分散对齐。

③ “自动换行” 复选框：依据单元格的列宽自动换行。

④ “缩小字体填充” 复选框：减小单元格中字符的大小，使数据的宽度与单元格的列宽相同。

⑤ “合并单元格”复选框：将多个单元格合并为一个单元格。

⑥ “方向”选择框：用来改变单元格字符的排版方向和旋转方向。

(3) 设置字体

在“单元格格式”对话框中选择“字体”选项卡，选择所要的字体、字形、字号、下划线、颜色，其选项与 Word 应用大致相同。

(4) 设置边框线

默认情况下，单元格的边框是虚线，要想加上各种边框线，在“单元格格式”对话框中选择“边框”选项卡，“边框”选项卡如图 4-17 所示。边框线可设置在选定单元格或区域的上、下、左、右、四周等，还可以加斜线。线形样式有虚线、实线、细实线、粗实线、双线等。通过颜色下拉框还可设置边框线的颜色。

(5) 设置图案

在图案标签中设置单元格或区域的底纹和图案。

12. 自动套用格式

为方便用户进行工作表的格式编排，Excel 提供了 17 种常用的表格格式供用户使用，操作步骤如下：

① 选定要进行格式编排的区域。选择“格式”菜单中的“自动套用格式”命令，弹出“自动套用格式”对话框，如图 4-18 所示。

② 在对话框中选择所要的格式，单击“确定”按钮，便将选定区域编排成所选择的格式。

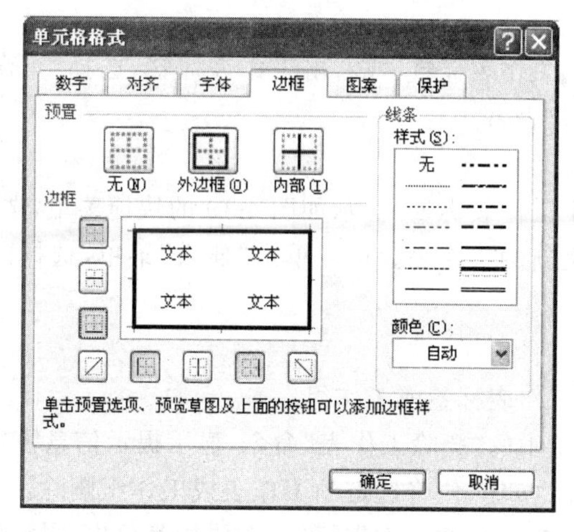

图 4-17 “边框”选项卡

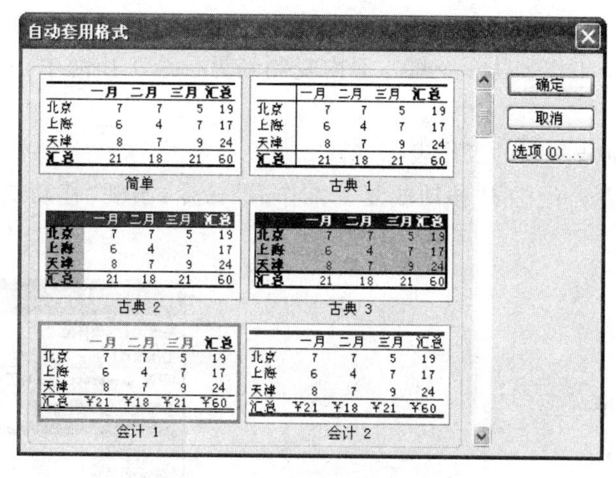

图 4-18 “自动套用格式”对话框

4.1.5 工作表的管理与打印

1. 管理工作表

新建立的工作簿中只包含 3 个工作表，最多可增加到 255 张工作表。根据需要，用户可以对工作表进行重命名、插入、删除、移动或复制以及打印等操作。

(1) 选择工作表

工作簿由多张工作表组成，有时需要同时对多张工作表操作，就需要选取多张工作表。按下 Ctrl 键，用鼠标单击工作表标签可选取不连续的工作表；用鼠标单击第一个工作表，按下 Shift 键，再单击最后一个工作表，可选取连续的多张工作表；取消选定只需再单击工作表标签。多个选中的工作表组成了一个工作组，在标题栏会出现“[工作组]”字样，选取工作组后，在其中一个表中输入数据，会同时输入到其他组员的工作表中。

(2) 重新命名工作表

双击要重新命名的工作表标签，或右击工作表标签，选择“重命名”命令，标签显示编辑状态，直接输入新工作表名。

(3) 插入新工作表

用鼠标右击某一个工作表标签，显示如图 4-19 的快捷菜单，选择“插入”命令，便在该工作表的前面插入一个新的工作表。也可单击“插入”菜单，选择“工作表”命令完成同样的操作。

(4) 删除工作表

① 选定要删除的工作表标签或工作组。

② 选择“编辑”菜单中的“删除工作表”命令，显示提示信息警告用户选定的工作表将被永久删除，单击“确定”按钮，便将选定的工作表或工作组删除。

也可以通过右单击要删除的工作表标签，在快捷菜单中选择“删除”命令删除工作表。

(5) 移动和复制工作表

实际工作中，有时需要在一个工作簿内移动工作表以改变工作表在当前工作簿中的排列顺序，或将一个工作表从一个工作簿内复制到另一个工作簿中。移动或复制工作表的操作步骤如下。

① 选定要移动或复制的工作表标签。

② 选择“编辑”菜单中的“移动或复制工作表”命令，出现“移动或复制工作表”对话框，如图 4-20 所示。

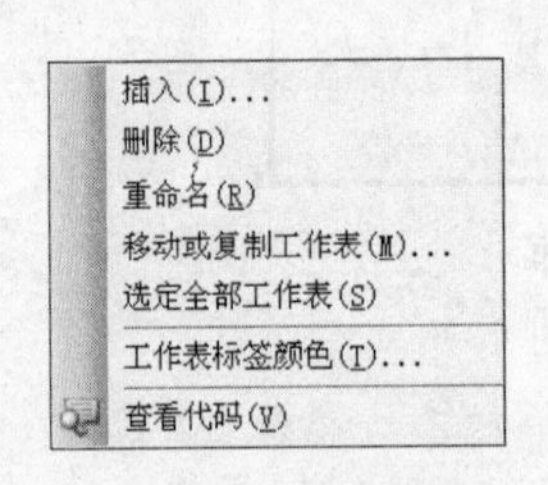

图 4-19　快捷菜单

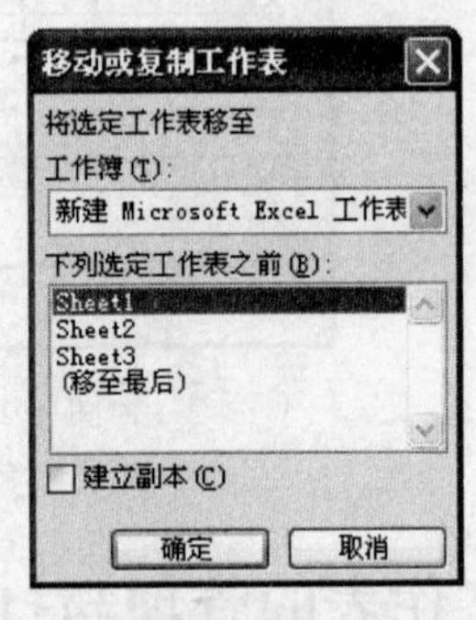

图 4-20　“移动或复制工作表”对话框

③ 在“工作簿”的下拉列表框中选择工作表要移动或复制的目标工作簿。如在本工作簿内移动或复制，则在“下列选定工作表之前”的列表框中选择要移动或复制的目标工作表。如果要移动工作表，不选择“建立副本”复选项，如果复制工作表，选择该复选项。

④ 单击“确定”按钮，便将选定的工作表移动或复制到指定工作簿中指定工作表的前面。

也可以通过右击要移动或复制的工作表标签，在快捷菜单中选择“移动或复制工作表”选项来移动或复制工作表。

(6) 用鼠标拖曳方法移动和复制工作表

选定要移动的工作表标签后，按下鼠标左键稍等片刻，鼠标指针前出现图标和一个倒立黑色三角形，拖曳鼠标至某个工作表标签位置，即将该表移到目标工作表之前；如果配合 Ctrl 键，用鼠标拖曳要移动的工作表标签时，则将选中的工作表复制到的目标工作表之前的位置。

2. 页面设置和打印

为了使打印出的工作表布局合理美观，要进行打印区域和分页的设置、打印纸张大小的选择、页边距的设置、添加页眉和页脚等页面设置工作。

(1) 设置打印区域

有时只需要打印工作表的部分数据，而不是全部，可通过设置打印区域来解决。先选定要打印的区域，在“文件”菜单中选“打印区域”命令，在下拉菜单中选择“设置打印区域”，选定区域后的边框出现虚线，表明打印区域已设置完成。若想撤销设置，同样是在“文件”菜单中选“打印区域”命令，在下拉菜单中选择“取消打印区域”。

(2) 插入分页符

如果工作表较大，在一页内打印不下，Excel 会自动插入分页符，将工作表分成多页打印。Excel 自动插入的分页符称为自动分页符，自动分页符有自动水平分页符和自动垂直分页符两种。自动水平分页符在屏幕上显示为一条水平虚线，自动垂直分页符在屏幕上显示为一条垂直虚线。

除此之外，用户也可以在工作表内插入分页符，将工作表分页打印。用户所插入的分页符称为人工分页符。既可插入水平分页符，也可插入垂直分页符，人工分页符在屏幕上显示为一条水平或垂直虚线。人工分页符可以删除，自动分页符不能删除。

(3) 插入水平分页符

首先选定一行，然后选择“插入”菜单中的“分页符”命令，便在选定行的上边插入一条水平分页符。打印时，选定行将成为下一页中的第一行。

(4) 插入垂直分页符

首先选定一列，然后选择“插入”菜单中的“分页符”命令，便在选定列的左边插入一条垂直分页符。打印时，选定列将成为下一页中的第一列。

(5) 同时插入水平分页符和垂直分页符

首先选定一个单元格，然后选择“插入”菜单中的“分页符”命令，便在选定单元格的上方插入一条水平分页符，在左边插入一条垂直分页符。打印时，选定单元格成为新页中的左上角单元格。

(6) 删除水平分页符

删除水平分页符的操作方法是：首先选定要删除的水平分页符下方的一个单元格或一行，然后选择“插入”菜单中的“删除分页符”命令，便将该水平分页符删除。

(7) 删除垂直分页符

首先选定要删除的垂直分页符右边的一个单元格或一列，然后选择“插入”菜单中的“删除分页符”命令，便将该垂直分页符删除。

如果选定的单元格的上方和左边有一条水平和垂直分页符，选择“插入”菜单中的“删除分页符”命令时，便将该水平分页符和垂直分页符同时删除。

(8) 页面设置

① 选择“文件”菜单中的“页面设置”命令，出现“页面设置”对话框，选择“页面”选项卡，如图 4-21 所示。选择工作表的打印方向、是否“缩放”(当纸张太小时，可以将工作表缩小打印)、使用的纸张大小及起始页码；在“打印质量”的下拉列表框中选择打印分辨率。

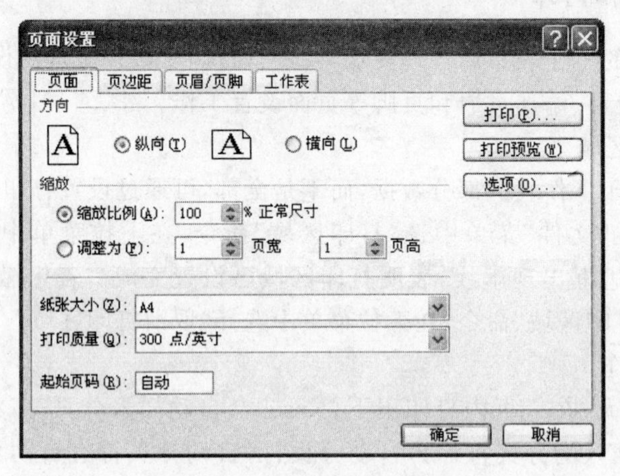

图 4-21 “页面设置”对话框

② 选中“页边距”选项卡，选择页面的上、下、左、右、页眉和页脚边距。在“居中方式”选项中可以选择是否将工作表在页面水平方向或垂直方向居中打印。设置的效果可以在“打印预览”框中看到。

③ 选择“页眉/页脚”选项卡，弹出如图 4-22 所示的对话框。在“页眉”下拉列表框中选择一种预定义页眉，在“页脚”下拉列表框中选择一种预定义页脚；如果不满意，可单击“自定义页眉/页脚”，用户自行定义。

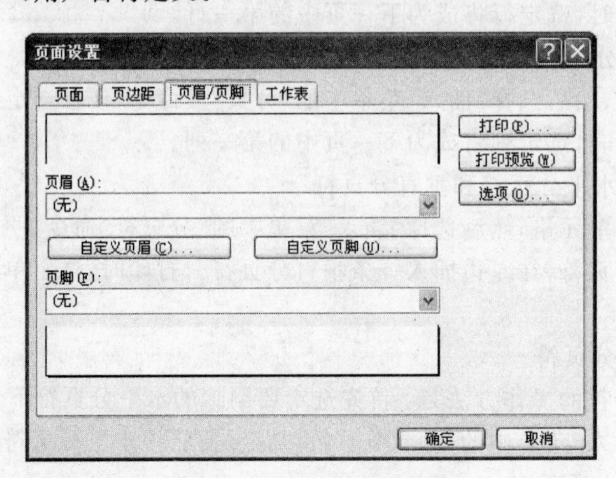

图 4-22 “页眉/页脚”选项卡

④ 选择“工作表”选项卡，出现如图 4-23 所示的对话框，在“打印区域”中选择打印区域。如果要在每一页中都打印相同的标题，在“打印标题”下面选择所需要的选项；如果希望特定的一行或一列作为每一页的水平标题或垂直标题，选择“顶端标题行”或“左端标题

列”；单击位于文本框右边的“压缩对话框”按钮，可将对话框暂时移开以便在工作簿中选择行或列，再次单击该按钮可将对话框恢复原状；选中“网格线”复选框时，打印时将有表格虚线输出；选中“行号列标” 复选框时，将打印出行号和列标。

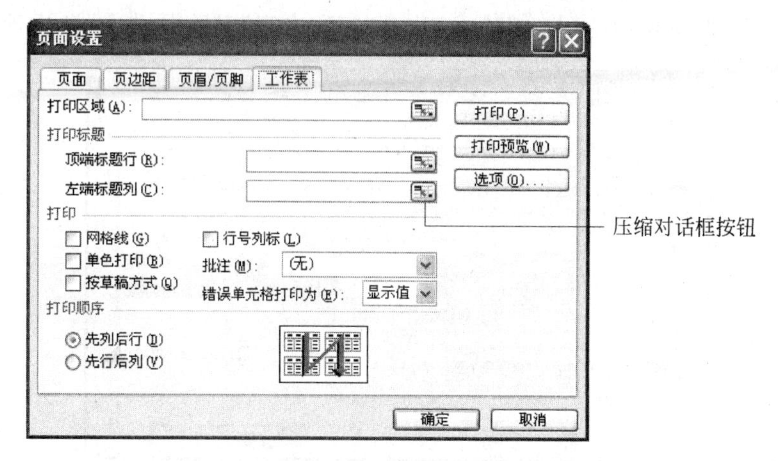

图 4-23 “工作表”选项卡

当要打印的工作表超出一页，打印顺序可指定先列后行或先行后列。

(9) 打印预览

为了在打印工作表之前能看到工作表打印的实际效果，Excel 提供了打印预览功能。要预览工作表的实际打印效果，按照如下步骤操作。

① 选择“文件”菜单中的“打印预览”命令，或单击“格式”工具栏中的“打印预览”按钮，出现打印预览窗口，如图 4-24 所示。

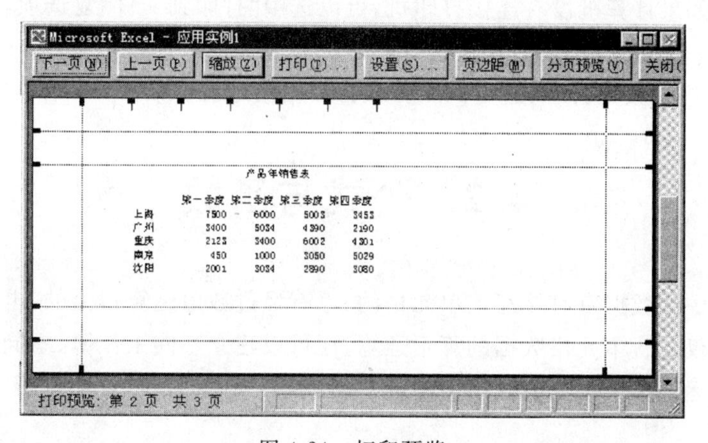

图 4-24 打印预览

② 利用打印预览窗口中的“缩放”按钮，可以将一页内表格放大或缩小显示。利用“上页”按钮或“下页”按钮，选择在窗口内显示前一页表格或下一页表格。通过“页边距”按钮选择是否在页面上显示页边距线和页眉页脚位置线。通过“设置”按钮，可以对页面进行设置。利用“分页预览”按钮，将看到每一页打印的内容在表格中的位置，并在中央有页号显示。

③ 单击打印预览窗口中的“关闭”按钮，结束打印预览。

(10) 打印

编排好工作表之后，便可以在打印机上打印了。打印工作表的操作步骤如下。

① 选择“文件”菜单中的“打印”命令，出现“打印内容”对话框，如图 4-25 所示。

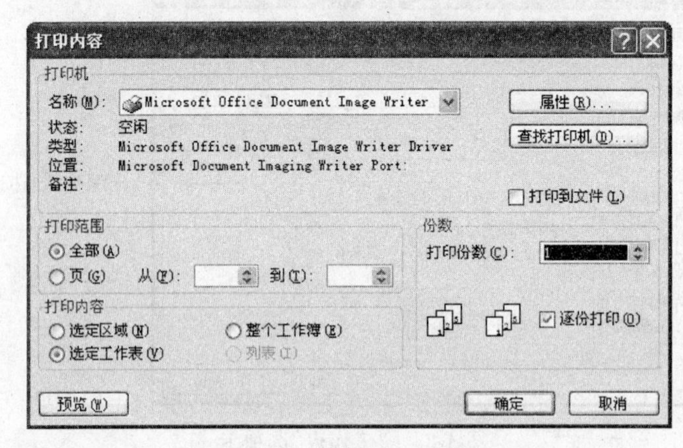

图 4-25 “打印内容”对话框

② 在“打印内容”对话框内选择要打印的范围，选择“选定区域”仅打印选定区域内的内容，选择“选定工作表”打印选定的整个工作表的内容，选择“整个工作簿”打印工作簿内的所有工作表中的内容。在“打印范围”选项框中可以进一步选择是打印全部页还是部分页；在“打印份数”的文本框中输入要打印的份数。

③ 如果安装了多台打印机的驱动程序，可以在打印机“名称”下拉列表框中选择要使用的打印机。如果计算机没有连接打印机，可以选中“打印到文件”复选项，将工作表的打印结果存放到一个文件中，以便在连接有打印机的计算机上打印。

④ 单击“确定”按钮，便将选定的工作表打印出指定的份数。

4.2 公式与函数

电子表格中的数据有直接写入单元格的，也有经过数值运算得出的，电子表格中的数值运算公式不仅包含单元格数据的算术运算，还可以建立不同工作簿、不同工作表之间的单元格数据的运算关系。当公式中引用的原始数据被修改后，可自动重新计算结果。

4.2.1 公式中的运算符

运算符是公式中的重要组成部分，在 Excel 中包含四种类型的运算符。

1. 算术运算符

公式中使用最多的是算术运算符，运算的对象是数值，结果也是数值。运算符有＋

(加号)、－(减号)、*(乘号)、/(除号)、%(百分号)、^(乘方)。

2. 比较运算符

比较运算符有＝(等号)、＞(大于)、＜(小于)、＞＝(大于等于)、＜＝(小于等于)、＜＞(不等于)。比较运算公式返回的结果为 TRUE(真)或 FALSE(假)。

3. 文本运算符

文本运算符“&”(连接)可以将两个文本连接起来,其操作的对象可以是带引号的文字,也可以是单元格地址。如:B5 单元格的内容是“西安交大”,C5 单元格的内容为“电信学院”,在 D5 单元格中输入公式:＝B5&C5,则结果为“西安交大电信学院”。

4. 引用运算符

引用运算符有区域、联合、交叉三种运算符。

- “:”(冒号)区域运算符,对两个引用之间包括这两个引用在内的所有单元格进行引用。如 B1:B100 表示从 B1 到 B100 这 100 个单元格的引用。
- “,”(逗号)联合运算符,将多个引用合并为一个引用。如:C1:C5,F8:F14 表示 C1 到 C5 和 F8 到 F14 共计 12 个单元格的引用。
- “ ”(空格)交叉运算符,产生同属于两个引用单元格区域的引用。如:A1:C3 B1:B3 表示只有 B1 到 B3 三个单元格同属于两个引用。

当多个运算符同时出现在公式中时,Excel 对运算的优先顺序有严格规定,由高到低是(竖线为分隔符号):

:|,|空格|－(负号)|%|^|(*、/)|(＋、－)|&|(＝、＞、＜、＞＝、＜＝、＜＞),如果优先级相同,则按从左至右的顺序,要想改变优先顺序可以用圆括号。

4.2.2 公式的输入与编辑

公式必须以“＝”开头,由常量、单元格引用、函数和运算符组成。下面是公式的几个例子:

＝12＋15　　(1)

＝SUM(C1:C5,F8:F14)　　(2)

＝E2＋E5＋E8　　(3)

＝[Table1]sheet2!A2＋sheet3!A2　　(4)

(其中 [Table1] 为工作簿名,sheet2 为工作表名,A2 为单元格名)

要向一个单元格输入公式,首先选中该单元格,被选中的单元格称作当前单元格,再输入符合格式的公式,按回车键或单击编辑栏中的“√”按钮,即将计算结果存放在当前单元格中;如果按 Esc 键或单击编辑栏中的“×”按钮,则取消本次输入;需要修改公式,单击公式所在的单元格,使公式显示在编辑栏内,即可进行编辑。也可双击公式所在的单元格,直接在单元格中进行编辑。

公式(2)和(3)中引用的是同一个工作表中的单元格,仅指出单元格地址：如 C2 和 E2 等;公式(4)左半部分表示不同工作簿中工作表的单元格的地址,在单元格地址的前面冠以“[工作簿名]工作表标签!”,例中[Table1]Sheet2! A2 表示工作簿 Table1 的 Sheet2 工作表的 A2 单元格;右半部分表示同一工作簿中不同工作表的单元格地址。故在单元格地址的前面加“工作表标签!”,例中 “Sheet3”为工作表名,A2 则是该工作表中的单元格地址。

4.2.3 函数简介

函数是 Excel 提供的用于数值计算和数据处理的标准公式。函数由函数名和参数构成,其语法形式为“函数名(参数 1,参数 2,……)” 其中参数可以是常量、单元格、单元格区域、区域名或其他函数。函数是用户数值计算和数据处理的有力工具。

Excel 提供的函数可分为以下几类。

- 常用函数　包括求和函数 SUM、求平均值函数 AVERAGE、求最大值函数 MAX、求最小值函数 MIN、统计项目函数 COUNT、条件求和函数 SUMIF 等。
- 财务函数　主要是进行一般的财务计算。
- 日期与时间函数　主要是处理日期和时间。
- 数学与三角函数　主要是进行数学计算。
- 统计函数　主要是对数据区域进行统计分析。

此外,还有查找与引用函数、数据库函数、文本函数、逻辑函数、信息函数等。

1. 函数的输入

函数可以用两种方法输入,一为直接输入法,二为选择插入法。

(1) 直接输入法是在“=”号后直接输入函数名字和参数,此方法使用比较快捷,要求输入函数名要准确;如在 F8 单元格直接输入“=AVERAGE(A1:E8)”。

(2) 由于 Excel 提供了几百个函数,记住每一个函数名和参数比较困难,因此使用插入函数的方法比较方便,引导用户正确的选择函数、选择参数。方法如下：

① 确定函数输入的位置。

② 选择“插入”菜单中“函数”命令或单击常用工具栏中的“自动求和”的下拉按钮,弹出“插入函数”对话框,如图 4-26 所示。

③ 在函数类别中选择所需的函数类型和函数名,单击“确定”按钮,显示参数对话框。

④ 在输入参数对话框中输入各参数,单击“确定”按钮,完成函数输入。

2. 使用自动求和计算

可以使用“常用”工具栏中的“自动求和”按钮,对一列中的多个单元格或一行中的多个单元格中的数据进行求和运算。对一列中的多个单元格中数值进行求和运算的操作方法是：首先选定一列中要求和的多个单元格,再单击“格式”工具栏中的“自动求和”按钮,便计算出选定的各单元格中数值之和,并存放在该列选定单元格下方的一个单元格中。

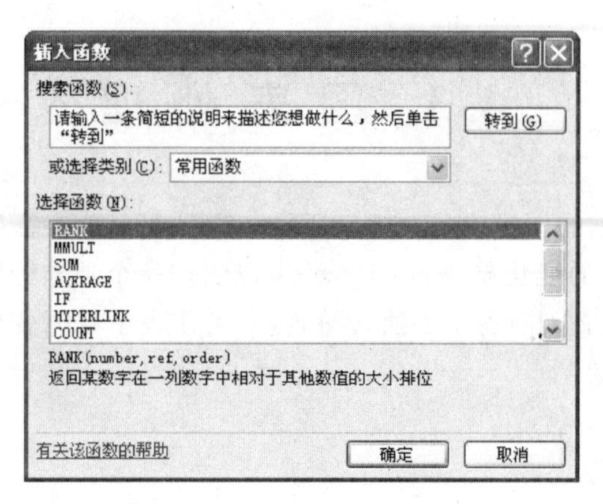

图 4-26 "插入函数"对话框

4.2.4 单元格的引用

在 Excel 公式中，单元格是作为变量参与计算的。也就是说公式中指定的单元格地址称作单元格的引用，公式运算的结果总是采用单元格中当前的数据，如果改变单元格中的数据内容，则计算结果也会发生变化。单元格引用分为相对引用、绝对引用和混合引用。

引用单元格的公式在行列中复制，可避免重复的公式输入工作，这类公式在复制过程中，可根据不同的位置或情况自动变换单元格地址。

1. 相对引用

相对引用是指单元格引用会随公式所在单元格的位置变更而改变。在 C1 单元格中输入公式"＝A1＋B1"，拖曳复制柄将 C1 中公式复制到 C2，会发现 C2 中的公式变为"＝A2＋B2"。再将 C1 中公式复制到 D1，会发现 D1 中的公式变为"＝B1＋C1"。不难看出公式复制后相对行(列)发生变化，其公式中的所有的单元格引用地址行(列)也发生了变化。

2. 绝对引用

在行号和列号前加上"$"符号，则代表绝对引用。绝对引用单元格地址将不随公式的位置变化而改变。如在 C1 单元格中输入公式"＝$A$1＋$B$1"，将 C1 中公式复制到 C2，会发现 C2 中的公式仍为"＝$A$1＋$B$1"。同样，复制到 D1 后公式也不变。

3. 混合引用

混合引用是指只给行号或列号前加"$"符号。如 A$1、$B2，当公式复制后，只有相对地址部分会发生改变而绝对地址部分不变。

4.3 图表处理

图表是工作表数据的图形表示，它可以更加直观、明确地表征数据之间的关系，凸显数量的变化，昭示事物的变化趋势，用 Excel 可以制作一个独立的图表，也可以将图表嵌入到工作表内，无论是嵌入图表还是独立图表，当工作表中数据变化时，图表也会自动进行相应的更新。

4.3.1 制作图表

Excel 提供了 14 种图表类型，每一类又有若干子类型。利用图表向导可分四步完成图表的建立；利用“图表”工具栏可快速创建图表。两种方法都要首先选定建立图表的数据区域，这是建好图表的关键一步，建图表的数据区域可以是连续的，也可以不连续，但选定的几个不连续区域要保持相同的大小；若选定的区域有文字，文字应在区域的最左列或最上行，用以说明图表中数据的含义。

图 4-27 是某公司一年内各季度在各大城市的产品销售量。选定季度、北京和西安两地的数据制作二维柱形图表。

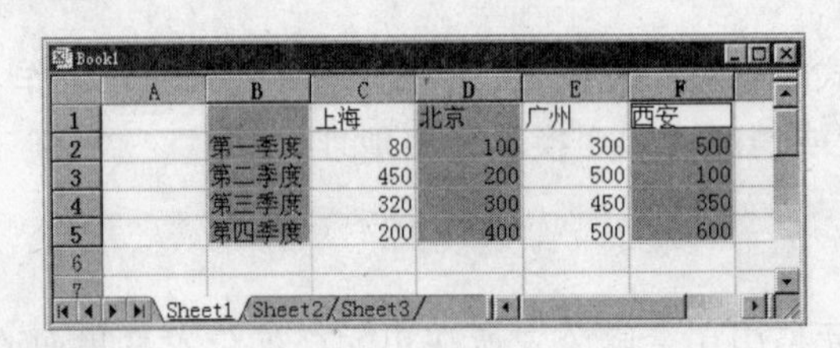

Book1

	A	B	C	D	E	F
1			上海	北京	广州	西安
2		第一季度	80	100	300	500
3		第二季度	450	200	500	100
4		第三季度	320	300	450	350
5		第四季度	200	400	500	600
6						
7						

Sheet1 / Sheet2 / Sheet3

图 4-27 产品销售量

1. 用“图表向导”完成图表制作

对于初次制作图表，最好利用向导进行各种选项的设置，可详细了解制作过程。

(1) 选定要用来制作图表的数据所在的区域。如要制作图 4-28 中的图表应选定图 4-27 的区域 B1:B5,D1:D5,F1:F5。

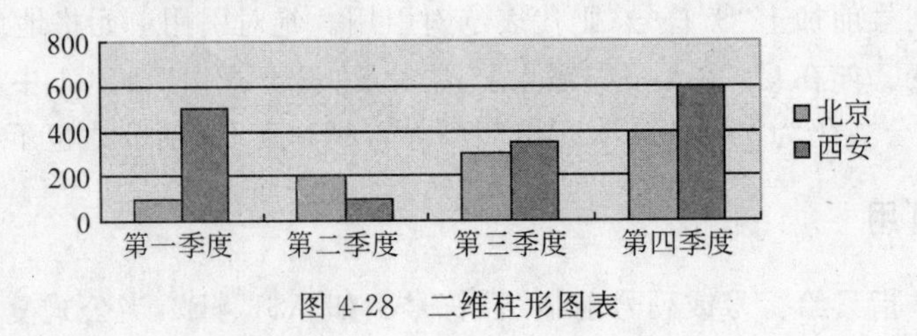

图 4-28 二维柱形图表

(2) 选择“插入”菜单中的“图表”命令或单击“常用”工具栏上的“图表向导”按钮，显示“图表向导—4 步骤之 1—图表类型”对话框，如图 4-29 所示，在该对话框中“图表类型”

选择柱形图,“子图表类型”中选择簇状柱形图。

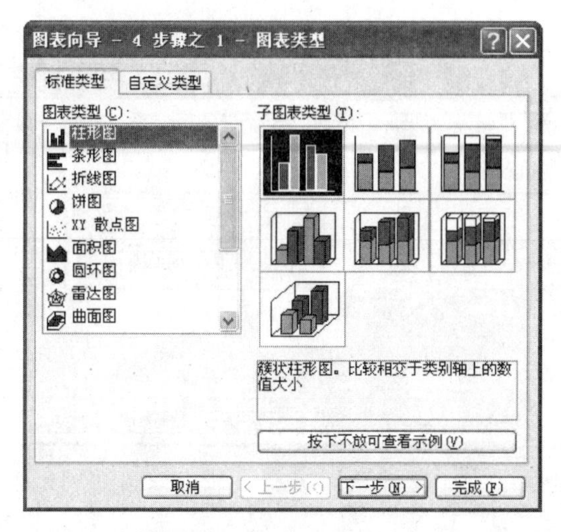

图 4-29 “图表向导—4 步骤之 1—图表类型”对话框

(3) 单击“下一步”按钮,显示“图表向导—4 步骤之 2—图表数据源”对话框,如图 4-30 所示。“数据区域”选项卡用来选择工作表中制作图表的数据,如果在启动“图表向导”之前已选择了数据区域,在“数据区域”框中会显示出来。数据系列产生在“列”单选按钮则表示数据系列按列选;“行”单选按钮表示数据系列按行选;本例中选择数据系列在“列”,在图中可见数据系列为“北京”和“西安”。“系列”选项卡用于列出已选数据系列的名称,在图表中可以添加或删除数据系列,这种操作不会影响工作表中的数据。

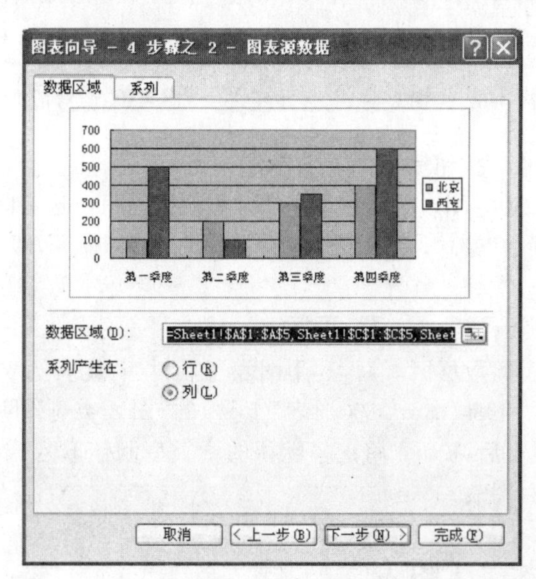

图 4-30 “图表向导—4 步骤之 2—图表源数据”对话框

(4) 单击“下一步”按钮,显示“图表向导—4 步骤之 3—图表选项”对话框,如图 4-31 所示。在此对话框中,可以设置图表标题为“销售情况”,分类(X)轴标题为“季度”和数值

(Y)轴标题为“销量(套)”。除此之外,根据需要还可设置坐标轴、网格线、图例、数据标志和数据表。

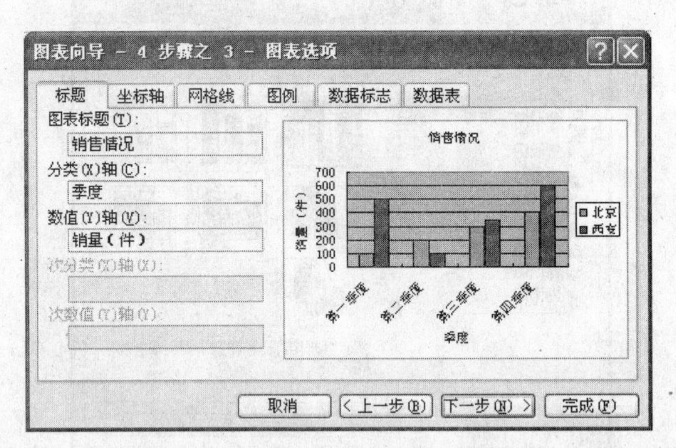

图 4-31 “图表向导—4 步骤之 3—图表选项”对话框

(5) 单击“下一步”按钮,出现“图表向导—4 步骤之 4—图表位置”对话框,如图 4-32 所示。在此对话框中,选择“作为其中的对象插入”单选按钮,将建立嵌入式图表;若选择“作为新工作表插入”单选按钮,则建立独立图表。

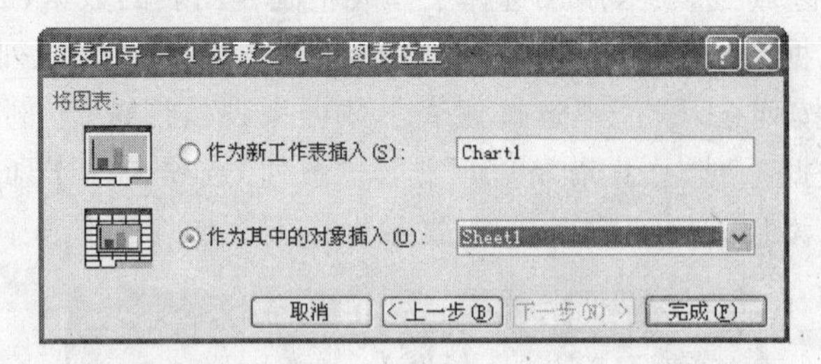

图 4-32 “图表向导—4 步骤之 4—图表位置”对话框

(6) 最后单击“完成”按钮完成图表的制作。

对于嵌入式图表和独立图表的转换也是非常方便的。只要选定图表,这时菜单栏中“数据”菜单会自动变为“图表”菜单,在“图表”菜单中选择“位置”命令,即可重新确定图表位置。

2. 快速制作图表

在选定了制作图表的数据区域后,利用图表工具栏(若此时图表工具栏未出现在屏幕上,通过“视图”菜单的“工具”命令,选“图表”工具)的“图表类型”下拉表框,共有 18 种类型可选择,选择某一图表后,Excel 将选择默认的子类型制作嵌入式图表;若按下 F11 键,则制作默认的柱型独立图表。

4.3.2 编辑和格式化图表

1. 缩放、移动、复制、删除图表

(1) 缩放 当嵌入式图表被选定后,其图表四周有 8 个控制块,用鼠标拖曳这些控制块即可改变图表的大小。

(2) 移动　首先选定要移动的图表,然后按下鼠标左键拖曳图表到目标位置。当按下鼠标左键拖曳选定的图表时,将出现随鼠标移动的黑色虚线框。放开左键时,虚线框的位置便决定了图表的位置。

(3) 复制图表　可以在工作表中复制已经制作的图表。首先选定要复制的图表,选择“编辑”菜单中的“复制”命令,在工作表中选定目标位置左上角的一个单元格。选择“编辑”菜单中的“粘贴”命令,便将选定的图表复制到目标位置。如果在同一个工作表中复制图表,也可以在按下 Ctrl 键的同时,按下鼠标左键拖曳选定的图表到目标位置。

(4) 删除图表　选定要删除的图表,选择“编辑”菜单中的“清除”命令,并在其下拉子菜单中选择“全部”菜单项,或按 Delete 键,便将选定的嵌入式图表删除。要删除独立的图表,只能将图表所在的表删除,删除表的方法同删除工作表。

2. 编辑图表内容

可以给图表中再加入数据系列或删除图表中数据系列。对图表的标题、坐标轴标题、图表示例中的文本可以进行格式编排,也可以对图表中数据图示的颜色进行改变。

(1) 图表类型的改变　选中图表后,选择“图表”菜单中的“图表类型”命令,在其对话框中选择所需要的图表类型和子类型。

(2) 添加数据系列　给已经制作的图表中添加数据系列,首先在工作表中选定要添加的数据系列,然后按下鼠标左键拖曳选定的数据系列到图表中。

(3) 删除数据系列　选定要删除的数据系列(在图表中单击要删除的数据系列),按 Delete 键,便将该列数据从图表中删除(并非在源表中删除)。例如,要删除图表 4-28 中北京的数据系列,单击北京数据的柱形,然后按 Delete 键,则图表中不包括“北京”系列的数据。

(4) 添加图形　有时为了强调图表中某些部分,可添加自选图形并给出文字说明;如图 4-33 中标示出最高和最低的数据,注意在添加前先选中图表,这样图形和图表形成一体,移动图表时图形也一起移动。

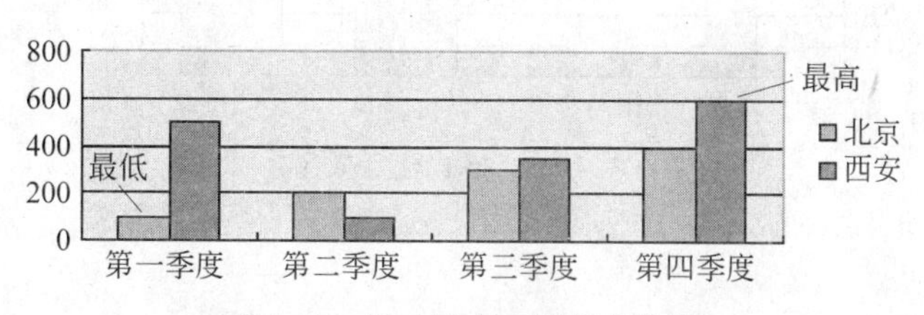

图 4-33　标示最高和最低的数据

(5) 图表对象的格式化　图表对象的格式化是指对图表中各对象的格式设置,包括文字和数值的格式、字体、字号、颜色、坐标轴、网格线、绘图区底纹、图表区边线和图例等设置。格式设置前要先选中这些图表对象,一般方法是用鼠标单击对象后会显示选中标记;另选则再次单击;也可用↑、↓键在各对象之间选择,用→、←键在一系列内各项之间选择。使用“格式”菜单中对应的“图表对象”命令完成设置。

还有两种简单的方法是用鼠标指向图表对象单击右键，在快捷菜单中选择该图表对象格式设置命令；或双击欲进行格式设置的图表对象，也同样可完成图表对象格式设置。

例如对图 4-33 进行如下格式化。

① 双击数值轴，显示"坐标轴格式"对话框，选择"刻度"选项卡，如图 4-34 所示，在对话框中最小值中输入 10。

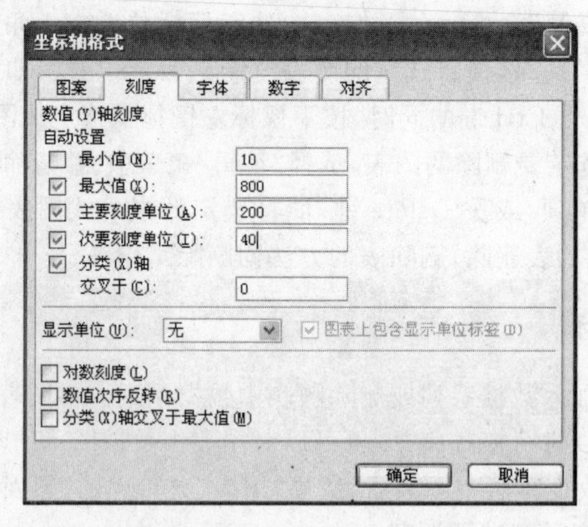

图 4-34 "坐标轴格式"对话框

② 双击图表区，显示"图表区格式"对话框，选择"图案"选项卡，在对话框的中边框里选中阴影。

③ 单击"西安"数据系列图形，再单击最大的数据点，此时只有最大的一个数据点被选中，选"格式"菜单中"数据点"命令，显示"数据点格式"对话框，在"数据标志"选项卡中选中显示值；完成上述格式化后效果如图 4-35 所示。

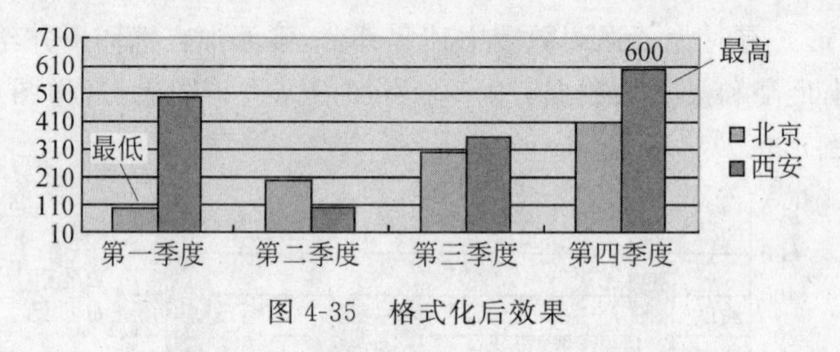

图 4-35 格式化后效果

4.4 数据管理

Excel 具有一定的数据管理与分析功能。通过数据清单来实现对数据的管理；数据清单与一般表格的区别在于：表中的每列数据有一个列标题，相当于数据库中表的字段名，列相当于字段，数据清单中的行相当于数据库中表的记录，在一张 Excel 工作表中的数据清单与其他数据间至少要有一个空行和空列，数据清单中不应包含空行和空列。

4.4.1 建立数据清单

利用数据清单添加记录、编辑记录、删除记录和查找记录，操作步骤如下。

① 选定要作为数据清单管理的区域 A1:E9，如图 4-36 所示。

② 选择“数据”菜单中的“记录单”命令，显示如图 4-37 所示的记录单。记录单采用选定区域所在工作表的名称。在记录单中，显示每一个字段名和文本框，用来输入记录中字段的数据。除此之外，还有供用户管理数据使用的按钮。在图 4-36 中，记录单采用选定区域所在工作表的名称 Sheet1，字段名为姓名、数学、物理、化学和总分是选定区域中第一行的数据。

	A	B	C	D	E
1	姓名	数学	物理	化学	总分
2	杨帆	77	88	75	240
3	汪溪	99	86	78	263
4	王晋	87	85	87	259
5	魏伟	84	83	85	252
6	刘萍	87	82	76	245
7	成功	77	88	88	253
8	王强	85	87	89	261
9	高华	86	86	86	258

Sheet1

图 4-36 数据区域

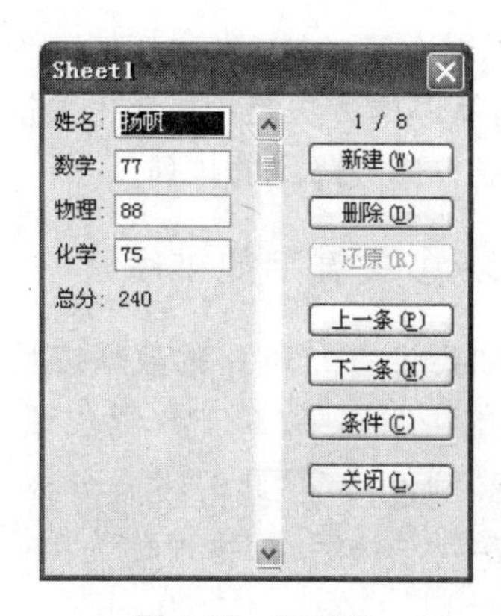

图 4-37 记录单

③ 要添加记录，单击“新建”按钮，出现一个新记录的数据单，并且在记录单的右上角出现“新记录”3 个字。添加了各字段数据的记录后，单击 Enter 键，便将该记录加入到数据清单的最后一行，接着又出现一个新记录等待输入。

输入数据时可通过鼠标单击、按 Tab 键或按 Shift＋Tab 键在文本框间移动插入点。

单击“上一条”按钮，数据单将显示上一条记录的数据。单击“下一条”按钮，数据单将显示下一条记录的数据。在字段名右边的文本框，可以对该记录数据进行修改。单击“还原”按钮，则恢复修改前的数据。

单击“删除”按钮，可将数据单上显示的记录从数据清单中删除，即从选定区域删除。删除记录时，将出现一个警告框，警告用户该记录将被永远删除，单击“确定”按钮便将记录永远删除。

要查找记录，单击“条件”按钮，出现一个空记录的数据单，字段名右边的文本框是空白，并且在记录单的右上角出现字串“Criteria”。在字段名右边的文本框中输入要查找的条件。输入完条件后，单击“下一条”或“上一条”按钮，数据单将显示相应的满足条件的记录。

输入查找条件时，可以使用等号“＝”、大于号“＞”、小于号“＜”以及“＞＝”、“＜＝”、“＜＞”等 6 个符号，并且可以在几个字段名右边的文本框中输入查找条件，以实现按照复合条件查找。按复合条件查找时，各条件之间按“与”进行运算，即要求同时满足各条件。如要查找总分高于 250 的记录，在总分右边的文本框中输入“＞250”。要查找总分大于等于260并且数学高于80的记录，在总分右边的文本框中输入“>=260”，在数学右边的文本框中输入“>80”。

单击“关闭”按钮，退出记录单操作。

4.4.2 数据排序

为了数据查找的方便和其他操作的需要，可以将工作表中的某一区域中数据以行(记录)为单位，按照某一列或某几列的数据次序进行排序。

1. 单关键字的简单排序

在实际工作中，经常按照一列数据(关键列)的次序来排序。如数值的大小、时间的先后等，简单的方法是：先选中关键列的任一单元格，再选用“常用”工具栏的排序按钮，即可完成升序或降序的排列。

2. 多关键字的排序

如要将图4-36中的数据按照总分从高到低排序，对于总分相同的记录，按照数学成绩从高到低排序；对于数学成绩相同的记录，按物理成绩从高到低排序；此时将总分称为主要关键字，将数学称为次要关键字，将物理称为第三关键字。排序的操作步骤如下。

图4-38 “排序”对话框

① 选定要排序的区域。

② 选择“数据”菜单中的“排序”命令，弹出如图4-38所示的“排序”对话框。

③ 在“主要关键字”的文本框中输入或选择排序主关键字“总分”，要求从大到小排序，选择“递减”单选项，Excel的缺省选项是“递增”。

④ 在“次要关键字”的文本框中输入或选择排序的次要关键字“数学”，要求从大到小排序，选择“递减”单选项。

⑤ 在“第三关键字”的文本框中输入或选择排序的次要关键字“物理”，要求从大到小排序，选择“递减”单选项。

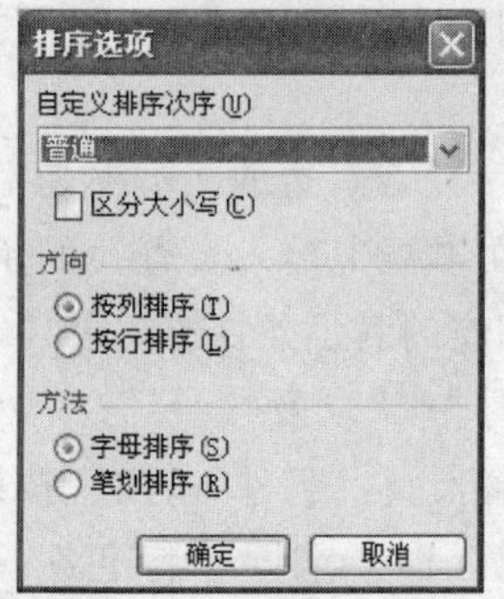

图4-39 “排序选项”对话框

如果选定区域中的第一行数据(一般是各列数据的标题)不参加排序，选择“有标题行”选项，如果第一行数据参加排序，则选择“没有标题行”选项。Excel的缺省选项是“有标题行”。单击“确定”按钮，完成对选定区域数据的排序。

如果要自定义排序，在排序对话框中单击“选项”按钮，弹出如图4-39所示的“排序选项”对话框，可选择所需的自定义排序顺序；对字母的排序可选择区分大小写；排序的方向可选择按行或按列;排序的方法可选择按字母或按笔画。

4.4.3 数据筛选

在数据列表中,用户可以使用自动筛选功能显示满足筛选条件的记录,隐藏不满足条件的记录。完成筛选的方法如下。

(1) 用鼠标单击数据列表中的任一单元格。

(2) 选择"数据"菜单中的"筛选"并在其下拉菜单中选"自动筛选"命令。

(3) 在每个列标题旁将出现一个下拉箭头。对图 4-36 中的数据,只显示总分在 260～270 之间的记录,单击下拉箭头,显示条件选择列表,选择"自定义"选项,显示"自定义自动筛选方式"对话框,如图 4-40 所示,在左边的操作符下拉列表中选择"大于",在右边的值列表框中输入"260"。

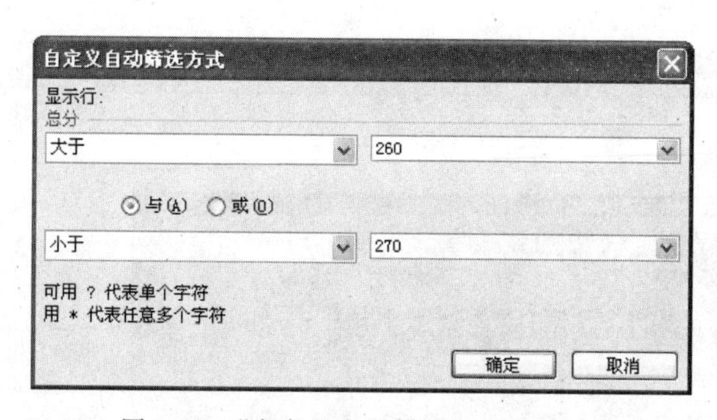

图 4-40 "自定义自动筛选方式"对话框

(4) 选中"与"单选按钮,在下面的操作符列表框中选择"小于",在数值列表框中输入"270"。

(5) 单击"确定"按钮,即可显示筛选结果。

如果取消自动筛选功能,选择"数据"菜单的"筛选",再次单击"自动筛选"命令使其复选框消失。

4.4.4 数据导入

可以从其他格式的文档或数据库中导入数据至工作表,这些文档称为外部数据源。导入方式大致有两种:一是有选择地粘贴;二是利用 Microsoft Query 数据检索功能检索外部数据源。本节主要讨论从 Word 文档中导入数据。

(1) 在 Word 窗口中选定要复制的对象,单击"编辑"菜单中的"复制"选项,如图 4-41 所示。

(2) 激活工作表窗口,选定起始的单元格,选择"编辑"菜单的"粘贴"选项;则数据分行粘贴到当前工作表中。但是此时 Word 中每一行的文本集中到一列单元格,还需将数据分列。

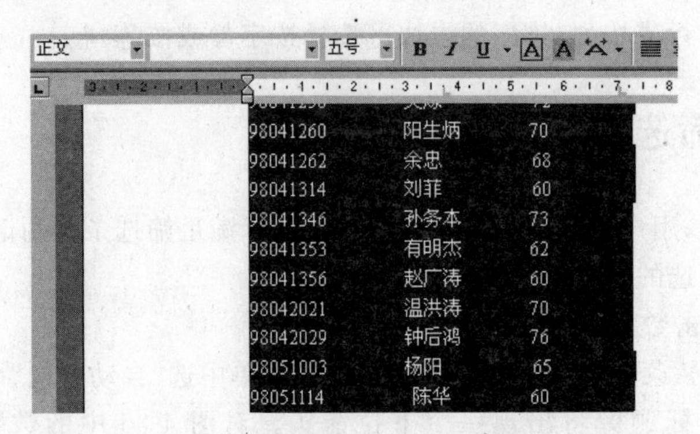

图 4-41　从 Word 文档中复制数据

(3) 选定各数据行第一列，注意保证每行只含有一个单元格；单击“数据”菜单中的“分列”命令，见图 4-42。

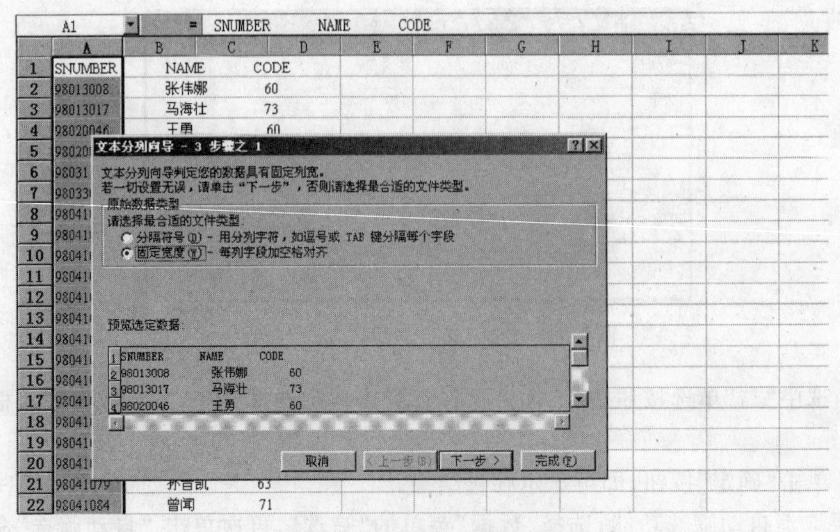

图 4-42　将导入的数据分列

(4) 弹出“分列向导”对话框后，检查预览框中的数据是否正确，按“下一步”按钮之后显示自动分列间隔线，拖曳间隔线可调整列宽，单击“下一步” 按钮。

(5) 设置各列数据格式，Excel 具有自动识别数据的功能，对数字数据识别为数字型，字符类数据识别为文字型，以及区分逻辑型、日期型等。同时也允许用户修改数据类型，如图 4-43 所示的向导中将第一列数据识别为数值型，实际中编号类数据是非计算数据，常作为文字型处理(如以“0”开始的学号，若作为数字型显示将删掉起始的 0)，可将图中选中的第一列格式由“常规”改作“文本”，如果需要修改其他列格式，可单击该列再修列数据格式。

(6) 单击“完成”按钮，结束操作。

关于从外部数据源导入数据，熟练的操作者可依据联机帮助或其他资料介绍。

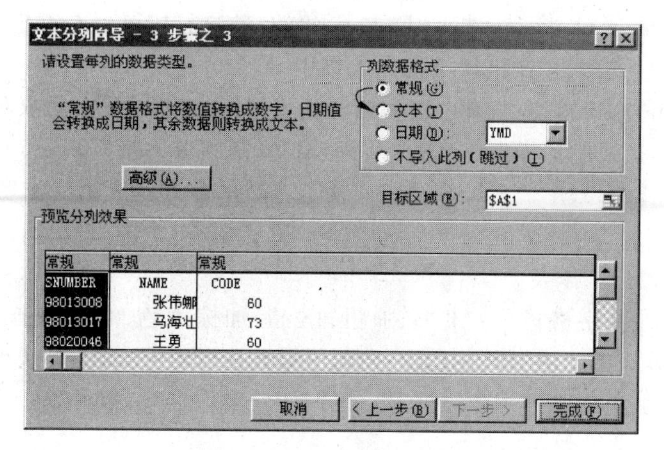

图 4-43　更改类数据格式

课堂训练

训练 4.1　工作表的基本制作

任务与要求：

1. 掌握建立数据工作表与表格格式化。
2. 掌握单元格的计算方法。
3. 掌握建立数据图表和图表的修改。

练习 1　建立如图 4-44 所示的统计表。并作每月小计和季度合计计算。

学生第二季度个人消费统计

月份	伙食费	培训	学习资料	上网	杂费	每月小计
四月	303	82	35	50	75	
五月	315	82	35	76	53	
六月	299	48	22	45	58	
合计						

图 4-44　消费统计表

操作步骤如下：

① 单击单元格 A1，输入表的标题并按 Enter 键。

② 单击单元格 A2，输入列标题“月份”，按“→”按钮激活 B2 单元格或按 Enter 键确认后单击 B2 单元格，输入“伙食费”，以此类推输入全部数据内容。

③ 在单元格 F3 中输入公式“= SUM(B3:F3)”，按 Enter 键，计算且显示出“四月”的支出小计为“545”(亦可输入“=B3+C3+D3+E3+F3”)。

④选中单元格 F3。将鼠标指向 F3 右下角的复制柄，按鼠标左键拖曳鼠标向下填充至 F5，即将 F3 中的公式复制到以下的单元格中。

⑤选中单元格 B6，单击编辑栏左侧插入函数按钮，选择 SUM 函数对数据序列 B3—B5 求和；确认后，按复制柄横向拖曳鼠标，将公式复制到单元格 C6—E6 中。

⑥选中单元格 G8，用输入计算公式或插入函数的方式计算第一季度的支出总计（对 G3—G5 求和）。

练习 2　格式化工作表。

设置上表标题文字格式为：隶书、加粗、18 磅，加棕黄色、细对角剖面线底纹并跨列合并居中；将各数值单元格加灰色底纹；使数值单元格右对齐，其他类型单元格左对齐；并给中部数据区域加上深浅不同的边框显示出凹面效果。

操作步骤如下：

① 选定单元格 A1，在“格式”工具栏中选择字号为 18 磅，按“加粗”按钮，选择字体为“隶书”。

② 选择单元格区域 A1—G1，单击格式工具栏中“合并及居中”按钮，单击“格式”菜单|“单元格”|“图案”，单击“图案”列表框的下拉箭头，选择“棕黄”颜色；选择底纹图案为“细对角剖面线”。

③ 选择“合计”下方的单元格 A7，单击“插入”菜单选择“行”，插入一个空行。

④ 选择单元格区域 A2—G9，单击“格式”菜单|“单元格”|“图案”，选择 25%灰色作为该区域底纹；选择 A1—G9，单击“格式”|“单元格”|“边框”，选择线条样式为粗黑线，单击边框样式中“外边框”按钮，为全表加外框线；再选择标题行 A1，为其设置边框，选择稍粗一些的黑线，单击下框线按钮（在预览框中可查看效果），即在标题下加框线。

⑤ 选择单元格区域 B3—F5，单击“格式”|“单元格”|“边框”，选择黑色线条，单击上边框和左边框按钮；选择白色线条（注意先选择线形再改变颜色），单击下边框和右边框按钮，即产生凸凹效果。

⑥ 选择区域 F3:F9，单击“格式”|“单元格”|“数字”，选择“会计专用”分类，选择小数位数为 0。

格式编排样图见图 4-45。

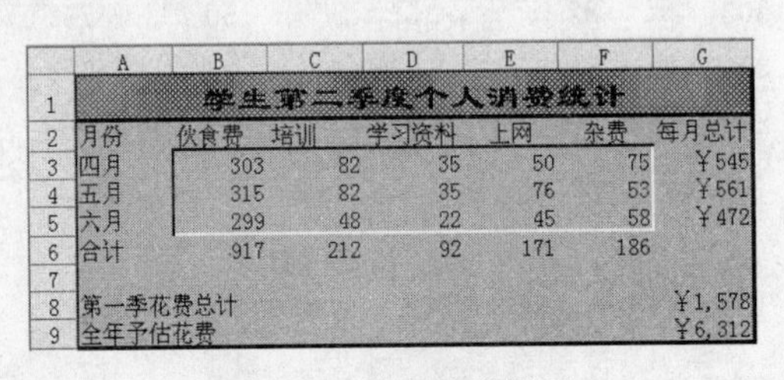

	A	B	C	D	E	F	G
1	学生第二季度个人消费统计						
2	月份	伙食费	培训	学习资料	上网	杂费	每月总计
3	四月	303	82	35	50	75	￥545
4	五月	315	82	35	76	53	￥561
5	六月	299	48	22	45	58	￥472
6	合计	917	212	92	171	186	
7							
8	第一季花费总计						￥1,578
9	全年予估花费						￥6,312

图 4-45　格式编排样图

练习 3　制饼形统计图表。

图表是表现数据变化特征和趋势的有效工具。表现一个系列中各数字量的比例适合用饼形图。如对图 4-44 所示例子中统计四月份各类开销的比例，操作步骤如下。

① 选定区域 B2:F3，选择“插入”菜单中的“图表”命令或单击常用工具栏上的“图表

向导”按钮。

② 显示“图表向导　4 步骤之 1—图表类型”对话框，在“图表类型” 中选择饼图，“子类型”中选择“分离型三维饼形图”。

③ 单击“下一步”按钮，出现“图表向导—4 步骤之 2—图表数据源”对话框。在数据区域文本框中自动显示所选定的区域 地址“=Sheet1! $B$2:$F$3”。并默认系列数据产生在“行”。

④ 单击“下一步” 按钮，出现“图表向导—4 步骤之 3—图表选项”对话框。可见到三个选项卡。在“标题”页中的标题文本框中输入“四月消费统计”，单击“图例”选项，取消“显示图例”。单击“数据标志”页，选中“类别名称”复选框。

⑤ 单击“下一步” 按钮，出现“图表向导—4 步骤之 4—图表位置”对话框，在此对话框中，选择“作为其中的对象插入”单选按钮，对于图中比例小的部分，数据标志文字可能重叠，将鼠标指向叠字部分分别拖曳，文字下自动加引出线。建立嵌入图表如图 4-46 所示。细节提示：可单击选中饼图中某个部分后，再双击，在“数据点格式”对话框中改变其颜色。

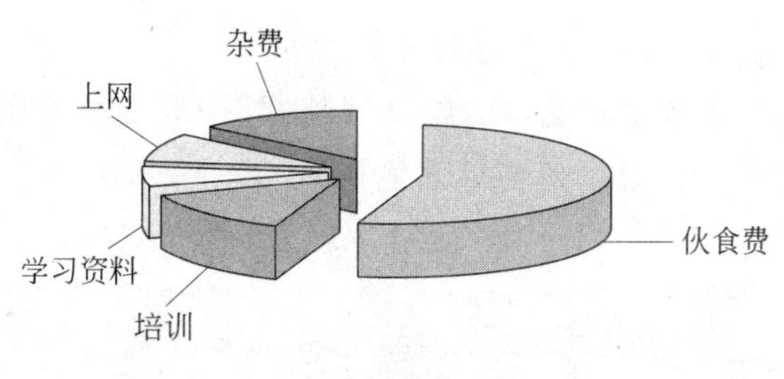

图 4-46　饼形统计图表示例

训练 4.2　图表制作与表项修改

任务与要求：

1. 掌握反映数据趋势变化的图表制作和一般柱形图表的制作。

2. 掌握修改图表中坐标轴的格式和更换坐标轴基准数据系列。

练习 1　录入本章开始的图 4-2 中基金数据表(输入 10—15 行，日期数据可自动填充，基金净值保留两位小数)，建立反映两支基金在一段时间内的盈亏变化的折线图。

操作步骤如下：

① 录入数据后，分别选中表中“日期”、“华安单位净值”和“添富单位净值”三个不连续列数据(按住 Ctrl 键后单击鼠标左键)，单击常用工具栏内“图表向导”按钮，接下来选择“数据点折线图”。

② 修改图表有关选项。继续操作到图表完成后，先修改坐标轴刻度，右击 X 轴某时间坐标|“坐标轴格式”，在该选项卡中单击“刻度”选项，设“主要单位”为 2 天，“次要单位”

为1天；单击“字体”选项卡，设置坐标轴字号为12磅，如图4-47所示。相应修改Y轴字体。

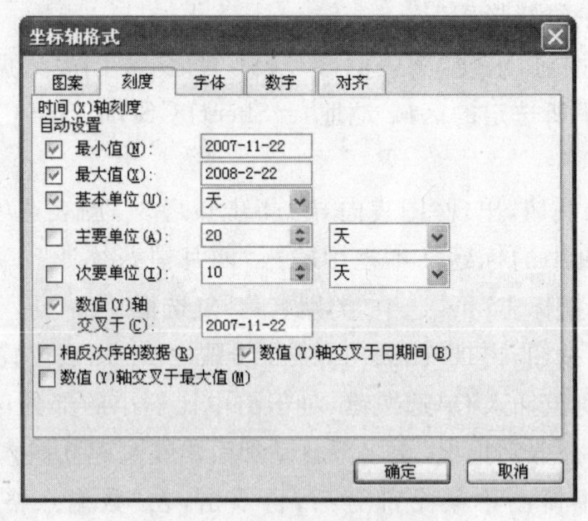

图4-47 改变坐标轴刻度

③ 调整框图的位置和字体大小以使图形区域放大。

④ 用鼠标指向绘图区域击右键，在“绘图区格式”中改变填充图案颜色为浅青绿；右击图中的网格线，改网格线线条颜色与填充色相同(见图4-48)。

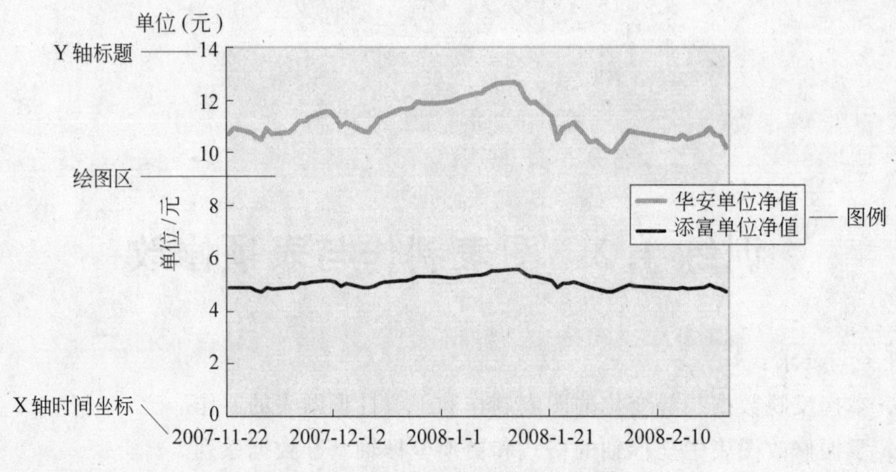

图4-48 有关基金净值变化折线图

⑤ 右击图中折线，在“数据系列格式”中单击“图案”选项卡，改变线型的粗细及颜色。

⑥ 最后单击“确定”按钮，完成的图表如图4-48所示。

注意：*图4-48的样图依据源表中较长数据系列而建立(时间刻度为20天、10天)，读者只需输入10—15行数据即可(时间刻度为2天、1天)，故结果可与样表不尽相同。*

练习2 制作和修改柱形图表。

图4-48中的折线图在初建时选择表中时间序列作为X坐标轴，但有时需要在中途重新定义X坐标轴(即更换X轴基准数据)或修改其他选项，如改变图例中的系列名称等。

若为图 4-49 中的表格数据建立图表，并以年度为 X 轴坐标(格式编排略)。

操作步骤如下：

① 选择数据区域 B5(年降雨：550)—D16(年蒸发：535)，单击图表向导按钮，选择柱形图，当进行到“图表向导—4 步骤之 2”时单击“系列”选项卡，更改系列名称分别为“年降雨”、“年径流”和“年蒸发”。

② 更改时在相应的名称文本框内直接输入文字(用英文单引号括起)，再用鼠标单击系列列表框中的系列标示即可(见图 4-50)。

金沙石水文站多年降水径流关系表			
年度	年降雨 (mm)	年径流 (十万m^3)	年蒸发 (mm)
1954	550	225.5000	530
1955	850	588.7000	600
1956	455	181.6000	500
1957	553	209.3000	550
1958	469	175.7000	480
1959	788	554.4000	670
1960	340	132.3000	390
1961	300	109.9000	354
1962	950	764.2000	780
1963	655	343.3000	640
1964	750	506.9000	670
1965	520	209.6000	535

图 4-49　降雨径流关系表

③ 之后，单击该页“分类(X)轴标志”右侧的文本框，出现光标后选择工作表中“年度”系列 A5—A16，则文本框中显示“＝Sheet1!$A$5:$A$16”，执行下一步。

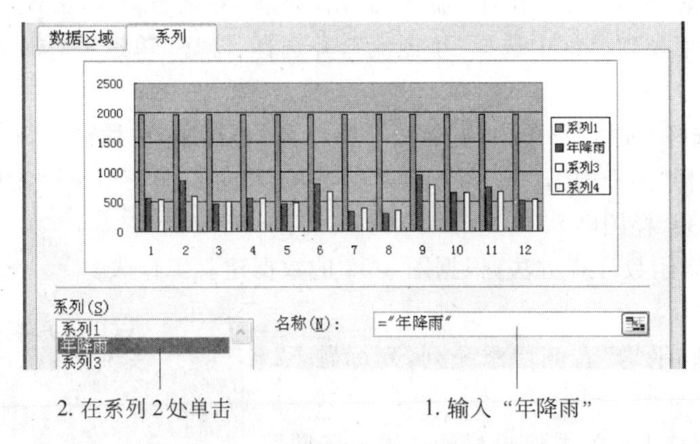

图 4-50　编辑图表-修改系列名称

④ 按向导的缺省设置完成图表后，调整对 X 轴的坐标显示，右击 X 轴的某个坐标值，选择“坐标轴格式”|“刻度”，在“分类数(分类轴刻度线标签之间)”文本框中将“1”改为“4”，按“确定”按钮，则显示如图 4-51 中的图表形式。

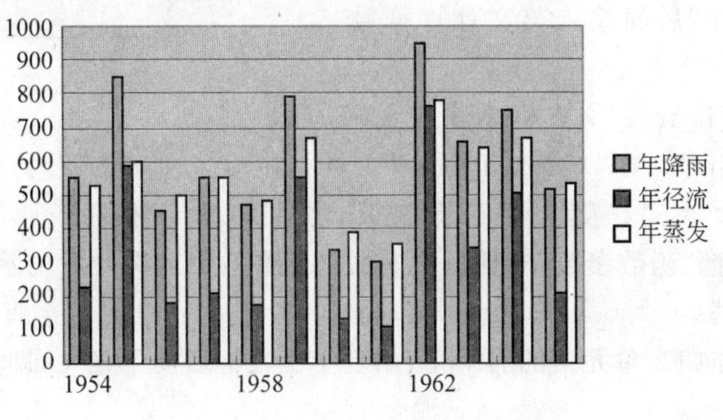

图 4-51　自定义 X 轴坐标后的图表

训练 4.3　数据排序与函数计算

任务与要求：

1. 掌握数据排序的操作。

2. 掌握函数的使用方法。

3. 进行简单的打印编排。

练习 1　将图 4-49 中的数据按照年径流量从大到小排列。

操作步骤如下：

① 选定单元格区域 A3(列标题：年度)——D16(**注意**：为防止操作失误，应事先备份工作表)。

② 选择“数据”菜单中的“排序”命令，弹出“排序”对话框。单击“有标题行”按钮，在“主要关键字”的下拉列表框中选择“年径流”，并选择“降序”单选项。观察工作表中数据的排列次序。

③ 可以再选择“数据”菜单中的“排序”命令，弹出“排序”对话框。在“次要关键字”的下拉列表框中选择“年降雨”，并选择“递减”单选项，将对工作表中年径流相同的数据行按年降雨的大小排列(样图略)。

练习 2　逻辑函数计算方法，根据图 4-52 的数据建立工作表。

操作步骤如下：

英语水平测验成绩

姓名	第一次	第二次	第三次	平均
张小东	59	63	68	63
李建利	55	56	56	56
刘醒龙	78	83	89	83
于青	50	52	51	51
苏玉洁	59	62	61	61
袁胜利	70	68	71	70
陈改征	64	67	65	65
李一邙	68	70	72	70
丁叮	57	58	57	57
童箭河	63	65	64	64
何秀英	71	70	73	71
田万云	57	57	59	58
纪尧定	80	86	87	84

图 4-52　英语成绩统计表

① 在列标题“平均”右侧增添一列，列标题 F2 为“级别”。

② 选中单元格 F3，单击编辑栏的“插入函数” *fx* 按钮，出现“插入函数”对话框，单击“或选择类别”的下拉按钮，选择“逻辑”。

③ 出现“函数参数”对话框，在“Logical_test”文本框中单击，显示光标后单击表中单元格 E3，紧接文本框文字“E3”后面输入英文计算符号“＞＝60”。

④ 在“Valul_if_true”文本框中输入文字："及格"(使用英文双引号)；在“Valul_if_false”文本框中输入文字："不及格"；此时编辑栏出现公式“＝IF(E3＞＝60,"及格","不及格")”，之后按“确定”按钮。

⑤ 也可以参照“函数参数”对话框中有关该函数的帮助展开后的示例，直接在编辑栏中输入函数表达式。

⑥ 用鼠标指向 F3 单元格的右下角，出现十字光标后向下拖曳，即自动填充 F4—F15 单元格。

注意：对于单元格表达式、图表数据系列进行编辑的文本框中，输入的文字都是表达式的一部分，表达式中必须使用英文标点符号。

逻辑函数应用样图见图 4-53。

练习 3　工作表的打印编排(选做)。

若将某一工作表用 A4 纸分 4 页打印。从单元格 H25 的上方和左方分别进行水平方向和垂直方向的分页。上下页边距分别取 3.0 和 2.0,左右页边距均取 2.0,页眉居中打印“年报表”,页脚靠右打印“共 4 页 第几页”。先按行、后按列打印,并打印单元格之间的框线。

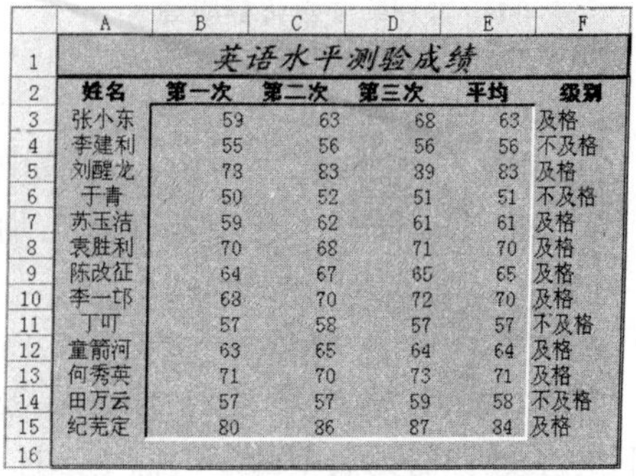

	A	B	C	D	E	F
1	英语水平测验成绩					
2	姓名	第一次	第二次	第三次	平均	级别
3	张小东	59	63	68	63	及格
4	李建利	55	56	56	56	不及格
5	刘醒龙	78	83	89	83	及格
6	于青	50	52	51	51	不及格
7	苏玉洁	59	62	61	61	及格
8	袁胜利	70	68	71	70	及格
9	陈改征	64	67	65	65	及格
10	李一邙	68	70	72	70	及格
11	丁叮	57	58	57	57	不及格
12	童箭河	63	65	64	64	及格
13	何秀英	71	70	73	71	及格
14	田万云	57	57	59	58	不及格
15	纪芜定	80	86	87	84	及格
16						

图 4-53　逻辑函数应用样图

操作步骤如下:

① 选择工作表界面“文件(F)”菜单中的“页面设置”命令,显示页面设置对话框,选择“页面”选项卡。在“纸张大小”的列表框中选择“A4”。

② 单击“页边距”选项卡,设“上”、“下”、“左”和“右”分别为 3.0、2.0、2.0 和 2.0;在“居中方式”选项区中选择“水平居中”和“垂直居中”复选项。

③ 单击“页眉/页脚”选项卡,单击“自定义页眉”按钮,选择“中”,在文本框中输入“年报表”,并单击“确定”按钮。

单击“自定义页脚”按钮,选择“右”,在文本框中输入“共 &「总页数」页 第 $「第几页」”,其中“&「总页数」”和“&「第几页」”分别是通过页脚对话框中的总页数和页码按钮插入的,单击“确定”按钮。

④ 选择“工作表”标签,在“打印顺序”选区中选择“先行后列”复选项,在“打印”选区中选择“网格线”复选项。

⑤ 选定单元格 H25,选择“插入”菜单中的“分页符”命令,在单元格 H25 的上方插入一条水平分页符,在左边插入一条垂直分页符。

⑥ 单击常用工具栏中的“打印预览”按钮,在打印预览窗口观察各项设置是否达到要求。否则重新设置。

⑦ 准备好打印机后,单击“常用”工具栏中的“打印”按钮,打印工作表。

注意:*没有条件实际打印,可用打印预览观察排版效果。*

训练 4.4　数据透视表的建立(选做)

任务与要求:

1. 理解数据透视表的功能,它是对数据进行“多层次的分类统计”。
2. 建立简单的数据透视表。

练习　对于表 4-1 给出的利民店第一季度销售额明细表,建立数据透视表。

操作步骤如下:

① 选定区域 A2(月份)—E12(列标题作为字段名),选择“数据”菜单中“数据透视表和数据透视图”命令,显示“数据透视表和数据透视图向导—3 步骤之 1”对话框,单击“下

表 4-1　第一季度销售额明细表

利民店第一季销售额明细表				
月份	日期	项目	商品类别	销售
一月	1月3日	纸张	文具	98
一月	1月10日	笔架	文具	50
一月	1月12日	牙膏	日用	50
二月	2月5日	洗衣粉	日用	45
二月	2月7日	作业本	文具	87
二月	2月15日	肥皂	日用	34
三月	3月1日	香皂	日用	57
三月	3月10日	稿纸	文具	76
三月	3月7日	食盐	调料	32
三月	3月15日	酱油醋	调料	50

一步”按钮。

② 显示向导 3 之步骤 2 对话框后继续单击“下一步”按钮，依向导将数据透视表置入新工作表窗口中；将“销售”作为求和的数据字段拖入表区黄线包围的左上角，如修改可将其从表区拖出。

③ 从“数据透视表字段列表”中将“项目”和“商品类别”拖至“求和项：销售”的右侧作为列字段，两字段名右侧可见下拉箭头，单击下拉箭头显示下拉列表，此时列表中的复选框全部选中；最后置入的“商品类别”将全部项目分成三组，因此作为字段组名自动排在列字段的最左面。

④ 将“月份”作为页字段拖入 A1 单元格，其左侧显示下拉列表框，此时框中的值为“全部”。

⑤ 目前可见三种费用的分类汇总，但透视表横向展开不便于浏览，将鼠标指向表中某一单元格，在数据透视表工具栏中单击“数据透视表”的下拉箭头，展开菜单后选择“设置报告格式”，在“自动套用格式”对话框中选择“报表一格式”，确定后显示如图 4-54 所示的透视表。

⑥ 试将“月份”的显示内容由“全部”改为“二月”，则显示二月份各项支出的分类汇总。

思考题：1. 是不是可以说数据透视表是三维（多页）分类汇总表？

2. 本题目是否按商品类别求销售总额？也就是说“商品类别”是分组字段吗？什么性质的字段作为数据字段？

3. 试对图 4-52 中的英语成绩依“级别”建立数据透视表分别统计及格和不及格两级考生的平均分数和最低分数。具体可参照自学内容中有关透视表的详细操作介绍。

月份	(全部)

商品类别	项目	销售
调料		**82**
	酱油醋	50
	食盐	32
日用		**186**
	肥皂	34
	洗衣粉	45
	香皂	57
	牙膏	50
文具		**311**
	稿纸	76
	水笔	50
	纸张	98
	作业本	87
总计		**579**

图 4-54　显示数据透视表样例

自学内容

自学 4.1　数据分析与统计

1. 分类汇总

在数据的统计分析中，分类汇总是指将同类数据汇总在一起，对这些同类数据进行求和、求均值、计数、求最大值、求最小值等运算。分类汇总前首先要对数据清单按汇总的字段进行排序。

如图 4-55 是果品的营销清单，按品名完成分类汇总，计算每种水果的销量和金额。方法如下：

(1) 单击数据列表中“果品名”列中的任一单元格；再单击常用工具栏中的排序按钮(这种方式可以对所有数字记录依果品名排序)，选择“数据”菜单中的“分类汇总”命令，出现如图 4-56 所示的对话框。

	A	B	C	D	E
1	商店代号	果品名	单价	数量	金额
2	3	苹果	3.00	35	105.0
3	3	广柑	3.60	50	180.0
4	1	广柑	3.50	50	170.0
5	4	苹果	3.20	100	320.0
6	4	桔子	3.30	100	330.0
7	6	桔子	3.20	60	192.0
8	6	苹果	3.20	40	128.0

交货　数字

图 4-55　果品营销统计表

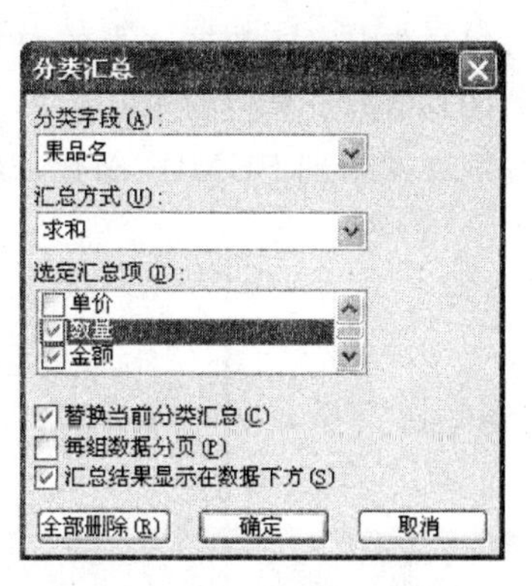

图 4-56　“分类汇总”对话框

① 在“分类字段”下拉列表框中可选择进行分类的字段，本例选中“果品名”。

② 在“汇总方式”下拉列表框中可选择汇总的函数，包括求和、计数、最大值、最小值、乘积、标准偏差、总体标准偏差、方差等。本例选中“求和”。

③ 在“选定汇总项”下拉列表框中可选定汇总函数进行汇总的对象，并且一次可选多个对象。本例选定“数量”和“金额”。

(2) 单击“确定”按钮，显示分类汇总的结果如图 4-57 所示。

	A	B	C	D	E
1	商店代号	果品名	单价	数量	金额
2	3	广柑	3.60	50	180.0
3	1	广柑	3.50	50	170.0
4		**广柑 汇总**		100	350.0
5	4	桔子	3.30	100	330.0
6	6	桔子	3.20	60	192.0
7		**桔子 汇总**		160	522.0
8	3	苹果	3.00	35	105.0
9	4	苹果	3.20	100	320.0
10	6	苹果	3.20	40	128.0
11		**苹果 汇总**		175	553.0
12		**总计**		435	1425.0

交货

图 4-57　分类汇总的结果

如果想对销售清单进行更多的汇总，即保留上一次的汇总，又想对单价计算平均值，则可再次选择“数据”菜单中的“分类汇总”命令，保持“分类字段”中选中“果品”；在“汇总方式”下拉列表框中选择“平均值”；在“选定汇总项”下拉列表框中选中“单价”；并在“分类汇总”对话框中取消“替换当前分类汇总”复选框，即可叠加分类汇总。

2. 条件求和函数 SUMIF

在操作工作表的过程中,有一些重复的数据项,如在销售业务中对同一类商品的销售量进行调查,就需要对这些数据进行求和计算,可以采用"条件求和"向导进行操作,也可以直接使用 SUMIF 函数来实现,本节介绍 SUMIF 函数的用法。

以表 4-1 的季度商品销售额明细表为例,若单独统计该季度日用品的总销量,方法如下:

(1) 选中表格数据之下的一个单元格如 E15 计算 SUMIF 函数的结果。

(2) 单击工具栏的求和菜单中"其他函数"项,选择"函数分类"为"常用",在函数列表中按顺序搜索到 SUMIF 函数,确认后弹出的对话框如图 4-58 所示。

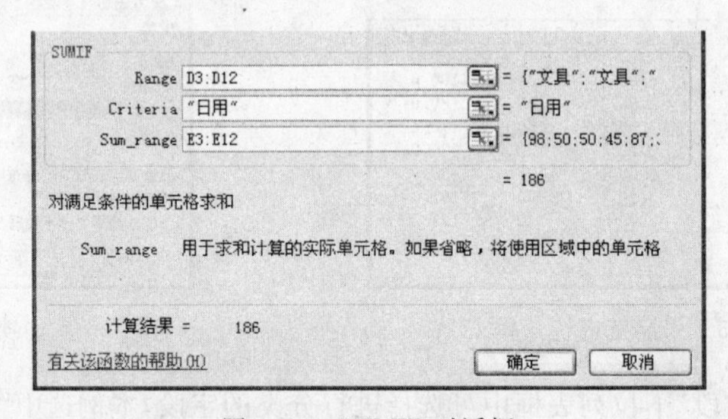

图 4-58 SUMIF 对话框

(3) 在"Range"文本框中单击左键,显示光标后,选择表中"商品类别"系列中的单元格;单击"Criteria"文本框,输入求和条件关键字"日用"(使用英文双引号);单击"Sum_range"文本框,选择"销售"系列中的单元格;此时计算结果已显示在对话框中。

(4) 单击"确定"按钮后,计算结果填入单元格 E15。

不难看出,在本例中,SUMIF 函数实现了"对于商品类别属于日用的销售额进行合计"的计算过程。

3. 数据透视表

分类汇总适合基于一个字段进行分类,对一个或多个字段进行汇总;条件求和适于按一个字段中的某一种数据项作为分类依据,对另一个字段中的对应数据进行求和。而数据透视表可按多个字段进行分类并快速汇总,可以转换行和列以查看源数据的不同汇总结果,可以显示不同页面来筛选数据。总之,数据透视表可以从不同的视角来重新组织数据,向应用者提供多层面、多方位的信息。

(1) 数据透视表的建立

图 4-59 的数据清单列出了某食品销售部门中两个业务员 5、6 两个月的销售情况。单纯比较两个人的销售总额,"戴维"的业绩略高于"巴特尔"。如果管理人员作进一步分析,巴特尔在六月肉类食品销售难度大的情况下,完成了很高的销售额,应该说是做出了更高的业绩。对于这类分析对比,数据透视表可以提供多种角度的数据参数,以更公正、

更全面的做出评价。用“数据透视表和数据透视图”向导创建透视表的方法如下。

① 选定要建立数据透视表的数据清单，如图 4-59 中的数据区域 A1(列标题：月份)—E13。

月份	产品	销售人员	销售额	地区
五月	牛奶	戴维	￥5,477	西部
五月	肉	巴特尔	￥8,012	东部
五月	牛奶	戴维	￥9,411	西部
五月	牛奶	戴维	￥8,089	南部
六月	肉	巴特尔	￥9,566	南部
六月	牛奶	戴维	￥6,805	东部
六月	肉	巴特尔	￥6,085	南部
六月	肉	巴特尔	￥265	东部
六月	肉	戴维	￥5,575	南部
六月	牛奶	巴特尔	￥5,971	北部
六月	牛奶	巴特尔	￥4,046	西部
六月	肉	巴特尔	￥1,361	北部

图 4-59　食品销售清单

② 选择“数据”菜单中“数据透视表和图表报告”命令，显示“数据透视表和数据透视向导—3 步骤之 1”对话框，数据区域的第一行默认为字段名行。

③ 选中“Microsoft Excel 数据清单或数据库”单选框，单击“下一步”按钮，显示“数据透视表和数据透视向导—3 步骤之 2”对话框。

④ 在“选定区域”文本框中列出了选定的数据清单区域；如果无需重选，单击“下一步”按钮。

⑤ 在“数据透视表和数据透视向导—3 步骤之 3”对话框中选中“新建工作表”作为数据透视表的位置。然后单击“布局”按钮，出现如图 4-60 所示的对话框，用鼠标拖曳“产品”字段到“页”、“销售人员”字段和“月份”到“行”、“地区”字段到“列”、“销售额”字段到“数据”，单击“确定”按钮。

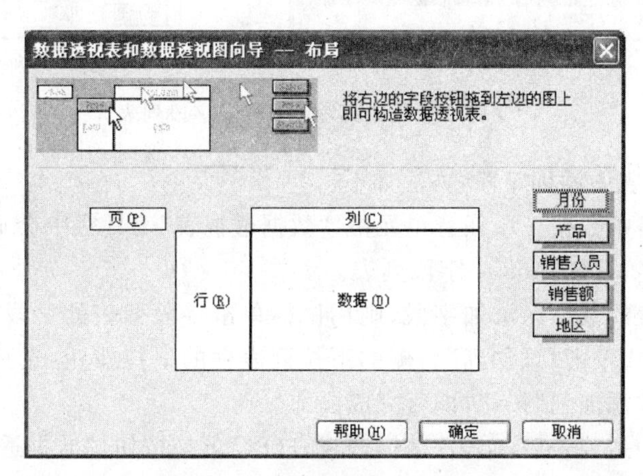

图 4-60　“数据透视表和数据透视图向导—布局”对话框

说明：透视表结构中，“页”字段可以使透视表能够分页筛选数据，如本例中可以分食品名称按月或按地区统计销售额以及最后总计；作为“数据”的字段是用来作求和、计数、求平均等具体计算的系列。“列”字段是需要列出该字段明细数据的系列；表中可以不设页字段和列字段，但必须设置“数据”字段。

⑥ 最后单击“完成”按钮，建立的透视表如图 4-61 所示。

(2) 数据透视表的编辑

在执行数据透视表向导 3 之步骤 3 后，Excel 会自动打开一个“数据透视表”工具栏，如图 4-62 所示，用工具栏提供的命令能方便的编辑透视表。也可通过“视图”菜单中的“工具”命令打开和关闭“数据透视表”工具栏。

① 改变字段在表中的位置

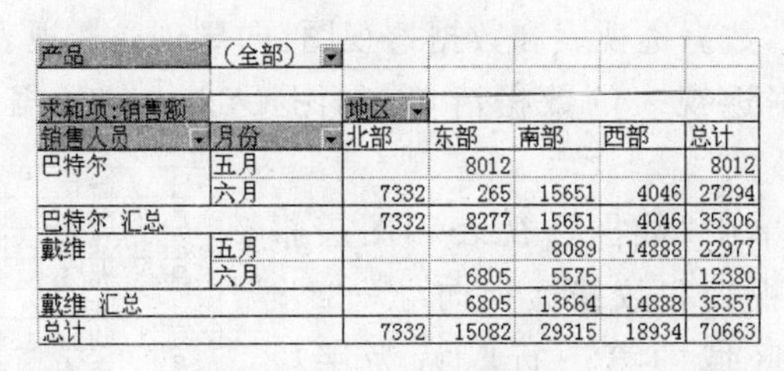

产品	（全部）					
求和项:销售额		地区				
销售人员	月份	北部	东部	南部	西部	总计
巴特尔	五月		8012			8012
	六月	7332	265	15651	4046	27294
巴特尔 汇总		7332	8277	15651	4046	35306
戴维	五月			8089	14888	22977
	六月		6805	5575		12380
戴维 汇总			6805	13664	14888	35357
总计		7332	15082	29315	18934	70663

图 4-61　建立的透视表

(a) 数据透视表

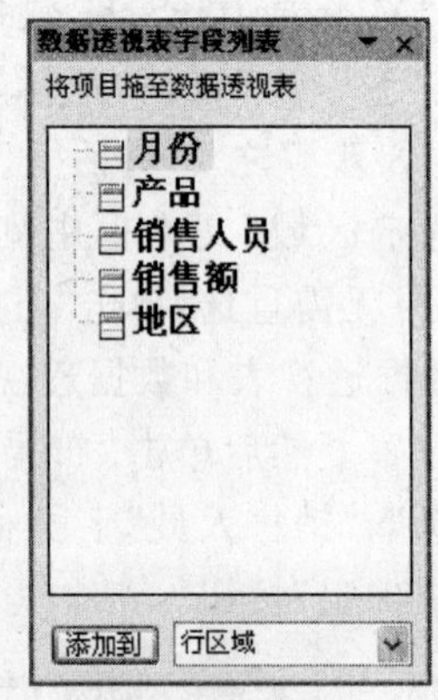

(b) 字段列表

图 4-62　数据透视表工具栏及字段列表

也可以向透视表中添加字段，方法如下：

- 单击透视表中数据区域任意单元格，“数据透视表”工具栏中会显示数据清单中的全部字段名，见图 4-62 中字段列表。
- 若向透视表的数据区添加字段，则用鼠标单击字段列表的字段名按钮，直接拖曳到数据区；或单击“添加到”右侧的下拉列表框的下拉按钮，选择“数据区域”菜单项，再单击“添加到”按钮，即可完成添加。
- 亦可在选中透视表后，单击“数据透视表(P)”下拉按钮|“数据透视表向导”|“数据透视表和数据透视向导—3 步骤之 3”|“布局”的步骤进行添加。

② 改变汇总方式

透视表可根据不同的数据类型自动选择汇总方式，如“销售额”自动默认为“求和”，我们可以将其改变为“平均值”，方法如下：

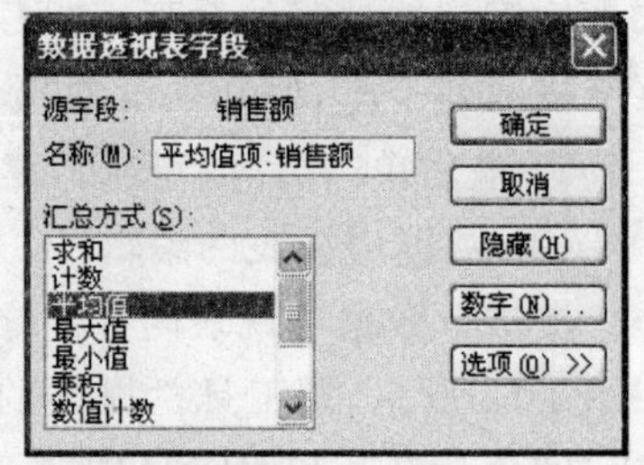

图 4-63　改变汇总计算方式

在透视表中，用鼠标右击“销售额”字段后，从快捷菜单中选“字段设置”命令；或选中销售额字段后，在工具栏中单击“字段设置”按钮。均会显示如图 4-63 所示对话框。

注意：*如果源表数据修改，用鼠标单击透视表任一单元格，右击后选“刷新数据”。*

在图 4-63 对话框的“汇总方式”中选“平均值”，单击“确定”按钮。

利用工具栏还可以方便的建立图表和更新数据。

自学 4.2　宏的基本操作

1. 建立宏

应用 Excel 处理经常或大量重复的操作时，可以用宏将其变为可自动执行的过程，实际上 Office 组件中的“自动保存”的功能就是一个宏。宏是用 Visual Basic 编写的在需要执行该项任务时可随时运行的程序。如果恰当地运用宏进行制作，可以减少工作的繁复。

图 4-64 是一张包含电话号码的通信录，若将其中的每个号码升值——最高位前加 8，运用宏操作，步骤如下。

① 单击“工具”菜单|“宏”|“录制新宏”，弹出“录制新宏”对话框，如图 4-65 所示，其中给出宏名字和宏的保存位置（默认为当前工作簿），用户可根据需要进行修改及确认。

电话簿.xls

	A	B	C	D	E
1	姓名	班级	地址	电话	
2	马文花	机自71	11舍501	6667303	
3	吴　磊	机自71	12舍205	6677512	
4	马希锋	机自73	12舍205	6677512	
5	王银涛	机自74	12舍207	6677515	
6	王海江	机自74	12舍207	6677515	
7	卢立斌	机自75	12舍211	6677529	
8	李培力	材料71	9舍106	6678333	
9	李瑞成	材料71	9舍106	6678333	
10	刘伟	应物72	13舍303	6674015	
11	任晓峰	应物72	13舍303	6674015	
12	任军先	应物71	13舍306	6674010	

图 4-64　电话通信录

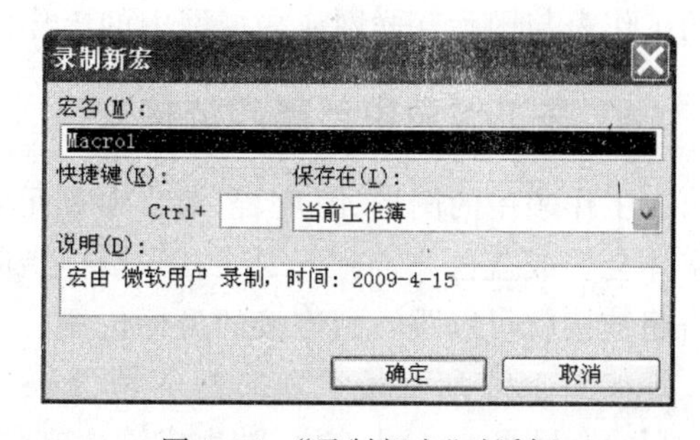

图 4-65　“录制新宏”对话框

② 按“确定”按钮后，窗口中出现一个录制工具条，左侧设有“停止”按钮，自此刻起，直到停止按钮按下之前，用户所做的一切可行操作都将被“录制”到宏程序中。

③ 用鼠标指向图 4-64 中 D2 单元格，在编辑栏中将源数据“6667303”改为“86667303”，按回车键确认；单击宏工具条的“停止”按钮，结束宏录制。

宏建立之后，当任务需要运行时，可单击“工具”菜单，选择“宏”，单击“宏…”，打开宏对话框执行宏程序。

2. 编辑宏

对于类似图 4-64 中的任务，单纯录制的宏必须经过修改方可正确地更改所有的电话号码。也就是说，对于较复杂的操作，录制的宏需要编辑加工，编辑宏、关于宏代码的修改对于了解 Visual Basic 的读者来说易如反掌，本章不讨论 Visual Basic 的编程问题。但利用 Visual Basic 设计宏无疑可以大大强化 Office 组件的功能。

我们介绍另一种批量增加编号位数的办法。

(1) 选中图 4-64 中“电话”列中 D2(文字型)右侧的单元格 E2。

(2) 在 E2 中输入公式"'8' & D2 ",回车确认后显示"8667303"。

(3) 鼠标指向 E2 右下角,自动填充公式。

(4) 选中第 E 列的数据,单击"复制"按钮。

(5) 选中 D2 单元格,在"编辑"菜单中选择"选择性粘贴",打开的对话框中选"值"。即将动态的计算结果变为静态的常数数据。然后再删除公式列(注意公式中的标点符号为英文形式)。

图 4-66 为上述两种方法的运行结果。

电话簿.xls

	A	B	C	D	E
1	姓名	班级	地址	电话	
2	马文花	机自71	11舍501	86667303	
3	吴　磊	机自71	12舍205	86677512	
4	马希锋	机自73	12舍205	86677512	
5	王银涛	机自74	12舍207	86677515	
6	王海江	机自74	12舍207	86677515	
7	卢立斌	机自75	12舍211	86677529	
8	李培力	材料71	9舍106	86678333	
9	李瑞成	材料71	9舍106	86678333	
10	刘伟	应物72	13舍303	86674015	

图 4-66　批量修改之后的结果

自学 4.3　网 络 功 能

具有网络功能是目前优秀应用软件的共同特点,如果用户的计算机连接到网络上,就可以打开存储在该网络上的共享文件夹里的任何文件。用户通过创建超链接可以使自己的工作表与国际互联网或局域网中的工作簿建立链接,以便与他人在网上共享数据。

1. 在工作表中创建超链接

工作表中的图形、图片、艺术字和单元格里的文本均可以创建超链接,超链接的文本字体会变成蓝色并带有下划线。当鼠标指向这些超链接的对象时,光标变成手形,只需单击超链接就可以跳转到连接的目标位置。

如图 4-67 所示是学生的基本情况表,图 4-68 是学生成绩表,假定其地址是:D:\public\table\case.xls(注:学生成绩表文件也可以存储在互联网的服务器上,使用 URL(统一资源定位器)地址格式,这种地址以"\\"双反斜杠开始,后面接服务器名称、共享驱动器名和文件名。如:\\ntserver\userdata\case.xls 地址。为了上机实习方便操作,假定学生成绩表文件存储在当前硬盘上 D:\public\table\case.xls),建立超链接的方法如下。

	A	B	C	D
1	姓名	性别	生日	籍贯
2	杨帆	男	1982-12-11	陕西省
3	汪溪	女	1983-11-12	河南省
4	王晋	男	1981-2-10	河北省
5	魏伟	男	1980-5-5	江苏省
6	刘萍	女	1984-12-12	湖南省

Sheet2 / Sheet1

图 4-67　学生的基本情况表

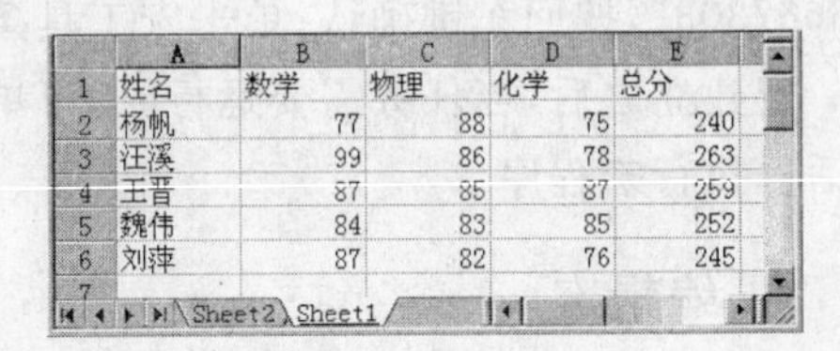

	A	B	C	D	E
1	姓名	数学	物理	化学	总分
2	杨帆	77	88	75	240
3	汪溪	99	86	78	263
4	王晋	87	85	87	259
5	魏伟	84	83	85	252
6	刘萍	87	82	76	245
7					

Sheet2 / Sheet1

图 4-68　学生成绩表

(1) 在学生基本情况表中选定 A10 单元格,输入"学生成绩"。

(2) 选"插入"菜单中的"超链接"命令或单击"常用"工具栏中的"超链接"按钮,弹出"插入超链接"对话框如图 4-69 所示。

(3) 在"查找范围"的下拉列表框中选择或输入"D:\public\table\case.xls"。

(4) 单击"确定"按钮完成创建。

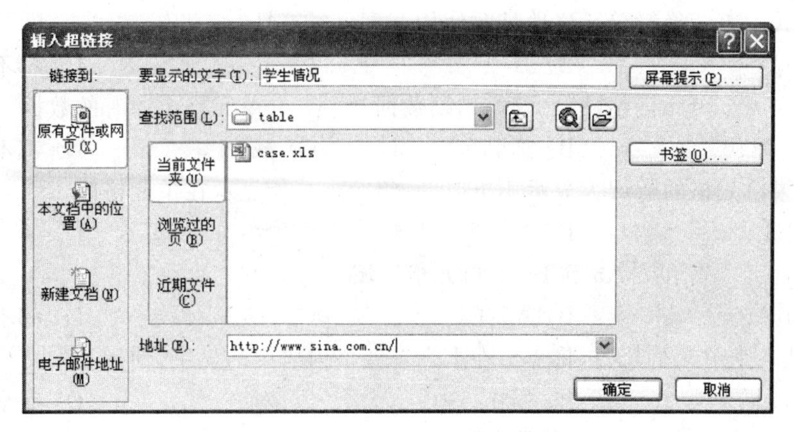

图 4-69 “插入超链接”对话框

单击超链接的文本“学生成绩”,工作表将跳转到目标文件,即显示学生成绩工作簿。

2. 共享工作簿

通过互联网,两台机器可以共享工作簿中的数据,同时编辑一张工作表。一般在网络上设置了共享文件夹后,用户就可以访问其中的工作簿文件了,但这样只能在同一时间由一个用户对工作簿进行操作;Excel 提供了共享工作簿功能,只要工作簿被设置成共享后,就可以被网上的多个用户同时查看和修改,设置方法如下。

(1) 打开要共享的工作簿。

(2) 选择“工具”菜单中的“共享工作簿”命令,显示“共享工作簿”对话框。

(3) 单击“编辑”选项卡,选中“允许多用户同时编辑,同时允许工作簿合并”复选框。

(4) 单击“确定”按钮,完成设置。当然,此举要注意网络安全。

习　　题

4.1 选择题

1. 当保存工作簿时,工作簿被存入________。

   A) 文件　　B) 活动单元　　C) 范围　　D) 扩充内存

2. 在工作表任意位置要移向单元格 A1,按________键。

   A) Ctrl+Home　　B) Home　　C) Alt+Home　　D) PgUp

3. 如果单元格中输入内容以________开始,Excel 认为输入的是公式。

   A) =　　B) !　　C) *　　D) ^

4. 活动单元格的地址显示在________内。

   A) 工具栏　　B) 状态栏　　C) 编辑栏　　D) 菜单栏

5. 要移向当前行的 A 列,按________键。

   A) Ctrl+Home　　B) Home　　C) Alt+Home　　D) PgUp

6. 公式中表示绝对单元格地址时使用________符号。

A) A＊　　B) $　　C) ＃　　D) 都不对

7. 当向一个单元格粘贴数据时，粘贴数据________单元格中原有的数据。

A) 取代　　B) 加到　　C) 减去　　D) 都不对

8. 如果单元格的数太大显示不下时，一组________显示在单元格内。

A) ！　　B) ？　　C) ＃　　D) ＊

9. ________表示从A5到F4的单元格区域。

A) A5－F4　　B) A5:F4　　C) A5＞F4　　D) 都不对

10. 从一个单元格开始，将文本在多个单元格内居中的显示，使用________功能。

A) 跨列居中　　B) 居中　　C) 对齐　　D) 完全调整

11. ________可以作为函数的参数。

A) 单元格　　B) 区域　　C) 数　　D) 都可以

12. ________不是Excel中的函数种类。

A) 日期和时间　　B) 统计　　C) 财务　　D) 图

13. 如果一页上打印不下所有的列，应选择________打印方向。

A) 横向　　B) 纵向　　C) 自动换行　　D) 50％显示比例

14. Excel能对多达________不同的字段进行排序。

A) 2个　　B) 3个　　C) 4个　　D) 5个

15. 在数据清单中，单击________按钮能在数据库中找到匹配检索条件的记录。

A) 搜索　　B) 删除　　C) Criteria　　D) 都不对

16. 清单中的列被认为是数据库的________。

A) 字段　　B) 字段名　　C) 标题行　　D) 记录

17. 记录单右上角显示的“5/10”表示清单________。

A) 等于0.5

B) 共有10条记录，现在显示的是第5条记录

C) 是5月10日的记录

D) 是10月5日的记录

18. 对某列作升序排序时，则该列上有完全相同项的行将________。

A) 保持原始次序　　B) 逆序排列　　C) 重新排序　　D) 排在最后

19. 在降序排序中，在排序列中有空白单元格的行会被________。

A) 放置在排序的数据清单最后　　B) 放置在排序的数据清单最前

C) 不被排序　　D) 保持原始次序

20. 选取“自动筛选”命令后，在清单上的________出现了下拉式按钮图标。

A) 字段名处　　B) 所有单元格内　　C) 空白单元格内　　D) 底部

21. 在升序排序中，在排序列中有空白单元格的行会被________。

A) 放置在排序的数据清单最后　　B) 放置在排序的数据清单最前

C) 不被排序　　D) 保持原始次序

22. 一个工作簿里，最多可以含有________张工作表。

A) 3　　B) 16　　C) 127　　D) 255

23. Excel 工作簿文件的扩展名约定为________。

A) DOC　　B) TXT　　C) XLS　　D) PPT

24. Excel 新建或打开一个工作簿后,工作簿的名字显示在________。

A) 菜单栏　　B) 状态栏　　C) 标题栏　　D) 标签栏

25. Excel 的菜单命令和工具按钮之间的关系是________。

A) 一一对应　　B) 各不相同　　C) 部分相同　　D) 没有关系

26. 一行与一列相交构成一个________。

A) 窗口　　B) 单元格　　C) 区域　　D) 工作表

27. 要在一个单元格中输入数据,这个单元格必须是________。

A) 空的　　B) 必须定义为数据类型

C) 当前单元格　　D) 行首单元格

28. 以下________可以作为有效的数字输入到工作表中。

A) 4.83　　B) 5%　　C) ￥53　　D) 所有以上都是

29. 在一个单元格里输入"AB"两个字符,在默认情况下,是按________格式对齐。

A) 左对齐　　B) 右对齐　　C) 居中　　D) 分散对齐

4.2 填空题

1. 用来将单元格 D6 与 E6 的内容相乘的公式是________。
2. 将单元格 A2 与 C4 的内容相加,并对其和除以 4 的公式是________。
3. 一个________中工作表中的一组单元格。
4. 要清除活动单元格中的内容,按________。
5. 要垂直显示单元格中文本,首先选择格式菜单中的________命令。
6. 用________命令可以改变工作表中的文本、数或单元格的外观形象。
7. ________函数可用来查找一组数中的最大数。
8. 打印工作表而不带行间横线时,不能选择页面设置对话框中的________选项。
9. 选定连续区域时,可用鼠标和________键来实现。
10. 选定不连续区域时,可用鼠标和________键来实现。
11. 选定整行,可将光标移到________上,单击鼠标左键即可。
12. 选定整列,可将光标移到________上,单击鼠标左键即可。
13. 选定整个工作表,单击边框左上角________钮即可。
14. 若在单元格的右上角出现一个红色的小三角,说明该单元格加了________。
15. 在 Excel 内部预置有________类各式各样的图表类型。
16. 在 Excel 中,放置图表的方式有________和________两种。
17. 正在处理的工作表称为________工作表。
18. 完整的单元格地址通常包括工作簿名、________标签名、列标号和行标号。
19. 在 Excel 中,公式都是以=开始的,后面由________和运算符构成。

4.3 判断题

1. 在 Word 中处理的是文档，在 Excel 中直接处理的对象称为工作簿。（　）

2. 工作表是指在 Excel 环境中用来存储和处理工作数据的文件。（　）

3. 正在处理的单元格称为活动的单元格。（　）

4. 在 Excel 中，公式都是以"＝"开始的，后面由操作数和函数构成。（　）

5. 清除是指对选定的单元格和区域内的内容作清除。（　）

6. 删除是指将选定的单元格和单元格内的内容一并删除。（　）

7. 每个单元格内最多可以存放 256 个半角字符。（　）

8. 单元格引用位置是基于工作表中的行号列标。（　）

9. 相对引用的含义是：把一个含有单元格地址引用的公式复制到一个新的位置或用一个公式填入一个选定范围时，公式中的单元格地址会根据情况而改变。（　）

10. 运算符用于指定对操作数或单元格引用数据执行何种运算。（　）

11. 如果要修改计算的顺序，把公式中需首先计算的部分括在方括号内。（　）

12. 比较运算符可以比较两个数值并产生逻辑值 TRUE 或 FALSE。（　）

13. 可同时将数据输入到多张工作表中。（　）

14. 选取不连续的单元格，需要用 Alt 键配合。（　）

15. 选取连续的单元格，需要用 Ctrl 键配合。（　）

第5章 PowerPoint 2003 演示文稿

基本知识

我们都知道，在演讲、答辩或者教师讲课时，借助于幻灯片的演示会增强表现力和演讲效果。

假如要作一次关于介绍奥运吉祥物的演讲，除了在屏幕上显示一些文字和图片以外(见图 5-1)，你可能希望文字和图片在适当的时候出现，而不是一次同时显示出来；并且当文字和图片出现和消失时伴随着一些动画的效果，比如福娃出现时一蹦一跳地(课堂训练 5-3)。也可能你希望幻灯片演示配有与内容相关的音乐来烘托气氛，或者插播一段影片来增强说服力。PowerPoint 可以帮你实现这些设想。

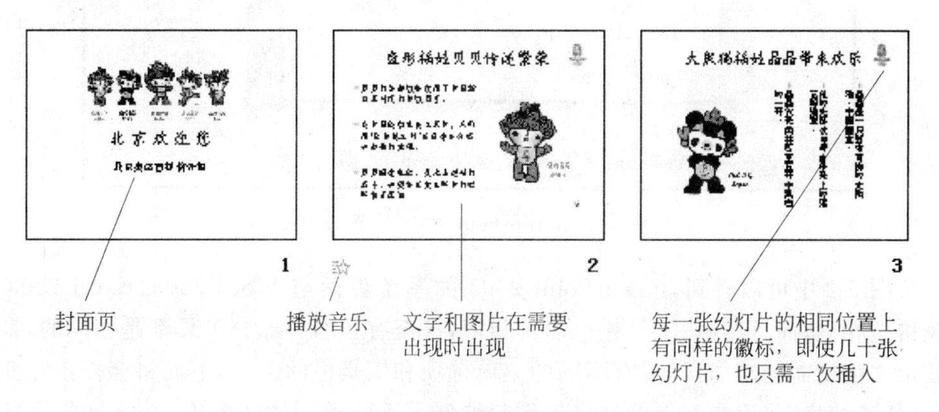

图 5-1　介绍福娃的演示文稿

PowerPoint 2003 是 Office 应用软件中的一个重要组件，是制作演示文稿的应用程序。在本章中，我们将系统地介绍应用中文版 PowerPoint 2003 制作演示文稿的方法。通过本章的学习，可以基本掌握演示文稿的制作步骤、方法和技巧，制作出独具特色的演示文稿。

5.1 PowerPoint 概述

5.1.1 PowerPoint 的启动和主窗口

下面两种方法都可以启动 PowerPoint。

(1) 单击"开始"按钮,选择菜单项"程序"|"Microsoft Office PowerPoint"。

(2) 双击任何一个文件夹中的 PowerPoint 文档的图标。

当启动 PowerPoint 2003 后,选择新建一个"空演示文稿",显示出 PowerPoint 2003 主窗口界面,如图 5-2 所示。

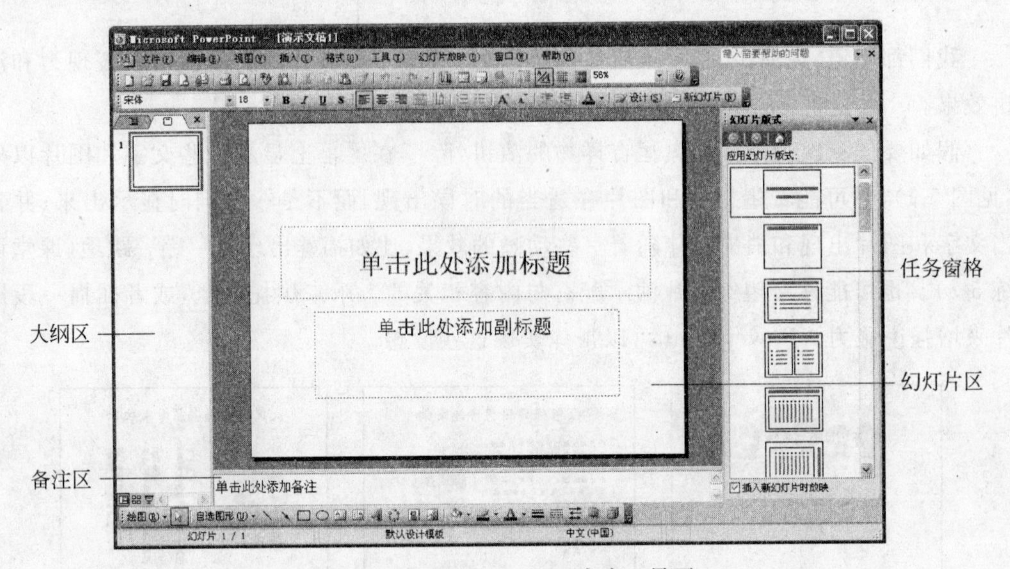

图 5-2 PowerPoint 2003 主窗口界面

从图 5-2 中可以看到,PowerPoint 2003 的系统界面与 Word 2003、Excel 2003 不但在风格上相同,而且菜单、工具栏也非常相似,甚至有相当一部分工具都是相同的,针对制作演示文稿所需的功能,设置有不同的菜单选项和工具栏的工具,下面将会作重点介绍。

"任务窗格"将用户要做的许多工作归纳到了不同类别的任务中,并将这些任务以一个"任务窗格"的窗口形式提供给用户,以方便用户操作。

PowerPoint 2003 默认启动时,在窗口的右侧显示任务窗格,如图 5-3(a)所示。可单击"视图"|"任务窗格"菜单项将其打开。

单击"任务窗格"的标题栏,将显示菜单,如图 5-3(b)所示。可根据需要从中选择任意一个任务选项。

利用任务窗格,可以完成编辑演示文稿的一些主要工作任务。

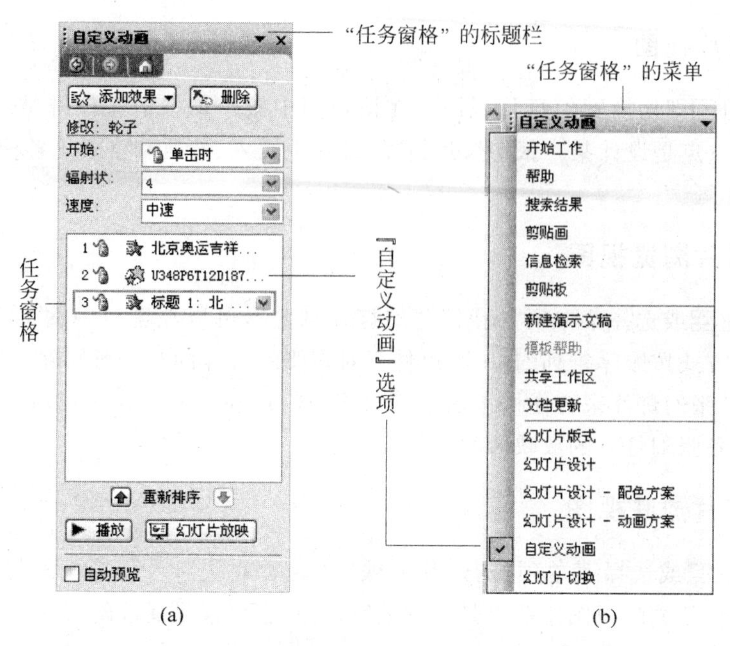

图 5-3　在"任务窗格"的菜单中选择"自定义动画"任务选项

5.1.2　PowerPoint 2003 的视图

根据幻灯片编辑的需要，可在不同的视图方式下进行演示文稿的制作。可以从"视图"菜单中选择视图方式，也可以通过窗口左下角的视图工具栏（如图 5-4 所示）在不同的视图之间切换，在 PowerPoint 2003 中常用的视图有以下几种。

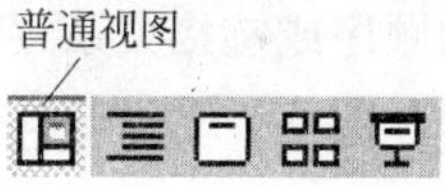

1. 普通视图

普通视图

图 5-4　视图工具栏

单击"视图"工具栏中的按钮（见图 5-4），或者选择菜单项"视图"|"普通"，即切换到普通视图。在普通视图下，系统把文稿编辑区分成了 3 个窗格，分别为幻灯片区、大纲区和备注区（见图 5-2），在幻灯片区显示出的是当前幻灯片，可以进行幻灯片的编辑，对象的插入和格式化处理，文本的输入、格式化等；在大纲区显示出各张幻灯片的标题和全部文本，可以编辑文本、格式化文本和改变文本级别等；在备注区可查看和编辑当前幻灯片的演讲者备注文字。普通视图是系统默认的视图。

2. 大纲视图

单击按钮即切换到大纲视图。使用大纲视图可更方便地编辑、修改幻灯片的标题以及文本的内容，组织演示文稿结构。在大纲视图下可以看到整个文稿的主题思想、纵览文稿的组织结构，使用大纲工具栏的工具对演示文稿进行总体调整，如移动幻灯片或文本位置、只显示幻灯片标题以便对标题作整体调整和编辑（具体操作见 5.3 节）。

3. 幻灯片视图

单击按钮▢即切换到幻灯片视图。在该视图中整个窗口的主体都被幻灯片的编辑窗口所占据，重点是设计某一张幻灯片，在幻灯片上插入、修改和格式化各种对象，设置它们的动画动作等。

4. 幻灯片浏览视图

单击按钮▦或选择菜单项“视图”|“幻灯片浏览”，可以在窗口中按每行若干张幻灯片，以缩图的方式按顺序排列幻灯片，以便于对多张幻灯片同时进行删除、复制和移动，以及通过双击某张幻灯片来方便快速地定位到该张幻灯片。另外，还可以设置幻灯片的动画效果，调节各张幻灯片的放映时间。

5. 幻灯片放映视图

单击按钮▣或选择菜单项“幻灯片放映”|“观看放映”，可切换至幻灯片放映视图。严格地说，幻灯片放映视图不能算是一种编辑视图，它仅仅是播放幻灯片的屏幕状态。按Esc键退出幻灯片放映视图。

演示文稿的各种编辑修改等操作处理，可以根据需要及操作习惯选择在不同的视图方式下进行。

5.1.3 PowerPoint 幻灯片的构成

一套 PowerPoint 演示文稿实际上是一张张幻灯片的有序组合，放映时按事先设计好的顺序或链接关系逐张地播放出来，再配以演讲者的现场演讲，从而达到预期的演示效果。图 5-5 是一张以页面视图显示的幻灯片。

1. 编号

幻灯片的编号即它的顺序号，决定各片的排列次序，如果放映时不进行跳转操作，编号顺序也是幻灯片的放映顺序。插入新幻灯片和增删幻灯片时编号会自动改变。

2. 占位符

幻灯片上标题、文本、图片以及图表在幻灯片上所占的位置称为占位符。占位符的大小位置一般由幻灯片所用的版式确定。

对于标题、文本占位符，有编辑状态和选定状态两种：单击占位符区域内部，可以进入编辑状态，会显示出由斜线虚框围成的矩形区域，在占位符的边、角上有 8 个尺寸手柄，用以调整占位符的大小，这时可以输入或编辑其中的文本；当在虚框上单击时，占位符变为点状虚框，即可进入选定状态，这时可以进行复制、删除等操作。对于图片、图表等对象的占位符，单击它即可以选定。

占位符与文本框的区别如下。

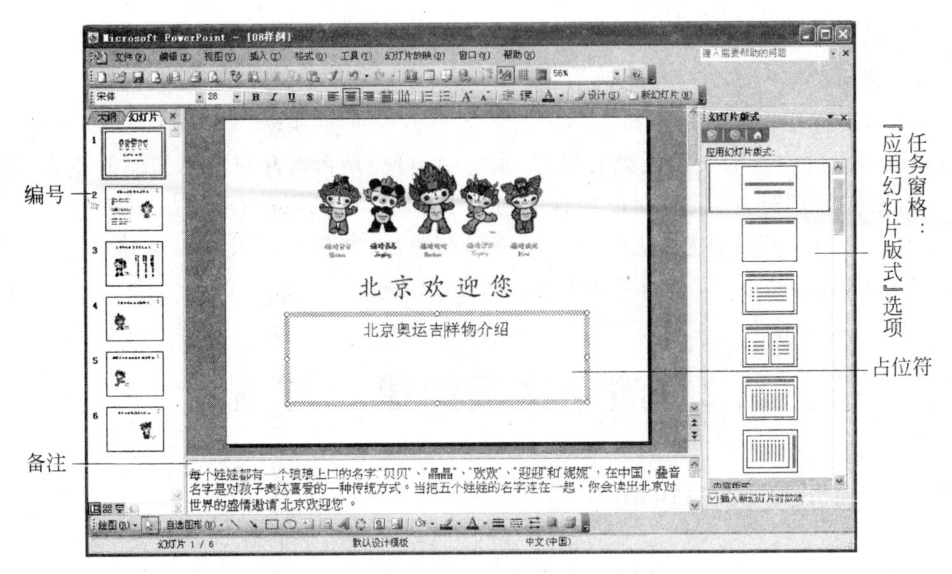

图 5-5　幻灯片示例

(1) 占位符中的文本可以在大纲视图中显示出来，而文本框中的文本却不能在大纲视图中显示。

(2) 当其中的文本太多或太少时，占位符可以自动调整文本的字号，使之与占位符的大小相适应，而同样的情况下文本框却不能自行调节字号的大小。

(3) 文本框可以和其他自选图形、自绘图形、图片等对象组合成一个更为复杂的对象，占位符却不能进行这样的组合。

3. 对象

在幻灯片上可以插入任何对象，如文本、图形、图片、视频剪辑、声音剪辑等。对于幻灯片上的每一个对象，都可以根据需要设置它们的格式、出现时的动画，设置它与其他幻灯片、文件、网址等的超链接，设置它们的播放次序等。

4. 备注文本

备注文本是幻灯片的备注性文字。备注文本在幻灯片播放时不会放映出来，但是可以打印出来或在后台显示作为讲演者讲演手稿。编辑时在备注视图或在普通视图的备注区可以查看或编辑。除此以外，对于每张幻灯片还要定义它的切换方式，其中包括换片方式、换片的动画、该片播放持续的时间等。

可以看到，制作演示文稿的主要工作是在幻灯片的制作上，在这里可以充分发挥想象力，围绕演示文稿的主题和当前幻灯片的具体目标，对其中的各种对象进行精心设计，制成风格统一、画面优美、生动活泼的幻灯片。

5.1.4　PowerPoint 的退出

要退出 PowerPoint 2003 可以使用多种方法。

(1) 鼠标单击窗口右上角按钮 ×。

(2) 选择菜单项“文件”|“退出”。

(3) 双击标题栏左边的图标。

如果编辑过的演示文稿还没有保存,系统会出现“是否保存对演示文稿的修改?”的消息框,当回答“是”时,如果前面已经保存过,则按原文稿名再重存一次;如果还没有保存过,则弹出“另存为”对话框,从中设置文稿保存路径、文件名以及文件类型,完成后单击“保存”按钮,保存结束后,自动关闭 PowerPoint 系统。

5.2 演示文稿的建立与编辑

5.2.1 演示文稿的建立

启动 PowerPoint 2003,或选择菜单项“文件”|“新建”,任务窗格打开。在任务窗格可以选择以下建立或打开演示文稿的方式。

1. 内容提示向导

利用内容提示向导,可直接得到所要的幻灯片版式,这些版式是 PowerPoint 2003 预设的模板,其主题包罗万象,如集体讨论例会、推荐策略等(见图 5-6)。

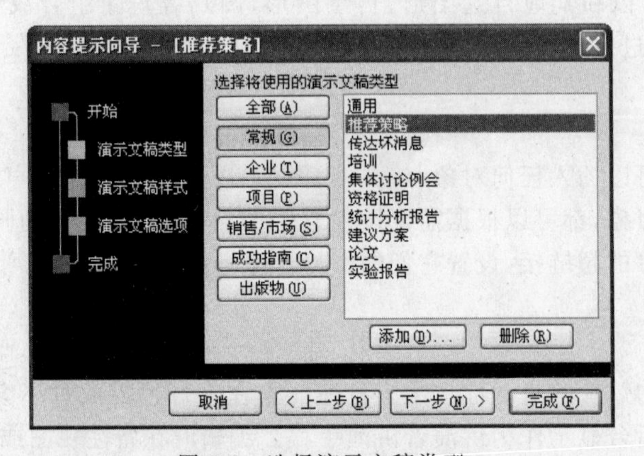

图 5-6 选择演示文稿类型

当选择了某一主题后,系统自动生成演示文稿的内容结构和某种风格的模板。然后在“内容提示向导”对话框中选择文稿类型(如“推荐策略”、“项目总结”等)、文稿输出类型(如屏幕演示、彩色投影、35mm 幻灯片等);单击“下一步”按钮,填写标题、页脚等,再单击“完成”按钮,即得到如图 5-7 所示的演示文稿,其中包括“前景陈述”、“目标和目的”、“目前的形势”等幻灯片,在每张幻灯片处填入自己的话语即可得到一个非常专业的演示文稿。

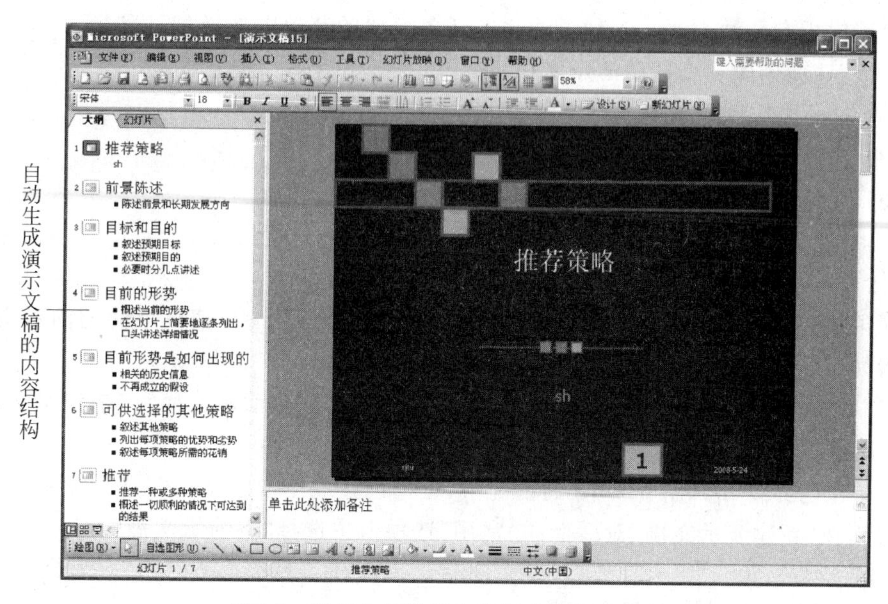

图 5-7　利用内容提示向导创建的演示文稿

2. 利用模板创建演示文稿

模板是用来统一演示文稿外观的最快捷的方法，Office 2003 中自带了很多不同风格的演示文稿模板，见图 5-8。这些模板的配色和构图等都是非常完美的艺术设计，每个模板都表达了某种风格和寓意。它们通常放在 Office 中的 Template 文件夹中。选择模板创建文稿时，将一种模板应用到自己的幻灯片上，而把注意力集中于内容的设计上。

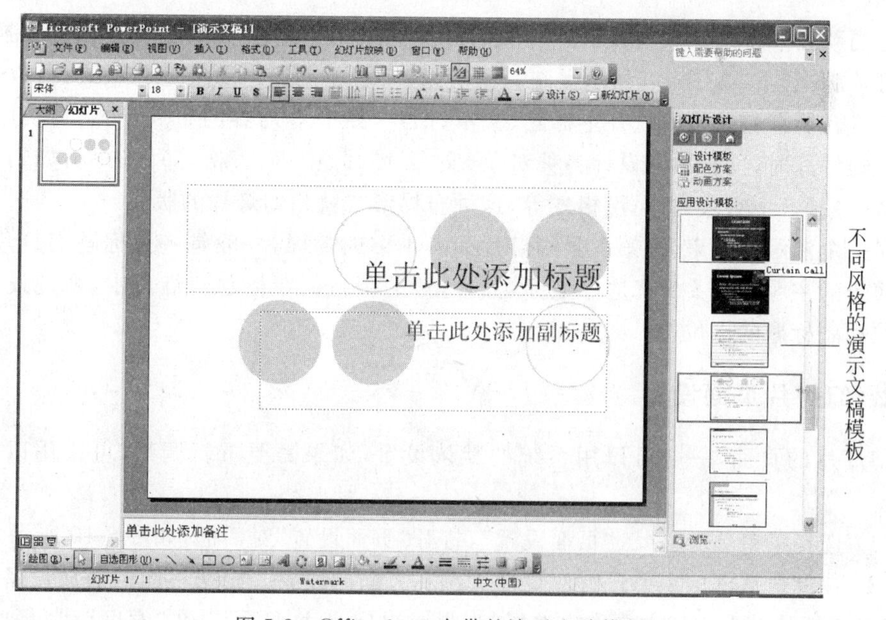

图 5-8　Office 2003 自带的演示文稿模板

使用模板有两种方法。一种方法是在任务窗格的菜单中选择"新建演示文稿"|"应用设计模板"选项创建一个新的演示文稿，如图 5-8 所示。另一种方法是：

(1) 打开要应用模板的演示文稿。

(2) 选择菜单项"格式"|"应用设计模板"。

(3) 在弹出的"应用设计模板"对话框中选择满意的模板。

3. 创建空演示文稿

如果找不到合适的模板，则可以创建一张空白幻灯片，设计独具个性的演示文稿，操作步骤如下。

(1) 启动 PowerPoint 时，在任务窗格菜单中选择"新建演示文稿"|"空演示文稿"，如图 5-8 所示。

(2) 在已经打开 PowerPoint 的情况下，也可以建立空演示文稿。选择菜单项"文件"|"新建"，在"新建演示文稿"对话框的"常用"选项卡中选择"空演示文稿"。

5.2.2 幻灯片格式的设置

幻灯片格式包括的内容有版式、页面设置、背景、配色方案等。虽然允许文稿中的各个幻灯片都可以使用自己的背景和配色方案，但是为了整个演示文稿风格的统一，一般在整个演示文稿中使用同一背景和同一套配色方案。另外，母版作为幻灯片的样式，对演示文稿的风格影响很大，也需要在正式制作演示文稿之前事先对它作精心的设计。

1. 选择版式

每当新建一个演示文稿或插入一张幻灯片时，"任务窗格"都会自动打开并切换到"应用幻灯片版式"页，如图 5-9 所示。在其中有近 30 种不同风格和用途的版式，可以选择某一种版式。所谓版式是幻灯片上标题、文本、图片、图表等内容的布局形式。在具体制作某一张幻灯片时，可以预先设计各种对象(文本、图片、图表、表格等)的布局，如幻灯片要有什么对象，各个对象的位置、格式等，这种布局形式就是幻灯片的版式。

对一个演示文稿来说，第一张幻灯片如一本书的封面，一般是一张标题幻灯片，用以说明演示的主题。图 5-9 就是一张标题幻灯片的版式。在标题幻灯片中，系统设计了添加标题和副标题的占位符。

2. 幻灯片页面设置

幻灯片的页面，一般可以用系统的默认设置，如果需要重新调整，可采用以下方法实现。

(1) 选择菜单项"文件"|"页面设置"，打开"页面设置"对话框，如图 5-10 所示。

(2) 在此对话框中主要进行幻灯片大小和方向的设置。根据不同的播放设备和现场要求，对幻灯片的大小和方向作出选择，如果是自定义大小，可以在"宽度"和"高度"两个数字框中输入具体数据。幻灯片的编号如果不从 1 开始，则指定一个起始编号值。

图 5-9　标题幻灯片版式

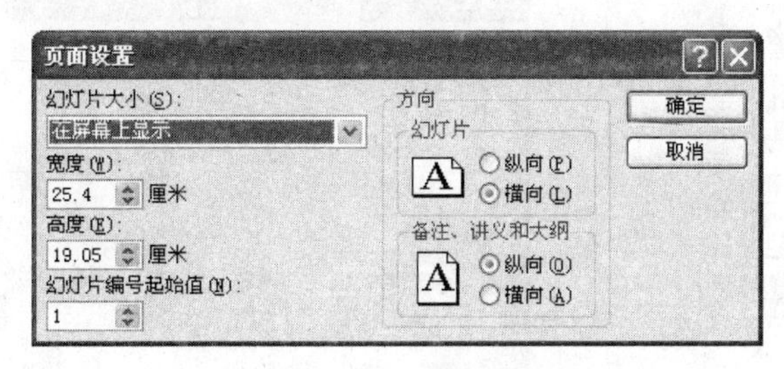

图 5-10　“页面设置”对话框

(3) 单击“确定”按钮,完成页面设置。

3. 背景的设置

设置幻灯片的背景,可以采用以下方法完成。

(1) 选择菜单项“格式”|“背景”,打开“背景”对话框,如图 5-11 所示。

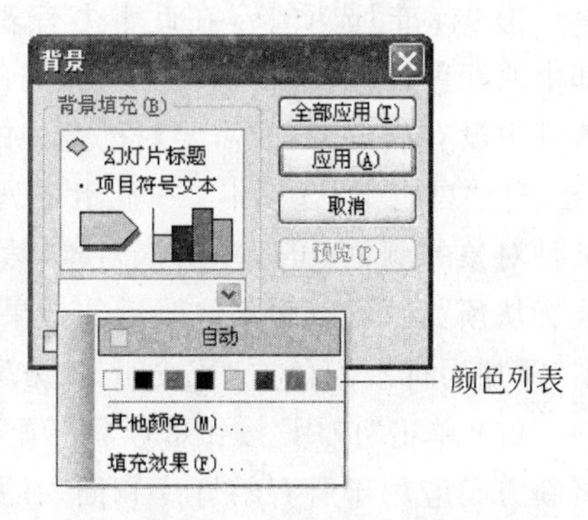

图 5-11　“背景”对话框

(2) 在对话框中从“背景填充”框中可以看到以前的背景,从“颜色”下拉列表中可以选择一种颜色。也可以单击“其他颜色”选项,打开“颜色”对话框,从中选择一种颜色。系统会将新选择的颜色自动添加到图 5-11 的颜色列表当中。如果要选择一种填充效果作为背景,如使用渐变的过渡色,或某一种纹理,可以单击“填充效果”选项,打开“填充效果”对话框,从多种填充效果(过渡、纹理、图案、图片)中选择一种效果后单击“确定”按钮。

当选择一种颜色或效果后,会立即在背景填充框的示意图中反映出来,如果要看一下实际效果如何,可以单击“预览”按钮。

(3) 单击“应用”按钮时,所选背景将会只应用于当前幻灯片;当单击“全部应用”按钮时,则背景将应用到所有已经存在的幻灯片和将来添加的新幻灯片上。

4. 配色方案的选择

配色方案是指演示文稿中几种主要对象(背景、标题文字、超链接文字、线条和填充等)分别要采用什么颜色。配色方案可以应用于个别幻灯片,也可以用于整个演示文稿。

在 PowerPoint 2003 中选择配色方案可用以下方法。

(1) 在任务窗格中选择菜单项“幻灯片设计”|“配色方案”,打开应用配色方案对话框,如图 5-12 所示。

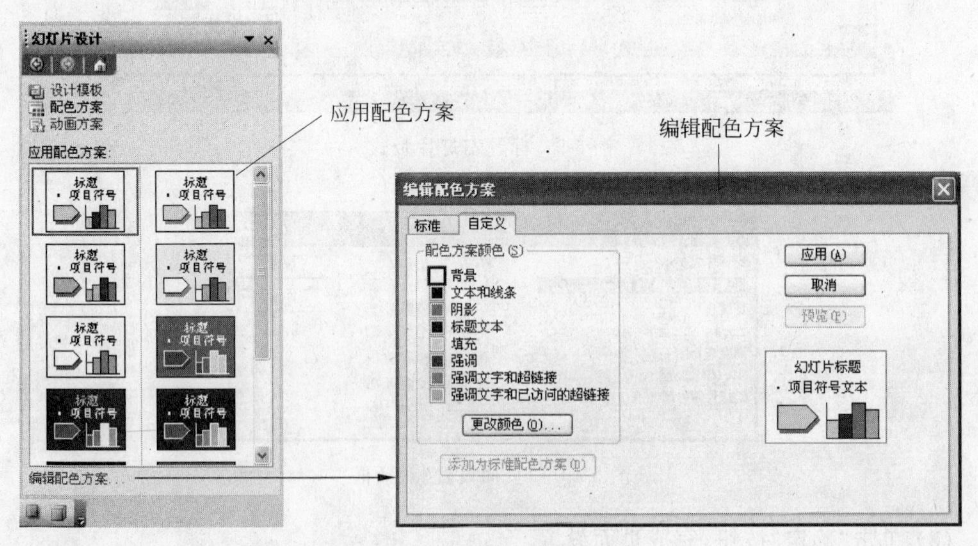

图 5-12　应用和编辑配色方案

(2) 在对话框中有两个选项卡:标准和自定义,介绍如下。

① “标准”选项卡: 在此卡上有多个预设置的配色方案,从各方案的样式中可以看到其中的配色情况。单击其中之一,被单击者会加一蓝色外框,表明是被选定的配色方案。若其中没有满意者,或需要对已选中的配色方案做些修改,则选择“自定义”选项卡。

② “自定义”选项卡: 在此卡中列出了 8 种项目颜色,见图 5-12。如果要修改其中的某种对象的颜色,可以单击该对象,然后单击“更改颜色”按钮,打开“颜色”对话框进行修改。从预览区可以看到修改后的效果。如果希望将修改完善的配色方案保存下来,则单击“添加为标准配色方案”按钮,该方案出现在“标准”选项卡的配色方案列表中。

(3) 单击“应用”按钮可以将新配色方案应用于当前幻灯片中;若单击“全部应用”则将新方案应用于所有幻灯片和插入的新幻灯片上。

应该注意,对于幻灯片的背景,其优先级是,配色方案中设置的背景优先级低于从“背景”对话框中设置的背景，整个演示文稿的背景优先级低于单个幻灯片的背景。

5. 对母版的修改

所谓“母版”，可以看做是幻灯片的样式，它决定了幻灯片的各个对象的布局、背景、配色方案、特殊效果、标题样式、文本样式及位置等属性。如果要修改多张幻灯片的外观，不必一张张幻灯片进行修改，而只需在幻灯片母版上做一次修改即可。当在演示文稿中插入一张新幻灯片时，完全继承其母版的所有属性。根据用途的不同，系统提供了以下 3 种母版。

(1) 幻灯片母版：在普通视图下设置标题和文本的格式，控制它们的格式和位置。

(2) 讲义母版：用于添加或修改在讲义视图中，每页讲义上出现的页眉和页脚信息。

(3) 备注母版：用于控制备注页的版式及备注文字的格式。

对于一个新建的演示文稿，如果要修改其中所有幻灯片的样式，则可以用修改母版的方法实现。通过菜单项“视图”|“母版”，可以打开上述 3 种母版中的任意一个。图 5-13 就是处于编辑状态的幻灯片母版，同时弹出“幻灯片母版视图”工具栏。

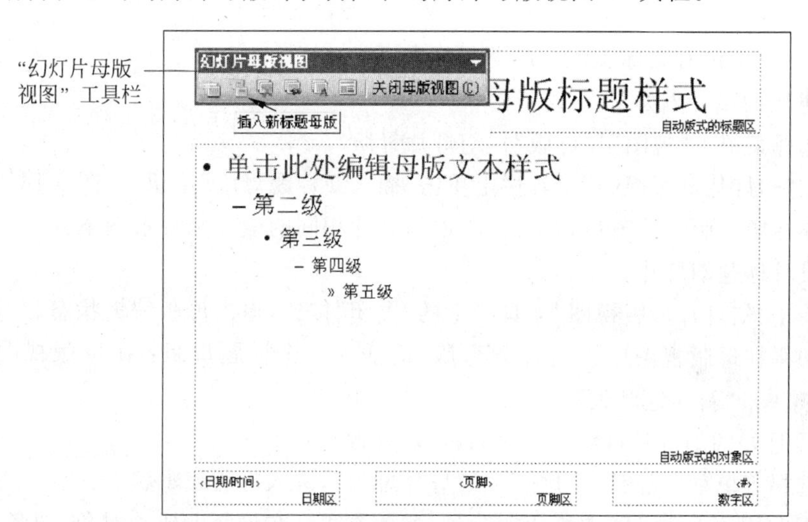

图 5-13 编辑中的幻灯片母版

在母版的编辑状态，可以对母版的样式做任意修改，其修改方法和幻灯片的修改完全一样。例如：

(1) 改变各级别文本的字体格式，可用“字体”对话框实现；调整标题占位符的位置可用拖曳尺寸柄的方式实现。

(2) 通过“格式”|“背景”命令设置背景颜色。

(3) 通过处理图片设置幻灯片背景：在“编辑对象格式”对话框中选择“线条和颜色”选项卡，将图片颜色设置为“水印”，再将其衬于文字下方。

(4) 在母版上插入徽标图片。

当单击“关闭”按钮时，所有幻灯片变成了新的风格，如图 5-14 所示。

标题幻灯片的设计往往与其他幻灯片不同，就像一本书的封面，没有书中统一的页眉

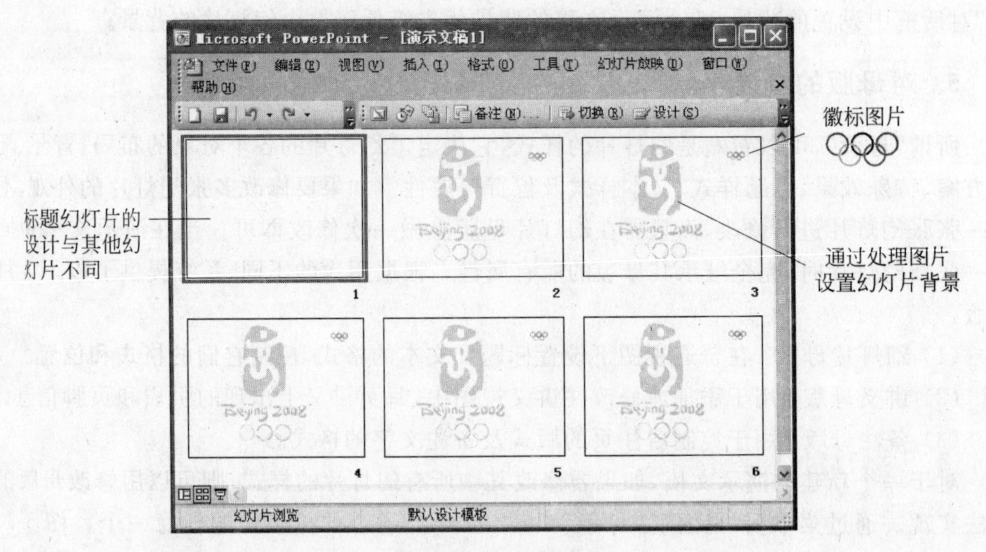

图 5-14 浏览视图

和页码一样,它也没有徽标和统一的背景图案。

标题母版的设计方如下。

(1) 选择菜单项"视图"|"母版"|"幻灯片母版"。

(2) 在"幻灯片母版视图"工具栏上单击"插入新标题母版"按钮,如图 5-13 所示。

(3) 在标题母版设计窗口,删去与其他幻灯片相同的徽标和背景图案。

(4) 设计标题幻灯片。

(5) 单击"幻灯片母版视图"工具栏上的"关闭"按钮,退出母版编辑状态。

(6) 如果在母版视图中没有标题母版,请插入一个标题母版:在母版视图中的"插入"菜单上,单击"新标题母版"。

对已设计好的幻灯片母版可以进行修改,修改方法如下。

(1) 选择菜单项"视图"|"母版"|"幻灯片母版",进入母版编辑状态。

(2) 用前述的方法设置幻灯片的背景、配色方案。在母版上插入对象,对各种对象进行格式化的方法与在幻灯片上完全一样,将在后面有关章节讨论。

(3) 修改完毕后单击"母版"工具栏上的"关闭"按钮或单击"幻灯片视图"按钮,退出母版编辑状态。

当完成所有的母版设置后,切换到幻灯片浏览视图,这时,会发现设置的格式已经在标题幻灯片上显示出来了,见图 5-14。

5.2.3 演示文稿的编辑

在演示文稿的制作中,经常要进行幻灯片的插入、删除、复制、移动等工作。这些工作在不同视图下的操作稍有不同。下面主要看一下在浏览视图下的操作方法。按视图工具栏上的浏览视图按钮,所显示出的视图界面如图 5-14 所示。

1. 幻灯片的选择

在对幻灯片进行操作之前，应先选定要操作的幻灯片。常用的选定方法有以下几种。

(1) 选择幻灯片：单击要选的幻灯片。

(2) 选择新幻灯片插入点：单击两个幻灯片之间的空白处。

(3) 选择多个编号连续的幻灯片：先单击起始片，然后按住 Shift 键单击末尾片。

(4) 选择多编号不连续的幻灯片：按住 Ctrl 键，逐个单击所要选择的幻灯片。

在大纲视图下，选定幻灯片只要单击编号后的幻灯片即可，但只能作多个连续幻灯片的选定，而不能作多个不连续的幻灯片的选定。选定后幻灯片的图标、标题和文本在大纲窗口呈反色(黑底白字)显示。

2. 对幻灯片的操作

(1) 新幻灯片的插入：在幻灯片视图中选定某张幻灯片，准备在其后插入新幻灯片，选择菜单项“插入”|“新幻灯片”，或单击工具栏中的“新幻灯片”按钮；在浏览视图中，则会在插入点前插入新幻灯片。

在执行“插入新幻灯片”命令后，会打开“页面设置”对话框，如图 5-10 所示，从中选择一种版式，单击“确定”按钮后，即完成了新片的插入，并且自动将其作为当前幻灯片。

(2) 幻灯片的移动：在浏览视图中，选定一个或多个幻灯片，按住鼠标左键拖曳，这时的鼠标指针下加了一个矩形，当到达目的位置后放开鼠标左键，幻灯片移动完成。在大纲视图下移动的方法基本一样，但是这时的插入点是一个横穿整个窗口的水平线。移动后幻灯片自动按新幻灯片的顺序编号。

(3) 幻灯片的复制和删除操作与在 Word 中大致相同。而且，PowerPoint 幻灯片的移动和复制操作完全可以利用剪贴板来完成，具体操作不再详述。

5.3 幻灯片的编辑与对象插入

母版和模板宏观地设计了演示文稿的风格和结构，每一张幻灯片则要具体地表达演讲者的意图和思想，对每一张幻灯片进行文字编辑、插入对象，是制作演示文稿的重要任务之一。

5.3.1 文本编辑

1. 在幻灯片上编辑文本

在幻灯片视图下，直接在幻灯片上编辑文本是使用最多的一种文本编辑方式。只要在幻灯片上单击文本占位符进入文本编辑状态，输入文本即可。

当自动版式提供的文本占位符不够或没有占位符时，要在幻灯片上输入文字，可以选

择菜单项“插入”|“文本框”|“横排”或“竖排”；或单击“绘图”工具栏的按钮或。

注意：在自己创建的文本框中输入的文本内容不能在大纲视图中显示出来；但是这样的文本框对象可以和其他图形对象组合成新的更为复杂的对象。

2. 在大纲视图中编辑文本

选择菜单项“视图”|“大纲”切换到大纲视图时，大纲区有两个选项卡，“大纲”和“幻灯片”。选择“大纲”打开大纲视图工具栏，此时可在大纲区使用它进行文字编辑。大纲视图的结构如图 5-15 所示。

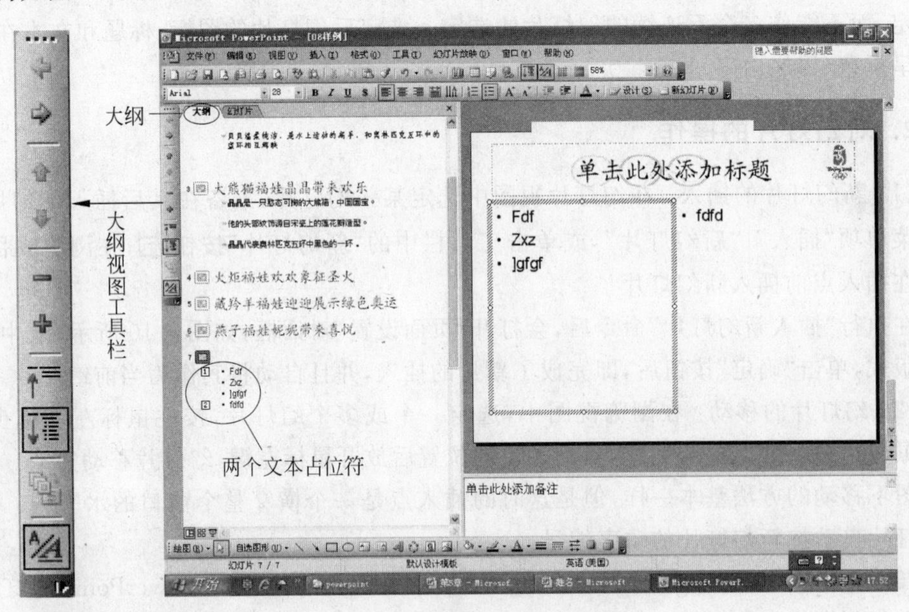

图 5-15 大纲视图下的文本编辑

在大纲视图中输入的标题内容自动加在幻灯片标题占位符中，而输入的文本内容则自动加在文本占位符中。如果有两个或两个以上的文本占位符，则单击幻灯片中的相应占位符，会在大纲视图中文本开始处标有 1 、 2 的标志，如图 5-15 所示。

对于需要输入的大量文本来说，如果使用的当前文本占位符中容纳不下的话，通常需要用户在幻灯片上用手工调整，系统也会根据幻灯片的大小自动调整文本对象字号大小，使之适应文本占位符。

3. 更改文本级别

合理的层次可以增强演讲的条理性。更改文本级别可用以下方法来实现。

(1) 如果需要版面简洁，不想将幻灯片的大小标题都展开，那可以双击“大纲”工具栏上的“折叠”按钮，只是显示幻灯片的标题；反之，如果要修改演示文稿的文本内容，则可以双击“展开”按钮。

(2) 如果要上下移动标题，可将鼠标放置于该层之内，然后在“大纲”工具栏上单击

"上移"按钮 或"下移"按钮 。

(3) 单击大纲工具栏中的升级按钮 可使选定的段落由低级升高到上一级,如当前段落是二级文本,按此按钮后改变为一级文本。降级按钮 则可以把选定的段落由高一级降到下一级。

5.3.2 插入对象

要使演示文稿具有较强的表现力,可以插入图形、表格、图表、影像和声音等对象。再给幻灯片中的对象设置不同形式的动画效果,可以使演示文稿更加生动和精彩。

要插入对象前可先选择菜单项"格式"|"幻灯片版式",在"幻灯片版式"对话框中选择合适的母版样式,然后再插入对象。

关于图片、表格等对象的插入和编辑与在 Word 中大致相同,在前面章节已经介绍过,这里不再重复。

1. 插入组织结构图

组织结构图广泛用于描述某个企业内部的结构组织,或者描述学科分支情况。它经常被用在演示文稿中。在 Office 2003 中带有一个"Microsoft 组织结构图"应用程序,可以在幻灯片中嵌入组织结构图对象。

(1) 以下列任一操作可以打开"图示库"对话框,如图 5-16 所示。单击其中的组织结构图缩略图按钮,即在窗口中插入一个"组织结构图"(如图 5-17 所示)和"初始的组织结构图"(如图 5-18 所示)工具栏。

① 在"幻灯片版式"任务窗格中,单击在屏幕提示名称中包含"内容"的任意版式。然后,单击该幻灯片上的"插入组织结构图或其他图示"按钮 。

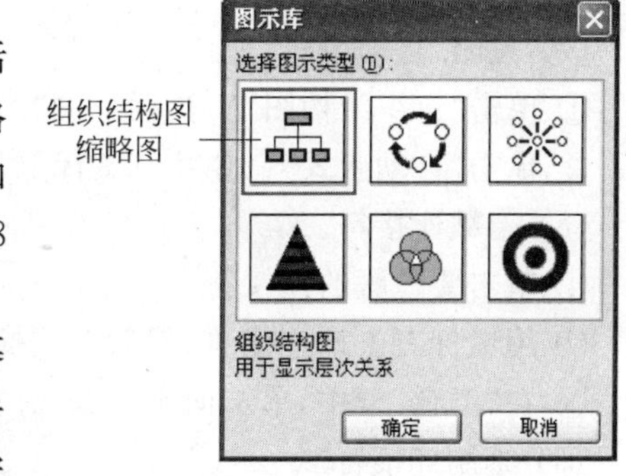

图 5-16 "图示库"对话框

② 在"绘图"工具栏上,单击"插入组织结构图或其他图示"按钮 。

③ 在"插入"菜单中,单击"图示"。

(2) 添加形状。

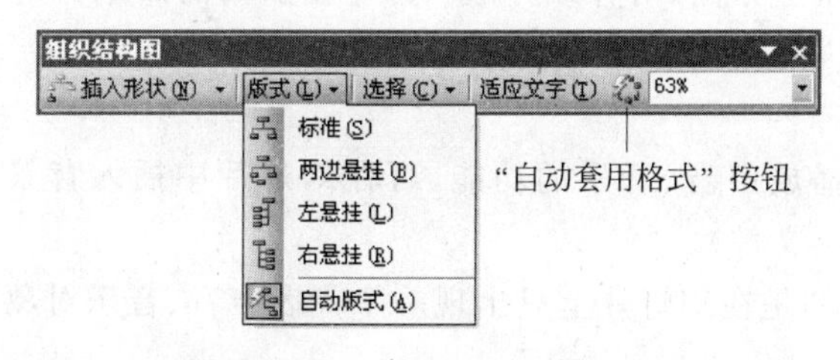

图 5-17 "组织结构图"工具栏

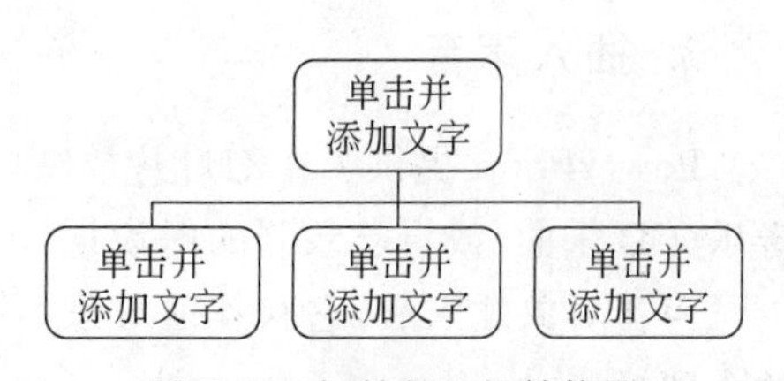

图 5-18 初始的组织结构图

① 选定与新形状相关的形状。

② 单击“组织结构图”工具栏上的“插入形状”菜单，并选择一类形状。

③ 单击“插入形状”(不必显示菜单)可快速添加“下属”形状。

(3) 按组选定形状或连接符。

① 所有助手：单击图表上的某个“助手”形状，然后单击“所有助手”。

② 一个分支：单击要选择的分支的顶部，然后单击“分支”。

③ 所有分支：单击图表的顶部形状，然后单击“分支”。

④ 一个级别：在要选择的图表级别中单击一个形状，并单击“级别”。

⑤ 所有连接符：选择该图表，然后单击“所有连线”。

(4) 更改版式。

① 选择要更改的分支的顶端。

② 在“版式”按钮上，单击某个分支样式(如“左侧下垂”或“标准”)。

(5) 使用自动设计。

① 在“组织结构图”工具栏上，单击“自动套用格式”按钮，并从库中选择一种样式。

② 要恢复默认样式，请在样式列表中单击“默认”。

(6) 手动设计。

使用“选择”按钮选择形状组，然后使用“绘图”工具栏添加填充、线形、字形、阴影和类似的内容。

(7) 关闭“自动版式”。

① 单击“组织结构图”工具栏上的“版式”菜单。

② 单击“自动版式”命令将其关闭。

(8) 隐藏连接符。

① 单击要隐藏的连接符。

② 用鼠标右击该连接符，然后在快捷菜单上单击“设置自选图形格式”。

③ 在“颜色”框中，单击向下箭头，并单击“没有线条”。

(9) 绘制连接符。

① 在“自选图形”菜单(“绘图”工具栏)上，指向“连接符”子菜单，并单击一个连接符。

② 指向第一个形状，单击某个热点；指向第二个形状；单击某个热点。

(10) 组合或对齐形状。

① 选择这些形状；然后，在“绘图”菜单(“绘图”工具栏)上单击“组合”或“取消分组”。

② 选择这些形状；然后，在“绘图”菜单上指向“对齐或分散”，并单击所需的命令。

2. 插入声音

PowerPoint 提供了在幻灯片放映时播放声音、音乐的功能，可在幻灯片中插入背景音乐(CD 乐曲)或自己录制的解说词(.wav 文件)。

声音对象插入后，它和其他对象不同的是在幻灯片上只出现一个代表声音、音乐对象的小图标。

(1) 插入声音或音乐的方法

① 在要插入声音的幻灯片中，选择菜单项“插入”|“影片和声音”|“文件中的声音”，打开“插入声音”对话框。

② 选择声音文件的路径，从列表中找到要插入的文件名。

③ 单击“确定”按钮。关闭“插入声音”对话框，这时出现消息框，询问“在放映时如何开始播放声音”。可选择“自动”，在播放时会自动播放声音；也可回答“在单击时”，在幻灯片的中心位置出现一个声音图标，这就是插入的声音对象，单击该图标即可播放。在编辑状态，双击该图标也可以播放。

(2) 选择停止声音的方式

① 在幻灯片上右击声音图标，然后单击快捷菜单上的“自定义动画”。

② 在任务窗格中显示声音效果菜单，然后单击“效果选项”。

③ 在“停止播放”区域，选择一个选项。

这些选项包括针对整个幻灯片播放声音的选项或者针对指定数量的幻灯片播放声音的选项。

也可以在“自定义动画”任务窗格中，像应用动画效果那样应用“声音操作”效果：选定幻灯片上声音图标，单击“添加效果”|“声音操作”，然后选择“停止”、“播放”或“暂停”。

如果应用动画效果，则可以打开它的“选项”对话框（“自定义动画”任务窗格），并在“效果”选项卡上的“声音”框上选择“[停止前一声音]”。启动动画时将停止正在播放的任何声音。

3. 插入视频剪辑

在演示文稿的制作中，常把一些要解释的操作过程制作成动画，然后插入到文稿当中。对于用摄像机拍摄的影像带资料，只要通过一定的设备将它转换成数据化的视频文件，进行必要的剪辑，也可以插入到演示文稿中。

在 PowerPoint 2003 中可以插入多种格式的视频剪辑，如 avi 格式（是采用 Intel 公司的 Indeo 视频有损压缩技术生成的视频文件）、mov 格式（是 QuickTime for Windows 视频处理软件所选用的视频文件格式）、mpg 格式（是一种全屏幕运动视频标准文件）、dat 格式（VCD 中视频文件的格式）、gif 格式等。视频剪辑的来源一是 Office 2003 的剪辑库，其中用户可以从中选择插入到演示文稿中；二是来源于文件。这里只讨论从文件中插入视频文件的方法。

(1) 选择菜单项“插入”|“影片和声音”|“文件中的影片”，打开“插入影片”对话框（与“插入声音”对话框完全相同，只是文件类型有所不同）。

(2) 选择视频文件的路径，从列表中找到要插入的文件名，并且把它选定。

(3) 单击“确定”按钮。关闭“插入影片”对话框，这时出现消息框，询问是否在放映时自动播放影片。根据需要选择“是”或“否”。

这时会发现在幻灯片的中心位置显示出所插入的视频对象。适当地调整其大小和位置。在编辑状态，双击该图标就可以播放。

5.4 动画的定义与演示文稿放映

PowerPoint 提供的动画功能可以在放映幻灯片的时候，使文本、图形、声音、表格等对象以各种动画形式和次序出现在幻灯片上，这样可以突出视觉和听觉上的效果，提高演示文稿的趣味性。

5.4.1 定义动画

动画实现的方法是通过定义对象动作、声音和出现的时间来完成的。为对象定义动画的方法如下。

1. 预设动画方案

(1) 应用方案。

① 单击菜单项“幻灯片放映”|“动画方案”。

② 选择幻灯片并在任务窗格中的方案列表中单击方案。

③ 单击方案，再单击“应用于所有幻灯片”。

(2) 删除方案

在方案列表中单击“无动画”。

(3) 替换方案

不需要先删除原来的方案，只需单击不同的方案。

所应用的新方案将替换已应用到标题和正文文本占位符的方案；而不会影响已应用到图表、图示、文本框、图片、形状的效果，这些对象必须手动替换(通过自定义动画)新内容。

2. 自定义动画

(1) 打开“任务窗格”

① 选择菜单项“幻灯片放映”|“自定义动画”。

② 在对象上单击鼠标右键，选择快捷菜单中“自定义动画”选项。

(2) 添加效果

① 选择幻灯片上要添加效果的一个项目(或多个项目)。

② 单击任务窗格中的[添加效果]按钮，从菜单中选择一个效果(如：“进入”|“出现”)。若要选择多个项，请在单击时按下 Ctrl。

(3) 删除效果

① 在任务窗格效果列表中，选择已应用的一个效果(或多个效果)。

② 单击任务窗格中的[删除]按钮。

(4) 更改效果

① 在任务窗格效果列表中，选择已应用的一个效果(或多个效果)，或者单击幻灯片上的效果的序号，以在列表中选中它。

② 单击任务窗格中的【更改】按钮，从菜单中选择一个要更改的效果，如图 5-19 所示。

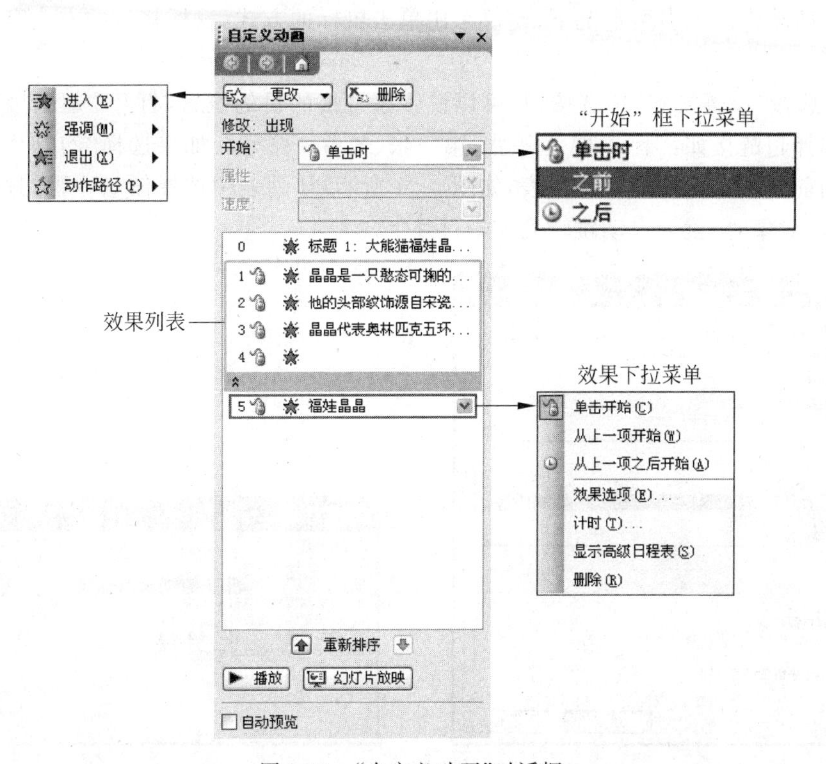

图 5-19 "自定义动画"对话框

(5) 设置效果开始播放的时间

① 在任务窗格效果列表中选择一个效果(或多个效果)。

② 在任务窗格中的"开始"框中，单击所需的开始类型(如："之前")。

③ 或者，显示效果的下拉菜单，单击所需的开始类型(如："单击开始")，如图 5-19 所示。

5.4.2 演示文稿的超链接

如果在某一张幻灯片上添加了一个按钮，希望在放映这张幻灯片时，演讲者单击此按钮可以切换到任意一张幻灯片、另一个演示文稿、某个 Word 文档，甚至是某个网站，那么可以利用"超链接"功能，预先为这个按钮设置一个超链接，并将链接指向目的地，使演讲者可以根据自己的需要在众多的幻灯片中快速跳转。

下面介绍对象设置动作的方法。

(1) 选定要设置动作的对象。如：幻灯片中的文字或图片。

(2) 选择菜单项"幻灯片放映"|"动作设置",也可以在选定对象后右击,在快捷菜单中选择"动作设置",打开"动作设置"对话框,如图 5-20 所示。

(3) 在"动作设置"对话框中有两个选项卡:"单击鼠标"选项卡和"鼠标移过"选项卡。前者是放映时用鼠标左键单击对象时发生的动作;后者是放映时当鼠标指针移过对象时发生的动作。大多数情况下,建议采用单击鼠标的方式,鼠标移过的方式容易发生意外跳转。

(4) 选择"超链接到"单选按钮,可以设置超链接的目的位置,打开"超链接"列表,可以从中选择超链接如:下一张、上一张、第一张、最后一张等。如果选择"幻灯片..."项,可以打开当前演示文稿的幻灯片列表,如图 5-21 所示,从列表中选择任意一张幻灯片,放映时,当单击对象时,就会自动跳转到该幻灯片上。

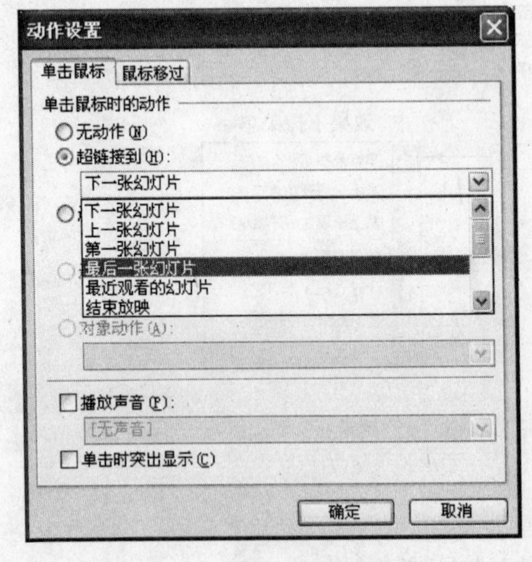

图 5-20 "动作设置"对话框

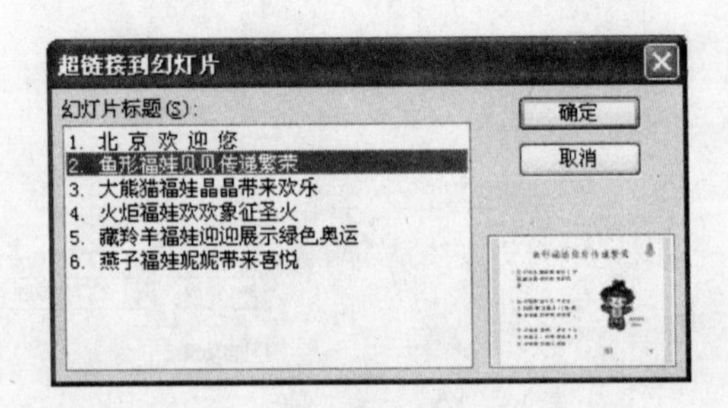

图 5-21 "超链接到幻灯片"对话框

(5) 如果在列表框中选择"链接到其他的 PowerPoint 演示文稿..."项,会显示出所链接的演示文稿的幻灯片列表,选择其中的某一张幻灯片。在放映时单击对象将会自动放映所选择的演示文稿并且跳转到指定的幻灯片开始放映。

(6) 如果在列表框中选择"URL..."项,在弹出的对话框中输入要链接的 Internet 网址,放映时单击对象,会自动启动浏览器并且显示所链接的网站。

(7) 如果在列表框中选择"其他的文件...",在打开的对话框中选择所要链接的文件(如 Word、Excel 等),放映时单击对象,相应的应用程序会打开该文件。

(8) 选择"运行程序"选项可以创建和计算机中其他程序相连的链接;通过"播放声音"选项能够实现单击某个对象时发出某种声音。

(9) 单击"确定"按钮。如果给文字对象设置了超链接,代表超链接的文字会被添加下划线,并显示成配色方案所指定的颜色。

可以将超链接创建在幻灯片上的任何对象上,如文字、图形、表格,还可以利用"绘图"工具栏上的"自选图形"中所提供的动作按钮来设置超链接。如图 5-22 所示,幻灯片左下角的小房子按钮和幻灯片右下角的箭头按钮,分别设置了链接到演示文稿的第一张幻灯片和上一张幻灯片、下一张幻灯片的链接。

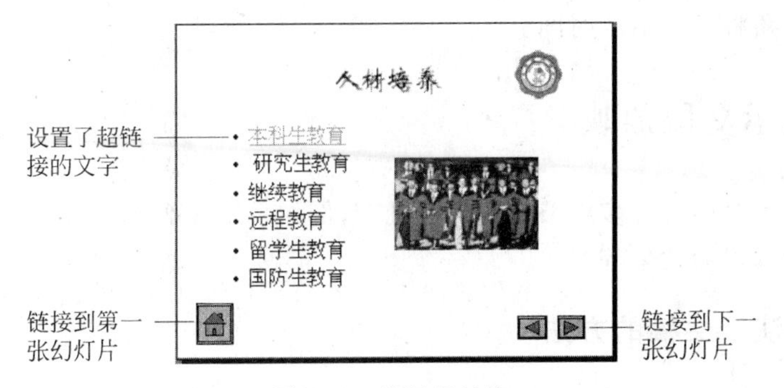

图 5-22　设置超链接

一个对象设置了动作后，放映中只要鼠标指针移到该对象上，指针就会变成手形，这时单击鼠标就可以执行预设的动作。

5.4.3　幻灯片的切换方式

可以预先设计幻灯片的切换方式，即放映时从上一张幻灯片过渡到另一张幻灯片的方式，其中包括了切换时的动态效果（即幻灯片是像“百叶窗”一样呈现出来，还是从某个方向插入进来）、切换方法（是单击鼠标时切换还是隔若干秒自动切换）等。

设置幻灯片的切换方式可以在“幻灯片视图”或“浏览视图”下进行。

1. 打开任务窗格

（1）在幻灯片视图下选择菜单项“幻灯片放映”|“幻灯片切换”。

（2）在幻灯片浏览视图中选定要设置切换方式的幻灯片，然后单击右键，从快捷菜单中选择“幻灯片切换”。

2.“幻灯片切换”任务窗格中的设置内容

（1）应用于所选幻灯片

幻灯片切换是指演示文稿播放过程中幻灯片进入和离开屏幕时的视觉效果，在对话框右上部的列表中预设了很多种切换时的动画效果（如“水平百叶窗”）。

（2）修改切换效果

① 速度：设置幻灯片切换时的速度。

② 声音：爆炸、抽气等。另外，通过设置切换声音的方法也可以设置幻灯片的背景音乐、解说词等（在“声音”下拉列表框中选择“其他声音…”）。

（3）换片方式

从换页方式框中可以设置以什么方式换片，一是单击鼠标时换片；二是幻灯片放映持续一定时间后自动换片。当选择后者时，要输入一个时间数值。

对于所设置的切换方式，单击“应用”按钮时只应用于当前幻灯片，单击“全部应用”按钮时则将设置应用于演示文稿的所有幻灯片。幻灯片设置了切换方式后，在浏览视图中幻灯片的左下角将出现播放时间。

5.4.4 演示文稿放映

放映幻灯片时还有许多细节问题需要处理，例如采用什么方式启动放映，放映中怎样操作才能达到理想的效果等。

1. 放映演示文稿的方法

(1) 在 PowerPoint 中打开演示文稿，选择菜单项"幻灯片放映"|"观看放映"，这时从演示文稿的第一张幻灯片开始放映。

(2) 在 PowerPoint 中单击"视图"工具栏的"幻灯片放映"按钮，则可以从当前幻灯片开始向下放映。

(3) 从 Windows 环境中直接运行：在"我的电脑"窗口或"资源管理器"窗口中找到要放映的演示文稿，选中后单击右键，在快捷菜单中选择"显示"后即可开始放映。

(4) 在桌面上建立演示文稿的快捷方式，通过选定其快捷方式图标，单击右键后从菜单中选择"显示"后开始放映。

(5) 将演示文稿保存为 PowerPoint 放映类型：在"另存为"对话框中选择"文件类型"为 PowerPoint 放映，这时文件的扩展名为 pps，如此的演示文稿文件，只要在"我的电脑"窗口或"资源管理器"窗口中双击文件名或它在桌面上的快捷方式，就可以放映该演示文稿

2. 放映中在屏幕上使用绘图笔

在幻灯片的放映中常常想在屏幕上写画，可采用以下方法实现。

(1) 单击鼠标右键打开快捷菜单，将指针指向"指针选项"，显示出其级联菜单，如图 5-23 所示。

(2) 选择"绘图笔"。这时出现在屏幕上的鼠标指针变成笔形，这时即可以在屏幕上写画。使用绘图笔在幻灯片上写画时，需保持鼠标左键处于按住状态。

如果要改变绘图笔颜色，可在其级连菜单中选择。在"屏幕"选项的级联菜单中选择"擦除笔迹"，可以擦去屏幕上当前存在的所有绘图笔迹。

要退出放映中的写画状态，可以从幻灯片放映的快捷菜单中选择"指针选项"|"箭头"，然后可能看到鼠标指针的形状变回了箭头形状。

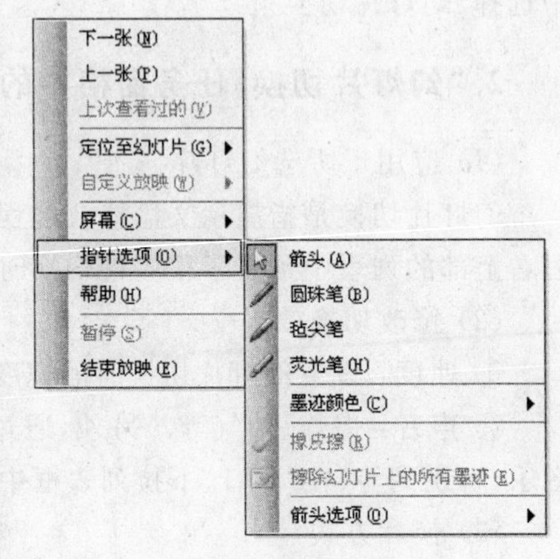

图 5-23 使用绘图笔

课堂训练

训练 5.1　内容提示向导的使用

操作要求：应用向导建立一个“项目概况”类型的演示文稿。

操作步骤如下：

① 选择菜单项“文件”|“新建”，在任务窗格栏选择“本机上的模板”链接。

② 在弹出的对话框中的“常用”选项卡中选择“内容提示向导”双击或者选择后确定。

③ 在打开的“内容提示向导”对话框中单击 “下一步”按钮。

④ 单击“项目”按钮，选择其中的“项目概况”类型，然后单击 “下一步”按钮。

⑤ 选择 “屏幕演示文稿” 单选项，再单击“下一步” 按钮。

⑥ 在“演示文稿标题”框中输入“项目概况”作为标题，单击“下一步” 按钮。

⑦ 单击“完成”按钮，系统自动生成一个“项目概况”类型的演示文稿。

⑧ 这样就做出一个项目概况的模板，它里面包含了“项目目的”、“说明”、“技术”、“团体/资源”等幻灯片页面。

⑨ 选择菜单项“格式”|“幻灯片设计”，在任务窗格栏选择“watermark”模板。

⑩ 将每张幻灯片填写上自己的演说词，即可制作一个文稿体例具有专业水平、内容具有个性的演示文稿，如图 5-24 所示。

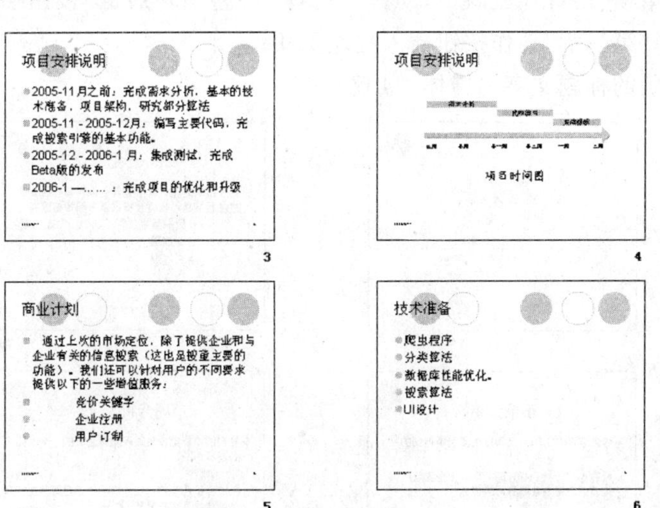

图 5-24　使用向导样例

训练 5.2　幻灯片母版

操作要求：

(1) 设计标题母版。

(2) 建立一个具有统一样式的演示文稿。

操作步骤如下：

① 选择菜单项“开始”|“Microsoft Office PowerPoint 2003”。新建一个演示文稿，其默认文件名为[演示文稿 1]。

② 单击工具栏最右侧的“新幻灯片”按钮(新幻灯片(N))5 次，建立 6 张空白幻灯片。

③ 选择第一张幻灯片，默认版式是“标题幻灯片”。

④ 选择菜单项“视图”|“母版”|“幻灯片母版”，系统弹出幻灯片母版编辑页面。

⑤ 选择菜单项“插入”|“新标题母版”，弹出幻灯片母版编辑页面。

⑥ 设计标题幻灯片样式。

⑦ 选择第二张幻灯片，在幻灯片母版编辑页面下设计母版样式。

- 选择菜单项“插入”|“图片”|“来自文件”，插入图片。并将该图片做背景(选择图片，右击选择“叠放次序”|“置于底层”)。
- 在右上角插入一个“徽标”小图片。
- 左下角插入幻灯片的时间/日期，下面插入页脚标题，选择“插入”|“幻灯片编号”，勾选“幻灯片编号”和“标题幻灯片中不显示”两个复选框。
- 选择菜单项“幻灯片放映”|“动作”，选择“前进”和“后退”按钮插入幻灯片的右下角，选择“第一章”动作按钮插入到左下角。
- 设置母版的标题文字为楷体、44 磅。

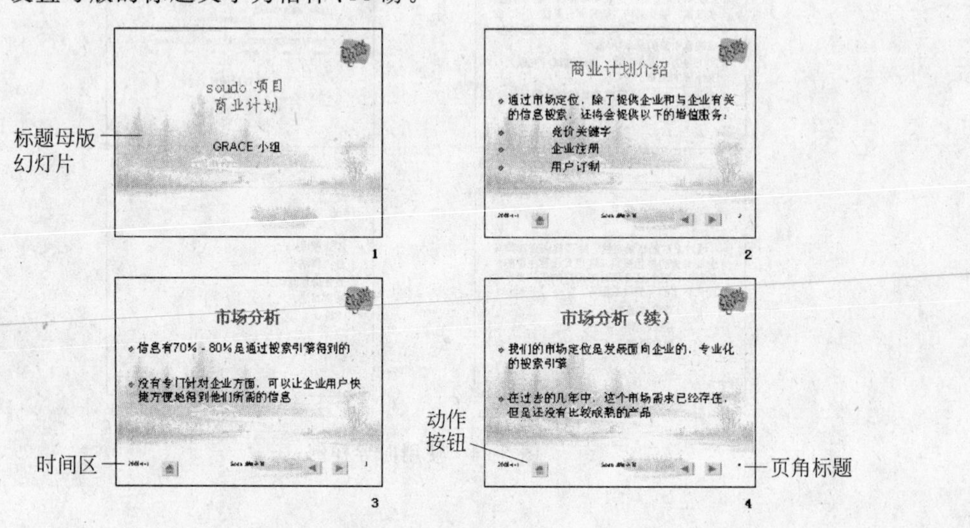

图 5-25　母版样例

⑧ 关闭母版，选择菜单项“视图”|“幻灯片浏览”，切换到浏览视图模式，可以看到刚才建立的所有空白幻灯片都具有统一样式，如图 5-25 所示。

训练 5.3 动画设计

操作要求：

(1) 按要求定义一张幻灯片上的各个元素的动画。

(2) 让福娃跳跃出现。

操作步骤如下：

1. 定义幻灯片上的各个元素的动画

(1) 单击工具栏上“新幻灯片”按钮（新幻灯片(N)），新建一张空白幻灯片，选择“标题、剪贴画与文本”版式。

(2) 分别在标题占位符、剪贴画占位符与文本占位符中填写标题、插入图片和文字。

(3) 右击文本占位符，在弹出的菜单中选择“自定义动画”命令，打开“自定义动画”任务窗格。

(4) 设置文本占位符中的三段文字依次在单击鼠标时出现，有两种做法。

① 单击文本占位符边框，此时占位符处于被选中状态。在“自定义动画”任务窗格中，单击“添加效果”|“进入”|“百叶窗”，在文本占位符和任务窗格的播放效果中都显示各段的播放次序的编号，如图 5-26 所示。

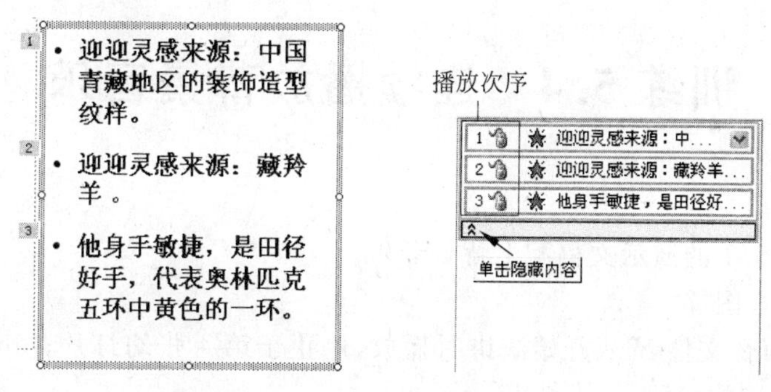

图 5-26 自定义动画

② 选择文本占位符中的三段文字，占位符处于编辑状态。单击“添加效果”|“进入”|“百叶窗”，在文本占位符和任务窗格的播放效果中都只显示编号“1”。在任务窗格中的播放效果列表中，分别在任务窗格中单击第二、三段的播放效果项目，并在其下拉菜单中选择“单击开始(C)”。

2. 应用动作路径，让福娃跳跃出现

(1) 在幻灯片上选择图片。

(2) 在“自定义动画”任务窗格中，选择菜单项“添加效果”|“动作路径”。选择菜单底

部的两个选项（“绘制自定义路径”和“其他动作路径”）可设计动画的路径。

① 绘制自定义路径：指向“绘制自定义路径”，单击希望绘制的某个类型（如“自由曲线”）。在幻灯片上，指向希望路径开始的位置（通常，是路径所移动对象的中心），鼠标指针呈笔形指针，然后绘制。

② 自定义路径：单击默认菜单上的路径；或者单击菜单底部的“其他动作路径”，然后单击某个路径。

(3) 如果要图片的动画先于文本，可在任务窗格中用鼠标指向该项，此时鼠标指针呈↕状，拖曳至文本效果之前即可，如图 5-27 所示。

图 5-27　绘制动作路径

训练 5.4　连续播放背景音乐

操作要求：

(1) 为训练 5.1 的演示文稿配上背景音乐。

(2) 隐藏声音图标。

(3) 设置“声音文件 1”从开始演讲时播放，停止于第 4 张幻灯片；“声音文件 2”从最后一张幻灯开始播放，直至演讲结束。

操作步骤如下：

直接使用“插入”|“影片和声音”|“文件中声音”所插入的背景音乐只对所选择的那张幻灯片起作用，等到播放下一张时，背景音乐就停止播放了。

在“自定义动画”中简单设置一下，就可以轻松控制背景音乐在指定的部分或全部幻灯片播放了，具体做法如下：

(1) 把全部幻灯片做好，在需要插入声音的幻灯片中，选择菜单项“插入”|“影片和声音”|“文件中的声音”，在“插入声音”对话框中选择所需的声音文件。

(2) 在出现的“您希望在幻灯片放映时如何开始播放声音？”的对话框中选择“自动”（见图 5-28）。

图 5-28 “您希望在幻灯片放映时如何开始播放声音?”对话框

(3) 右击声音图标“小喇叭”，选择“编辑声音对象(O)”，弹出“声音选项”对话框，如图 5-29 所示。勾选“循环播放，直到停止”可以从始至终播放背景音乐；勾选“幻灯片放映时隐藏声音图标”项，幻灯片过程中就不会显示声音图标了。

(4) 如果右击声音图标“小喇叭”，选择“自定义动画”选项，打开的“自定义动画”窗口也有所变化，双击“自定义动画”窗口中的声音文件名或右击声音文件名，选择“效果选项”，会出现“播放声音”窗口，如图 5-30 所示。在这里可以设置播放方式。

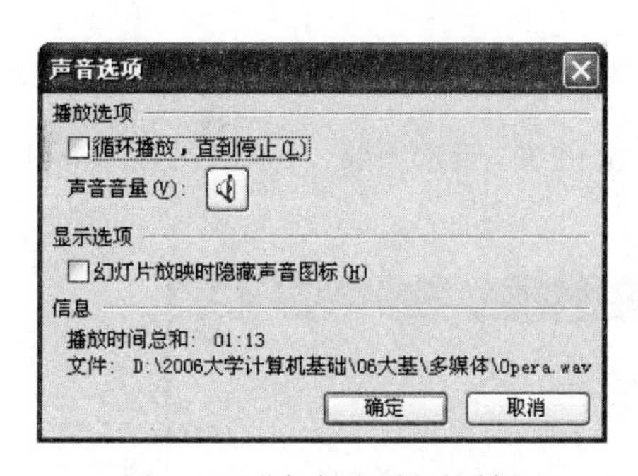

图 5-29 “声音选项”对话框

图 5-30 “播放 声音”对话框

自学内容

自学 5.1 演示文稿的打包

在实际工作中，常常要把创作的演示文稿拿到别的机器上去播放。对于体积很大的演示文稿，特别是有一些放在不同路径的、被链接到演示文稿中的源文件，用压缩软件压缩后携带就不太令人放心，主要是因为这样做可能会丢失文件信息或有遗漏的文件。可以把演示文稿、文件所用的字体和播放器一起打包，这样不但可以避免放映时因所用的机器中字体不全而引起的问题，甚至可以在没有安装 PowerPoint 2003 的机器上放映演示文稿。

1. 打包演示文稿

演示文稿的打包是通过“打包”向导完成的。过程如下：

(1) 打开要打包的演示文稿。

(2) 选择菜单项“文件”|“打包成 CD”，打开“打包成 CD”对话框，如图 5-31 所示。

(3) 单击“复制到文件夹(F)...”按钮，在“复制到文件夹”对话框中确定打包的文件存放的驱动器和文件名，见图 5-32。

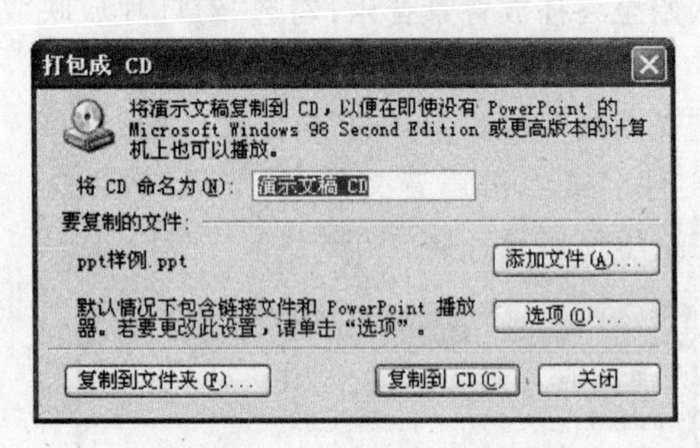

图 5-31 “打包成 CD”对话框

图 5-32 “复制到文件夹”对话框

2. 异地播放

将压缩包文件带到另一台计算机，打开压缩包文件夹，双击“play. bat”(见图 5-33)，即便是没有 PowerPoint 软件，也可播放演示文稿。

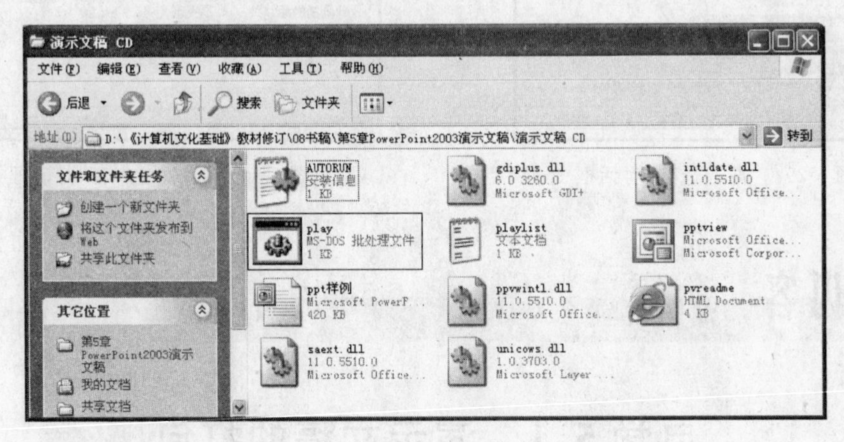

图 5-33 压缩包中的 play. bat 文件

自学 5.2 打印演示文稿

通过打印机可以打印不同形式的演示文稿，如演讲者备注、大纲等。打印前要先进行相关设置，操作方法如下。

(1) 打开要打印的演示文稿。

(2) 选择菜单项“文件”|“打印”，打开“打印”对话框，如图 5-34 所示。

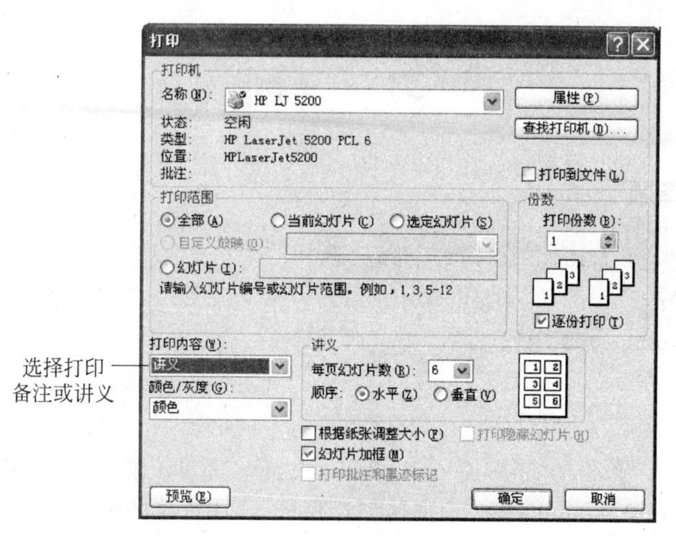

图 5-34 “打印”对话框

(3) 在“打印机”区域中选择所使用的打印机类型。

(4) 在“打印范围”中选择要打印的范围。如果要打印第 3 张和第 7 张幻灯片，则选中“幻灯片”单选框，然后在文本框中输入“3,7”；如果要打印第 3 张到第 7 张幻灯片，则在文本框中输入“3-7”。

(5) 根据“打印内容”下拉列表框中的选择设置每页打印幻灯片张数：

① 如果选择“幻灯片”选项，则每页打印一张幻灯片。

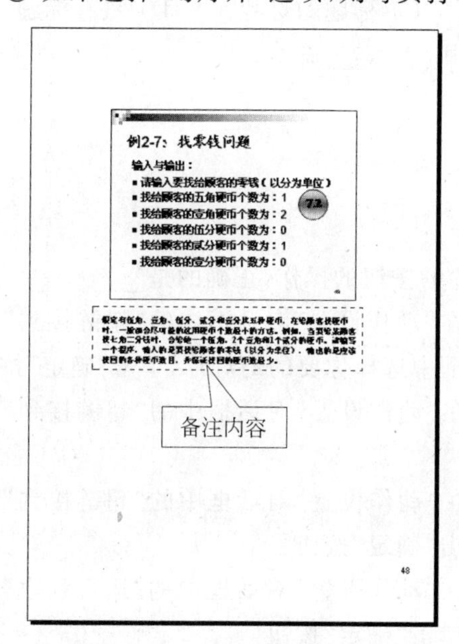

图 5-35 打印备注页

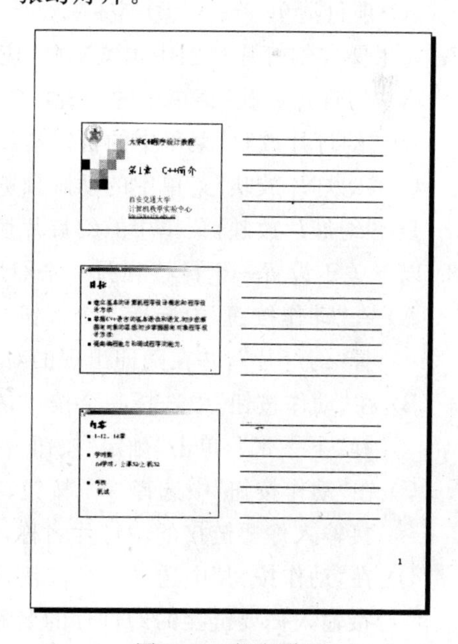

图 5-36 打印讲义

② 选择“备注”选项，可以打印出幻灯片及其备注（见图 5-35）。

③ 选择“讲义”选项，可以在每页打印多张幻灯片（见图 5-36）。

习　题

5.1　选择题

1. PowerPoint 中，应用设计模板时，应选择的菜单是________。

   A）视图　　B）格式　　C）工具　　D）插入

2. PowerPoint 2003 运行于________环境下。

   A）Windows　　B）DOS　　C）Macintosh　　D）UNIX

3. 打开“自定义动画”对话框可以通过________实现。

   A）“插入”菜单　　B）“格式”菜单　　C）“工具”菜单　　D）右键快捷菜单

4. 关于在 PowerPoint 2003 中如何创建模板，说法正确的是________。

   A）在新建 PowerPoint 文稿时，选择设计模板选项

   B）保存 PowerPoint 文稿时，选择目录为“Templates”即可

   C）保存 PowerPoint 文稿时，选择文件格式为“演示文稿设计模板”即可

   D）保存 PowerPoint 文稿时，选择文件格式为“演示文稿模板”即可

5. 通过修改________可以将所有的幻灯片的背景设置为相同。

   A）页眉页脚　　B）大纲视图　　C）替换　　D）幻灯片母版

6. 创建一个新的演示文稿，则第一张幻灯片的版式默认为________。

   A）项目清单　　B）空白　　C）标题幻灯片　　D）只有标题

7. 如果要在幻灯片视图中预览动画，应使用________命令。

   A）“幻灯片放映”菜单中的观看放映

   B）“幻灯片放映”菜单中的自定义放映

   C）“幻灯片放映”菜单中的动画预览

   D）“幻灯片放映”菜单中的幻灯片切换

8. 以下关于设置一个链接到另一张幻灯片的按钮的操作，正确的是________。

   A）在“动作按钮”中选择一个按钮，并在“动作设置”对话框中的“超链接到”中选择“幻灯片”，并在随即出现的对话框中选择你要的幻灯片，单击“确定”按钮

   B）在“动作按钮”中选择一个按钮，并在“动作设置”对话框中的“超链接到”中选择“下一张”，单击“确定”按钮

   C）在“动作按钮”中选择一个按钮，并在“动作设置”对话框中的“超链接到”中直接输入你要链接的幻灯片名称，单击“确定”按钮

   D）在“动作按钮”中选择一个按钮，并在“动作设置”对话框中的“运行程序”中直接输入你要链接的幻灯片的名称，单击“确定”按钮

9. PowerPoint 的各种视图中，可以对幻灯片进行移动、删除、添加、复制、设置动画

效果，但不能编辑幻灯片中具体内容的视图是________。

A）幻灯片视图　　B）幻灯片浏览视图

C）幻灯片放映视图　　D）大纲视图

10. 选择________菜单项，可以打开“插入声音”对话框。

A）插入剪辑

B）“插入”|“影片和声音”|“文件中的声音”

C）查找类似剪辑

D）将剪辑添加到收藏夹或其他类别

5.2 填空题

1. PowerPoint应用程序所创建的演示文稿的文件扩展名为________。

2. PowerPoint应用程序所创建的演示文稿的模板文件扩展名为________。

3. 利用PowerPoint创建新的演示文稿的方法，在进入“创建新演示文稿”对话框后，可有________、________和________ 3种方法来创建新的演示文稿。

4. 在PowerPoint中，可以为幻灯片中的文字、自选图形、图片等对象设置动画效果，设计基本动画的方法是，选择对象，然后选用________菜单中的________命令。

5. 用PowerPoint制作好幻灯片后，根据放映环境和对象需要不同，可使用3种不同的方法放映幻灯片，这3种放映类型是________、________和________。

6. 给幻灯片加切换效果是一种增加放映幻灯片趣味性的方法，其操作是选择________菜单中的________命令。

7. 要在用自选图形绘制的图形中添加文字，则在图形上单击右键，在弹出的快捷菜单中选择________命令。

8. 要更改幻灯片上对象的出现顺序，应该在“幻灯片放映”菜单中选择________命令。

9. 在PowerPoint中，如果当前编辑的演示文稿的文件名为ks，执行打包命令后所形成的应用程序名为________。

10. 幻灯片设置背景时，若将新的设置应用于当前幻灯片，应单击________按钮。

5.3 操作题

1. 制作一个演示文稿，并将所有的幻灯片应用一种模板。

2. 将演示文稿中所有的项目符号更换为另一种样式。

3. 将制作的演示文稿打包。

第6章 计算机网络

基本知识

众所周知，人类已步入信息社会。在信息社会初级阶段，计算机应用涉及政治、经济、科技、军事、生活等几乎人类社会生活的一切领域，这称得上一次“计算机革命”。发展至今，社会中不同单位和个人间要沟通信息，孤立单机的使用越来越不适应需要，日益强烈的需求引发了“网络革命”。网络革命为信息高速公路和信息社会奠定了坚实的基础，这也是衡量一个国家科学技术水平的重要标志。

6.1 计算机网络基础知识

6.1.1 什么是计算机网络

关于计算机网络目前尚不能说有一个精确的标准定义。一般地说，将分散的多台计算机、终端和外部设备用通信线路互连起来，实现彼此间通信，并且计算机的软件、硬件和数据资源大家都可以共同使用，这样一个实现了资源共享的整个体系就叫做计算机网络。

可见，一个计算机网络必须具备以下3个要素。

(1) 至少有两台具有独立操作系统的计算机，且相互间有共享的资源部分。

(2) 两台（或多台）计算机之间要由通信手段将其互连，如用双绞线、电话线、同轴电缆或光纤等有线通信，也可以使用微波、卫星等无线媒体把它们连接起来。

(3) 协议——这是很关键的要素，由于不同厂家生产的不同类型的计算机，其操作系统、信息表示方法等都存在差异，它们的通信就需要遵循共同的规则和约定，如同讲不同的语言的人类进行对话需要一种标准语言才能沟通。在计算机网络中需要共同遵守的规则和约定被称为网络协议，由它解释、协调和管理计算机之间的通信和相互间的操作。

家用微机要想连接到Internet网络上去，只要向电信部门办一个手续，将家里的电话线通过通信设备调制解调器（modem，俗称“猫”）连接到家中的微机上（无线方式或宽带方式），再装上有关的协议软件，就可以拨号访问Internet了。

6.1.2 网络的起源与分类

1. 网络发展的三个阶段

(1) “主机-终端”系统

计算机网络起源于20世纪50年代,美国在本土北部和加拿大境内建立了一个半自动地面防空系统,称为SAGE系统(见图6-1)。该系统由雷达录取设备、通信线路、含有数台大型计算机的信息处理中心组成。雷达获取空中的飞机在飞行中的变化数据,通过通信设备传送到军事部门的信息处理中心,经过加工计算,判明是否有入侵的敌机并得到它的航向、位置等以便通知防空部队做好战斗准备,这就是面向终端的计算机通信网的雏形。

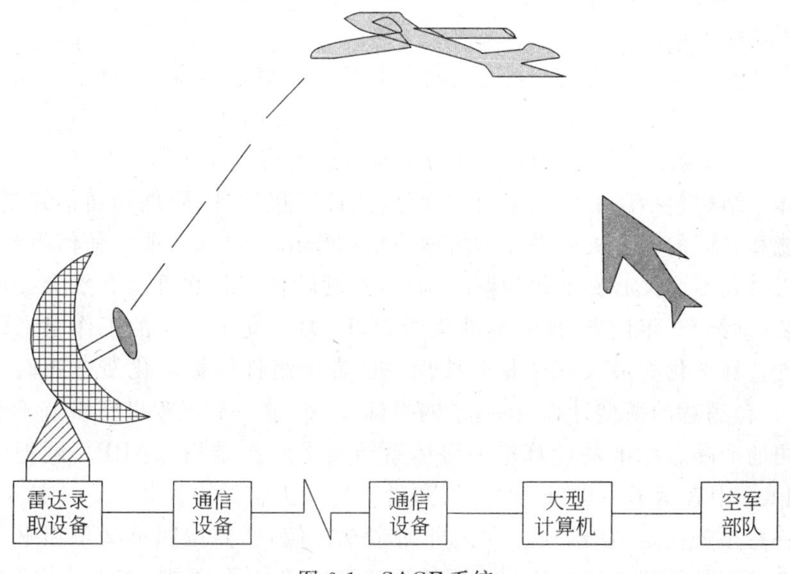

图6-1 SAGE系统

在这种系统中,一端是没有处理能力的终端设备(如由键盘和显示器构成的终端机),它只能发出请求叫另一端做什么,另一端是大中型计算机,可以同时处理多个远方终端来的请求,因此,这一代计算机网络称为面向终端的计算机网络。

(2) 以资源共享为主要目的的“计算机-计算机”网络

最早的是美国国防部高级研究局(ARPA)于20世纪60年代冷战高峰期,为了对抗前苏联用于军事目的而组建的ARPA网,中文译作“阿帕网”。它是Internet的前身。ARPA网中采用的许多网络技术,如分组交换、路由选择等至今仍在使用。

ARPA网由子网和主机组成。子网由一些小型机,称为接口信息处理机IMP(interface message processor)组成,IMP由传输线连接。一台IMP和一台主机构成网中的一个节点。主机向IMP发送报文,报文按一定的字节数分组发往目的地。如图6-2所示,虚线环以内称为通信子网,或叫IMP子网,负责数据通信;虚线以外的称为资源子网,提供计算服务。

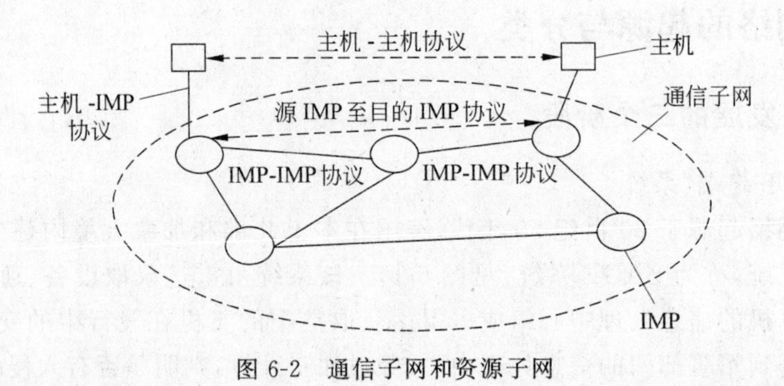

图 6-2 通信子网和资源子网

实现两台主机的互相通信要通过若干台 IMP 的传递，这就是存储-转发的方式。从图中可以看出，每台 IMP 至少与两台其他 IMP 连接，以便某条线路 IMP 故障，报文能够自动按备用通路传递。

第二代计算机网络的特点是：连入网中的每台计算机本身是一台完整的独立设备。它可以自己独立启动、运行和停机。大家可以共享系统的硬件、软件和数据资源。

(3) 以网络体系结构"国际标准化"为主要特点的第三代计算机网络

网络体系结构包括所有的网络组成成分，如计算机软件、硬件和通信线路，各个组成成分的功能和它们的相互关系需要网络体系结构作出规定和说明。任何事物，当它仅被少数人使用时是不会关心标准化问题的，而当其发展到一定程度就必然会提出标准化的要求。到 20 世纪 70 年代末，国际标准化组织(ISO)成立了专门的工作组来研究计算机网络的标准。标准化的最大好处是开放性，PC 各个组件的标准化使得我们可以自由地选购、组装一台满意的微型计算机；有了网络标准，组建一个计算机网络就不必局限于只买一个公司的产品。标准的计算机网络体系结构是层次结构。ARPA 网把整个网络分为 4 层，图 6-2 中表示了主机(HOST)层和通信处理机层的协议关系。所谓协议，简单的理解就是一些预先约定，如给居住在国外的亲友寄信，就要按照英文习惯书写他们的名字，反之，来自国外的信件也应依照中国的习惯和格式书写，否则，邮递员就不能识别。

20 世纪 80 年代，ISO 组织制订了计算机网络体系结构的标准：开放系统互连参考模型。它的英文缩写恰好反过来，简称 OSI。OSI 模型将网络划分为 7 层，俗称"网络七重天"。有关这 7 层的具体含义，在 6.1.5 中介绍。

2. 按地理范围对计算机网络进行分类

按照联网的计算机之间的距离和网络覆盖面的不同，又可分为局域计算机网络和广域计算机网络及城域网络。

(1) 局域计算机网(local area network，LAN)，通常简称为局域网。局域网通常是为了一个单位、企业或一个相对独立的范围内大量存在的微机能够相互通信、共享某些外部设备(过去高容量硬盘、激光打印机、绘图机都是昂贵的设备)、共享数据信息和应用程序而建立的。典型的局域网络由一台或多台服务器和若干个工作站组成，使用专门的通信线路，信息传输速率很高。现代局域网络一般使用一台高性能的微机作为服务器，工作站可以使用中低档次的微机。一方面工作站可作为单机使用；另一方面可通过工作站向网络系统请示服务和访问资源。

(2) 广域计算机网(wide area network，WAN)，简称广域网。广域网在地理上可以跨越很大的距离，连网的计算机之间的距离一般在几万米以上，跨省、跨国甚至跨洲，网络之间也可通过特定方式进行互连。目前，大多数局域网在应用中不是孤立的，除了与本部门的大型机系统互相通信，还可以与广域网连接，网络互连形成了更大规模的互连网。可使不同网络上的用户能相互通信和交换信息，实现了局域资源共享与广域资源共享相结合。

世界上第一个广域网就是ARPA网，它利用电话交换网把分布在美国各地不同型号的计算机和网络互连起来。ARPA网的建成和运行成功，为接下来许多国家和地区组建远程大型网络提供了经验，最终产生了Internet，Internet是现今世界上最大的广域计算机网络。

(3) 城域计算机网(metropolitan area network，MAN)，简称城域网，基本上是一种大型的LAN，通常使用与局域网相似的技术。它可以覆盖一组邻近的公司或一个城市，城域网可以支持数据和声音，并有可能涉及当地的有线电视网。目前美国有些城域网采用分布式队列双总线标准，即由两条单向总线(电缆)将所有的计算机连接在上面。每条总线都有一个启动传输活动的端点设备，目的计算机在发送者右方时使用上方的总线，反之，使用下方的总线。和其他类型的网络相比，简化了设计。

3. 广播式网络和点到点网络

按传输技术划分有广播式网络和点到点网络。广播式网络仅有一条通信信道，由网络上的所有机器共享。向某台主机发送信息就如在公共场所喊人：“老王，有你的信！”在场的人都会听到，而只有老王本人会答应，其余的人仍旧做自己的事情。发往指定地点的信息(报文)将按一定的原则分成组或包(packet)，分组中的地址字段指明本分组该由哪台主机接收，如同生活中的人称“老王”。一旦收到分组，各机器都要检查地址字段，如果是发给自己的，即处理该分组，否则就丢弃。

与之相反，点到点网络由一对对机器之间的多条连接构成。为了能从源到达目的地，这种网络上的分组必须通过一台或多台中间机器，通常是多条路径，长度一般都不一样。因此，选择合理的路径十分重要。一般来说，小的、处于本地的网络(如局域网)采用广播方式，大的网络(如广域网)采用点到点方式。

4. 有线网与无线网

按传输介质划分又可分为有线网与无线网。有线网使用有形的传输介质如电缆、光纤等连接通信设备和计算机。在无线网络中，计算机之间的通信是通过大气空间包括卫星进行的。从网络的发展趋势看，网络的传输介质由有线技术向无线技术发展，网络上传输的信息向多媒体方向发展。

6.1.3 网络的拓扑结构

拓扑结构是计算机网络节点和通信链路所组成的几何形状，计算机有很多种拓扑结构，最常用的网络拓扑结构有如下几种，现分别讨论它们各自的特点。

1. 星状

星状结构的主要特点是集中式控制，其中每一个用户设备都连接到中央交换控制机上，中央交换控制机的主要任务是交换和控制。控制机汇集各工作站送来的信息，从而使得用户终端和公用网互联非常方便。但架设线路的投资大。同时，为保证中央交换机的可靠运行，需要增加中央交换机备份，如图 6-3 所示。

2. 总线状

总线状结构是局域网络中常用的一种结构。例如，西安交大计算机教学实验中心机房就是利用总线结构组成局域网，并通过局域网接入 Internet。在这种结构中，所有的用户设备都联接在一条公共传输的主干电缆——总线上。总线结构属于分散型控制结构，没有中央处理控制器。各工作站利用总线传送信息，采用争用方式——CSMA/CD 方式，当一个工作站要占用总线发送信息（报文）时，先检测总线是否空闲，如果总线正在被占用就等待，待总线空闲再送出报文。接收工作站始终监听总线上的报文是否属于给本站的。如是，则进行处理，如图 6-4 所示。

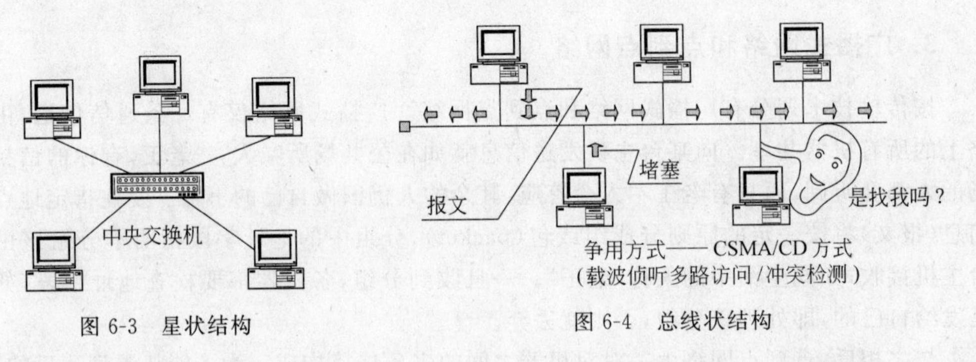

图 6-3　星状结构　　图 6-4　总线状结构

3. 环状

从物理上看，将总线结构的总线两端点联接在一起，就成了环状结构的局域网。这种结构的主要特点是信息在通信链路上是单向传输的。信息报文从一个工作站发出后，在环上按一定方向一个节点接一个节点沿环路运行，如图 6-5 所示。这种访问方式没有竞争现象，所以在负载较重时仍然能传送信息，缺点是网络上的响应时间会随着环上节点的增加而变慢，且当环上某一节点有故障时，整个网络都会受到影响。为克服这一缺陷，有些环状局域网采用双环结构。

4. 树状

树状结构由总线结构演变而来，形状像一棵倒置的树，顶端为根，从根向下分支，每个分支又可以延伸出多个子分支，一直到树叶，这树叶就是用户终端设备，如图 6-6 所示。这种结构易于扩展，一个节点发生故障很容易从网络上脱离，便于隔离故障。

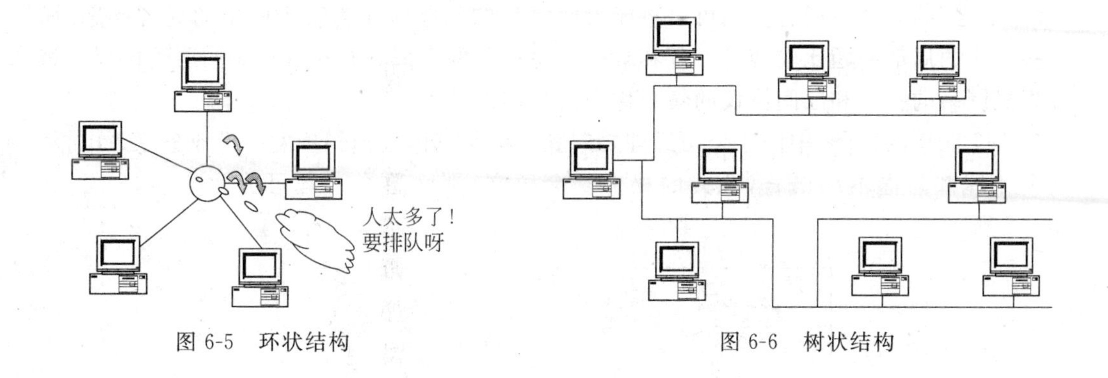

图 6-5　环状结构　　　　图 6-6　树状结构

5. 网状

网状结构的控制功能分散在网络的各个节点上，网上的每个节点都有几条路径与网络相连。即使一条线路出故障，通过迂回线路，网络仍能正常工作，但是必须进行路由选择。这种结构可靠性高，但网络控制和路由选择比较复杂，一般用在广域网上。

上述 5 种拓扑结构中，星状、总线状、环状和树状结构在局域网中应用较多，网状在广域网中应用较多。

6.1.4　网络协议与网络的体系结构

由于不同厂家生产的不同类型的计算机，其操作系统、信息表示方法等都存在差异，它们的通信就需要遵循共同的规则和约定，如同讲不同的语言的人类进行对话需要一种标准语言才能沟通。网络协议是网络通信的语言，是通信的规则和约定。协议规定了通信双方互相交换数据或者控制信息的格式、所应给出的响应和所完成的动作以及它们之间的时间关系。

1. 网络协议

在计算机网络中要做到有条不紊地交换数据，就必须遵守一些事先约定好的规则，这些为进行网络中的数据交换而建立的规则、标准或约定称为网络协议。网络协议是所有通信硬件和软件的"黏合剂"，是计算机网络的核心问题。一个网络协议主要由 3 个要素组成。

(1) 语法：数据与控制信息的结构或格式，即"怎么讲"。

(2) 语义：控制信息的内容，需要做出的动作及响应，即"讲什么"。

(3) 时序：规定了事件的执行顺序。

2. 网络体系结构

由于计算机网络涉及不同的计算机、软件、操作系统、传输介质等，要实现相互通信是非常复杂的。为了实现这样复杂的计算机网络，人们提出了网络层次的概念，这是一种

“分而治之”的方法。通过分层可以将庞大而复杂的问题转化为若干较小的局部问题，而这些较小的局部问题比较容易处理和解决。每一层网络都具有与其相应的层间协议。将计算机网络的各层和层间协议的集合称为网络体系结构。

举个简单的例子，中国某公司经理要向驻美国某韩国公司经理发一份业务联系电报，两个经理都只懂本国语言，两方的秘书都会英文，那么这个过程可分为 6 步，3 层，如图 6-7 所示。

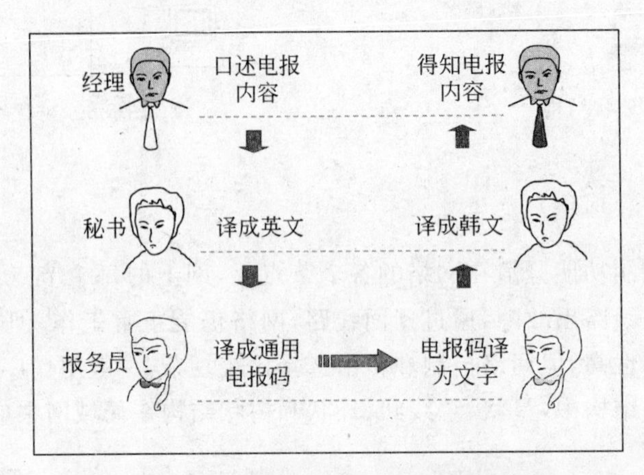

图 6-7　经理、秘书、电信局通信结构

(1) 中方经理口述报文内容。

(2) 秘书翻译为英文。

(3) 电信局用国际通用电文码发报至美国。

(4) 美国电信局将报文码译成英文内容。

(5) 秘书将英文内容译为韩文。

(6) 美方韩国经理得知电报内容。

相当于在计算机网络中，两个经理处于最高层，两个秘书处于次高层，两家电信局是最低层。在发送一方，经理的服务要求被逐层传递下去；而在接收一方，则从下向上逐层提供服务。各层进行通信，必须遵守共同的约定，这些约定就称为协议。不同的层遵守不同的协议，如将中文译为英语必须符合英语语法，反之也一样，而且两家电信局必须采用同一套电报码等。

图 6-7 表示了一个生活中通信的体系结构，虚线表示对等层相互通信的协议，箭头表示上下层间的接口。计算机网络通信设计人员根据网络体系结构的标准，为每一层编写程序和设计硬件，并使之符合有关协议。

6.1.5　网络的常见术语和常用硬件

1. 常见术语

(1) OSI 模型

OSI 模型的含义已在 6.1.2 节中作了说明，“OSI”3 个字母分别表示开放、系统和互连。“系统”是个包容范围相当广的概念，可以是一个简单的终端，也可以是一个复杂的计算机网络，它还可以包括有关的软件、操作人员和通信设施。“开放”的系统是指遵照 OSI 模式与其他系统进行通信的系统。这一系统标准将所有需要互连的开放系统划分为 7 个功能层，自上而下依次是：

① 第 7 层：应用层。

② 第 6 层：表示层。

③ 第 5 层：对话层(或称会话层)。

④ 第 4 层：传输层。

⑤ 第 3 层：网络层。

⑥ 第 2 层：数据链路层。

⑦ 第 1 层：物理层。

以上 7 层的模型如图 6-8 所示。

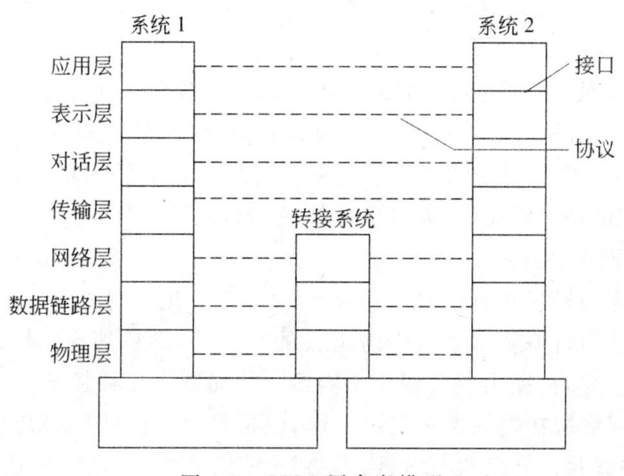

图 6-8 OSI 7 层参考模型

和图 6-7 的表示类似，在这些层中，每一层都建立在下一层的基础上，利用下一层的服务来实现自身的功能，并向上一层提供服务。除了最高的第七层没有需要服务的上一层；最低的第一层没有可利用服务的下一层。这样两个系统进行通信时，通信是由所有对等层之间的通信一起协同完成的，应当注意到，只有物理层与物理层之间的通信是直接的，而其他对等层之间的通信都是间接的。

协议的含义及作用上文已做了简单介绍，进一步说，它包括信息格式、信息传输顺序等约定。接口相当于系统内部的纵向的约定，它包括下面一层要提供哪些服务和上面一层如何使用这些服务。以下介绍各层次的功能。

① 主机上的用户(在有些书上称终端或端点)在应用层上。用户只需关心正在交换的信息，不必知道信息传输的技术。因此，应用层的功能只是处理双方交换来往的信息。

② 两个终端的用户所用的代码、文件格式、显示终端类型不必一致，这些由表示层来处理。这一层类似于在国际大会上使用“译音器”，使与会者听到的都是本国语言的会议发言。另外，传输层还包括数据的压缩与解压。

③ 通信双方的用户需要互相识别，这叫做建立对话关系，所以需要命名约定和编址方案，地址不能相重。对话层还要保证对话按规则有序地进行。

④ 对话层知道通话伙伴的地址和名字，但不需要知道对方具体在哪里，正如我们给远方的亲友写信，需要知道收信人的地址，可不一定知道他具体在什么地方。这是传输层的任务，传输层如同家里的下水管道，使倒进的水流到污水池，但不知道它具体按什么路径流。又比如邮筒，负责把投递的信件收集到邮局。传输层另一个功能是进行流量控制，使信息传输的速度不超过对方接收的能力。

⑤ 网络层具体负责传输的路径，包括选择最佳路径，避开拥挤的路，即常说的路由选择，图 6-2 中表示的 ARPA 网时代，由 IMP 子网实现这一项功能。

⑥ 不论选择什么路径，一条路径总由若干路径段组成，信息是从这些路径段上一段段传过去。在计算机网络中，这种路径段可以是电话线、电缆、光纤、微波等。数据链路层就负责在连接的两台计算机之间正确地传输信息。该层利用一种机制保证信息不丢失、不重复(例如，加上信息校验码)；接收方对于收到的信息予以答复，发送方经过一段时间未接到答复则重发；等等。

⑦ 物理层负责线路的连接，并把需要传送的信息转变为可以在实际线路上运动的物理信号，如电脉冲。信号电平的高低、插头插座的规格、调制解调器都属于这一层。

以上从直观的角度简要说明了计算机网络需要的这 7 层的功能，这只是一个感性认识，关于 OSI 模型的精确定义，将在有关计算机网络课程中讲述。

(2) 路由器、网关、网桥

网关是一种充当转换重任的计算机系统或设备。在早期的 Internet 网中，网关即指路由器。路由器是网络中从本地网络跨出去的“大门”，简单地说，是智能化的存储-转发设备。在 OSI 模型中，由路由器将两个不同协议的局域网互联起来，如图 6-9 所示。路由器主要完成包括网络层在内的下三层的工作，包括区分不同的网络协议，进行路由选择，得出最佳路径，并据此把分组数据信息转发到源网络之外。术语网关虽然一直沿用至今，它不断地应用到多种不同的功能中，网关现在是指一种系统，它可在 OSI 的所有 7 层上运行。可以进行网络和应用协议的转换，使 TCP/IP 网和非 TCP/IP 网上的用户可以相互通信。在使用不同的通信协议、完全不同信息格式的体系结构的两种系统之间，网关是一个翻译器。常见的电子邮件网关运行在应用层，可以把一种类型的邮件转换成另一种

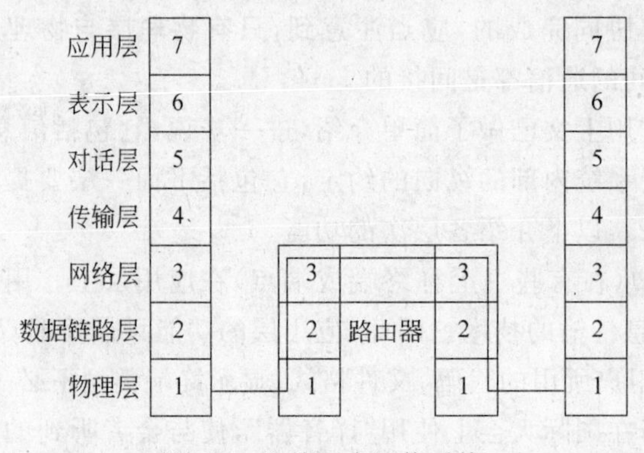

图 6-9 连接两个网络系统

类型的部件。

在局域网中,IBM 主机网关使主机成为网络的一部分。

网桥又称桥接器,工作在数据链路层,可以把多个局域网互连起来,有时也需要把一个 LAN 分成多个局域网,以调节网上的信息负载。网桥比网关的任务要简单,无须进行不同协议之间的翻译,只是进行数据收发。例如:收到一个分组信息以后,如果地址指示的目标网络是该网桥所连接的网络之一,则把分组信息送到那一个网络去。

另外,有些负载并不重的局域网,但相距最远的机器之间物理距离太远(如超过有关标准规定的 2.5km),也需要把局域网分段,在各段之间放置网桥。通过使用网桥,扩大了总的物理工作距离。

(3) 客户机/服务器(client/server)模型

从技术角度讲,“客户机”和“服务器”都是逻辑的概念,其含义是:将计算机网络应用分成两部分,其中一部分支持多个用户共享的功能与资源,它由服务器来实现;另一部分是面向每个用户的,由客户机来实现,也就是说,客户机通常执行前台功能,通过用户界面实现人机对话,或是执行用户特定的应用程序。而服务器通常执行后台功能,管理共享的外设,接受并回答用户的请求等。对于一台计算机来说,它可以具有双重功能,在某一时刻充当服务器,而在另一时刻又成为客户机。例如,一台计算机通过软硬件配置,可同时兼任文件服务器、打印服务器和数据库服务器等多种角色。

2. 常用的硬件

(1) 服务器

由专门用作服务器的产品或由高性能的 PC 充当,在局域网中,服务器可以将其 CPU、内存、磁盘、打印机、数据等资源提供给客户机(工作站)共享,并负责对这些资源的管理,协调网络用户对这些资源的使用。局域网中的服务器大多是提供文件和打印机共享服务。在广域网中,服务器的功能是多种多样的,有承担电子邮件收发的邮件服务器,有识别上网用户的域名服务器,新闻服务器等。

(2) 网卡

网卡又称网络接口卡、网络适配器。网络中的微机都必须配备一块网卡,插在扩展槽中,完成由通信信号到数字信号的互相转换,如图 6-10 所示。

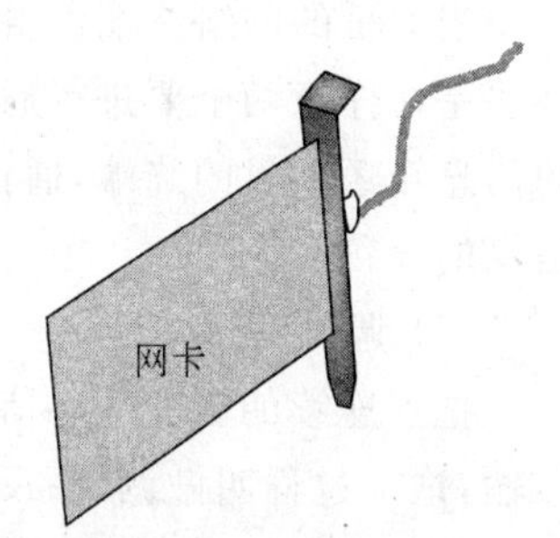

图 6-10　网卡及双绞线

(3) 通信线路

通信线路是连接网络中各种主机与设备的传输介质,局域网常用的传输介质有双绞线、同轴电缆和光纤。无屏蔽双绞线(UTP)两端用 RJ-45 接头与计算机网卡相连,价格便宜、安装简便,最适合用于局域网。光纤由光导纤维制成,它接收一个电信号,转换成光脉冲并输出。图 6-11(a)是一根光纤的侧视图,中间是光传播的玻璃芯,芯直径大致与人的头发的粗细相当。芯外围包着一层玻璃封套,再外面是一层薄的塑料封套。图 6-11(b)是被扎成束的 3 根光纤和外壳的剖面图。

同轴电缆的结构与光纤类似,中间是根导线,导线外面是绝缘层,再外面是一层网状

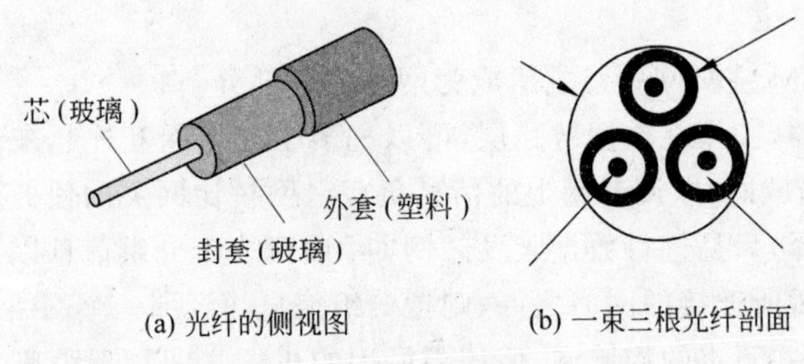

(a) 光纤的侧视图　　(b) 一束三根光纤剖面

图 6-11　光纤

的金属屏蔽网，最外面是橡皮绝缘外壳。因有屏蔽网，它抗干扰能力强，但价格较高，也适用于各种局域网。

(4) 集线器与交换机

集线器(hub)和双绞线组成的总线网是当前最为流行的局域网结构。hub 的主要功能是提供多个双绞线或其他传输介质的连接端口，每个端口可通过传输介质和计算机中的网卡相连(叫做网络中的一个结点)，当某一端口收到网络信号时，hub 将在传输中衰减了的信号放大整形后发往其他所有连接端口，加上 hub 可以延长网络传输距离。图 6-12 即是用 hub 连接若干个网段，形成一个较大规模的多级总线型网络的示意图。

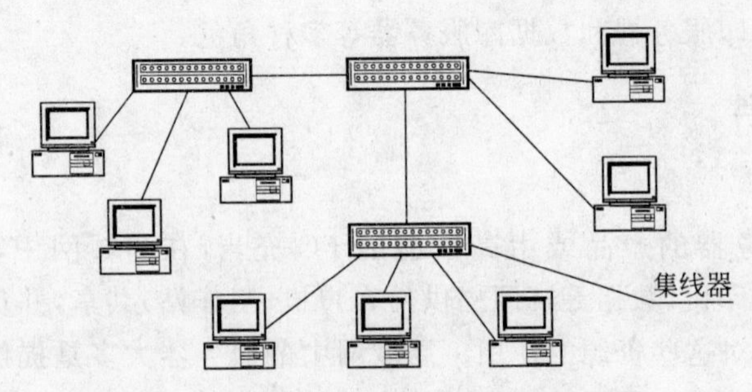

图 6-12　用 hub 和双绞线组成的局域网

当大量的网络终端设备要互相通信时，通常不可能采用固定的连接线路，一种可行的办法是在任意两个要进行通信的终端之间建立临时连接，然后通过该连接把源终端发出的信息转送到目的终端，通信结束后再拆除。交换机就是用来实现这种临时连接和传输信息的设备。

(5) 调制解调器

把不连续的脉冲数字信号转化为连续的音频信号，这个音频信号就可以在电话线上传输，这个过程叫做调制；反之把已调制成的音频信号恢复成数字信号的过程就叫做解调。有了调制解调器，计算机的数字信息就可以在公用电话线上传输。家用计算机大多利用调制解调器和电话线连接 Internet。

(6) 中继器

中继器是最简单的局域网延伸设备，工作在物理层，即 OSI 的最底层。不同类型的局域网采用不同类型的中继器。以太网所用的中继器，其功能是放大或再生局域网的信号，扩展以太网的传输距离。

6.1.6 Windows 的网络功能

计算机网络是一个庞大而复杂的系统，必须有操作系统承担整个网络内的任务管理和资源管理，对网络内的设备进行存取访问，支持各用户终端间的相互通信，使网络内各部件遵守协议，有条不紊的工作。目前流行的网络操作系统有 UNIX、Linux、Windows。下面简要介绍 Windows 的网络功能。

1. 访问“网上邻居”

Windows XP 访问网络资源和访问本地资源一样简单。在 Windows 的桌面上单击“网上邻居”图标，再单击“文件夹”工具按钮，出现如图 6-13 所示的窗口。展开整个网络，选择 Work2 工作组，即可浏览工作组中的计算机和同一局域网内的全部计算机，如图 6-14 所示，其中也包括本地计算机的图标，如 2-42 计算机图标。

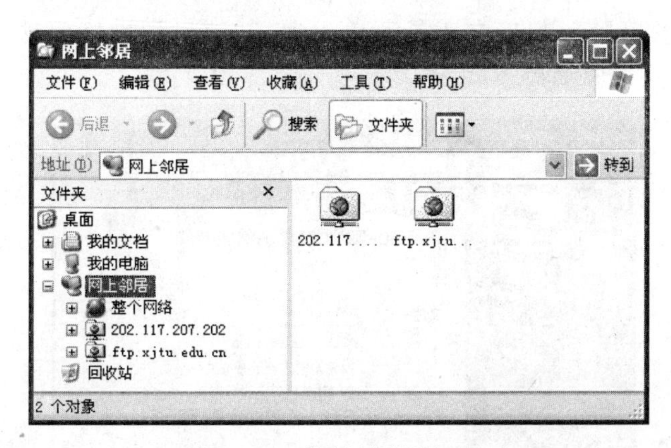

图 6-13 “网上邻居”窗口

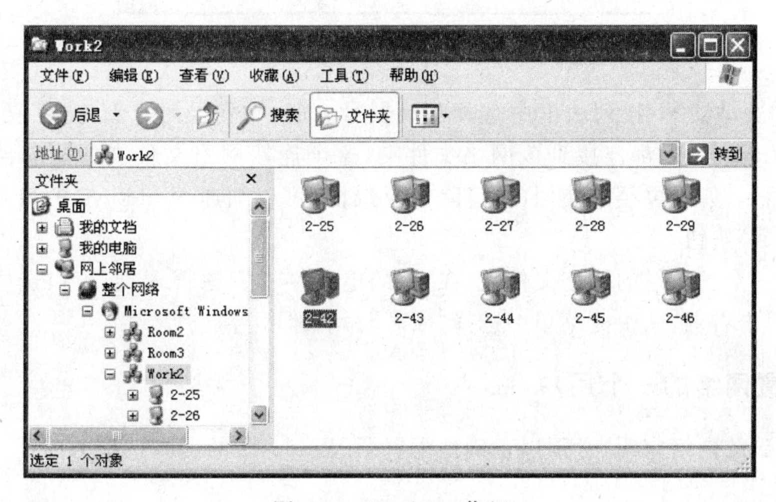

图 6-14 Work2 工作组

在图 6-14 中，Room2 是另一个工作组，如果要打开具体的某个用户的文件夹，则必须经对方主机用户设置允许共享。

可以使用两种权限访问网络上其他计算机用户的共享资源。

(1)“读取”访问权限：对方机器用户仅允许其他用户复制或使用该网络文件夹中现有的文件，但不允许增加、修改或删除其中的内容。用户可以根据自己需要，将对方文件夹的文件复制到本地计算机中，一个简便的方法是：同时打开本地资源管理器窗口，直接将网络文件夹窗口中的内容拖曳到本地窗口某个文件夹中。

(2)“完全控制”访问权限：用户可以像使用本地文件夹一样，对该网络文件夹进行编辑、删除或创建操作。

2.“映射”操作

可以将网络中设为共享的文件夹“映射”为本地机的资源，就可以像浏览自己的硬盘一样方便。映射某个共享文件夹的步骤如下。

(1) 打开“我的电脑”窗口，在工具菜单中选择“映射到网络驱动器”命令，弹出如图 6-15 所示“映射网络驱动器”对话框。

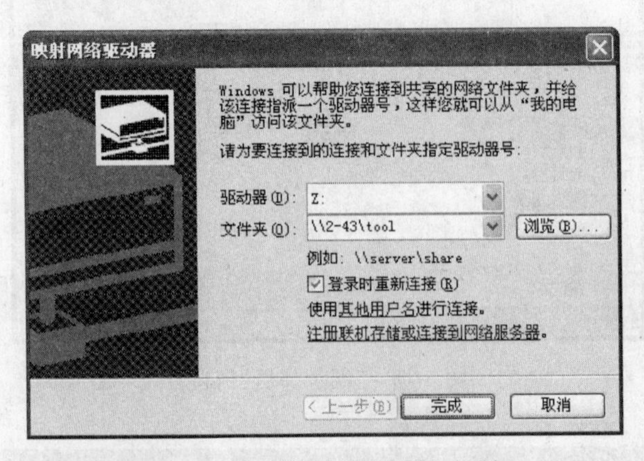

图 6-15 “映射网络驱动器”对话框

(2) 在“驱动器”下拉列表框中选择驱动器号。选中“登录时重新连接”复选框，以便每次启动 Windows 时都连接到该网络文件夹，这个连接网络文件夹的驱动器号也称作“虚拟驱动器”。如不再经常使用，应清除该复选框，可以加速 Windows 的启动。选择完毕，单击“完成”按钮。

要取消一个已映射的网络文件夹，在“我的电脑”或“资源管理器”窗口选中该映射驱动器图标，单击右键，从快捷菜单中选择“断开”命令即可。

3. 设置网络的一个用户

上文提到的网络应用，必须以正确地配置了 Windows 的网络选项为前提。一般按以下顺序进行。

(1) 首先作物理连接：安装网卡，把双绞线插头接到 hub 插口或插座上；如果需要共享服务器的资源，向网络管理员申请自己的网络账号(包括用户名和口令)。

(2) 软件设置：Windows 2003 会自动检测新安装硬件(网卡)完成软件的安装。

(3) TCP/IP 属性设置：用右击“网上邻居”选择“属性”命令，打开“网络连接”窗口，如图 6-16 所示。

图 6-16 “网络连接”窗口

用右击“本地连接”选择“属性”命令，打开“本地连接 属性”对话框，如图 6-17 所示。选择“Internet 协议 (TCP/IP)”，单击“属性”按钮，打开“Internet 协议 (TCP/IP) 属性”对话框，如图 6-18 所示。

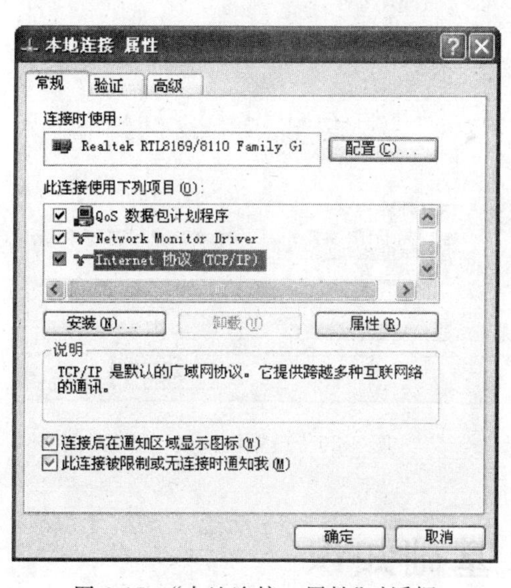

图 6-17 “本地连接 属性”对话框

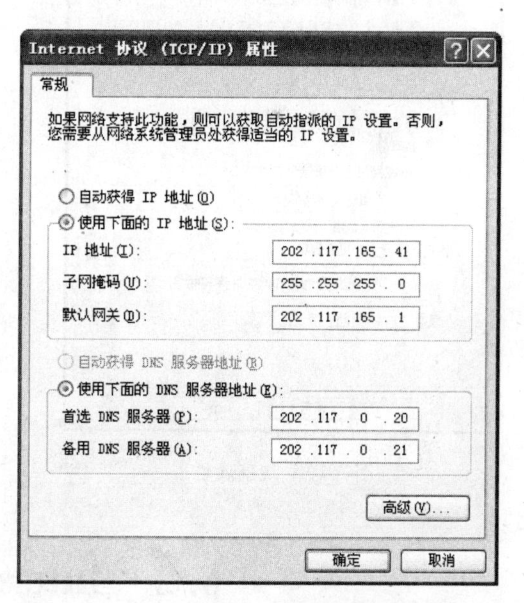

图 6-18 “Internet 协议 (TPC/IP)属性”对话框

正确输入 IP 地址、子网掩码、默认网关和 DNS 服务器地址。单击“确定”按钮。

一般公用局域网内的计算机，上述设置都由网络管理人员负责提供，用户不要随便改动，以免破坏正常的连接。

4. 设置共享资源

通过"网上邻居"即可浏览工作组中的计算机和同一局域网内的其他计算机，但要让另一用户共享本机的资源，必须进行共享设置，方法如下。

打开资源管理器，选定要共享的文件夹，单击右键弹出快捷菜单，选择"共享与安全"命令。弹出如图 6-19 所示的对话框。

选中"在网络上共享这个文件夹"复选框。如果允许其他网络用户修改文件夹中的文件，还要选中"允许网络用户更改我的文件"复选框。单击"确定"按钮完成设置。

5. 设置防火墙

Windows XP 提供了设置防火墙的功能，正确设置后可阻止其他计算机、网络与用户的计算机建立连接。保护用户的计算机系统免受攻击。

单击"开始菜单"|"设置"|"控制面板"|"网络连接"|"本地连接"，打开本地连接状态对话框。再单击"属性"|"高级"|"设置"，打开"Windows 防火墙"对话框，如图 6-20 所示。选中"启用(推荐)"单选按钮，单击"确定"按钮完成设置。

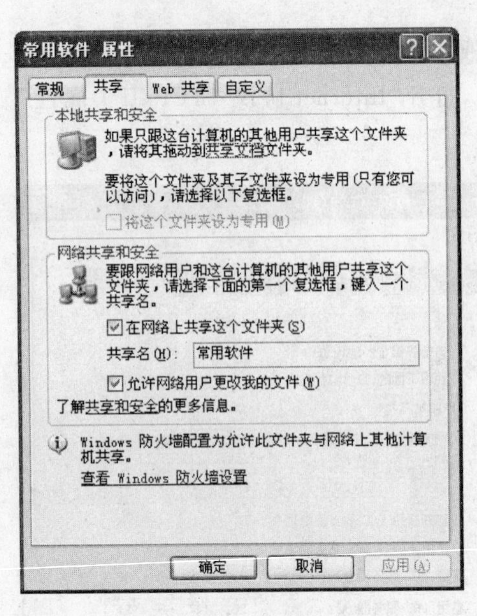

图 6-19 共享属性

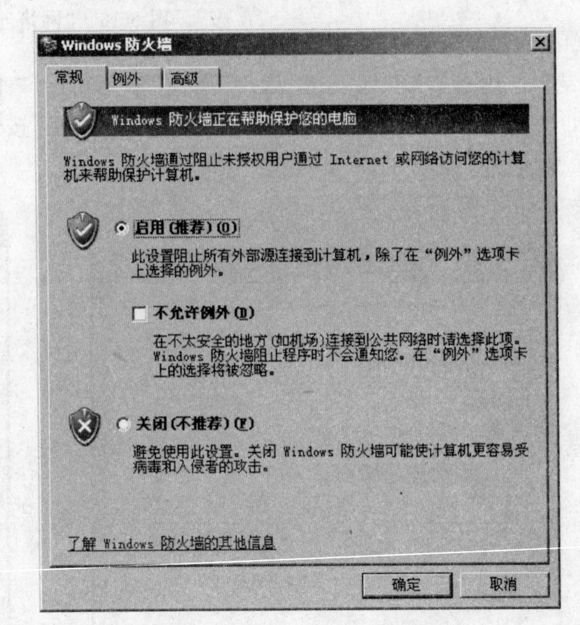

图 6-20 设置防火墙

6.2 Internet 基础知识

今天的 Internet 已经远远不只是一个网络的含义，而是整个信息社会的缩影。它已不再仅是计算机人员和军事部门进行科研的领域，在 Internet 上覆盖了社会生活的方方面面。因此，为了适应时代的需求，也为了我们自身的发展，需要进一步了解 Internet，学习和掌握它的使用。

6.2.1 什么是 Internet

根据英文的含义，Internet 本来是指“交互的网络”，又称“网际网”。现在，有的书上用“internet”代表一般的互联网，而用“Internet”代表特定的世界范围的互联网。20 年来，网上社会已经发生巨大变化。所以无法对它固定一种定义，但有以下三点可达成共识。

(1) Internet 是一个基于 TCP/TP 协议集的国际互联网络。

(2) Internet 是一个网络用户的团体，用户使用网络资源，同时也为该网络的发展投入自己的一份力量。

(3) Internet 是所有可被访问和利用的信息资源的集合。

时至今日，并不存在一个权威的 Internet 管理机构，以美国军事、经济力量之强大，也不能垄断和控制 Internet。不过 Internet 并不是无序地发展，它由 ISOC(Internet 协会)协调管理。ISOC 通过 Internet 网络委员会(IAB)来监督 Internet 的技术管理与发展。至于费用，由各网络分别承担自己的运行维护费，而网间的互联费用则由各入网单位分担。

6.2.2 TCP/IP 协议

1. TCP/IP 协议

Internet 网使用 TCP/IP 网络体系结构，TCP/IP 协议的名字来自两个协议，TCP(传输控制协议)和 IP(网际协议)。TCP/IP 与 OSI 模型不同，它一共只有 4 层，最高的是应用层，相当于 OSI 中最高的 3 层。接下来与 OSI 传输层相当的是传输控制协议 TCP，再下面与 OSI 网络层相当的是互联网(或称网际)协议 IP。

TCP/IP 实际上是一个协议集，它还有一些配套的高层协议，如文件传输协议 FTP、简单邮件传送协议 SMTP 等。在表 6-1 里，对其协议集中一些常用协议的英文名称和用途做了简单介绍。

2. IP 地址

组建一个网络时，要进行网络通信和网络间的互连，必然要定义每台工作站和路由器(或网关)的 IP 地址，IP 地址是网络中每台工作站和路由器的地址标识，这样就涉及需要合理的 IP 地址编码方案。

根据 TCP/IP 协议标准，IP 地址由 32 个二进制位表示。每 8 个二进制位为一个字节段，共分为 4 个字节段。一般用十进制数表示，每个字节段间用圆点分隔。

IP地址又分网络地址和主机地址两部分，处于同一个网络内的各节点，其网络地址

表 6-1 TCP/IP 协议集

名 称	用 途
TCP(Transport Control Protocol)	传输控制协议
IP(Internetworking Protocol)	网际协议
UDP(User Datagram Protocol)	用户数据报协议
ICMP(Internet Control Message Protocol)	网际控制信息协议
SMTP(Simple Mail Transfer Protocol)	简单邮件传输协议
SNMP(Simple Network Manage Protocol)	简单网络管理协议
FTP(File Transfer Protocol)	文件传输协议
ARP(Address Resolution Protocol)	地址解析协议

是相同的。主机地址规定了该网络中的具体节点，如工作站、服务器、路由器等。

具体规则如下。

(1) 网络地址

① 网络地址必须唯一。

② 网络地址不能以十进制数 127 开头，它保留给内部诊断返回函数。

③ 网络地址部分第一个字节不能为 255，它用作广播地址。

④ 网络地址部分第一个字节不能为 0，它表示为本地主机，不能传送。

(2) 主机(网络中的计算机)地址

① 主机地址部分必须唯一。

② 主机地址部分的所有二进制位不能全为 1，它用作广播地址。

③ 主机地址部分的所有二进制位不能全为 0。

IP 地址又分为 3 类：A 类、B 类和 C 类。A 类地址最高字节代表网络号，后 3 个字节代表主机号，适用于主机数多达 1700 万台的大型网络。A 类 IP 地址范围为：001.0.0.1～126.255.255.254。B 类地址一般用于中等规模的地区网管中心，前两个字节代表网络号，后两个字节代表主机号。B 类地址范围为：128.0.0.1～191.255.255.254。C 类地址一般用于规模较小的局域网，西安交大校园网使用的是 C 类地址。C 类地址前 3 个字节代表网络号，最后一个字节代表主机号。写为 32 位二进制数的前 3 位为 110，十进制第 1 组数值范围为 192～223。

6.2.3 Internet 网址与域名

1. 子网

上一节提到，一个网络上的所有主机都必须有相同的网络号。而 IP 地址的 32 个二进制位所表示的网络数是有限的，因为每一网络均需要唯一的网络标识。随着局域网数目的增加和机器数的增加，经常会碰到网络数不够的问题。解决的办法是采用子网寻址技术，将网络内部分成多个部分，但对外像一个单独网络一样动作。这样，IP 地址就划分为网络、子网、主机三部分。

在组建计算机网络时，通过子网技术将单个大网划分为多个网络，并由路由器等网络互联设备连接，可以减轻网络拥挤，提高网络性能。

2. 子网掩码

在 TCP/IP 中是通过子网掩码来表明本网是如何划分的。它也是一个 32 位二进制地址数，用圆点分隔成 4 段。其标识方法是，IP 地址中网络和子网部分用二进制数 1 表示，IP 地址中主机部分用二进制数 0 表示。

A、B、C 三类地址的默认子网掩码如下：

A 类：255.0.0.0

B 类：255.255.0.0

C 类：255.255.255.0

将子网掩码和 IP 地址进行“与”运算，用以区分一台计算机是在本地网络还是远程网络，如果两台计算机 IP 地址和子网掩码“与”运算结果相同，则表示两台计算机处于同一网络内。

3. 域名

由于数字地址标识不便记忆，因此又产生域名，以便人们记忆和书写，像 xjtu.edu.cn 就是西安交大的国际化域名，与 IP 地址相比，更直观一些，IP 地址与域名之间存在着对应关系，在 Internet 实际运行时域名地址由专用的服务器(domain name server，DNS)转换为 IP 地址。

域名系统采用层次结构，按地理域或机构域进行分层。字符串的书写采用圆点将各个层次域分成层次字段，从右到左依次为最高层次域、次高层次域等，最左的一个字段为主机名。例如，mail.xjtu.edu.cn 表示西安交大的电子邮件服务器，其中 mail 为服务器名，xjtu 为交大域名，edu 为教育科研域名，最高域 cn 为国家域名。

最高层域分两大类：机构性域名(见表 6-2)和地理性域名(见表 6-3)。

表 6-2　机构性最高级域名

名　字	机构的类型
COM(Commercial)	商业机构(大多数公司)
EDU(Education)	教育机构(如大学和学院)
NET(Network)	Internet 网络经营和管理
GOV(Government)	政府机关
MIL(Military)	军事系统(军队用户和他们的承包商)

各种域名代码在 Internet 委员会公布的一系列工作文档中做了统一的规定。美国的国家域名 us 可以省略。

表 6-3　地理性最高级域名

国家或地区	域　名	国家或地区	域　名
中国	cn	日本	jp
中国香港	hk	英国	uk
中国台湾	tw	澳大利亚	au
中国澳门	mo		

4. 接入 Internet

现在接入 Internet 方式比较多，在家中上网的用户通过调制解调器拨号入网。一般都使用的是公用通用账号和密码(如账号 16300；密码 16300)，不需要单独的申请，这样即使带着笔记本到异地去旅游，只要小旅店里有电话就可以上网。

- ADSL 是当前比较流行的方式，可以在普通的电话铜缆上提供上、下行非对称的传输速率(带宽)。节省费用，上网同时可以打电话，互不影响，而且上网时不需要另交电话费。安装简单，只需要在普通电话线上加装 ADSL modem，在电脑上装上网卡即可。
- 专线入网。专线入网是以专用线路为基础，需要专用设备，连接费用昂贵，主要适合企业与团体。再就是在专线集团内部的个人，可以通过内部局域网以较高的速度连上 Internet，享受网络信息服务。
- 无线接入。由于专用线路的费用高，对于需要宽带接入的用户，一些城市提供无线接入。用户通过高频天线和 ISP 连接，但是受地形和距离的限制，适合城市里距离 ISP 不远的用户。以下着重介绍拨号入网方式。

(1) 入网的基本条件

① 公用电话线路。

② 调制解调器(modem)，俗语“猫”，有内置式和外置式两种，内置式的是一块计算机扩展卡，要插入扩展槽中。外置式是一个盒子，放在计算机外使用，与计算机的串行通信口或并行通信口相连。

(2) 设置拨号网络

① 安装调制解调器。接上调制解调器的电源线和电话机连线，然后将调制解调器信号线的一端插在调制解调器上，另一端插在主机背后 COM1 或 COM2 端口上。启动计算机，系统会自动检测并报告发现新硬件，屏幕上会出现一个“安装新的调制解调器”的对话框，系统会自动进行安装。

② 如果系统找不到驱动程序，会给出提示，此时请插入调制解调器厂家提供的驱动程序，完成安装。

(3) 建立拨号连接

① 用右击桌面上的“网上邻居”，选择“属性”命令，打开“网络连接”窗口，如图 6-21 所示。单击网络任务栏中的“创建一个新的连接”按钮。

② 弹出“新建连接向导”对话框，选中“连接到 Internet”单选框，单击“下一步”按钮。

③ 弹出连接向导的“准备好”对话框，选中“手动设置我的连接”，单击“下一步”按钮。

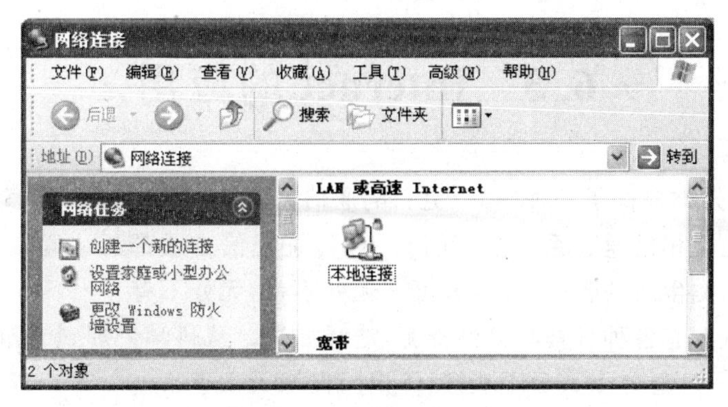

图 6-21 “网络连接”窗口

④ 弹出连接向导的“Internet 连接”对话框，选中“用拨号调制解调器连接”，单击“下一步”按钮。

⑤ 弹出连接向导的“选择设备”对话框，在列表框中选择一个可用的设备，单击“下一步”按钮。

⑥ 弹出连接向导的“连接名”对话框，在 ISP 名称文本框中输入“古城热线”，单击“下一步”按钮。

⑦ 弹出连接向导的“要拨的电话号码”对话框，在电话号码文本框中输入“16300”，单击“下一步”按钮。

⑧ 弹出连接向导的“Internet 账户信息”对话框，在用户名和密码文本框中均输入“16300”，单击“下一步”按钮。

⑨ 在弹出的下一个对话框中单击“完成”按钮，弹出如图 6-22 所示的对话框。

⑩ 单击图 6-22 中的“拨号”按钮后，屏幕显示正在连接的提示，连接成功后在任务栏的右边显示一个小图标，如图 6-23 所示。一旦接通，ISP 就开始计费。

图 6-22 “连接 古城热线”对话框

图 6-23 网络连接成功

6.3　Internet 的应用

Internet 给人类提供了一种更好、更新的通信方式，它跨越民族、国家和地域的限制，使全球的人们能互相快速联系，这是任何一种传统通信方式都无法比拟的。Internet 正逐渐地渗透到人类生活的各个领域，真可谓无处不在，无处不有。

在 Internet 上有各种各样丰富的资源，浩瀚如烟。从科学公理到无知妄说，从国际局势到个人隐私……，总之令人目不暇接，不出门便知天下事。

Internet 的即时通信，相信会给从没上过网的人们以极大的震撼。在这里，没有时间和空间的限制，地理上相距遥远的人们可以跨时区通信，无须谋面。

电视广播已经有几十年了，然而，现在人们所看到的大部分内容都是经过挑选、剪接而成的。Internet 的通信与电视截然不同。在电视报道中我们是观众，看到的内容取决于电视台，但在 Internet 上用户就成了记者、制作人、观众，可以通过它与同事、朋友甚至是素不相识的人交流、工作。不管你是大公司总裁，还是一个普通的工人、种田的农民、在校学生还是教授，Internet 都以同样的方式处理和表现你的信息。在大多数情况下，你可以想说什么就说什么，什么时候想说就什么时候说，没有人可以限制你的自由，在 Internet 上，每个人都会有一种人人平等的感觉。

6.3.1　万维网

1. 万维网概述

万维网 WWW 是 World Wide Web 的简称，也称为 Web、3W 等。WWW 使用超文本(hypertext)组织、查找和表示信息，利用超链接从一个站点到另一个站点。这样就彻底摆脱了以前查询工具只能按特定路径一步步地查找信息的限制。另外它还具有连接已有信息系统(Gopher、FTP、News)的能力。由于万维网的出现，使 Internet 从仅有少数计算机专家使用变为普通百姓也能利用的信息资源，它是 Internet 发展中的一个非常重要的里程碑。

超文本文件由超文本标记语言(HTML)格式写成，这种语言是欧洲粒子物理实验室(CERN)提出的 WWW 描述性语言。WWW 文本不仅含有文本和图像，还含有作为超链接的词、词组、句子、图像、图标。这些超链接通过颜色和字体的改变与普通文本区别开来，它含有指向其他 Internet 信息的 URL 地址。将鼠标移到超链接上，单击之，Web 就根据超链接所指向的 URL 地址跳到不同站点、不同文件。链接同样可以指向声音、电影等多媒体，超文本与多媒体一起形成超媒体(hypermedia)，因而万维网是一个分布式的超媒体系统。

WWW 由 3 部分组成：浏览器(Browser)、Web 服务器(Web Server)和 HTTP 协议。浏览器向 Web 服务器发出请求，Web 服务器向浏览器返回其所要的万维网文档，然后浏览器解释该文档并按照一定的格式将其显示在屏幕上。浏览器与 Web 服务器使用 HTTP 协议(超文本传送协议)进行互相通信,如图 6-24 所示。

万维网文档由 HTML (超文本标记语言)写成。为了指定用户所要求的万维网文档,浏览器发出的请求采用 URL 形式描述。

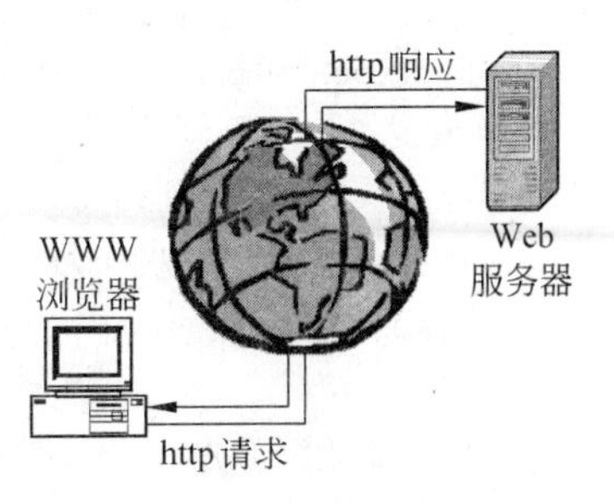

图 6-24　WWW 应用

2. 统一资源定位符 URL

统一资源定位符(Uniform Resource Locator,URL)是 WWW 中用来寻找资源地址的手段。URL 的思想是为了使所有的信息资源都能得到有效利用,从而将分散的孤立信息点连接起来,实现资源的统一寻址。这里的"资源"是指在 Internet 可以被访问的任何对象,包括文件、文件目录、文档、图像、声音、视频等。URL 由协议、主机名和端口、文件路径 3 部分组成,其中对于常用服务端口可以省略。

<协议>://<主机>:<端口>/<路径>

例如西安交通大学主页的超文本协议 URL 表示:http://www.xjtu.edu.cn/index.html;FTP 的 URL 表示:ftp://ftp.xjtu.edu.cn。

(1) Internet 协议名称:指出 WWW 用来访问的工具。如"http://"表示 WWW 服务器,"ftp://"表示 FTP 服务器,"gopher://"表示 Gopher 服务器。其中,http 可以省略。

(2) 主机地址(host):或者叫站点地址,是将要访问的 WWW 页面所在的主机(服务器)域名。如"www.xjtu.edu.cn"。

(3) 路径(path):指明服务器上某页面文件的位置,其格式与 DOS 系统中的格式一样,通常有目录/子目录/文件名这样的形式组成,所不同的是斜杠采用除号形式。与端口一样,路径也是可选项。

(4) 端口:是 TCP/IP 协议中定义的服务端口号,常见的主机提供服务的标准端口号是:80-Web,21-Ftp,23-Telnet。

例如下面的两种 URL 地址是指向同一位置的:

http://www.263.net:80/index.html 和 www.263.net

3. 超文本标记语言

要使 Internet 上任何一台计算机都能显示任何一个万维网服务器的页面,就必须解决页面制作的标准化问题。超文本标记语言 HTML(HyperText Markup Language)就是一种制作万维网页面的标准语言。HTML 通过将 ISO 8879 制定的 SGML 标记语言简化而来,它的特点是标记代码简单明了、功能强大,可以定义显示格式、标题、字型、表格、窗口等;可以和 WWW 上任一信息资源建立超文本链接;HTML 的代码文件是一个纯文本文件(即 ASCII 码文件),通常以.html 或.htm 为文件后缀。

HTML 标记符的明显特征是代码用尖括号"< >"括起来,且起始标记符<Something>和结束标记符</Something>必须成对出现(有个别例外)。在标记符中字符不区分大小写。

下面是一个简单的 HTML 文件：

```
<!DoctypeHTMLpublic"//W30//DTDW3HTML3.0//EN">
<HTML>
<HEAD>
<TITLE> 这是一个例子</TITLE>
</HEAD>
<BODY>
<H1>这是主题部分</H1>
<A HREF="http://www.xjtu.edu.cn">这是一个指向西安交通大学主页的超链接</A>
</BODY>
</HTML>
```

6.3.2 WWW 浏览器

上网浏览是 Internet 上应用最广泛的一种服务。人们上 Internet，有一半以上的时间都是在与各种网页打交道。网页上可以显示文字、图片，还可以播放声音和动画。它是 Internet 上目前最流行的信息发布方式。许多公司、报社、政府部门和个人都在 Internet 上建立了自己的网页，通过它让全世界了解自己。

访问网页要用专门的浏览器软件。常用的浏览器有微软公司的 Internet Explorer（简称 IE）、Firefox、遨游、世界之窗等。它们的使用方法几乎相同，下面以中文版 IE 为例，看看怎样浏览网页。

运行 IE 浏览器后，在地址栏输入网址：http://www.ibm.com（如图 6-25 所示）。然

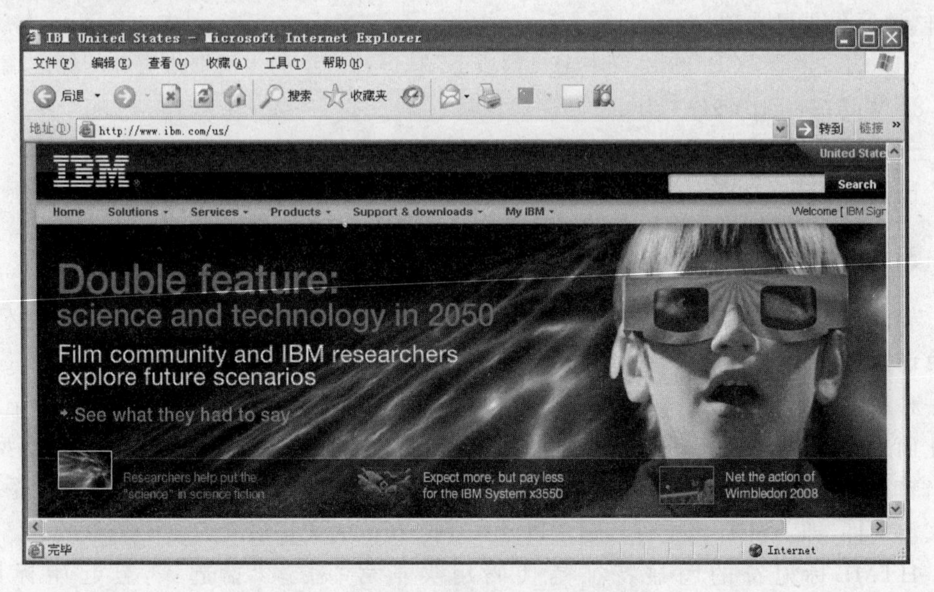

图 6-25　美国 IBM 主页

后再回车。看，我们就来到了远在地球另一端的美国 IBM 公司主页。输入网址：http://www.xjtu.edu.cn 然后再回车。瞧，我们又来到了西安交通大学的网页了(如图 6-26 所示)。学会看网页，你就能接触到 Internet 的大部分信息。

图 6-26　西安交通大学主页

1. IE 窗口组成

IE 窗口各组成部分见图 6-26。

(1) Web 页标题栏。

(2) 菜单栏。提供“文件”、“编辑”、“查看”、“收藏”、“工具”、“帮助”等 6 个菜单项。实现对 WWW 文档的保存、复制、设置属性等多种功能。

(3) 工具栏。常用菜单命令的功能按钮。

(4) 地址栏。显示当前页的标准化 URL 地址。要访问其他站点，即可输入该站点的网址，并按 Enter 键确认。

(5) 工作区。在交大主页上看到“学校概况”、“院系设置”、“科学研究”等超链接分类项，工作区中部是近期的超链接项，也称为超链接，其中包含了名字文本和网页地址。把鼠标移动到其中一个项目上，鼠标指针变为手形，点取该项名称，即可链接到该网页，浏览其中内容。在一个页面上可以含有世界任何地方的网页的超链接，如图 6-27 所示。

(6) 状态栏。显示当前操作的状态信息。

(7) 快速链接项。

有时候在页面传送过程中，可能会在某个环节发生错误，导致该页面显示不正确或下载过程发生中断。此时可单击“刷新”按钮，再次向存放该页面的服务器发出请求，重新浏览该页面的内容。

当下载网页时，如果网络传输速度过慢，或者页面的信息量很大，为避免等待时间过长，可单击“停止”按钮或按 Esc 键停止传送。还有一个技巧是设置关闭图形和动画选项

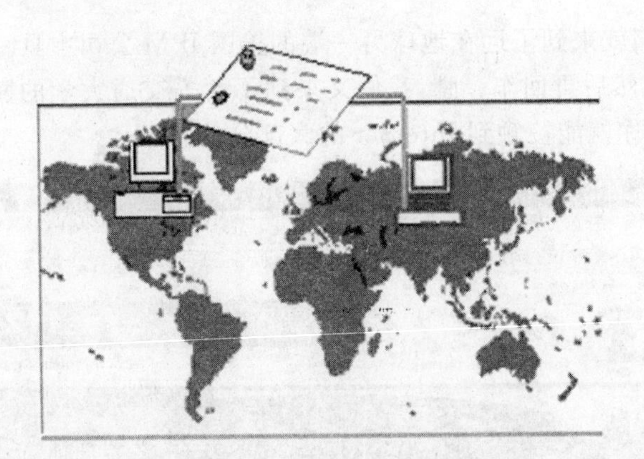

图 6-27　网页的超链接

以加快 Web 页的浏览速度，操作过程如下。

(1) 打开在 IE 窗口的"工具"菜单，单击 Internet 项。

(2) 单击"高级"选项卡，在"多媒体"分类项下，清除"显示图片"、"播放网页中的动画"、"播放网页中的视频"和"播放网页中的声音"等复选框，如图 6-28 所示。

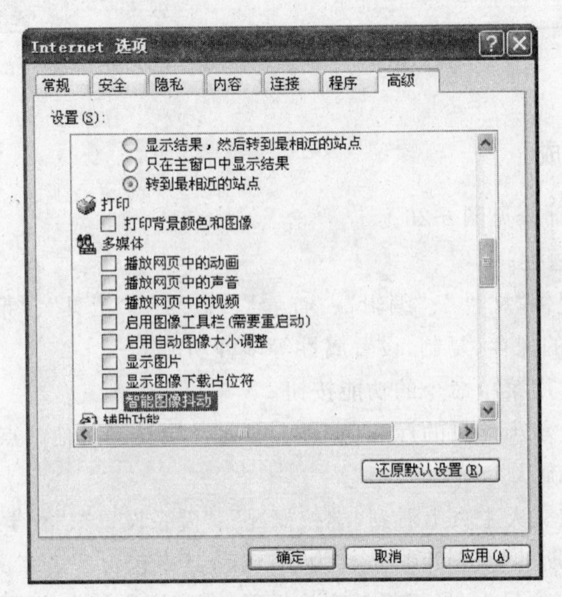

图 6-28　设置"多媒体"选项组

(3) 完成设置后，单击工具栏的"刷新"按钮，会发现页面下载速度明显加快，但取消了图片、声音、动画等信息，也失去了许多浏览网页的乐趣。

2. 如何使用 IE 快速查看信息

要提高浏览速度，尽快获得所需要的信息，除了上一节提到的去掉多媒体选项以外，还有其他应用方法，以下简单介绍加快浏览的方法。

(1) 设置起始页面地址。可以把经常光顾的页面设为每次浏览器启动时自动连接的网址。单击“工具”菜单的“Internet 选项”，打开“Internet 选项”对话框，选中“常规”选项卡；在主页分类选项中的地址文本栏中输入选定的网址，如图 6-29 所示。图中，指定起始页地址为：http://www.xjtu.edu.cn。

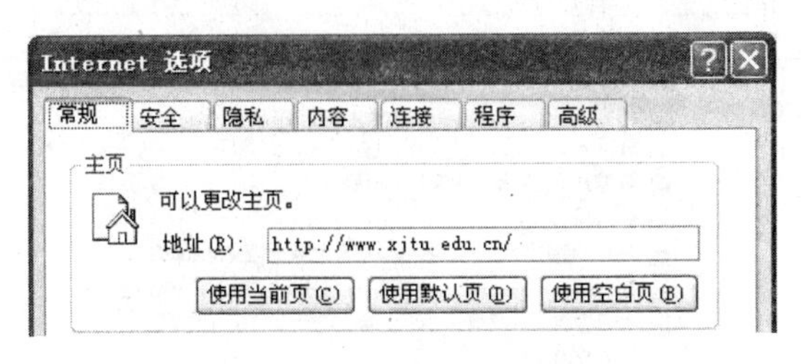

图 6-29 指定启动时的主页网址

（2）把网址添加到收藏夹。对于用户感兴趣的站点，不必费心记住它的域名，只要在访问该页的时候，单击“收藏”菜单，选择“添加到收藏夹”选项；待下次连接 Internet 以后，单击“收藏”按钮打开收藏夹，就可以在收藏夹中查找自己要访问的站点名字。如：访问榕树下全球中文原创作品网“http://www.rongshuxia.com”，页面载入后，点“添加到收藏夹”；待下一次连接，进入主页后，点“收藏”菜单，在收藏夹中选“榕树下”，即进入该主页，如图 6-30 和图 6-31 所示。

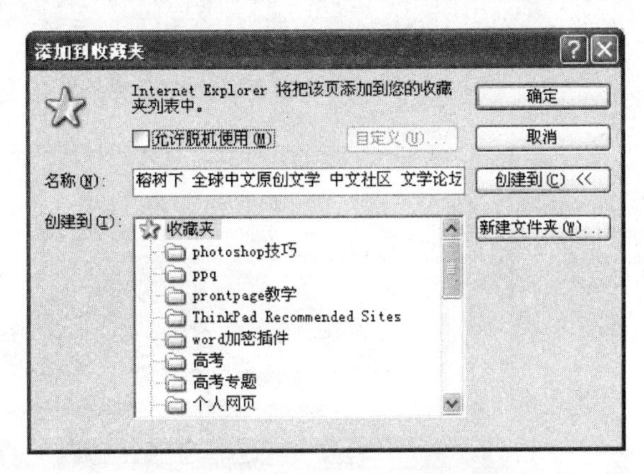

图 6-30 把“榕树下”添加到收藏夹

（3）利用历史记录栏浏览。通过查询历史记录也可找到曾经访问过的网页。用户输入过的 URL 地址将被保存在历史列表中，历史记录中存储了已经打开过的 Web 页的详细资料。借助历史记录，用按日期或按站点等查看方法，就可以快速找到以前访问过的网页。操作如下：

① 在工具栏上，单击“历史”按钮，窗口左边出现历史记录栏，其中列出用户最近几天或几星期内访问过的网页和站点的链接。

② 单击“查看”按钮旁的下拉箭头，弹出一个下拉式菜单，其中有 4 个选项，用户可以选择按日期、按站点、按访问次数和按今天的访问顺序来查找所需要的站点或网页。

③ 单击选中的网页的图标，打开该网页，如图 6-32 所示。

（4）保存网页文件。可以使用“文件”菜单中的“另存为”选项将当前页信息保存在本

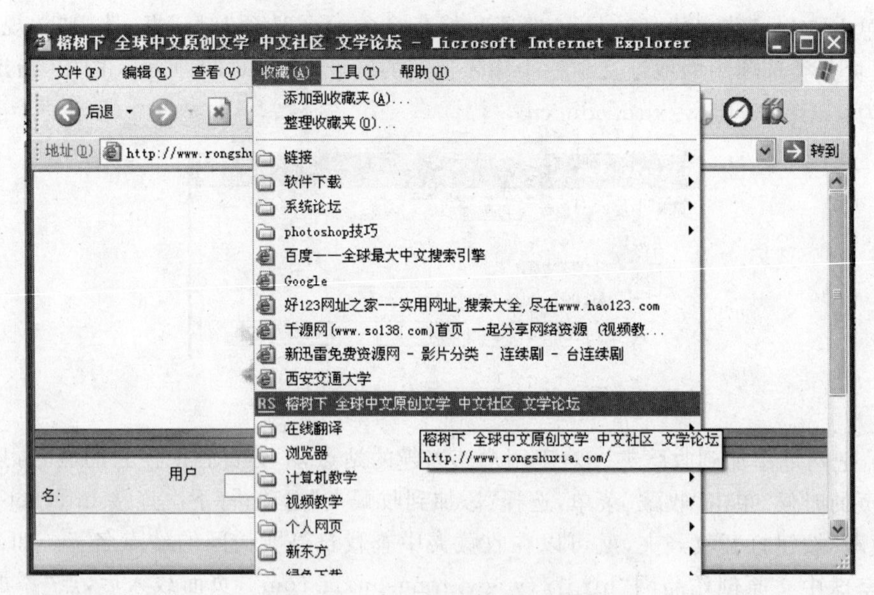

图 6-31　从“收藏夹”中查找网页

图 6-32　利用历史记录查找网页

地磁盘上。单击这个选项后，弹出“保存 Web 页”对话框，单击“保存类型”下拉式列表框，有 4 种保存类型可供选择。

①“Web 页，全部”：保存页面 HTML 文件和所有超文本（如图像、动画、图片等）信息。

②“Web 档案，单一文件”：把当前页的全部信息保存在一个扩展名为 htm 的文件中。

③“Web 页，仅 HTML”：只保存页面的文字内容，存为一个扩展名为 html 的文件。

④“文本文件”：将页面的文字内容保存为一个文本文件。

若要保存网页某个位置的图片，应把鼠标指向该图片，单击右键，在下拉式菜单中单击“图片另存为”选项，弹出保存对话框，选择路径和保存类型，可以把图片存为位图文件、JPEG或GIF文件。

6.3.3 电子邮件

1. 什么是电子邮件

电子邮件的英文是E-mail，在Internet上被人们广泛地应用。它具有以下几个特点。

(1) 发送速度快。给国外发信，只需要若干秒或几分钟。

(2) 信息多样化。电子邮件发送的信件内容除普通文字内容外，还可以是软件、数据，甚至是录音、动画、视频文件等各类多媒体信息。

(3) 收发方便高效可靠，与电话通信或邮政信件发送不同，发件人可以在任意时间、任意地点通过发送服务器(SMTP)发送E-mail，收件人通过当地的接收邮件服务器(POP3)收取邮件。也就是说，收件人不管在任何时候打开计算机登录到Internet，检查自己的收件箱，接收服务器就会把邮件送到收件箱。如果电子邮件因地址不对或其他原因无法递交，服务器会退回发信人。

2. 申请电子邮箱和收发信件

ISP为每一个持有账号的用户分配一个电子邮箱，具体地讲，就是在某台计算机上划分出用于存放往来信件的磁盘存储区域，这个区域由电子邮件系统软件负责管理。

(1) 申请邮箱

IP地址和域名是主机在网络中的识别标志，而个人收发邮件还必须有自己的通信地址，即个人电子邮箱。要得到电子邮箱需要向网络管理部门申请。

① 利用电话拨号入网的用户，在办理入网手续时，网络管理部门ISP会提供一个电子邮件地址，用户可依照入网登记表上“邮件接收服务器”和“邮件发送服务器”的地址来配置自己计算机上的邮件服务，具体方法在后一节中介绍。

② 通过局域网登录Internet的用户，可向本地网络管理中心申请邮箱，有时也需要办理手续并交纳一定的费用，之后，在自己的计算机上配置Outlook Express(见后面一节)就可以使用了。

③ 最简单的手续莫过于在Internet上申请免费邮箱了。163、新浪等网站都提供免费电子邮件服务。以在163网站申请邮箱为例，操作如下。

- 首先连接Internet，在地址栏输入网易的网址www.163.com。
- 单击“免费邮箱”的链接按钮，如图6-33所示。
- 根据提示输入用户名和密码，输入用户名和密码后，163将要求你输入一些个人资料，以便忘记密码后重新登记。

电子邮箱申请成功以后，你就有了一个电子邮件地址，如：zxyang1957@mail.163.

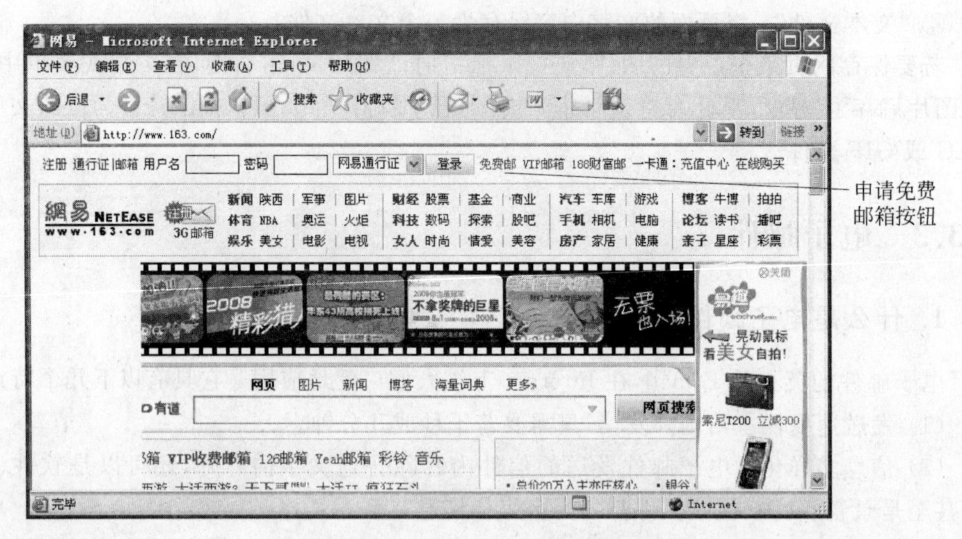

图 6-33 在 163 网站申请免费邮箱

com，这个地址分两部分，@ 符号前面是用户名，后面是收取邮件地址，以后，只要登录 163 就可以收信了。当然，你要发信给别人，也必须知道他的电子邮件地址。

(2) 发送邮件

例如：登录 mail. 163. com 主页，输入用户名和密码，单击“写信”，进入 163 发送邮件页面，如图 6-34 所示。

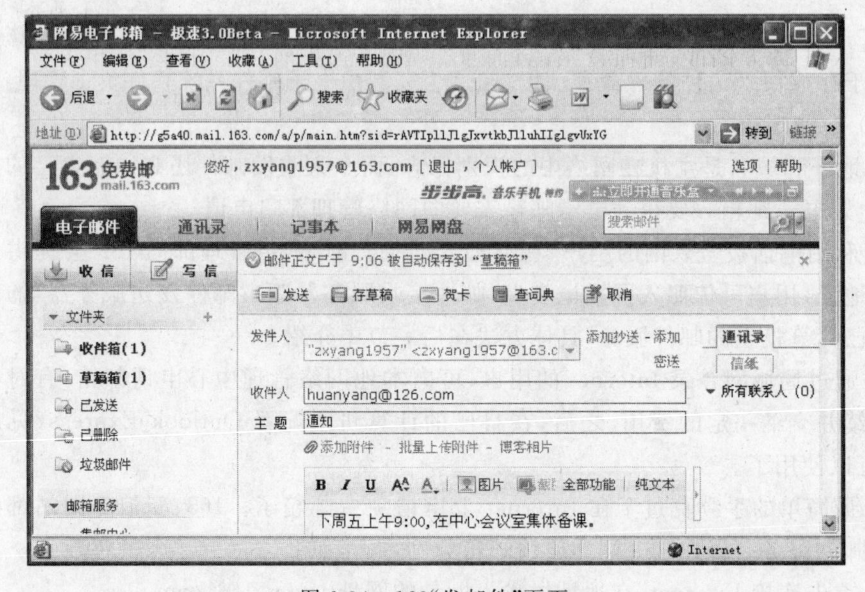

图 6-34 163“发邮件”页面

在“收件人”一栏里输入收信人的地址 huanyang@126. com ，“主题”一栏是让收信人在看到信件通知时就了解到信件的中心内容，为了养成良好的习惯，建议填写。

另外，可以将其他文档如. DOC 文件、动画、声音等多媒体文件作为信件附件发送。

在发送邮件页面，单击“添加附件”按钮，弹出“选择文件”对话框，选中所要发送的文件后，单击“打开”按钮，即可将附件粘贴到信件上，如图 6-35 所示。如有多个附件，重复以上步骤，把所有的附件粘贴完以后，按“发送”按钮，服务器就将信和附件一同寄出去了。

图 6-35　添加附件

(3) Outlook Express 的使用

Outlook Express 是目前常用的电子邮件客户端软件，如果用户的计算机安装了 Windows XP，Outlook Express 应用程序就包括在整个系统里。以下介绍它的基本应用。

① 设置账号

用户从 ISP 得到邮箱地址，就要设置电子邮件的发送和接收服务，这是通过在 Outlook Express 里添加账号完成的，具体步骤举例如下。

- 在桌面或任务栏双击 Outlook Express 图标，启动 Outlook Express 程序，如图 6-36 所示。
- 单击“工具”菜单，选中“账户”子项，打开“Internet 账户”对话框，单击“添加”按钮，选择“邮件”选项，弹出“Internet 连接向导”对话框。
- 在“显示名称”一栏输入用户名(由汉字、英文字母、数字等组成)，如“杨阳”，在发送邮件时，这个名字将作为“发件人”项。
- 单击“下一步”，在新的“Internet 连接向导”对话框中输入电子邮件地址，如 xiaozhy@mail. xjtu. edu. cn，这是西安交通大学的一个邮箱。
- 单击 “下一步”按钮。分别输入发送和接收电子邮件服务器名。具体的 pop3 和 smtp 服务器地址请与网络管理员联系，如图 6-37 所示。
- 接下来是输入账户名和密码，账户名即是用户名，即 xiaozhy。
- 单击“下一步”按钮，完成设置。在出现的“Internet 账户”对话框中，选中刚刚设置

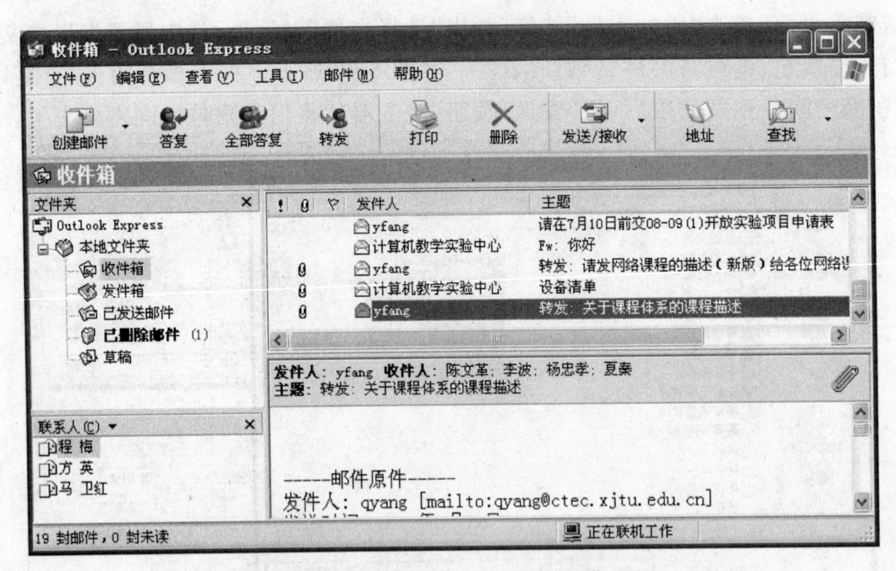

图 6-36 Outlook Express 应用程序

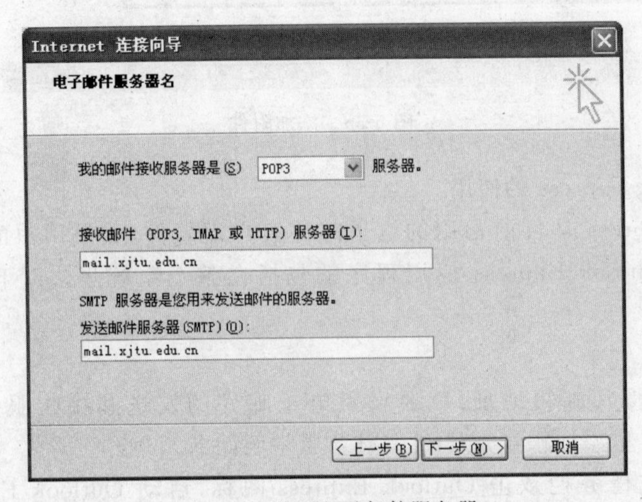

图 6-37 设置电子邮件服务器

的账户后单击“属性”按钮。在弹出的属性对话框中再选择“服务器”选项卡，在这个“服务器”选项卡中，选中“我的服务器要求身份验证”后单击“确定”按钮后完成设置，如图 6-38 所示。

② 发送邮件

上述设置完成后，先试着给自己发一封信，按以下步骤。

- 填写地址。单击 Outlook Express 窗口的“新邮件”图标，依次输入收件人、抄送、主题等项，在内容栏输入“test”，如图 6-39 所示。
- 添加附件。如果有附件，则单击工具栏中回形针状的图标，或打开“插入”菜单选中“附件”子项，浏览本地磁盘或局域网，选择附件文档，单击“附件”按钮，附件文档就会自动粘贴到“内容”下面。

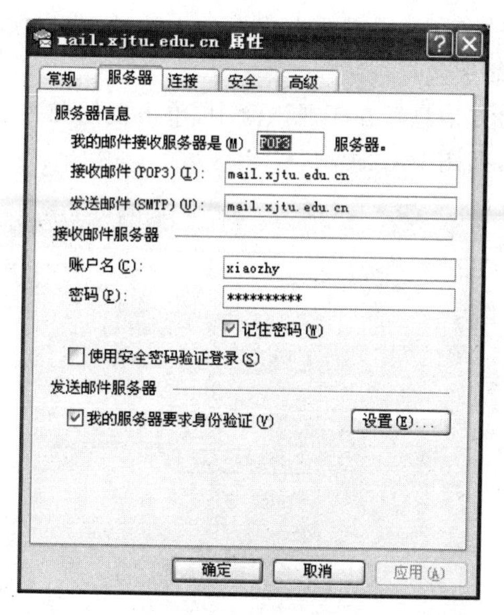

图 6-38　设置服务器

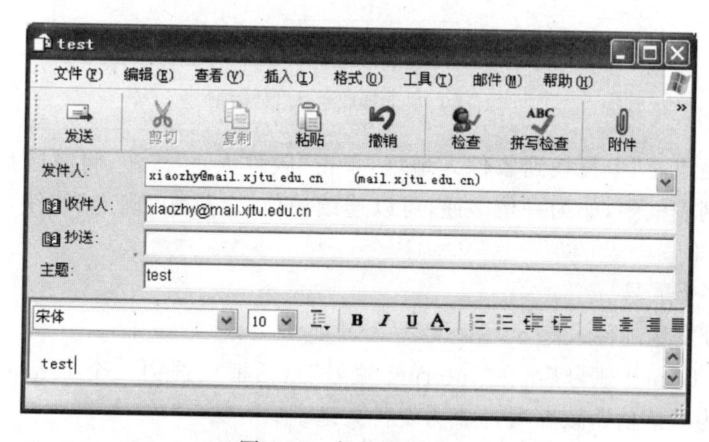

图 6-39　邮件撰写窗口

- 发送。内容和附件准备就绪，按"发送"按钮。即刻发送。
- 答复。打开收件箱阅读完邮件之后，可以直接答复发信人。单击 Outlook 主窗口工具栏中的"答复"按钮(参见图 6-36)，即可撰写答复内容并发送出去。如果要将信件转给第三方，单击工具栏中的"转发"按钮，显示转发邮件窗口，此时邮件的标题和内容已经存在，只需填写第三方收件人的地址即可。

③ 管理通讯簿

通讯簿相当于一个电子名片夹，用以保存经常与本人有邮件往来的用户信息，用户可以用几种方式登记这些信息。

- 单击 Outlook Express 窗口的"地址"按钮(参见图 6-36)，打开通讯簿窗口。单击"新建"按钮，选中"新建联系人"选项，在弹出的"属性"对话框中输入联系人的各项信息。

• 在正阅读的邮件窗口中，用鼠标右击发件人地址，弹出快捷菜单，单击“将发件人添加到通讯簿”命令选项。

撰写邮件时，如果对方信息存在于通讯簿中，单击撰写邮件窗口中的收件人图标，显示“选择收件人”对话框，如图 6-40 所示。

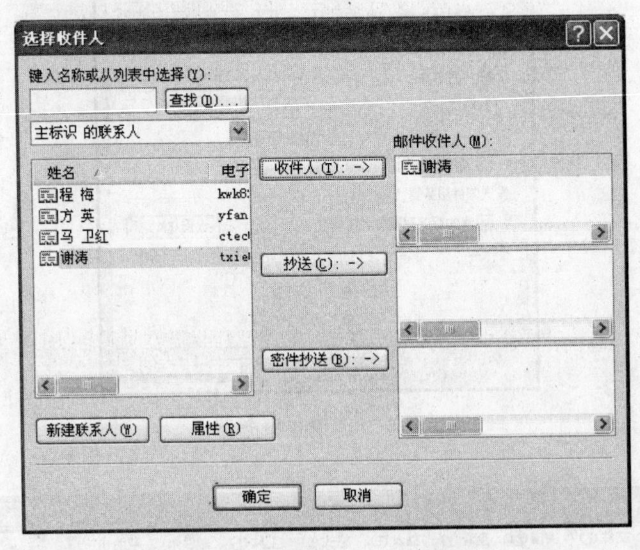

图 6-40 “选择收件人”对话框

从左边“通讯簿”中查找到收件人地址，单击“收件人：”按钮，将其选择到右边的“邮件收件人”的列表框中，如为一信多递，可以连续操作，之后按“确定”按钮，回到撰写邮件窗口。

④ 管理多个账号

• 多账号发送邮件

设置多个 E-mail 账号后，在“Internet 账号”对话框里选中一个 E-mail 账号后，用鼠标单击“设置为默认值”，该账号即成为发件人地址。

如果不同的发件人每发一封邮件都要修改默认账号，那就太烦琐了。好在 Outlook Express 提供了一个简单的办法可以随时使用任何一个账号发送邮件。如果用户设置了多个账号，撰写邮件窗口会多出一行“发件人”列表框，其中显示默认账号，单击右边的下拉箭头，就可以选择其他账号作为发件人，如图 6-41 所示。

• 多账号接收邮件

多账号环境接收邮件时，分全部账号接收和单账号接收。全部接收只要单击图 6-36 窗口工具栏的“发送和接收”按钮即可。单账号接收只要单击“工具”菜单，选中“发送和接收”命令选项，弹出级联菜单，如图 6-42 所示，从中选择所需的 E-mail 账号，即完成指定账号的接收；或者，单击工具栏中“发送和接收”图标右边的下拉箭头，从弹出的菜单中指定账号。

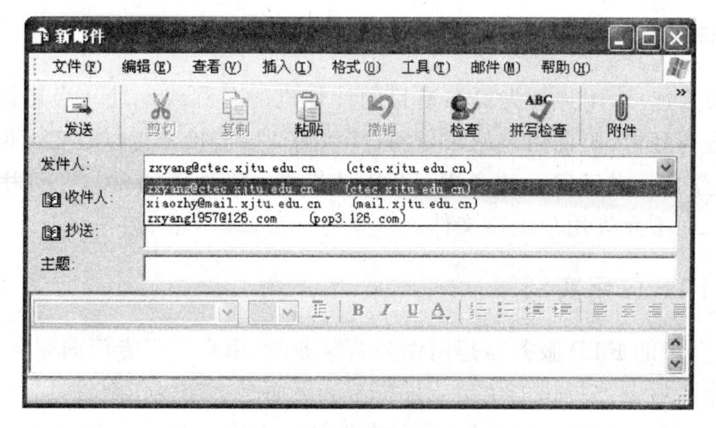

图 6-41 选择账号发送邮件

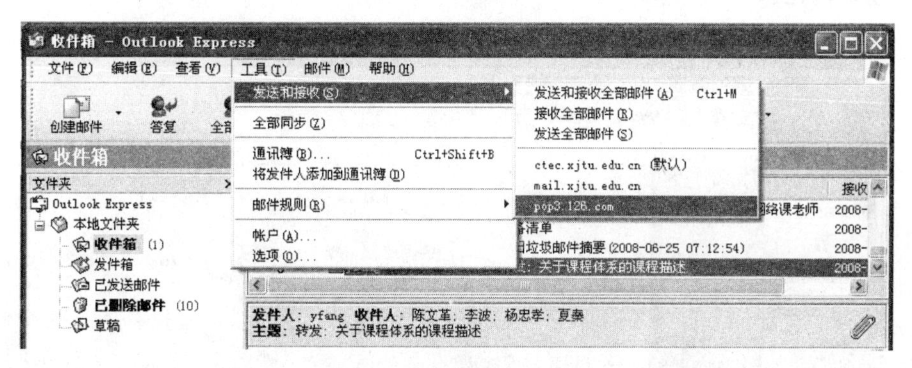

图 6-42 选择单账号接收

6.3.4 文件传输

文件传输通常叫做文件下载和上传，是一般用户对网络的基本要求。下载就是把 Internet 或其他远程机上的文件复制到用户的计算机上；上传就是把用户自己计算机中的文件传送到远程服务器或客户机上。实际上，上网浏览就是一个文件下载的过程，不过这个过程是由浏览器来完成的。

由于 Internet 是庞大而复杂的计算机环境，其中的机种有 PC、工作站(这里指一种小型计算机，不是在名称上和服务器相对应的工作站)、MAC 和大型计算机，各类计算机运行的操作系统不尽相同，而且各种操作系统的文件结构各不相同，要在这些机种和操作系统各异的环境之间进行文件传输，就需要建立一个统一的文件传输协议，这就是 FTP。FTP(file transfer protocol)是 Internet 文件传输的基础，也是 TCP/IP 协议集里最为广泛的应用。

FTP 是基于客户机/服务器模型设计的，客户机和服务器之间利用 TCP 建立连接。提供 FTP 服务的计算机称为 FTP 服务器。

1. FTP 连接

要进行FTP连接,用户首先要知道目的计算机的名称或地址。当连接到FTP服务器后,一般要进行登录,验证用户的账号和口令,确认后连接才得以建立。但有些FTP服务器允许匿名登录。出于安全的考虑,FTP服务器的管理者通常只允许用户从FTP主机上下载文件,而不允许用户上传文件。

2. 匿名 FTP 应用实例

允许匿名登录的FTP服务器是用作公共服务的,用户不必专门向服务器管理员申请账号,就可以享受服务器提供的免费软件资源。下面是一个操作实例。

要访问清华大学的FTP服务器,只需在地址栏中输入 ftp://ftp.tsinghua.edu.cn 即可匿名登录,如图6-43所示。

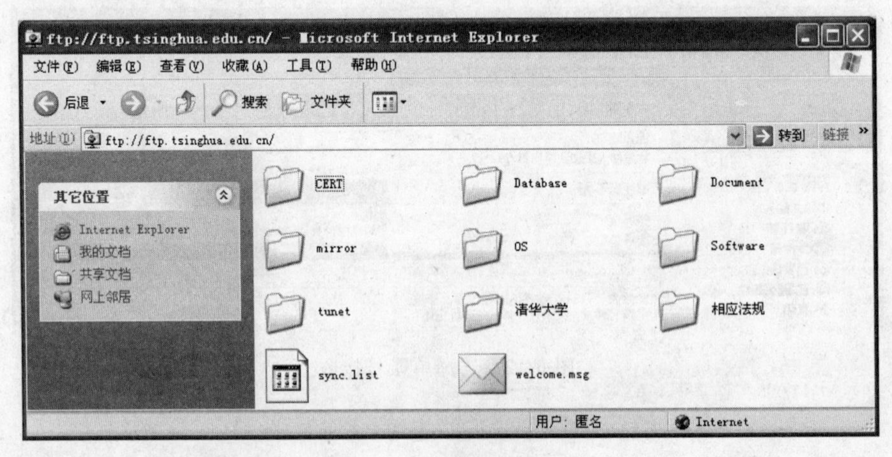

图 6-43 浏览器匿名登录

常用的FTP客户端程序通常有三种类型:传统的FTP命令行、浏览器与FTP下载工具。传统的FTP命令行是最早的FTP客户端程序,它在Windows 9.x中仍然能够使用,但是需要进入MS-DOS窗口。FTP命令行包括了50多条命令,对初学者来说比较难使用。

使用FTP命令行或浏览器从FTP服务器下载文件时,如果在下载过程中网络连接意外中断,下载完的那部分文件将前功尽弃。FTP下载工具解决了这个问题,通过断点续传功能可以继续剩余部分的传输。目前,常用的FTP下载工具主要有CuteFTP、leapFTP、WS_FTP等。

6.3.5 搜索引擎

在信息社会,信息的有效和快捷是成功的必要条件。为了使用户尽快得到自己所需要的信息,许多网站都提供了信息检索服务,国外称之为"搜索引擎"。

用户要进行检索，必须提供查询条件，查询条件要符合服务站点的检索规则。各站点的检索规则不尽相同。大致可分为按布尔条件检索和按内容检索两类。

1. 布尔检索

用与(AND 或 +)、或(OR 或 ,)、非(NOT 或 -)3 个布尔操作符组合检索项。输入的检索字符串称为关键词。使用 AND 操作符组合的检索项，其中每个关键词都必须出现在检索结果中。使用 OR 操作符组合的检索项，任一关键词出现在文档中都是符合条件的。使用 NOT 操作符时一定要注意，它也许会把你所希望查到的结果给筛选出去。

操作如下：进入百度主页，在搜索文本框中输入“北京 奥运”，关键词“北京”和“奥运”之间用空格分开(空格相当于 OR)，然后按下“百度一下”搜索命令按钮，即开始按网站快速检索当前网络中所有含有“北京”和“奥运”的站点，显示出符合条件的站点名称。单击这些超链接名，就可以浏览该站点了，如图 6-44 所示。

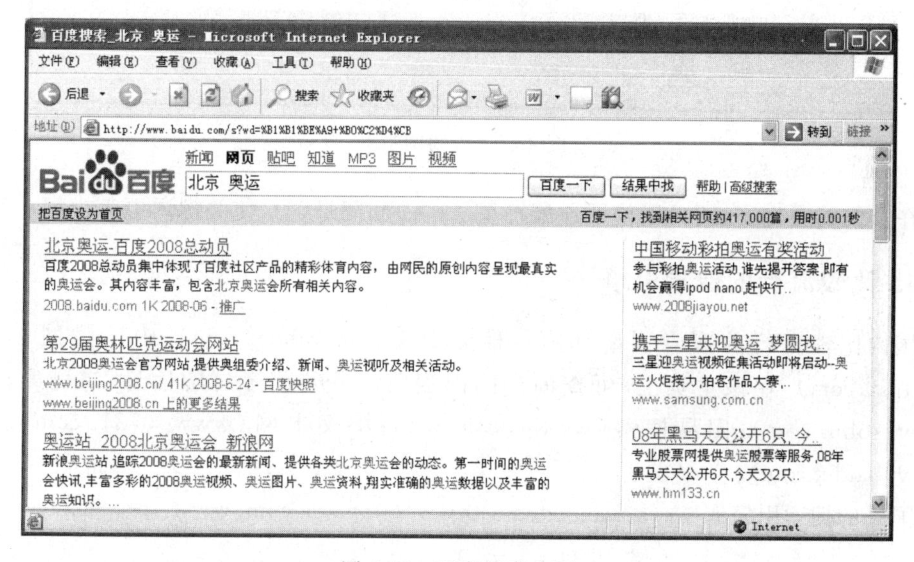

图 6-44　百度搜索主页

2. 按内容分类检索

这类检索适合对浏览的目的没有明确的关键字表示，只有大致内容方面的分类概念，一些搜索引擎提供了按照页面内容分类的“导航”，如图 6-45 所示爱问网首页中的带下划线的各分类项：“股票”、“软件”、“手机”等。如果用户要检索有关手机方面的信息，首先单击“手机”分类项，在打开的页面中进一步选择您所关心的问题。

3. 搜索技巧

只要在搜索框中输入关键词，即为模糊查询。模糊查询往往会反馈来大量不需要的信息，如果想精确地只查某一个关键词，则可以使用精确查询功能。精确查询一般是在文字框中输入关键词时，加一对半角的双引号(" ")。

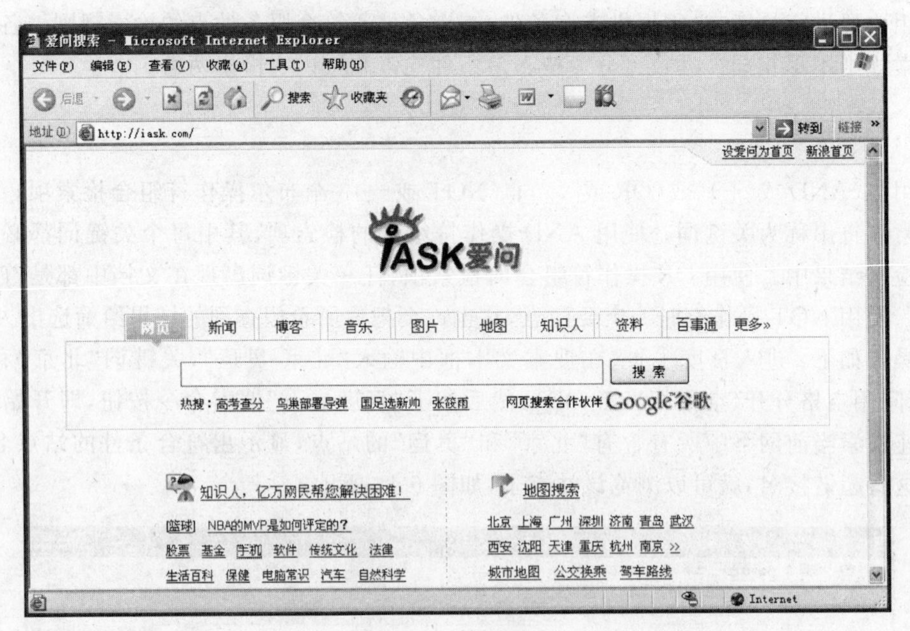

图 6-45　爱问网主页

在英文的查询中，还可以使用通配符星号(*)和问号(?)，使关键词更为模糊。

4. 比较流行的搜索引擎

国内比较流行的搜索引擎还有：雅虎中文(cn. yahoo. com)；中国考网(www. chinatest. com)，在该主页上，可查询到国内当前一些热门考试的信息、试题等；搜狐(www. sohu. com)；网易搜索(www. yeah. net)；中文上网(www. 3721. com)；百度(www. baidu. com)。

国外的搜索引擎有 www. yahoo. com；www. altavista. com；www. infoseek. com。

6.3.6 远程登录

远程登录是为用户提供的以终端方式与 Internet 上主机建立在线联系的一种服务，这种连接建立以后，用户计算机就可以作为远程主机的一台终端来使用该主机提供的各种资源程序。远程登录是 Internet 上最基本的服务之一，有许多 Internet 服务也可以在远程登录服务的基础上实现，如：E-mail、FTP 等。

最常用的命令是 Telnet，它在 Linux 和 Windows 系统中都可以使用，在登录时要指定自己在远程主机上已申请到的用户名和口令，下面介绍如何从一个 Windows 主机上登录到远程的 Linux 服务器上。

(1) 单击“开始”菜单中的“运行”命令，在弹出的运行对话框中输入 telnet 202. 117. 50. 35，如图 6-46 所示。

(2) 单击“确定”按钮后，出现 DOS 窗口的提示，正确的输入用户名和口令后，如图

图 6-46 运行 telnet

6-47 所示，意味着登录成功，在“[whjc@202 whjc]$”提示符后即可输入命令，来使用 IP 为 202.117.50.35 主机提供的各种资源。

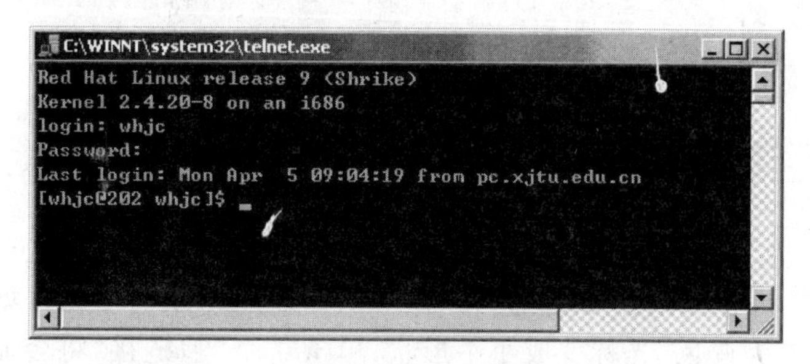

图 6-47 登录成功

这时用户在键盘上输入的任何信息都被发送到远程的 Linux 服务器上，在远程服务器中显示的信息也被回传到用户的屏幕上，其效果就好像本地的键盘和屏幕与远程的服务器直接相连。当服务器的距离较远或传输速度较慢时，从键盘输入一字符后，屏幕显示明显有一延迟。

另一种应用是远程登录 BBS 站点，见自学内容“电子公告板”。

课堂训练

训练 6.1 网上浏览

1. IE 浏览器应用

任务和要求：

网上浏览是从 Internet 上获取信息的一种最基本的方法。学会浏览器的使用就相当于学会了上网，下面以中文版 IE 为例，看看怎样浏览网页。

操作步骤如下：

(1) 双击桌面上的浏览器图标“”，就可启动 IE 浏览器，在地址栏中输入要想浏览的网址如：“http://ctec.xjtu.edu.cn”按 Enter 键或单击“转到”按钮，如图 6-48 所示。

图 6-48　ctec. xjtu. edu. cn 主页

（2）这是计算机教学实验中心主页。移动鼠标当光标指向左边区域中的"计算机文化基础"时，文字变为蓝色，光标变成小手形状；单击这个"超链接"将会显示下一个网页，如图 6-49 所示。

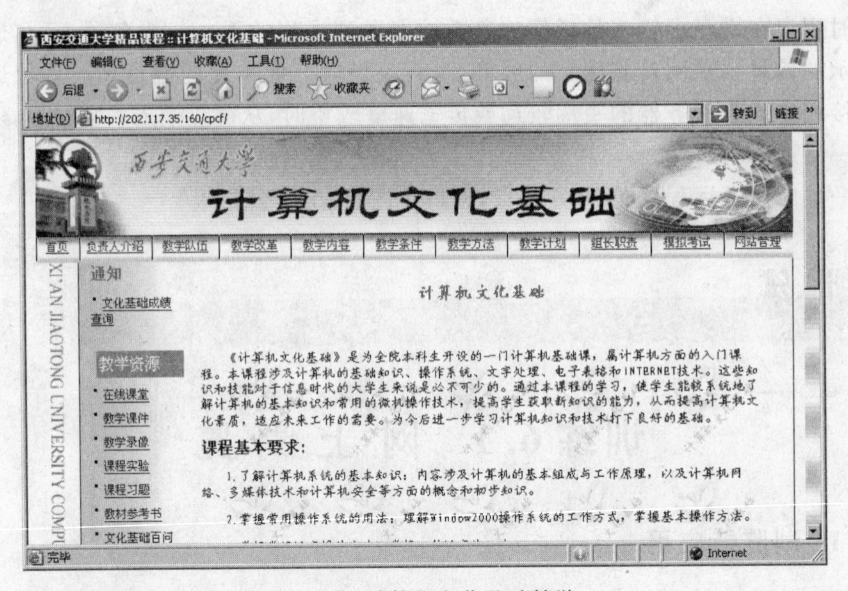

图 6-49　计算机文化基础教学

（3）这是计算机文化基础教学网，通过图 6-49 页面中的超链接一步步地浏览其他网页的内容，学习计算机文化基础这门课程。

（4）如果单击超链接以后，又想回到刚才的网页怎么办呢？最简单的办法是点浏览器窗口上面工具条里的"后退"按钮，单击一下后退，就可以回到刚才的网页，而且可以多次后退，一直回到你最开始打开的网页。与"后退"对应，工具条上还有"前进"按钮，这个功能可以让“后退”后再按刚才的顺序依次显示网页，一直到打开过的最后一个网页。知道了这些，就可以在网络的海洋中进退自如了。

(5) 如果对当前浏览的网页很喜欢，可以把这些地址收集到收藏夹中，以后可以方便地从收藏夹中选取网址进行访问，不必再次输入地址。单击“收藏”|“添加到收藏夹”菜单命令，弹出“添加到收藏夹”对话框，如图 6-50 所示。再选取“大学”文件夹，单击“确定”按钮，完成收藏。

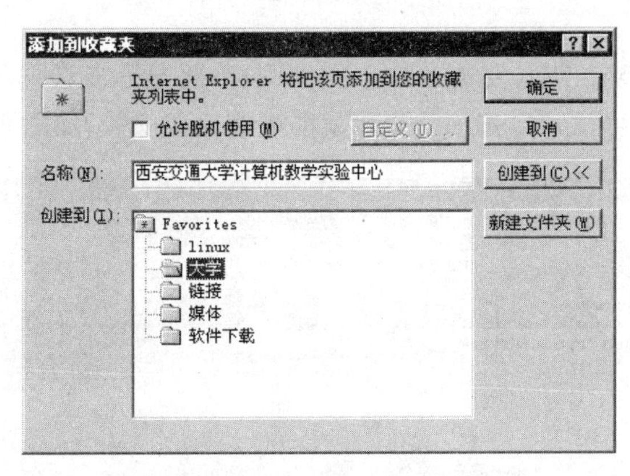

图 6-50 “添加到收藏夹”对话框

(6) 当下载网页时，如果网络传输速度过慢或者页面的信息量很大，为避免等待时间过长，可单击“停止”按钮或按 Esc 键停止传送。

(7) 如果希望每次打开浏览器时进入计算机教学实验中心主页，可将其设置为浏览器的主页。单击“工具”|“Internet 选项”菜单命令，弹出“Internet 选项”对话框，如图 6-51 所示。在地址栏中输入：“http://ctec.xjtu.edu.cn”，单击“确定”按钮，完成设置。

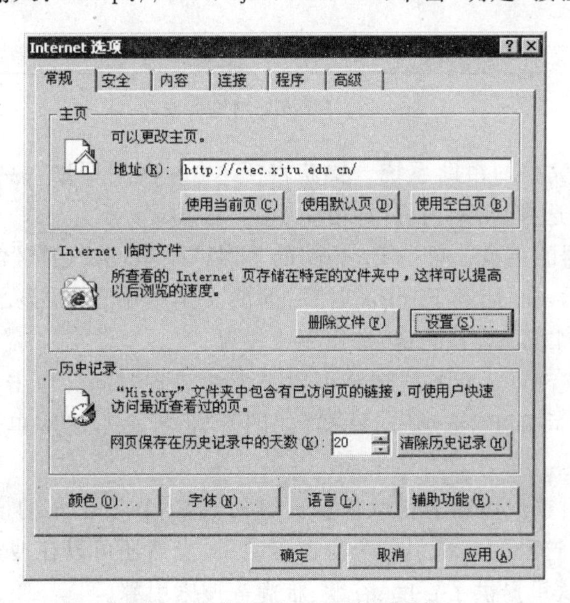

图 6-51 “Internet 选项”对话框

2. Firefox 浏览器的安装与应用

任务和要求：

除了微软在 Windows 中提供的 IE 之外，网上还流行着许多其他浏览器，例如：Firefox、遨游、世界之窗等。这些软件均可在网上自由下载。假如已下载了 Firefox 的安装软件包：Firefox_Plus_Setup_2.0.exe，就可以在主机中安装 Firefox 浏览器。

操作步骤如下：

(1) 浏览器的安装。双击安装软件包文件图标，将显示安装向导窗口，只要单击“下一步”按钮并接受“许可协议”，按向导提示就能顺利完成安装，如图 6-52 所示。

图 6-52 Firefox 浏览器窗口

Firefox 有一套完整的帮助系统。要获得 Firefox 使用帮助，只需单击 Firefox 顶部的“帮助”菜单，然后选择“帮助内容”即可。

(2) 设置浏览器的主页。单击 Firefox 的“工具”菜单，选“选项”命令后弹出“选项”对话框，如图 6-53 所示，在“启动 Firefox 时”后面的文本框中选取“显示我的主页”；在主页文本框中输入主页网址，单击“确定”按钮完成设置。

(3) 设置标签式浏览。标签式浏览可以极大地节省时间。单击 Firefox 的“工具”菜单，选中“选项”命令后弹出“选项”对话框(如图 6-53 所示)，然后单击顶部的“标签式浏览”按钮。

(4) 选择搜索引擎。在网上获取信息更容易，只需在右上角的搜索框中输入搜索字段，便立即可以通过选择的默认引擎获得搜索结果，当然还可以在搜索框中通过选取随时更改默认引擎。在这里提供了百度、谷歌、雅虎等搜索引擎。

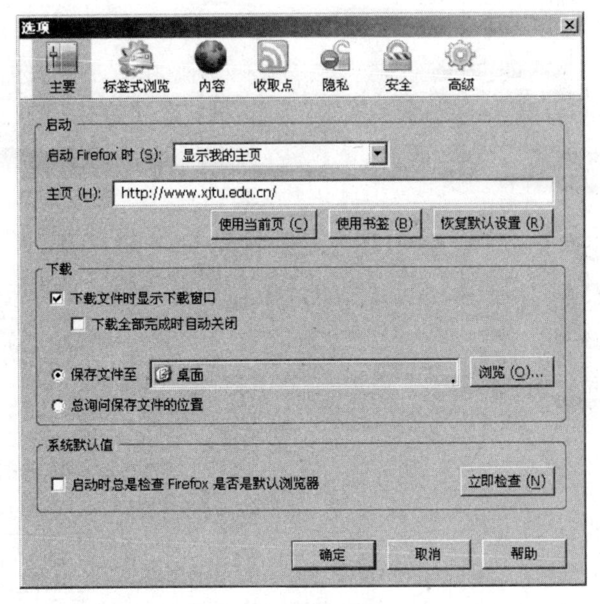

图 6-53 “选项”对话框

3. SSReader 超星阅览器的安装与应用

任务和要求：

超星阅览器(SSReader)是超星公司拥有自主知识产权的图书阅览器，是专门针对数字图书的阅览、下载、打印、版权保护和下载计费而研究开发的。经过多年不断改进，SSReader 现已发展到 4.0 版本，是国内外用户数量最多的专用图书阅览器之一。该软件可在网上自由下载。假如已下载了 SSReader 的安装软件包：SSR40F(20070511).exe，就可以在主机中安装超星阅览器。

操作步骤如下：

(1) 阅览器的安装。双击安装软件包文件图标，将显示安装向导窗口，只要单击“下一步”按钮并接受“许可协议”，按向导提示就能顺利完成安装，如图 6-54 所示。

第一次使用超星阅览器的用户须进行注册。单击“注册”按钮后进入注册页面，请填写用户基本信息，并选择我已经阅读并同意《超星数字图书馆用户申请协议书》，完成注册后立即可以免费阅读万余本流行、畅销图书。如果想全面享受阅读，必须购买超星读书卡进行充值。

(2) 免费阅读。在超星浏览器主窗口上面单击免费阅览室。然后选择“电脑网络/计算机理论/《计算机应用基础教程》”一书。在接下来显示的该图书的信息窗口中单击“阅览器阅读”按钮，即可显示阅读窗口，如图 6-55 所示。通过上翻和下翻按钮阅读全文。

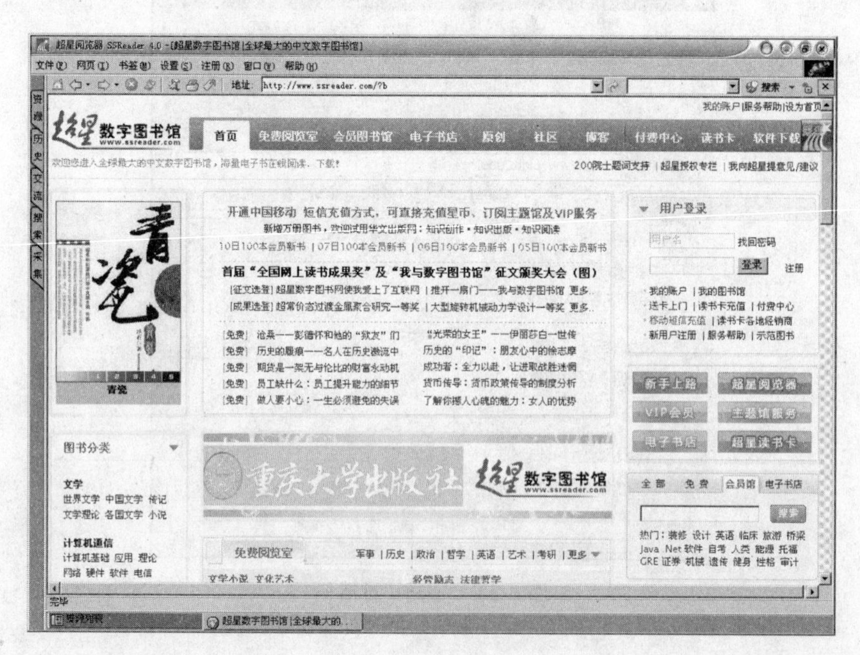

图 6-54 超星浏览器主窗口

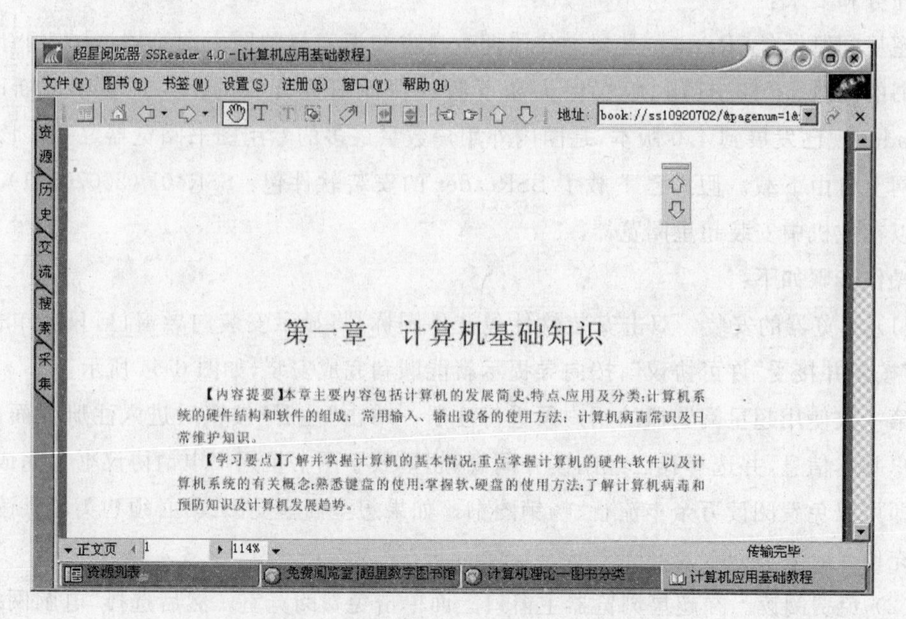

第一章 计算机基础知识

【内容提要】本章主要内容包括计算机的发展简史、特点、应用及分类；计算机系统的硬件结构和软件的组成；常用输入、输出设备的使用方法；计算机病毒常识及日常维护知识。

【学习要点】了解并掌握计算机的基本情况；重点掌握计算机的硬件、软件以及计算机系统的有关概念；熟悉键盘的使用；掌握软、硬盘的使用方法；了解计算机病毒和预防知识及计算机发展趋势。

图 6-55 《计算机应用基础教程》正文

训练 6.2 电子邮件

1. 申请免费 E-mail

任务和要求：

电子邮件又称为 E-mail，是一种以计算机网络为载体的信息传输方式，它不仅能够传输文字信息，还可以传输图像、声音和视频等多媒体信息，这使得它成为最常使用的 Internet 服务之一。下面简介如何申请免费 E-mail。

操作步骤如下：

(1) 进入中国最大的免费邮箱申请网站(http://www.126.com)，如图 6-56 所示。

图 6-56　126.com 的免费邮箱申请主页

(2) 单击主页中"注册新的 25M 免费邮箱"进入服务条款页面，查看服务条款规定，当"确认"同意后，进入下一页面，如图 6-57 所示。

(3) 按页面提示输入用户名，长度为 5～20 位，可以是数字、字母、小数点、下划线，必须以字母开头。在验证码文本框中输入当前页面给出的数字。单击"确定"按钮。进入下一页面，按页面提示填入必要的个人资料，如图 6-58 所示。

(4) 单击"确定"按钮，如图 6-59 所示，注册成功。单击"登录邮箱"按钮后，就能进入邮件服务网页进行收发电子邮件。

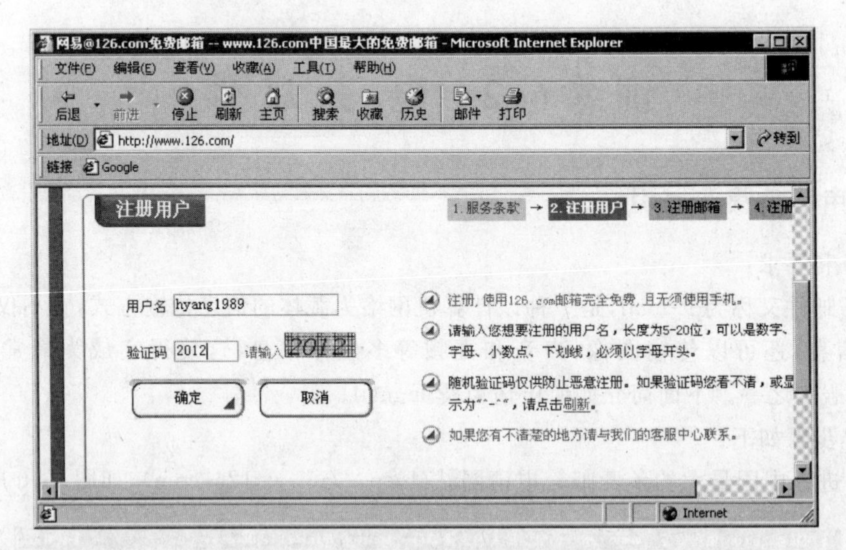

图 6-57 注册用户

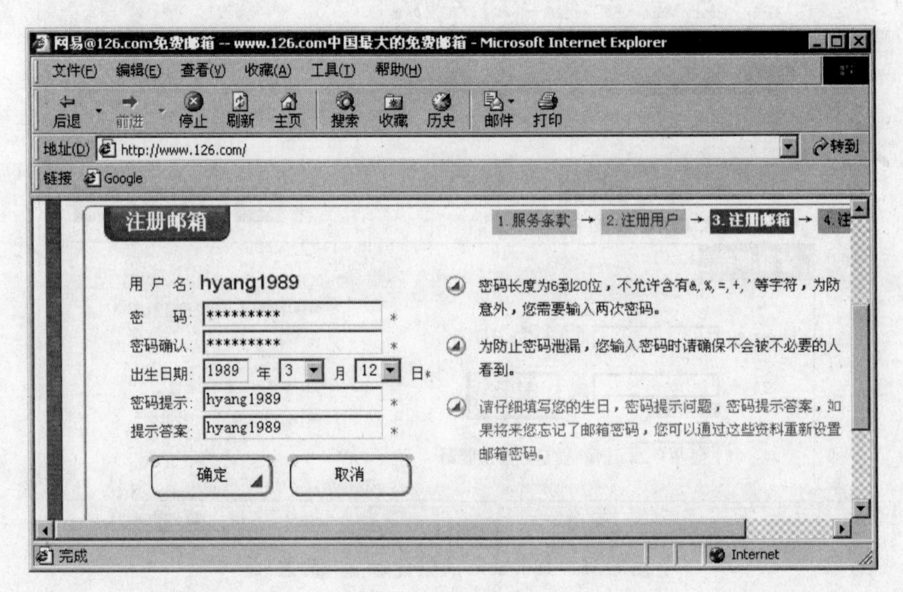

图 6-58 注册邮箱

2. 用浏览器收发邮件

任务和要求:

利用 Web 服务器提供的收发邮件的网页完成电子邮件的收发。你的邮件全部保存在邮件服务器中,当然接收邮件的多少也会受到空间的限制。

操作步骤如下:

(1) 启动 IE 浏览器,在地址栏输入"http://www.126.com",进入登录邮箱页面,如图 6-56 所示;在用户名栏输入已申请到的邮箱名,如 hyang1989,在密码栏输入密码。单

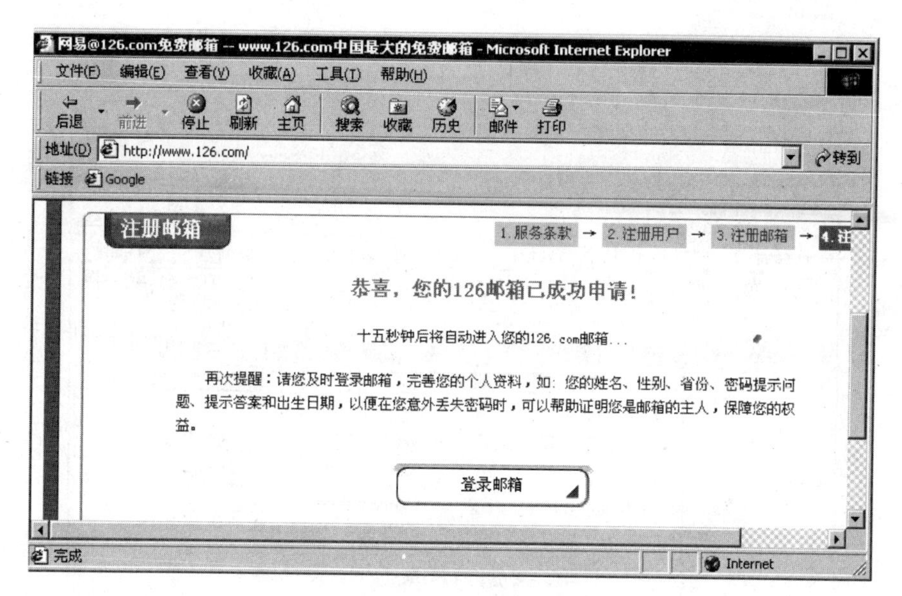

图 6-59　申请成功

击“登录” 按钮后，进入邮件服务网页，如图 6-60 所示。

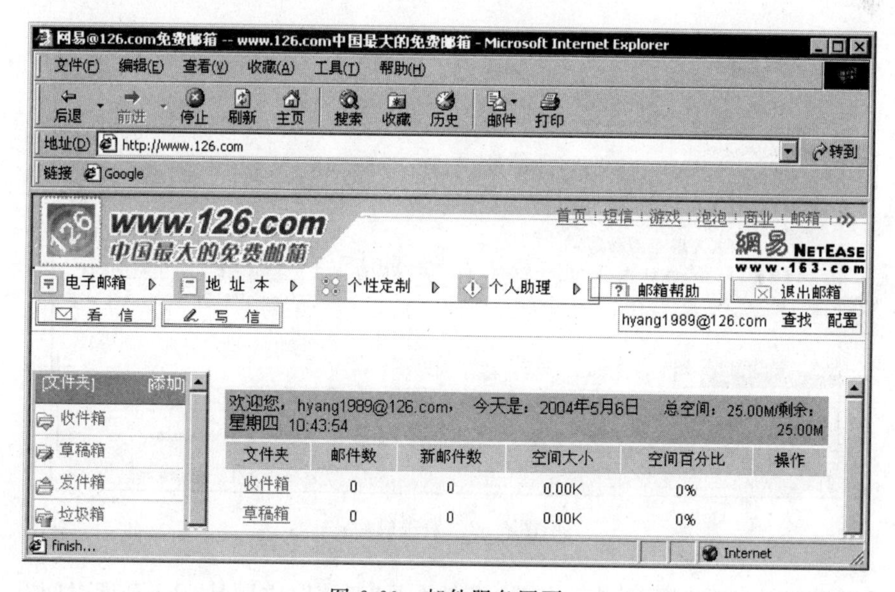

图 6-60　邮件服务网页

(2) 要发送电子邮件时，单击图 6-60 邮件服务网页上面的“写信” 按钮，进入下一页面，如图 6-61 所示。

(3) 分别在收件人、抄送(如果需要)栏输入收件人邮箱地址，主题栏输入信件的主题，邮件正文框中输入信件内容。检查无误后单击“发送”按钮，发送成功后显示如图 6-62 所示。

(4) 要收取电子邮件时，单击图 6-60 邮件服务网页上面的“看信”按钮，进入下一页

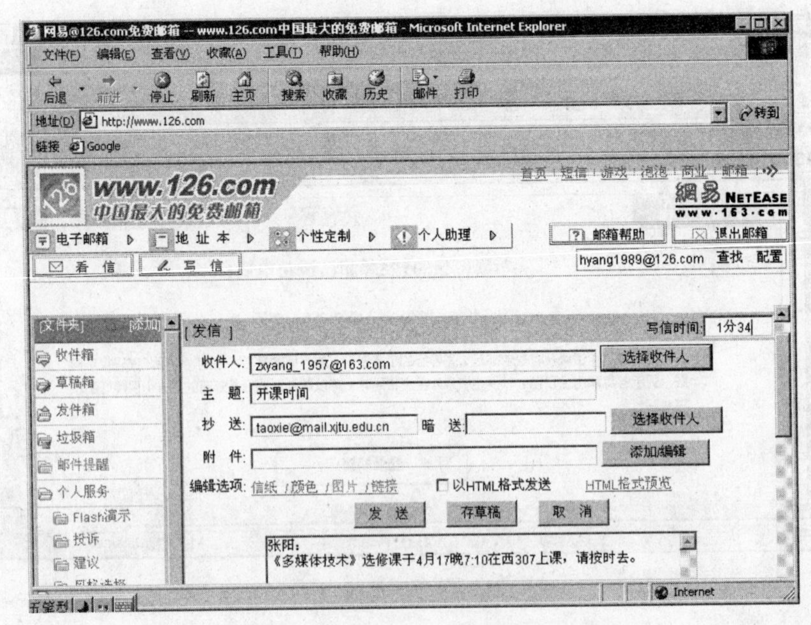

图 6-61　写信页面

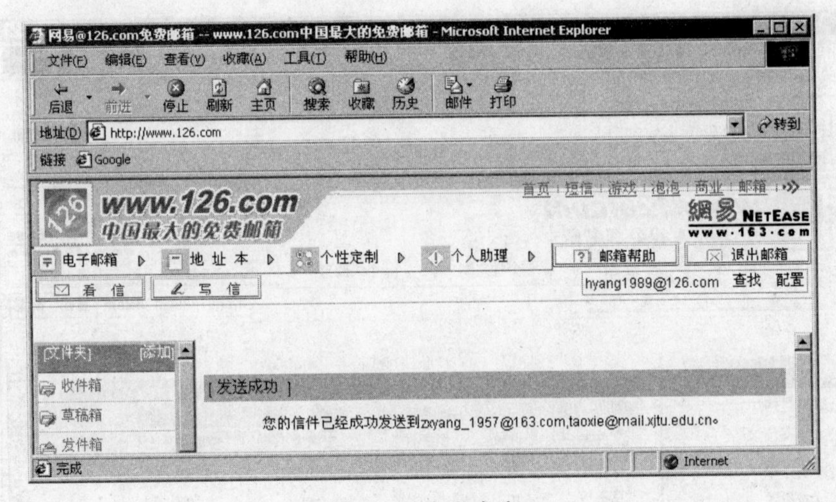

图 6-62　发送成功

面，如图 6-63 所示。这时可见有一信件，发件人是“谢涛”，主题是“Re：开课时间”。

(5) 单击主题中的“Re：开课时间”超链接按钮，即可阅读信件的内容。

3. 用 OE 收发邮件

任务和要求：

利用客户端软件 Outlook Express 收发邮件。它能够将服务器上的邮件下载到当前主机，所以收多少邮件不受邮箱空间的限制。它还能同时接收多个不同邮箱的邮件（注：多数 2006 年后申请的免费邮箱不支持此功能）。

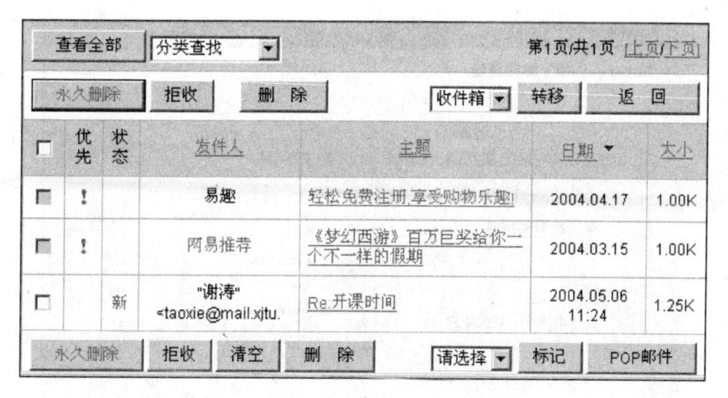

图 6-63 看信页面

操作步骤如下：

(1) 启动 OE 后，单击“工具”菜单，选择“账户”命令，在显示的对话框中单击“添加”按钮，再选“邮件”。在“显示姓名”的文本框中输入“名称”，当发送电子邮件后，收信人即可看到在发件人字段显示您的“名称”，本例输入“杨阳”，如图 6-64 所示。

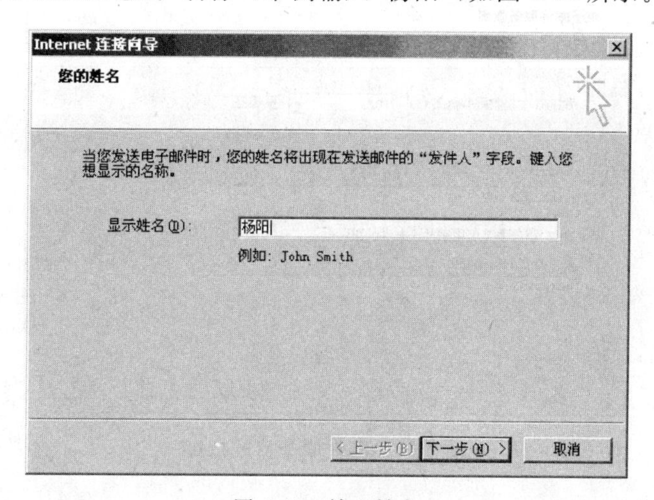

图 6-64 输入姓名

(2) 单击“下一步”按钮，出现如图 6-65 所示对话框，在电子邮件地址文本框中输入接收邮件的地址。本例输入：zxyang_1957@163.com。

(3) 单击“下一步”按钮，出现如图 6-66 所示对话框，正确输入邮件接收服务器和邮件发送服务器，这两个域名是在网易网站申请到免费邮箱后提供的。

(4) 单击“下一步”按钮，输入账户名和密码。单击“下一步”按钮。

(5) 单击“完成”按钮。

(6) 最后要再次选中刚刚设置的账户，单击“属性”按钮，并打开“服务器”标签页，选中“我的服务器要求身份验证”单选框。单击“完成”按钮完成设置。

(7) 单击 OE 工具栏中的“新邮件”按钮，弹出“新邮件”对话框，输入收件人地址、抄送人地址和邮件正文，如图 6-67 所示。单击“发送”按钮，即可完成邮件发送。

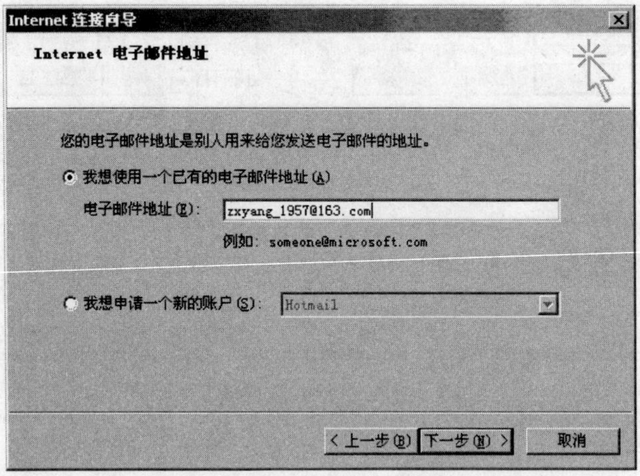

Internet 连接向导

Internet 电子邮件地址

您的电子邮件地址是别人用来给您发送电子邮件的地址。

我想使用一个已有的电子邮件地址(A)

电子邮件地址(E): zxyang_1957@163.com

例如: someone@microsoft.com

我想申请一个新的账户(S): Hotmail

<上一步(B)　下一步(N)>　取消

图 6-65　电子邮件的地址

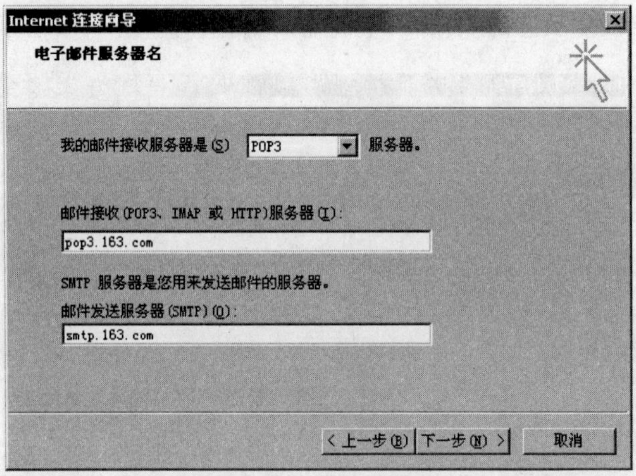

Internet 连接向导

电子邮件服务器名

我的邮件接收服务器是(S) POP3 服务器。

邮件接收(POP3、IMAP 或 HTTP)服务器(I):

pop3.163.com

SMTP 服务器是您用来发送邮件的服务器。

邮件发送服务器(SMTP)(O):

smtp.163.com

<上一步(B)　下一步(N)>　取消

图 6-66　邮件服务器的指定

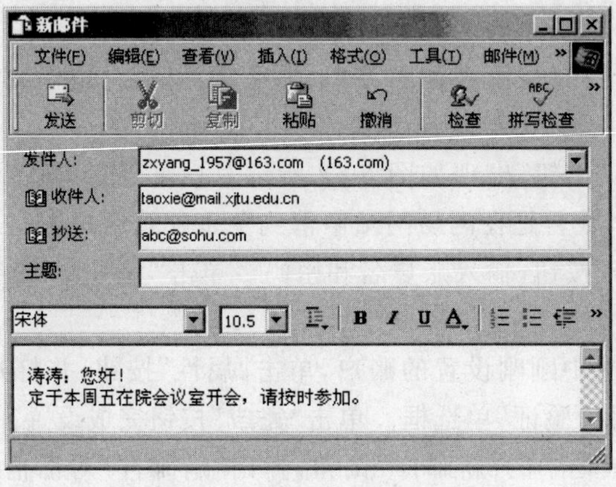

新邮件

文件(F)　编辑(E)　查看(V)　插入(I)　格式(O)　工具(T)　邮件(M)

发送　剪切　复制　粘贴　撤消　检查　拼写检查

发件人: zxyang_1957@163.com (163.com)

收件人: taoxie@mail.xjtu.edu.cn

抄送: abc@sohu.com

主题:

宋体　10.5

涛涛: 您好!

定于本周五在院会议室开会，请按时参加。

图 6-67　“新邮件”对话框

训练 6.3　网上交流

1. QQ 的应用

任务和要求：

QQ 是当前最流行的网络聊天软件，并已成为中国最大的互联网注册用户群。QQ 系统合理的设计、良好的易用性、强大的功能、稳定高效的系统运行，赢得了用户的青睐。作为一种即时通信工具，QQ 支持显示朋友在线，寻呼，聊天，即时传送文字、语音和文件等功能。该软件可在网上自由下载。假如已下载了 QQ 的安装软件包：QQ2008spring.exe，就可以在主机中安装 QQ 了。

操作步骤如下：

(1) QQ 的安装

双击安装软件包文件图标，将显示安装向导窗口，只要单击“下一步”按钮并接受“许可协议”，按向导提示就能顺利完成安装，并显示“QQ 用户登录”窗口，如图 6-68 所示。

图 6-68　“QQ 用户登录”窗口

(2) 申请 QQ 账号

没有 QQ 账号就不能上网使用，在用户登录窗口中单击“申请账号”，按照网页提示一步一步输入相关内容，即可很容易得到一个账号。申请成功后如图 6-69 所示。用这个账号登录 QQ 后，显示主页面如图 6-70 所示。

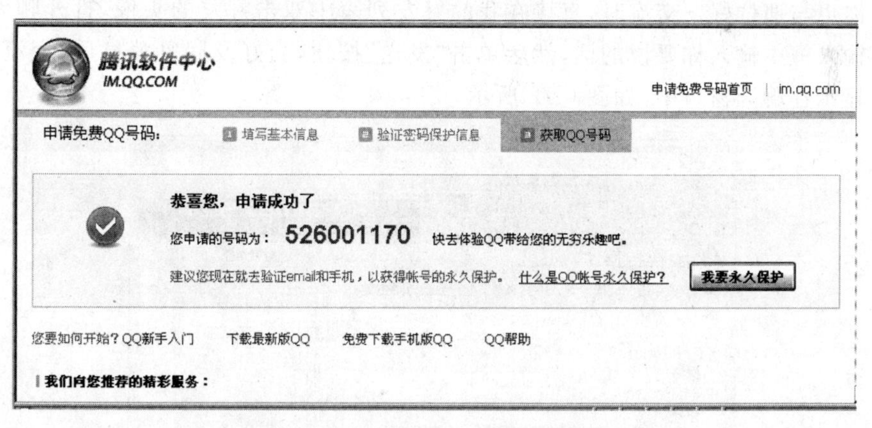

图 6-69　QQ 账号申请成功后的确认

(3) 加入好友

登录 QQ 后，要想与人进行交流，就要将其添加到自己的好友联络表中，QQ 给用户提供了非常方便的查找方法，单击图 6-70 主页面下的“查找”按钮，将显示如图 6-71 所示的“QQ2008 查找/添加好友”对话框。假若要添加当前在线的用户，请选定“看谁在线上”

单选按钮，然后单击“查找”按钮。将显示所有在线上的用户列表。选中一位网友，单击“查看资料”按钮，即可看到该网友的基本情况。单击“加为好友”按钮。只有当对方通过您的请求后，才能正确完成好友的添加。

图 6-70　主页面

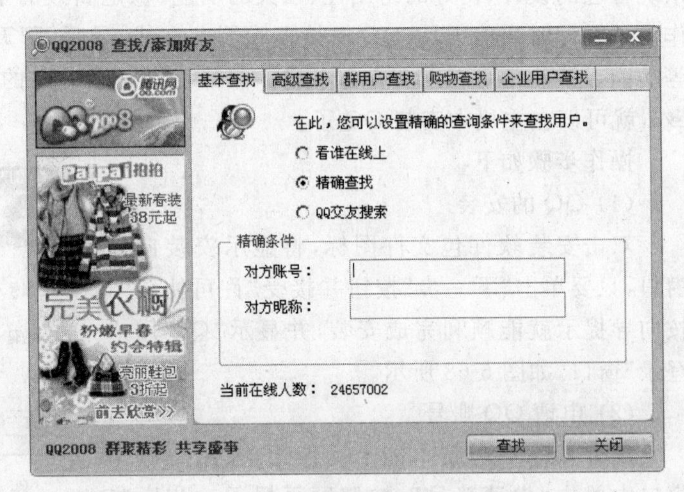

图 6-71　“QQ2008 查找/添加好友”对话框

(4) 网上交流

当你想与那位好友交流时，直接在我的好友列表中双击好友的头像，打开聊天窗口，在文字输入框中输入你要说的话，然后单击“发送”按钮，当好友回复消息后，交流的内容会同时显示在聊天窗口中，如图 6-72 所示。

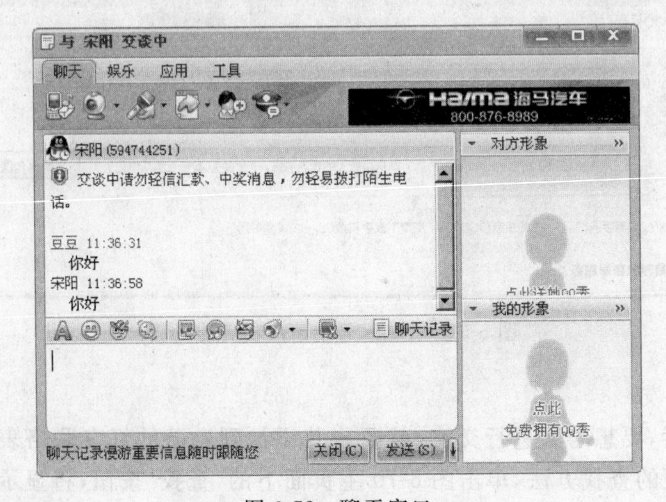

图 6-72　聊天窗口

(5) 传送文件

在聊天窗口中单击“传送文件”按钮后会显示一下拉菜单，选择“直接发送”命令后将弹出“打开”对话框。在这个对话框中选中你要传送的文件(或多个文件)，单击“确定”按钮。如果好友在线将立即接收。如不在线，在聊天窗口的右边将可见待传的文件，当单击“发送离线文件”时，文件会保存至服务器，好友上线后将收到提醒进行接收。

(6) 网络硬盘

网络硬盘(如图 6-73 所示)为用户提供了一个免费的 16MB 磁盘空间，在任何时间、任何地点只要能上网，就能够使用它保存和打开自己的文件。

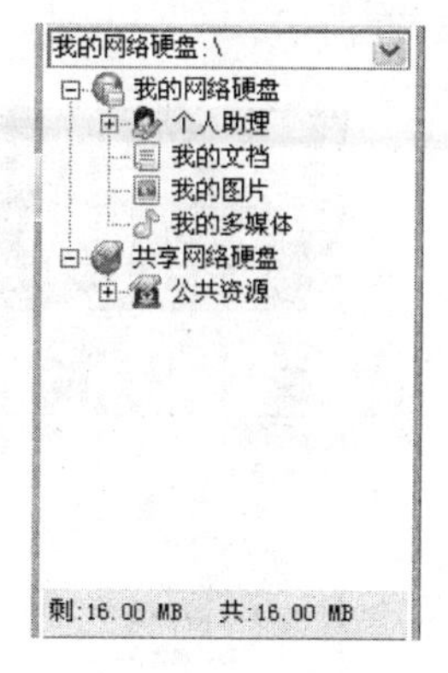

图 6-73 我的网络硬盘

(7) 开通 QQ 邮箱

QQ 为每个用户提供一免费邮箱，第一次使用要进行开通。在如图 6-70 所示的主页面中单击“邮件”按钮，将显示激活邮箱的页面，按照网页提示一步一步进行下去即可成功开通 QQ 邮箱，如图 6-74 所示。

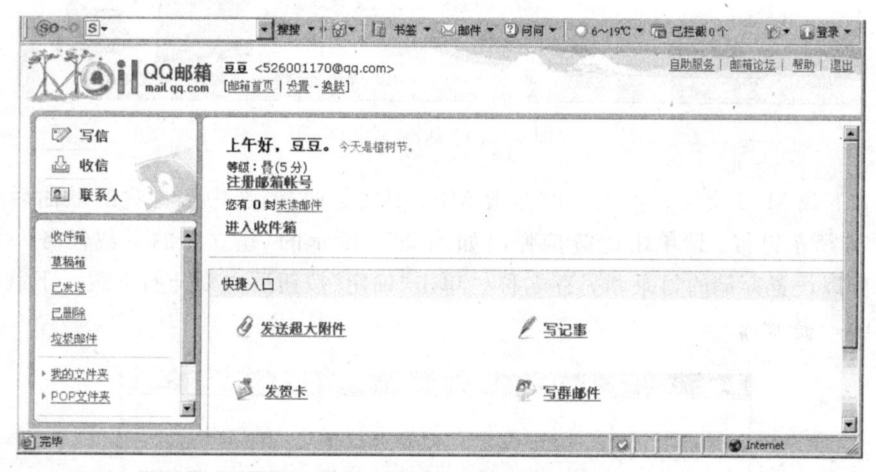

图 6-74 QQ 邮箱

(8) QQ 空间

QQ 空间是一个专属于您自己的个性空间，其可以拥有网络日志、相册、音乐盒、神奇花藤、互动等功能。

2. 迅雷下载

任务和要求：

迅雷是一款网络下载工具。迅雷使用的多资源超线程技术基于网络原理，能够将网络上存在的服务器和计算机资源进行有效的整合，构成独特的迅雷网络，通过迅雷网络各种数据文件能够以最快速度进行下载。该软件可在网上自由下载。假如已下载了迅雷的安装软件包：Thunder5.7.7.441.exe，就可以在主机中安装迅雷下载工具了。

操作步骤如下：

(1) 迅雷的安装。双击安装软件包文件图标，将显示安装向导窗口，只要单击“下一步”按钮并接受“许可协议”，按向导提示就能顺利完成安装。启动成功后的迅雷如图 6-75 所示。

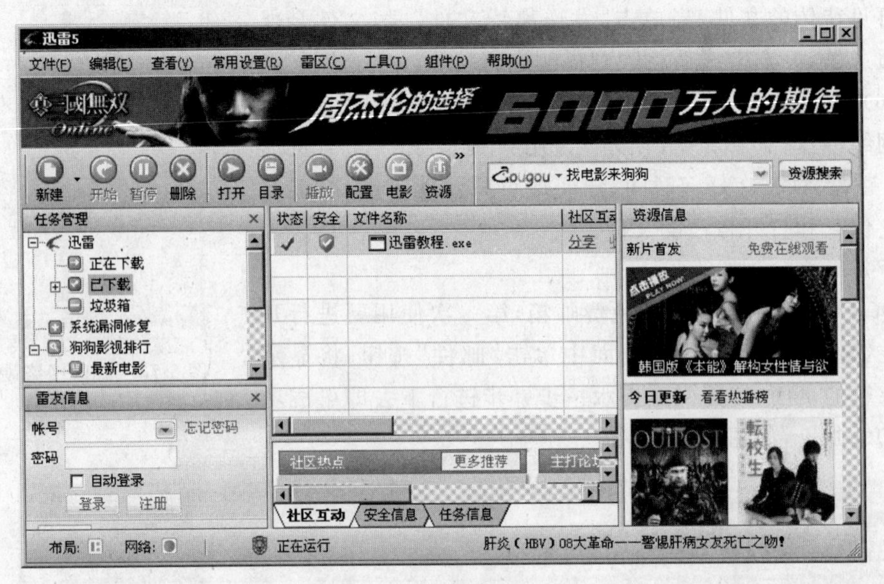

图 6-75 “迅雷 5”窗口

(2) 下载 MP3 文件。使用百度搜索 MP3 中文金曲榜，选中您喜欢的歌曲后将显示如图 6-76 所示链接。请单击此链接弹出如图 6-77 所示的“建立新的下载任务”对话框。在这里可以设置存储的目录和另存名称。单击“确定”按钮后立刻开始下载。下载完成后迅雷会给一提示音。

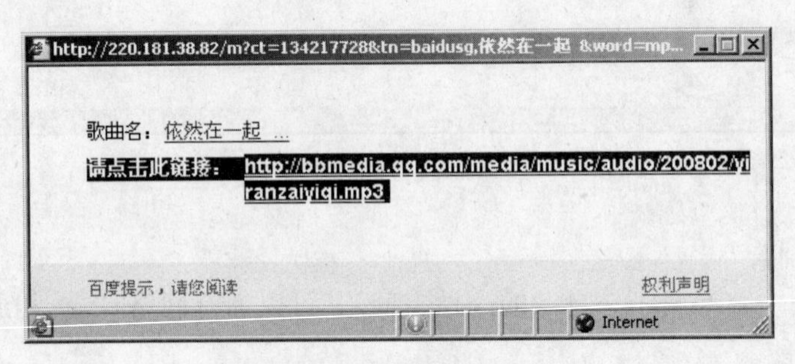

图 6-76 歌曲的 URL

(3) 新建下载任务。在迅雷 5 主窗口中单击“新建”按钮后，显示如图 6-77 所示的“建立新的下载任务”对话框。在网址(URL)后的文本框中输入要下载的文件地址(无论是 HTTP:// 或是 FTP://给定的地址)，单击“确定”按钮后立刻开始下载。

(4) 新建批量任务。在迅雷 5 主窗口中单击“新建”按钮旁的下拉箭头，选取“新建批量任务”显示如图 6-78 所示。批量下载功能可以方便的创建多个包含共同特征的下载任务。例如网站 A 提供了 10 个这样的文件地址：

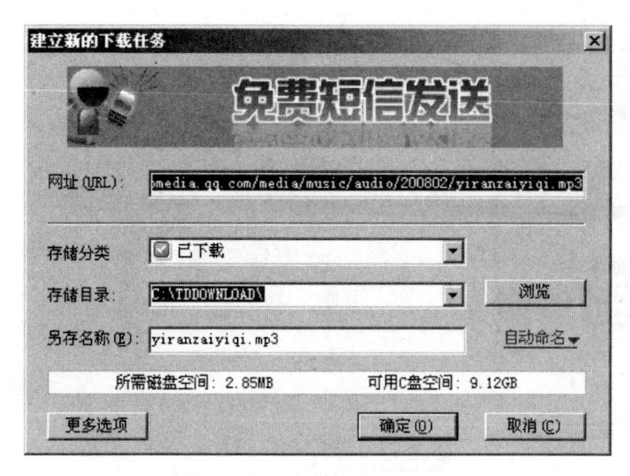

图 6-77　新建任务对话框

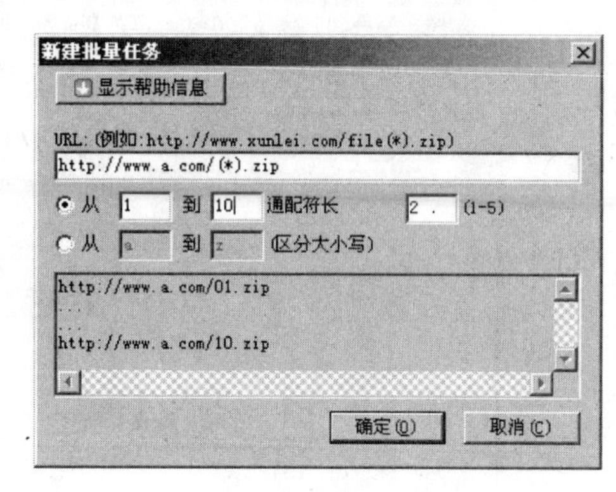

图 6-78　“新建批量任务”对话框

```
http://www.a.com/01.zip
http://www.a.com/02.zip
...
http://www.a.com/10.zip
```

这 10 个地址只有数字部分不同，如果用(＊)表示不同的部分，这些地址可以写成：

http://www.a.com/(＊).zip，同时，通配符长度指的是这些地址不同部分数字的长度，例如：从 01.zip～10.zip，那通配符长度就是 2，从 001.zip～010.zip 时通配符长度就是 3。

注意：在填写从 xxx 到 xxx 的时候，虽然是从 01～10 或者是 001～010，但是，当您设定了通配符长度以后，就只需要填写成从 1～10。填写完成后，在示意窗口会显示第一个和最后一个任务的具体地址，可以检查是否正确，然后点确定完成操作。

3. 百度搜索引擎的应用

任务和要求：

有人说，会搜索才叫会上网，可见搜索引擎在日常生活中具有举足轻重的地位。所谓搜索引擎是指在网络中能够主动搜索信息、组织信息，并能提供查询服务的计算机系统。它对网络中的各种资源进行加工处理后建成数据库，对用户提出的各种查询和请求做出响应，并提供用户所需要的信息地址。在 Internet 上有许多提供搜索引擎的网站，如谷歌、百度、中国雅虎、淘宝等。下面主要介绍百度的应用。

操作步骤如下：

(1) 百度启动。在浏览器地址栏输入百度的网址：http://www.baidu.com，按回车键后即可打开这个全球最大的中文搜索引擎，如图 6-79 所示。

(2) 搜索技巧。也许您已经在互联网上蛰伏了好几年，无论怎样，要想在浩如烟海的互联网信息中找到自己所需的信息，得需要一点点技巧。

① 精确匹配——双引号

如果输入的查询词很长，出现在搜索结果中的查询词，可能是拆分的。如果对这种情

图 6-79 百度搜索引擎

况不满意，可以尝试不拆分查询词。给查询词加上双引号，就可以找到的所需内容。例如，搜索：[英语 四六级] 找到 43 617 篇，但加上双引号后，["英语 四六级"]；找到 19 158 篇，结果变少了，但更精确了。

② 布尔检索

这一功能允许输入多个关键词，而且各关键词之间可用布尔运算符连接。常用运算符是：与（"＋"或"AND"）、或（"，"或"OR"）、非（"－"或"NOT"）。布尔运算符的优先级为：NOT ＞ AND ＞ OR。有小圆括号时，括号内的先执行。

用与运算符连接可以缩小检索范围，例如：[国庆＋北京＋天安门]，这意味着在网页中这几个关键词要同时出现，才能被检索到。

用或运算符连接可以扩大检索范围，例如：[微型计算机，微机]，这意味着在网页中无论出现"微型计算机"或"微机"方面的有关信息均能被检索到。

用非运算符连接可以排除检索范围，例如：[笔记本电脑 - 台式电脑]，这意味着要检索的内容是"笔记本电脑"，不要"台式电脑"。

③ 专业文档搜索

很多有价值的资料，在互联网上并非是普通的网页，而是以 Word、PowerPoint、PDF 等格式存在。要搜索这类文档很简单，在普通的查询词后面加一个"filetype："文档类型限定。"filetype:"后可以跟以下文件格式：DOC、XLS、PPT、PDF 等。

④ 限定在网页标题中

网页标题通常是对网页内容提纲挈领式的归纳。把查询内容范围限定在网页标题中，有时能获得良好的效果。使用的方式是把查询内容中特别关键的部分用"intitle："开头。例如，找刘欢的 mp3 歌曲，就可以这样查询：刘欢 intitle:mp3。

注意：intitle:和后面的关键词之间不要有空格。

⑤ 限定在特定站点中

有时候，如果知道某个站点中有自己需要找的东西，就可以把搜索范围限定在这个站点中，提高查询效率。使用的方式是在查询内容的后面加上“site：站点域名”。例如，天空网下载软件不错，就可以这样查询：avi site：www.skycn.com。

⑥ 软件下载

日常工作和娱乐需要用到大量的软件，很多软件属于共享或者自由性质，可以在网上免费下载。直接找下载页面这是最直接的方式。软件名称，加上“下载”这个特征词，通常可以很快找到下载点。例如 flashget 下载。

4. 如何获取在线播放的视频文件

虽然装了宽带，但在线看在线视频讲座、电影或电视的时候，画面总是断断续续，让人无法忍受。你可能会想到找在线电影的下载地址，下载到硬盘观看。但问题是在线电影一般不提供直接下载地址，下面我们介绍获取这些视频文件的方法。

方法一：

(1) 首先打开在线播放的网页。等文件可以播放之后，打开地址栏上的工具，选择 Internet 选项。

(2) 单击“常规”选项卡的 Internet 临时文件的“设置”按钮，在“设置”对话框里单击“查看文件”按钮，在打开的 Temporary Internet Files 里选择“查看方式”为详细内容。排序访问时间，让最近的访问时间排在前面，也就是倒序。

(3) 可以看见刚才看过的视频文件排在前面几项。查找扩展名为 flv 的文件即可，很容易找到。

(4) 找到后，如果还需要别的视频文件，请切记先将 Temporary Internet Files 文件夹关闭，然后重新来一次。

本方法适合任何 flv 视频网站，如“优酷网”。

方法二：

用“影音神探”软件就可找到真实地址，然后再用迅雷下载。

(1) 下载“影音神探”软件，安装成功后启动，单击“开始嗅探”。

(2) 然后打开要找的网站，听歌或看电影，软件就会在地址列表框显示找到的地址。对于视、音频文件类型，用红色字体高亮显示。注意，一定要先在要嗅探的内容运行之前运行程序。这如同要捕鱼要先撒网一样。

训练 6.4 文件传输

1. 用 IE 登录 FTP 服务器

任务和要求：

IE 浏览器不但支持 HTTP 超媒体协议，而且也支持 FTP 文件传输协议。界面友好，操作方便，对于远程服务器上的文件操作，如同在使用当前主机上的一个驱动器一样。

操作步骤如下：

(1) 通过 IE 登录到清华大学的匿名 FTP 服务器下载文件

① 先打开 IE 浏览器，在地址栏输入“ftp://ftp.tsinghua.edu.cn/”，按 Enter 键，登录成功后，界面如图 6-80 所示。这是清华大学的匿名 FTP 服务器，只允许下载。双击“相应法规”文件夹后，再选中要下载的文件，如图 6-81 所示。用快捷菜单完成复制(或按 Ctrl+C)。

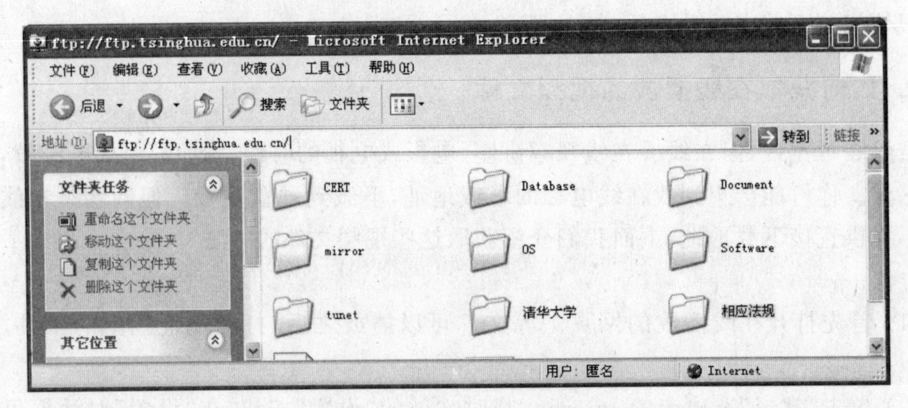

图 6-80 用 IE 登录 FTP 服务器

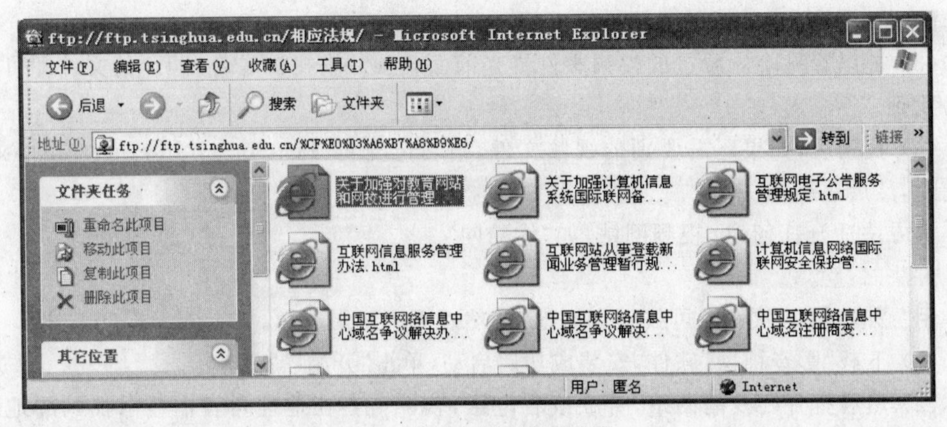

图 6-81 选中要下载的文件

② 再选择当前主机中的 D:盘，并打开要保存下载文件的文件夹，用快捷菜单完成粘贴(或按 Ctrl+V)，在下载时如果文件较大时，将显示一下载对话框，提醒您剩余的时间。

(2) 通过 IE 实名登录到某一 FTP 服务器上传或下载文件

① 如果要实名登录，需要得到在 FTP 服务器上的用户名和密码(这要由 FTP 服务器管理员建立)，可获得一定的权限，如上传等。如在地址栏输入“ftp://202.117.165.36”，按 Enter 键后，在浏览器窗口中选“文件”|“登录”命令，显示对话框如图 6-82 所示。

② 在用户名文本框中输入“zxyang”，在密码文本框中输入“03223156”，单击“登录”按钮后，将会成功进入一个上传和下载作业的 FTP 服务器，如图 6-83 所示。

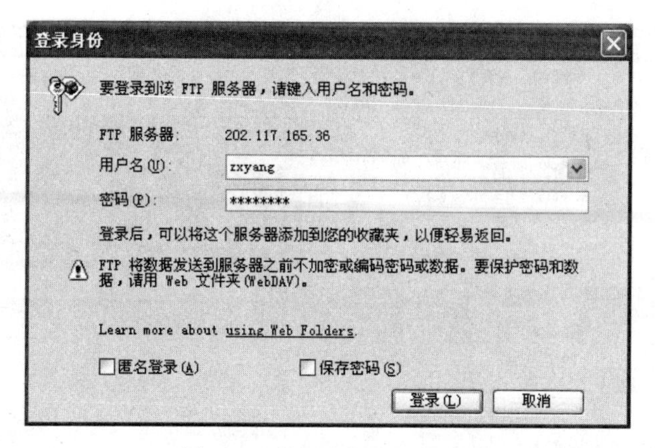

图 6-82 “登录身份”对话框

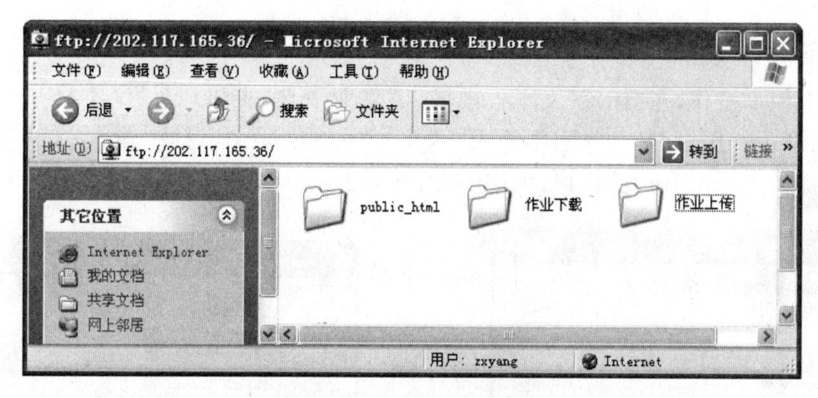

图 6-83 作业 FTP 服务器

③ 在本地主机中选取要上传的作业文件并完成复制，再用右击 FTP 服务器中的“作业上传”文件夹，在快捷菜单中选取“粘贴”命令，完成作业上传。

2. 用客户端软件 CuteFTP 下载和上传文件

任务和要求：

用客户端软件 CuteFTP 下载和上传文件。在 CuteFTP 中能够设置多个账户，并且它有断点续传功能。这里假定已经安装了 CuteFTP(或下载了不用安装的绿色 CuteFTP)。

操作步骤如下：

(1) 建立和“清华大学”网站的连接

① 双击桌面图标“”，CuteFTP 软件启动成功后，窗口如图 6-84 所示。

② 单击工具条上的新建按钮“”，弹出“站点属性”对话框，在“标签”文本框中输入“清华大学”；在地址主机文本框中输入“ftp.tsinghua.edu.cn ”。在“登录方式”单选框中选择“匿名”，如图 6-85 所示。单击“确定”按钮完成连接的建立。

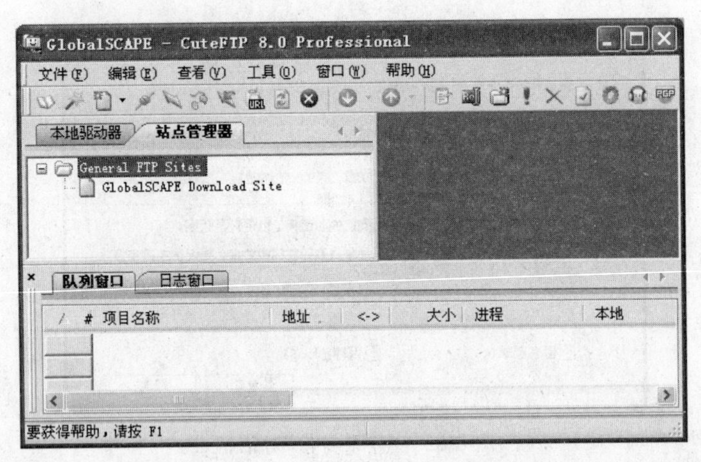

图 6-84 CuteFTP 窗口

（2）建立“作业”的连接

重复上一步操作，在“标签”文本框中输入“作业”；在“主机地址”文本框中输入“202.117.165.36”；在“用户名”文本框中输入“zxyang”；在密码文本框中输入“03223156”；单击“确定”按钮完成“作业”的连接，如图 6-86 所示。

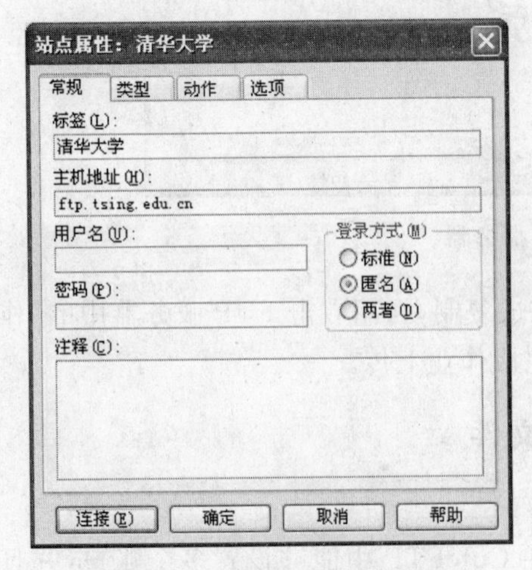

图 6-85 设置匿名登录服务器

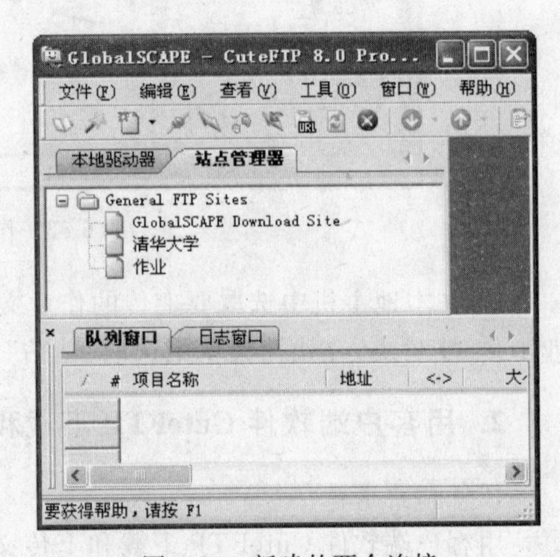

图 6-86 新建的两个连接

（3）下载和上传文件

① 单击图 6-86 中的“清华大学”连接，在 CuteFTP 软件窗口的右边将显示当前的连接状态，左边显示当前主机的本地驱动器，如图 6-87 所示，双击“相应法规”文件夹后，再选中要下载的文件，单击“文件”菜单中下载命令（或用鼠标左键将文件拖向左边的窗口）。即可将选中的文件下载到当前主机的 C 盘根目下（若要下载至当前主机的其他文件夹，在下载前先确定路径）。

② 单击图 6-86 中的“作业”连接，在右窗口中选定存文件的位置，在左窗口中选取当前主机中要上传的文件或文件夹，单击右键，在弹出的菜单中选“上传”命令（或用鼠标左

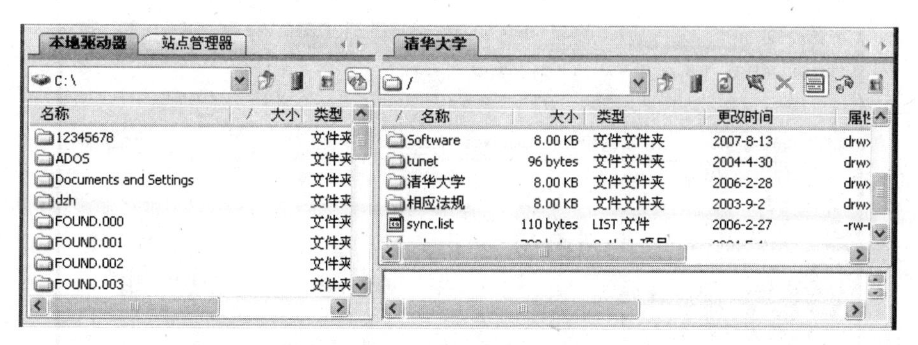

图 6-87　连接到清华大学

键将文件拖向上传的文件夹)。

用浏览器从 FTP 服务器下载文件时,如果在下载过程中网络连接意外中断,下载完的那部分文件将前功尽弃。FTP 下载工具 CuteFTP 软件能很好地解决这个问题,通过断点续传功能可以继续剩余部分的传输。并且 CuteFTP 软件能方便地上传文件夹树。

自学内容

自学 6.1　电子公告板

BBS 是当代很受欢迎的个人和团体交流手段。如今,BBS 已经形成了一种独特的网上文化。网友们把想要表达的思想、观点等交流信息通过 BBS 传送出去,昭示天下。

1. 什么是 BBS

BBS(即电子公告板)是 Bulletin Board Systems 的缩写。BBS 实际上也是一种网站,从技术角度讲,电子公告板实际上是在分布式信息处理系统中,在网络的某台计算机中设置的一个公共信息存储区。任何合法用户都可以通过 Internet 或局域网在这个存储区中存取信息。

早期的 BBS 仅能提供纯文本的论坛服务,现在的 BBS 还可以提供电子邮件、FTP、新闻组等服务。

BBS 按不同的主题分成多个栏目,栏目的划分是依据大多数 BBS 使用者的需求、喜好而设立,见图 6-88。

BBS 的使用权限分为浏览、发帖子、发邮件、发送文件和聊天等。几乎任何上网用户都有自由浏览的权利,而只有经过正式注册的用户,才可以享有其他服务。

BBS 的交流特点与 Internet 最大的不同,正像它的名字所描述的,是一个"公告牌",即运行在 BBS 站点上的绝大多数电子邮件都是公开信件。因此,用户所面对的将是站点上几乎全部的信息。

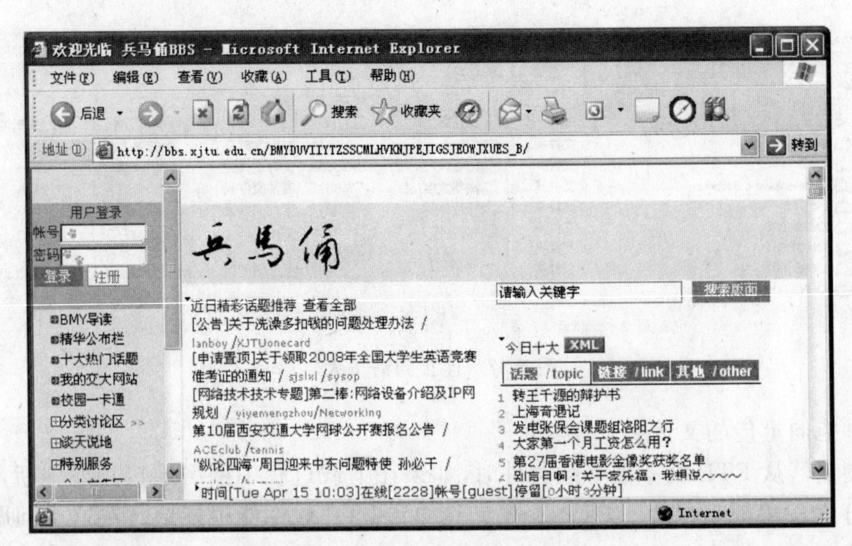

图 6-88 西安交大 BBS 主要页面

中国的 Internet 最早是从高校和科研机构发展起来的,高校普遍组建了校园网,因此,学生、教师也就理所当然地成了 BBS 的最大的使用群。发展至今,国内著名的 BBS 站点有水木清华(bbs. tsinghua. edu. cn)、饮水思源(bbs. sjtu. edu. cn)、白云黄鹤(bbs. whnet. edu. cn)等,都能够提供社会综合信息服务,且大多数是免费的。

2. 进入 BBS 发表文章

BBS 的连接方式一般是通过 Telnet 命令进入或从网站的主页进入。BBS 系统由站长负责软件资源的维护、新用户的注册及一些协调工作。各栏目又有(版主)负责,这些版主一般都是热心的计算机"发烧友"业余担任。

(1) 由主页进入 BBS

① 启动 IE 浏览器,进入西安交大主页,单击主页上"思源 BBS"快速链接项;或在浏览器地址栏输入:bbs. xjtu. edu. cn。即可选择自己感兴趣的栏目进行浏览。

② 如果要在 BBS 上与人交流、讨论,则应申请权限,即进行用户注册。只要在交大思源 BBS 主页上单击"新用户"注册项,即可进入注册页面,如图 6-89 所示。

③ 按页面显示的顺序输入代号(账号)别名、密码和一些个人资料,完成之后,按"注册"按钮。注册完成后,就可按注册的账号和密码进入该站。可以选择自己关心的栏目进行浏览,查看在线用户、阅读使用说明、下载感兴趣的内容等。

④ 以上只是一般的权利,若要就某一议题发表意见,或答复问题,应当据实填写个人资料。当真实的资料被初步确认后,要想取得合法身份,还要等待三天的审核批准。

(2) 利用 Telnet 进入 BBS

Telnet 是基于 TCP/IP 协议的远程登录命令。"远程登录"就是让你的计算机扮演一台终端的角色,通过网络登录到远程的主机上,在这之前,必须在远程主机上建立一个合法的账号。在 Internet 中进行远程登录时,用户要在 Telnet 命令中给出远程计算机的域名 IP 地址,然后根据系统的提示正确输入自己的用户名和口令,有时还要回答自己所

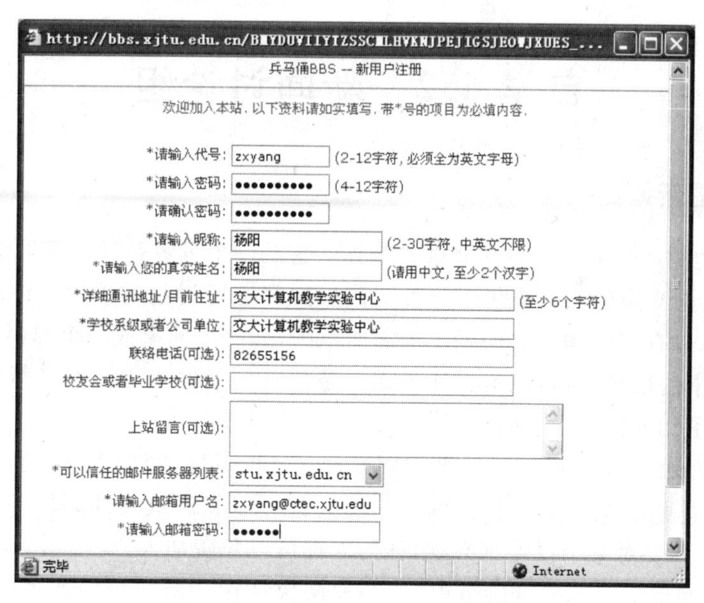

图 6-89　西安交大 BBS 新用户注册

用的终端类型。利用 Telnet 建立 BBS 连接方法如下。

① 启动 IE 浏览器，在地址栏输入：telnet://bbs.xjtu.edu.cn 后单击 Enter 键，连接后显示如图 6-90 所示。

图 6-90　由 Telnet 进入 BBS 首页

② 进入兵马俑 BBS 站，在"请输入账号："文本框内输入自己的名字或代号。新用户要进行注册，规则同上。

③ 查看 BBS 里的在线聊天：从"主选单"页面菜单上选择"[Talk]"，进入聊天室，选择在线用户名单或其他。在这里，用户可以查看在线人的状态，还可以呼叫自己的朋友。

④ 邮件系统：BBS 中的邮件系统与 E-mail 不同，只能在站内的用户间发送，而不能在不同站点之间转发。若要处理邮件，选择"主选单"的"[Mail]"选项。

自学 6.2 新闻讨论组

1. 什么是新闻组

网络新闻也是 Internet 上的一个重要服务。它是一个世界范围的新闻组(newsgroup)系统,为具有共同兴趣的用户提供了一种交流思想和进行讨论的手段。许多新闻组在世界范围内传播,也有些新闻组仅局限于局部的范围,如一个国家或一个部门。用户可以阅读某个新闻组中的信息,也可以编辑和发送一条信息到新闻组中。网络新闻和电子邮件中的信息采用了相同的表示格式。

新闻服务器由一些 BBS 网站或部门网站负责维护,可以管理上千个新闻组。你可以查找任何特殊主题的新闻组,访问过新闻组的人都可以发送或阅读邮件。新闻组不提供其成员的列表,只要对某个议题感兴趣,任何人都可以免费加入。

Usenet 新闻组按主题来分层组织,是一种层次结构。新闻组的名字由圆点分隔,从左至右由普通分类到特殊分类。在分层结构的顶层是几个标准分类和许多特定的分类。表 6-4 列出了 Usenet 新闻系统中的顶层新闻组的标准分类。

表 6-4 Usenet 分层结构中顶层新闻组的标准分类

分 类	描 述
news	网络新闻本身相关的新闻组
comp	与计算机有关的新闻组
sci	与某门科学有关的新闻组
soc	关于社会问题的新闻组
rec	与娱乐有关的新闻组
talk	时事政治及有争议性问题的大篇幅讨论的新闻组
misc	杂项新闻组

可以阅读新闻组的软件有多种,常用的是微软公司的 Outlook Express。ISP 必须为你提供一个或多个新闻服务器的链接,以便在 Outlook Express 中使用新闻组,设置新闻组服务器的方法如下。

(1) 启动 Outlook Express,选择“工具”|“账号”,打开“Internet 账号”对话框。

(2) 单击“添加”|“新闻”,打开“Internet 连接向导”对话框,按照提示设置发件人名称、向新闻组发送和接收信息的电子邮件地址、新闻服务器地址等,如图 6-91 和图 6-92 所示。

(3) 单击“完成”按钮退出设置。

(4) 添加完新闻服务器后,Outlook 会询问你“是否从添加的服务器下载新闻组”,单击“是”,便可从添加的服务器上下载新闻组。

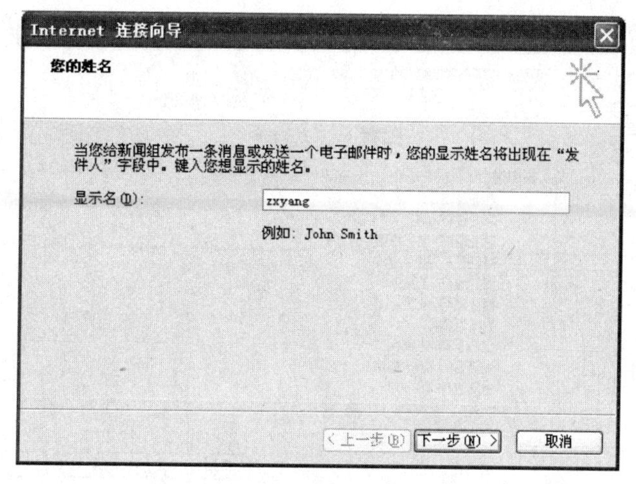

图 6-91 设置新闻账号

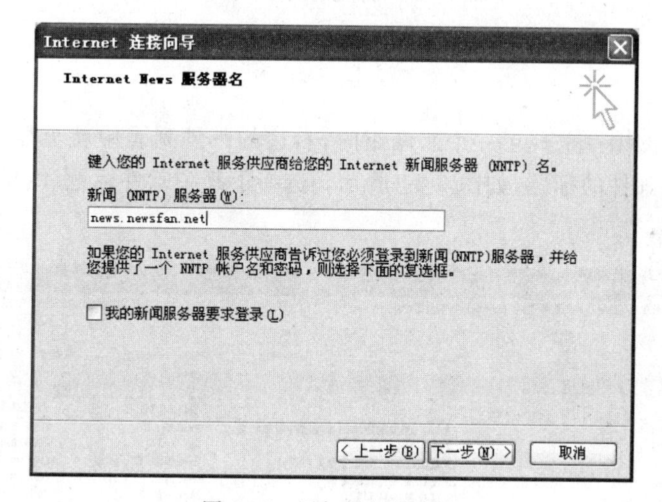

图 6-92 添加新闻服务器

2. 预订和查看新闻组

(1) 预订新闻组

"预订"新闻组的好处是，感兴趣的新闻组将自动出现在 Outlook 文件夹窗口中。可采用以下的方法预订新闻组。

① 启动 Outlook Express，单击文件夹窗口的新闻服务器名，选中"新闻组"按钮，显示"新闻组预订"对话框，如图 6-93 所示。

② 选中感兴趣的新闻组，单击"订阅"按钮或者双击该名称。

③ 选择完成，单击"确定"按钮。此时，在 Outlook Express 窗口右边的邮件列表窗口中将会列出所预订的所有新闻邮件的标题。

④ 如果在设置时不了解新闻服务器的具体名称，可以通过 IE 浏览器搜索所需要的新闻服务器，双击它的名字，将自动启动 Outlook Express 下载该新闻组，并提示是否

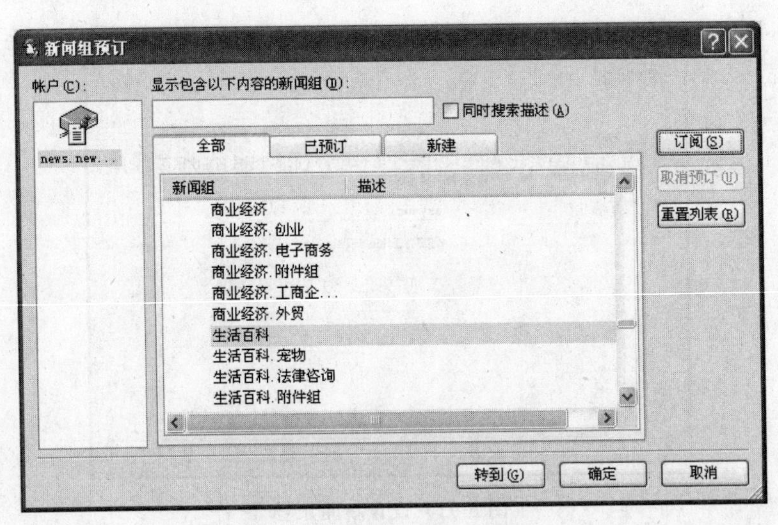

图 6-93 “新闻组预订”对话框

预订。

(2) 查看邮件

当用户从订阅组中选择了一个新闻组时，右边的邮件列表中就会显示出这个新闻组中已下载的各种邮件的标题，如图 6-94 所示。选择了某一邮件标题后，单击该邮件，即显示邮件预览窗口。

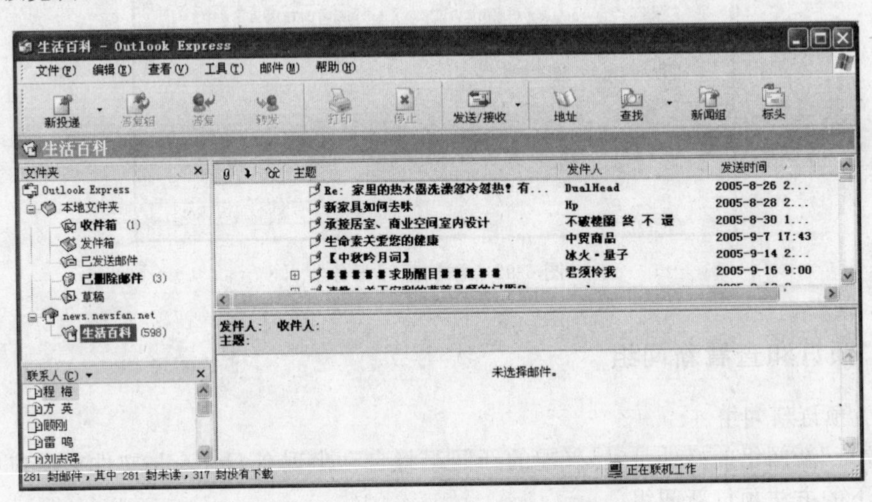

图 6-94 显示某个新闻组中的邮件标题

阅读一份邮件时，可看到在这个邮件顶部有几行信息，这些信息组成邮件的标题，包括作者、写作日期、主题、邮件要公布的新闻组等。有的邮件带有附件，要查看附件，单击邮件标题中的回形针图标，然后单击文件名；或在邮件窗口顶部，双击邮件标题中的文件附件图标。

(3) 对已读过的邮件作标记

为了能够将已经阅读和未读过的邮件区分开，系统会自动为那些已经阅览并超过指定时间的邮件做上已读标记。当然用户也可以根据具体情况，将一些邮件以手动的方式标记为已读或未读。操作如下：

用右击一份未读过的邮件，在弹出的菜单中选择"标记为已读"命令选项，此时该邮件被做上已读标记。如果再次用右击这个做了"已读"标记的邮件，则弹出的菜单中选项变为"标记为未读"，若选择该选项，邮件标记将被改为未读。

通常，在选择了一个新闻组时只显示它的新邮件，在看完一份邮件后，它可能不再被列出，如果想保存这封邮件，除了存到磁盘或打印出来，还可以标记为未读，以便下次进入这个新闻组仍能显示这份邮件。

3. 向新闻组张贴邮件

观看了某个新闻组中的一些信息后，还可以在该新闻组中发表一些自己的见解，也就是"发帖子"，利用 BBS 发布信息需要向版主申请权限，向新闻组张贴邮件完全是自由的，操作步骤如下。

(1) 在图 6-93 中的"文件夹"列表中选定要在其中张贴邮件的新闻组。

(2) 单击工具栏上的"新投递"按钮，弹出"新邮件"窗口，如图 6-95 所示。

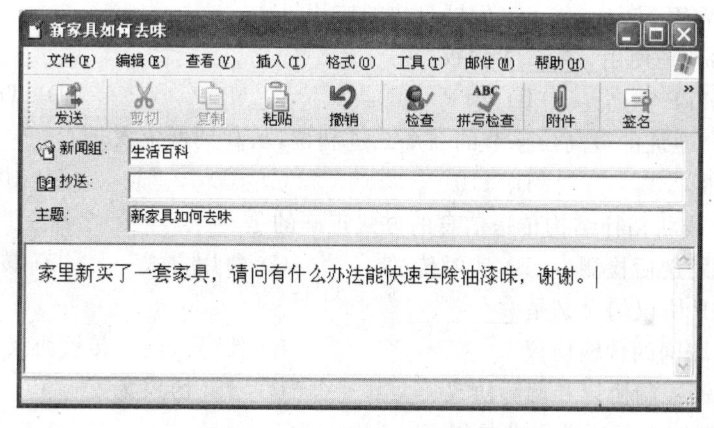

图 6-95　撰写要张贴的邮件

(3) 输入邮件的主题(Outlook Express 无法张贴没有主题的邮件)。

(4) 撰写邮件，然后单击"发送"按钮。

习　　题

6.1　选择题

1. 双绞线由两条相互绝缘的导线绞合而成，下列关于双绞线的叙述，不正确的是________。

A) 它既可以传输模拟信号，也可以传输数字信号

B) 安装方便，价格较低

C) 不易受外部干扰，误码率较低

D) 通常只用作建筑物内局域网的通信介质

2. 目前人们普遍采用 modem 通过电话线上网(Internet)，其所使用的传输速率大约是________。

A) 1.44～56Kbps　B) 14 400bps 以下　C) 1～10Mbps　D) 56Kbps 以上

3. 在 ISO/OSI 的 7 层模型中，负责路由选择，使发送的分组能按其目的地址正确到达目的站的层次是________。

A) 网络层　B) 数据链路层　C) 传输层　D) 物理层

4. 在计算机网络中，一端连接局域网中的计算机，一端连接局域网中的传输介质的部件是________。

A) 双绞线　B) 网卡　C) BNC 接头　D) 终结器(堵头)

5. 下面 WWW 的描述不正确的是________。

A) WWW 是 World Wide Web 的缩写，通常称"万维网"

B) WWW 是 Internet 上最流行的信息检索系统

C) WWW 不能提供不同类型的信息检索

D) WWW 是 Internet 上发展最快的应用

6. 电子邮件是使用________协议。

A) SMTP　B) FTP　C) UDP　D) Telnet

7. C 类 IP 地址的最高位字节的三个二进制位，从高到低依次是________。

A) 010　B) 110　C) 100　D) 101

8. 叙述总线状拓扑结构传送信息的方式正确的是________。

A) 先发送后检测　B) 实时传送　C) 争用方式　D) 缓冲方式

9. TCP/IP 协议的含义是________。

A) 局域网的传输协议　B) 拨号入网的传输协议

C) 传输控制协议和网际协议　D) OSI 协议集

10. 在局域网上的所谓资源是指________。

A) 软设备　B) 硬设备

C) 操作系统和外围设备　D) 所有的软、硬设备

11. 在 Internet 服务中，标准端口号是指________。

A) 网卡上的物理端口号　B) 主机在 hub 上的端口号

C) 网卡在本机中的设备端口号　D) TCP/IP 协议中定义的服务端口号

12. 下列中正确的电子邮件地址是________。

A) something:njupt.edu.cn

B) mail:something@njupt.edu.cn

C) something@njupt.edu.cn

D) something@sina

13. 计算机网络的 3 个主要组成部分是________。

A) 若干数据库、一个通信子网、一组通信协议

B）若干主机、电话网、大量终端

C）若干主机、电话网、一组通信协议

D）若干主机、一个通信子网、一组通信协议

14. 以下关于 56Kbps modem 的叙述，不正确的是________。

A）上行速率实际只有 33.6Kbps，下行速率才是 56Kbps

B）上、下行速率都是 56Kbps

C）56Kbps 的速率需要在 ISP（网络管理部门）端配置相应设备才能实现

D）当线路条件不好或者被访问的站点拥塞时，传输速度达不到 56Kbps

15. 下列关于局域网的叙述，不正确的是________。

A）使用专用的通信线路，数据传输率高

B）能提高系统的可靠性、可用性

C）通信延迟较小，可靠性较好

D）不能按广播方式或组播方式进行通信

16. 局部地区通信网络简称为局域网，其英文缩写为________。

A）WAN　　B）LAN　　C）GSM　　D）MAN

17. 影响局域网特性的几个主要技术中，最重要的是________。

A）传输介质　　B）介质访问控制方法

C）拓扑结构　　D）LAN 协议

6.2 填空题

1. 计算机网络是一门综合技术的合成，其主要技术是________技术与________技术。

2. 当前使用的 IP 地址是________比特。

3. 域名服务器上存放着 Internet 主机的________和 IP 地址的对照表。

4. 在 Internet 上常见的一些文件类型中，________文件类型一般代表 WWW 页面文件。

5. 如果要把一个程序文件和已经编辑好的邮件一起发给收信人，应当按 Outlook Express 窗口中的________按钮。

6. 子网掩码的作用是划分子网，子网掩码是________位的。

7. 一个四段 IP 地址分为两部分，为________地址和________地址。

8. “网上邻居”可以浏览到同一________内和________组中的计算机。

9. 需要服务器提供共享资源，应向网络系统管理员申请账号，包括________和________。

10. 可以将网上邻居中允许共享的文件夹________为本地机的资源。

11. URL 的基本形式是________：//________。

12. 万维网上的文档称为________。

13. 利用 Outlook Express 发邮件，必须设置________。

14. IPX/SPX 是________公司的________网通信协议。

6.3 简答题

1. 三代计算机网络各有哪些主要特点？
2. 如何实现资源共享？
3. TCP/IP 都有哪些配套协议？
4. 为什么 IP 地址的主机地址部分不能全为 1？
5. 怎样设置 Windows 网络应用？
6. 子网掩码起什么作用？
7. 建立拨号连接时，什么是 TCP/IP 的主要参数？
8. HTML 的含义是什么？
9. “脱机浏览”是立即与 Internet 断开还是设为下次可以不连网就可以浏览？
10. 什么是匿名登录？
11. 西安交大接收邮件服务器和发送邮件服务器的名称是什么？

第7章 网页制作

基本知识

在互联网中应用最广泛的是网页浏览，在浏览器窗口中显示的一个页面被称为一个网页，网页中可以有文字、图片、动画、视频、音频等内容。而网站是众多网页的集合，在一个网站中，将不同内容的网页有机的组织在一起，为用户提供更多、更丰富的信息。

在互联网中有许许多多的网站为我们提供各式各样的信息服务，随着上网人数的不断增加，浏览者对网上的信息需求变得越来越多样化，没有任何一个网站能满足浏览者所有的需求。由于互联网的普及性和高度的灵活性，使得任何人和单位都可以在互联网上建立自己的网站，发布信息，宣传自己，让能够上网的成万上亿的浏览者访问这些信息。因此，在当今的互联网时代，制作网页，创建网站，已成为一种非常重要的技术。

本章介绍用 FrontPage 完成网页的创建与编辑，网站的创建与发布。

7.1 FrontPage 界面

FrontPage 是微软 Office 套件中的一个重要的成员，它的窗口界面组成和前面讲述的 Word、Excel、PowerPoint 等有许多相同之处，如菜单栏、工具栏、视图栏等是不可缺少的，但也有自身的一些特点。如果已经熟练的掌握了 Word 的应用，FrontPage 的应用就学会了一半，尤其在文字编辑、表格编辑、插入图片等操作方面有太多的相似点。

通过鼠标单击“开始”|“程序”|“Microsoft office”|“Microsoft office FrontPage”菜单，启动成功后的 FrontPage 窗口如图 7-1 所示。

1. 菜单栏

菜单栏包括文件、编辑、视图、插入、格式、工具、表格、数据、框架、窗口、帮助 11 个菜单。为了不占据太多的界面，FrontPage 2003 的菜单里隐藏了不经常使用的命令。单击下拉菜单中的向下的展开箭头，可以显示隐藏的命令，菜单里的一些常用命令有快捷键，使用起来比较方便。

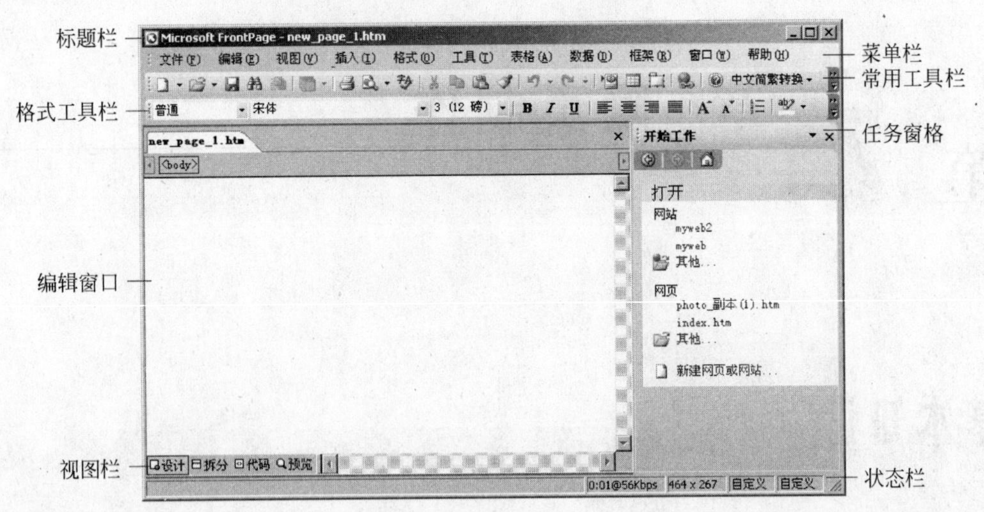

图 7-1　FrontPage 2003 主窗口

2. 工具栏

工具栏是以工具按钮的形式为用户提供了方便快捷的命令使用方式。在默认情况下打开了"常用"工具栏和"格式"工具栏。实际上 FrontPage 为我们提供了十多个工具栏。用户也可以根据自己的需要和爱好设置工具栏在窗口中的打开情况，方法是：在工具栏上的任意位置单击鼠标右键，从弹出的快捷菜单中选择需要打开的工具栏。

3. 编辑窗口

编辑窗口是编辑网页的窗口，编辑窗口在不同的视图下显示的内容不同。

4. 视图栏

在编辑网页时，可以按 4 种视图显示网页，即设计视图、拆分视图、代码视图和预览视图。

(1) 设计视图是最常用的显示方式，用户一般是在此方式下进行设计和编辑网页，它提供了"所见即所得"工作环境。

(2) 拆分视图能使用户方便快捷地看到自己编写的代码在网页中的效果，它实际上同时提供了设计和代码两种视图。

(3) 代码视图所看到的全是 HTML 标记语言代码，它实际上是为了对网页进行优化，或者在网页中嵌入脚本语言时所用到的。有时采用直接对网页文件的 HTML 代码进行编辑要比使用普通方式更方便、更直接。

(4) 预览视图在需要预先观察网页的显示效果时使用。

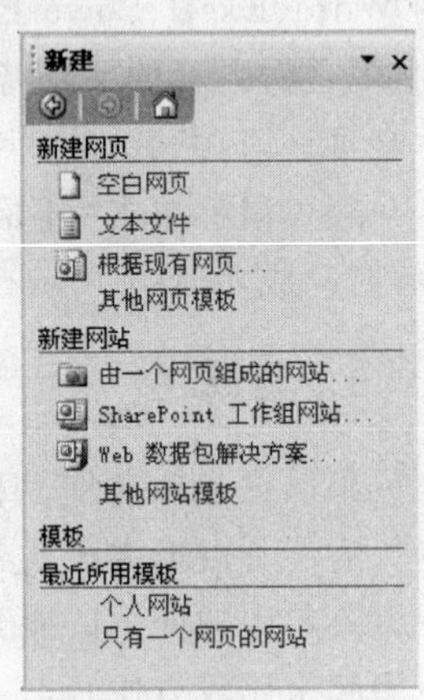

图 7-2　新建任务窗格

5. 任务窗格

在任务窗格中显示了最常用任务。集成了开发网站时最常用的功能，单击任务窗格标题栏下的按钮，将弹出一个下拉菜单（见图 7-2），方便网页设计工作。

6. 状态栏

在窗口最下面一行显示当前操作的状态信息，如传输方式和传输所用的时间、网页大小等。

7.2 创建站点

在 Internet 中，一个站点包含了组成该站点的所有网页、图像、文档以及其他相关的文件和文件夹。利用 FrontPage 可以用两种办法创建一个 Web 站点。第一种就是逐个创建网页，这种方法对于一些小型的 Web 站点比较适用。如果 Web 站点较大，则使用这种方法就会显得有些过于复杂了。第二种方法是利用 FrontPage 的 Web 站点模板和向导。这种方法操作简单、速度快、结构清晰、风格统一，比较适合建立大型的 Web 站点。当然也可以同时使用上面两种方法。

7.2.1 创建新的站点

利用模板创建一个站点，操作如下：

(1) 单击“文件”|“新建”菜单命令，将出现“新建”任务窗格，如图 7-2 所示。

(2) 在“新建”任务窗格中选择“新建网站”中的“其他网页模板”，将出现“网站模板”对话框，如图 7-3 所示。

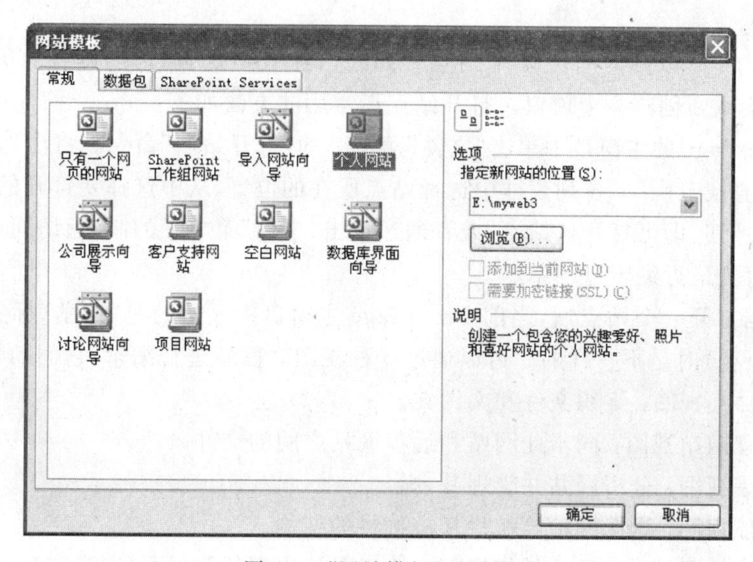

图 7-3 “网站模板”对话框

(3) 在“网站模板”对话框中选择“个人网站”图标；然后在“指定新网站的位置”下的文本框输入你要建站的具体位置，这里实际上就是指定一个文件夹所在的位置，它就是创建的站点名，网站中所有的内容如网页、图像、文档以及其他相关的文件和文件夹均包含在此文件夹中。当然也可以通过“浏览”按钮在当前主机中选定一个文件夹。

(4) 单击“确定”按钮后一个新的站点就创建完成，如图 7-4 所示。从图中可看到这个新建站点位置是 E:\myweb3。

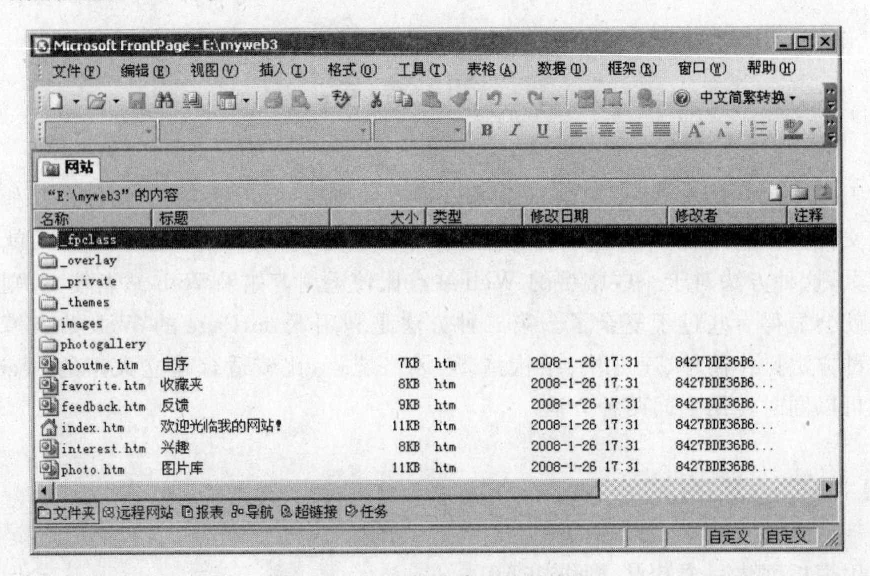

图 7-4 个人网站建成后的窗口

7.2.2 打开与关闭站点

FrontPage 可以同时打开多个站点。如果已经有站点被打开，则在打开新站点时，FrontPage 会重新创建一个窗口。打开站点最常用的方法如下：

在 FrontPage 的主窗口中单击“文件”菜单下的“打开站点”命令。将出现“打开站点”对话框，在“查找范围”下拉列表框中选择站点所在的位置，从中选择要打开的站点。然后单击“打开”按钮，即可打开该站点；或者通过单击“文件”菜单下的“最近访问过的网站”的下拉列表，打开最近编辑过的站点。

注意，当打开一个站点后，当前 FrontPage 主窗口中显示的是“网站”标签页，这时的视图和编辑网页时是不一样的。可以通过 6 种视图对网站进行编辑，它们的含意是：

(1) 文件夹视图：组织文件和文件夹。

(2) 远程网站视图：同步此网站和远程网站之间的文件。

(3) 报表视图：分析网站并管理其内容。

(4) 导航视图：设计网站导航栏和链接栏的结构。

(5) 超链接视图：查看从任何网页连入以及连出至任何网页的超链接。

(6) 任务视图：创建与管理任务。

关闭一个站点非常简单，只要单击“文件”菜单下的“关闭站点”命令。如果要关闭FrontPage，单击“文件”菜单下的“退出”命令即可完成。

7.3 网页的基本操作

网页是一个网站的最基本组成部分。相信你一定去过不少站点吧！这些站点的页面都设计得非常精美，让你在浏览信息的同时，还可以得到美的享受。下面让我们来创建一个属于自己的网页。

7.3.1 创建新网页

启动FrontPage的同时，就会自动为用户创建一个网页，网页名为“new_page_1.htm”，如图7-1所示，这是一个空白网页，用户通过输入各种文字、表格和图片等项目，生成自己的网页。当然这需要用户有一定的基础，才能充分发挥个人的想象能力和组织能力来完成一个网页的制作。实际上FrontPage提供了多种方法创建网页。下面分别予以介绍。

(1) 单击“文件”|“新建”菜单命令，将出现“新建”任务窗格，如图7-2所示。在新建网页选项区中选择“其他网页模板”将弹出“网页模板”对话框，如图7-5所示。该对话框有三个选项卡：常规、框架网页和样式表。在每个选项卡中有不同的模板。这里我们在“常规”选项卡中选择“书目”模板，单击“确定”按钮后将显示如图7-6所示的新建书目网页，这个网页名为“new_page_2.htm”，网页内容已经给出了一些占位文字，根据自己的内容可以重新编辑这些文字，当保存网页时，可以重新定义这个网页名。

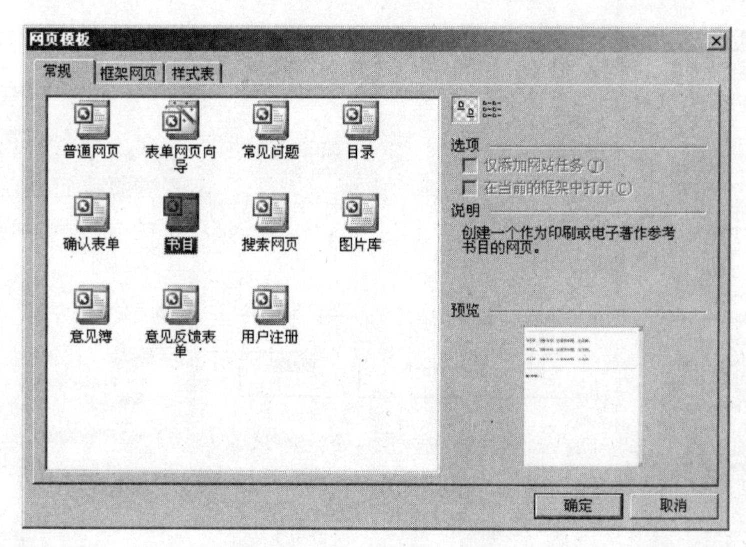

图7-5 “网页模板”对话框

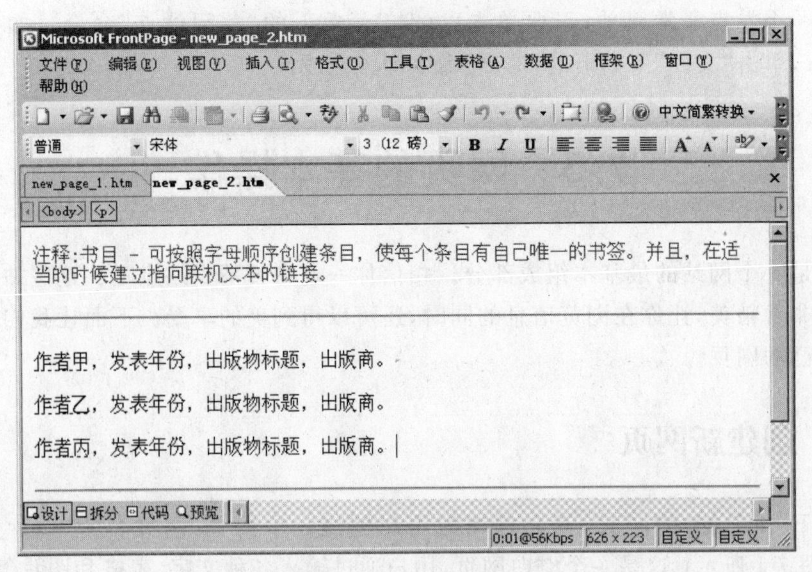

图 7-6 新建书目网页

(2) 为了使新建网页和网站中其他网页保持相同的主题风格，在新建网页选项区中选择“依据现有网页...”将弹出“依据现有网页新建”对话框，在该对话框中可选择一个已有的网页，单击“创建”按钮，即可完成另一个新网页的创建。

(3) 更实用的一种方法是将一个网页复制后再修改。例如，先打开上节已经建立的“个人网站”，因为在这个网站中已经通过模板设置了网站的主题，它包括了网页的横幅、导航栏、组织结构，色彩搭配等。想新建一个网页，只要选中该网站任一网页。这里选择photo.htm完成复制。在图 7-7 的窗口左边“文件夹列表”中将复制的网页 photo_副本(1).htm，在导航视图下将其拖入至主页“欢迎光临...”下。接下来再修改网页的横幅、导

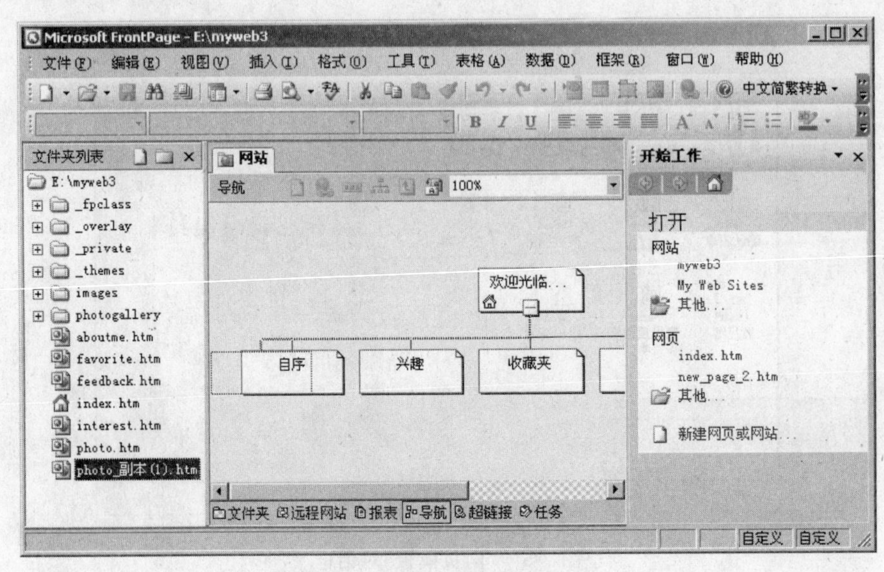

图 7-7 在导航视图下添加网页

航、正文的内容。

7.3.2 保存网页

新建、编辑一个网页文件后，需要将文件保存起来，可以通过菜单栏或工具栏来实现，其操作步骤如下。

(1) 在工具栏中单击“保存”按钮或按 Ctrl+S 组合键，或单击“文件”菜单中的“保存”命令，将弹出如图 7-8 所示的“另存为”对话框。

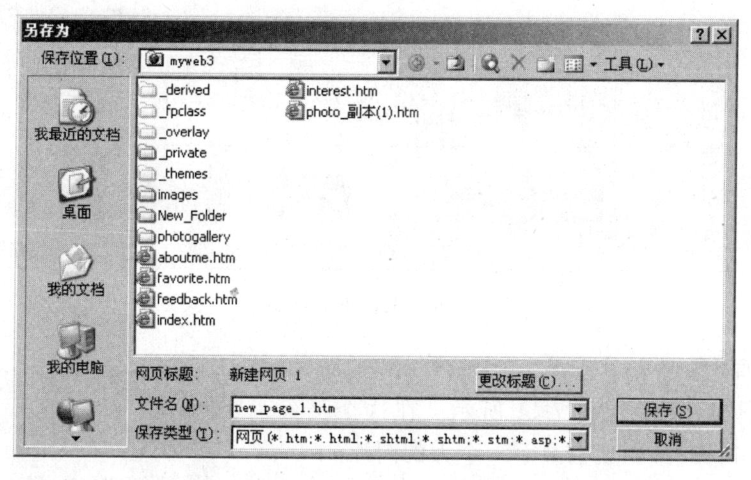

图 7-8 “另存为”对话框

(2) 在“保存位置”下拉列表中选定新文件的保存位置；在“文件名”文本框中输入新文件名，然后在“保存类型”下拉列表中选择新文件的保存类型(一般为 Web 页文件，也可以保存为其他形式的文件)。

(3) 单击“保存”按钮，完成文件的保存。

7.3.3 编辑网页

无论用什么方法创建的新网页，都要对内容进行重新修改，对结构进行重调整，使其在不断的编辑中满足我们的需要。打开上节复制的新网页 photo_副本(1).htm，如图 7-9 所示，从图中可以看出有两个“图片库”导航栏。将当前打开的图片库横幅文字改为“我喜爱的照片”。方法可以通过“插入”菜单的“网页横幅”命令；或“快捷”菜单中的“网页横幅属性”命令；最简单的方法是双击网页横幅，弹出“网页横幅属性”对话框，如图 7-10 所示，在“网页横幅文本”框中输入新的内容。单击“确定”按钮完成网页横幅文字的修改，同时导航栏的文字也被修改了。

下一步编辑网页中的文字。选取原网页中的文字和图片将其删除，单击“插入”|“图片”|“新建图片库”菜单命令，弹出“图片库属性”对话框，从“图片”选项卡中选择“添加”|“图片来自文件”命令来选取预选准备好的图片，用鼠标拖曳的方法可选多张图片，打开

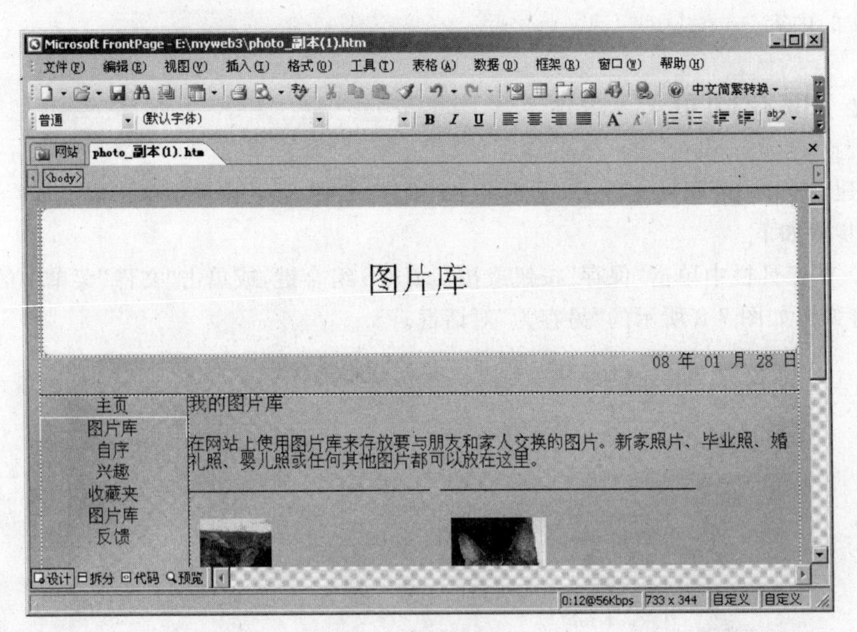

图 7-9　复制的新网页

后，再从“布局”选项卡中选择“显示幻灯片”布局，单击“确定”按钮后显示如图 7-11 所示。在这个页面中，当单击小的图片时，就会显示一个大的图片。

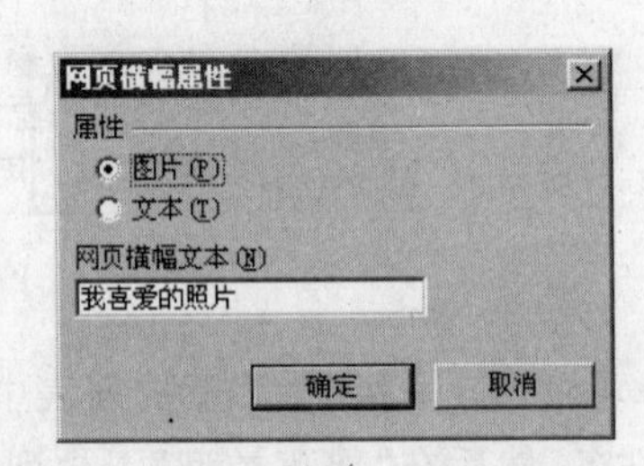

图 7-10　“网页横幅属性”对话框

最后别忘了保存编辑后的网页。请注意当前网页标签页中网页名的右上角有一个“*”，这意味着当前的网页有编辑但还未存盘。单击“保存”按钮后，显示如图 7-12 所示的“保存嵌入式文件”对话框，当单击“确定”按钮后，这四个小狗图片将被保存在 E:\myweb3 目录下。为了更好地管理网站，请通过单击“更改文件夹”命令，将图片保存在 E:\myweb3 下的 images 文件夹下，这个文件夹是在用模板创建网站时自动生成的。

7.3.4　设置主题

主题是一组可应用在网页上的设计元素和配色方案，主题赋予网页视觉一致和引人注目的外观。使用主题是快速加入精彩的网页配色方案和赋予网页专业外观的方法。FrontPage 包含了许多主题，用户可以使用或修改这些主题以满足设计的需要。

主题以统一的方式管理网页的外观。当用户选择某个主题为站点默认的主题时，该主题的设置会应用到站点的全部网页中。也可以应用主题到所选的单个网页中。用户可以更改默认主题、删除主题或自定义主题。

下面来设置上节课建立的“个人站点”主题。首先打开网站的主页，在“任务窗格”中选择主题，如图 7-13 所示，在“吉祥如意”主题按钮旁的下拉列表中选择“自定义...”，将弹

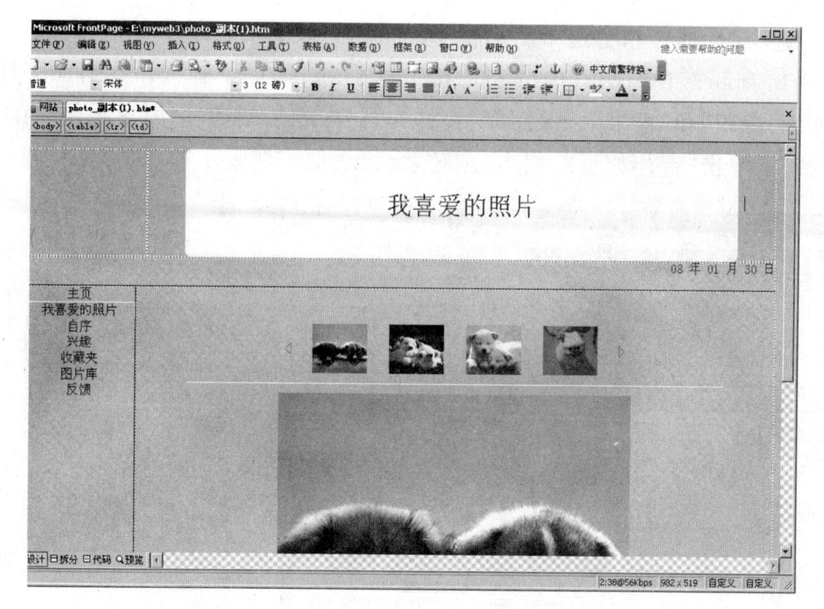

图 7-11　编辑后的网页

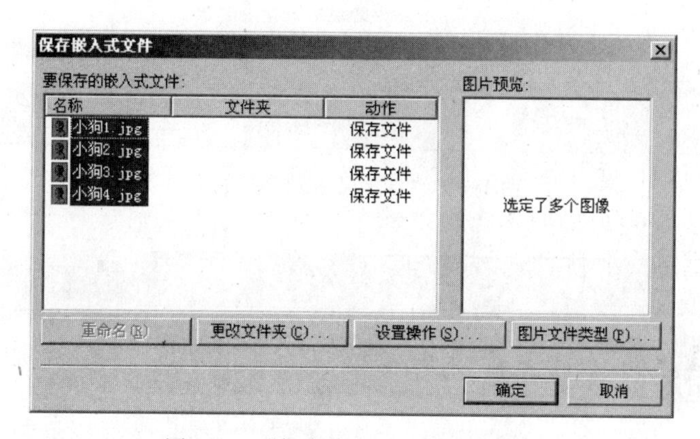

图 7-12　“保存嵌入式文件”对话框

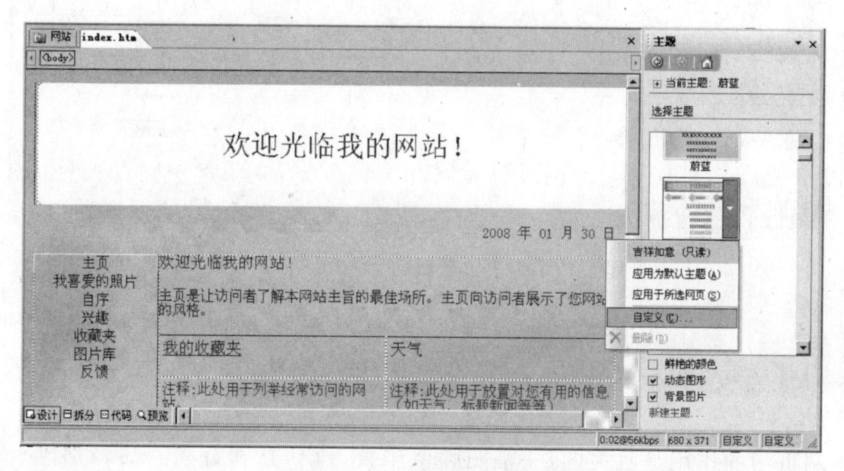

图 7-13　个人站点的主页

出“自定义主题”对话框。单击这个对话框中的“图形”按钮后显示另一个“自定义主题”对话框，如图 7-14 所示。在“项目”中分别选择“横幅”和“垂直导航”，并分别在字体选项卡中设置字体为“魏碑”和“隶书”。保存成“吉祥如意”主题的副本(因原主题是只读的)。在主页编辑状态下单击“吉祥如意的副本”主题，设置后的主题显示如图 7-15 所示。

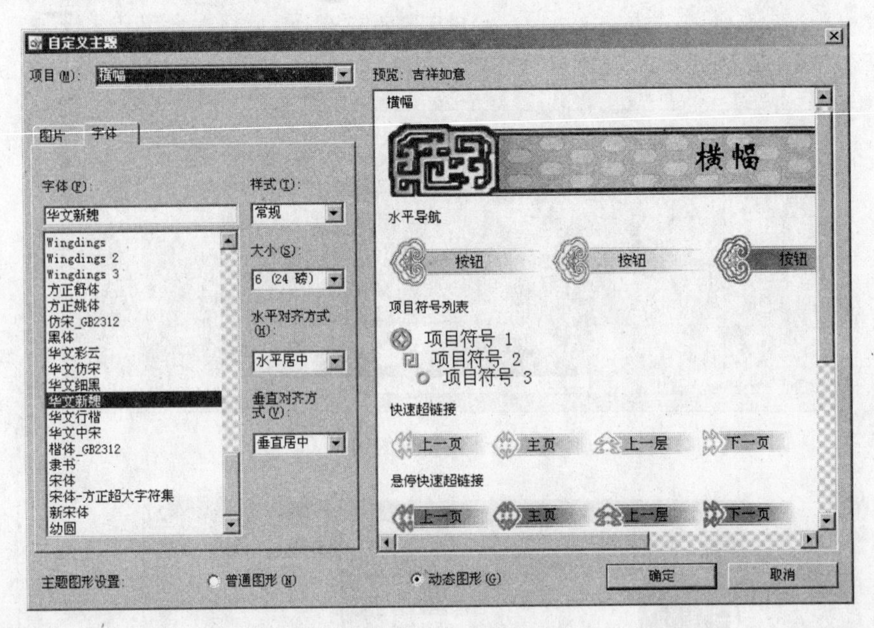

图 7-14 “自定义主题”对话框

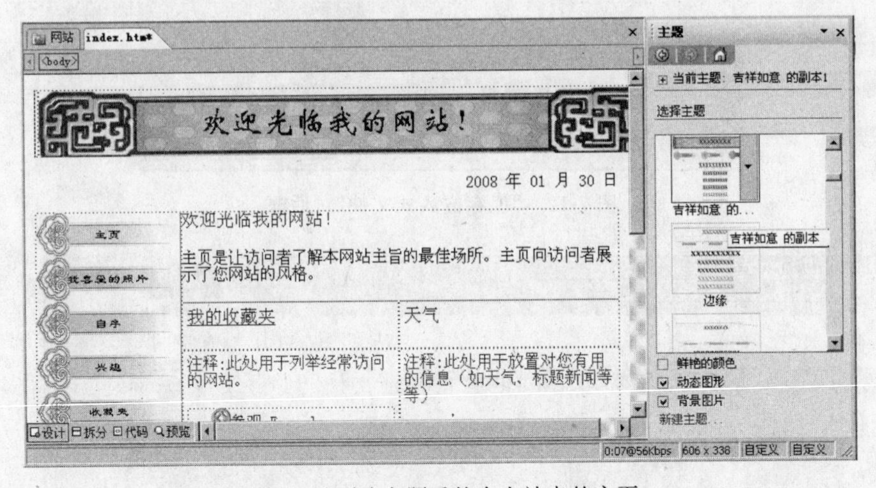

图 7-15 更改主题后的个人站点的主页

7.3.5 图与文本

图在网页中的作用是巨大的，一幅图胜似千言万语，它和音频、视频、动画一起，会使网页有强烈地吸引力。使用图可以使网页更加丰富多彩，而且还可以用图来建立超链接。

只有文字的站点不可能成为一个优秀的站点，适当的引入图，则更能体现站点的特色。

下面在个人站点的主页中插入一剪贴画。单击“插入”|“图片”|“剪贴画”菜单命令。在弹出的剪辑管理器窗口中选中一个图后复制，然后粘贴在光标所在位置，如图 7-16 所示。选中这个图后，在图的四周出现八个控制块，用鼠标拖曳这些控制块可改变图的大小。一般我们插入的图总是和文本在一起，在默认情况下，页面上会出现大量的空白。所以调整图和文本的对齐方式很必要。在图上单击鼠标右键，在弹出的“图片属性”对话框中选择“外观”选项卡，再选择“环绕样式”中的“左对齐”按钮。单击“确定”按钮后完成图和文本的对齐方式。

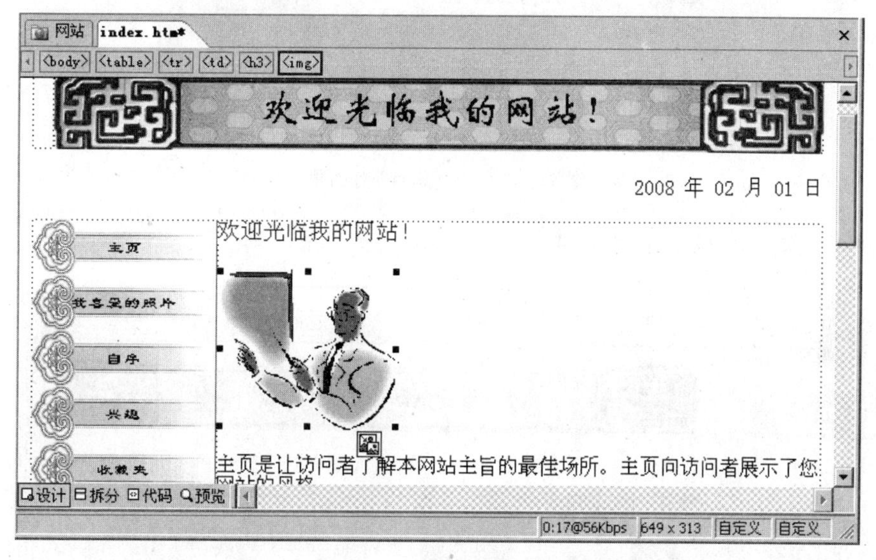

图 7-16　插入图像后的个人站点的主页

7.3.6　背景音乐

恰当添加网页背景音乐，一定会给浏览者耳目一新的感觉，并留下深刻的印象。下面在个人站点的主页中插入一背景音乐。

单击“文件”菜单，选择“网页属性”命令。弹出的“网页属性”对话框，如图 7-17 所示。在“背景音乐”选项区的“位置”文本框中输入音乐文件的路径和文件名，单击“确定”按钮后完成设置。

7.3.7　预览网页

在网页的编辑窗口可以方便地预览网页，通过预览网页，可直观地了解网页显示情况。但在预览窗口中看到的只是一个大致样式，它与在 WWW 浏览器中所看到的真实情形还有一些区别。如果需要查看网页在 WWW 浏览器中的真实情形，必须单击“常用”工具栏中的“预览”按钮，如图 7-18 所示。即使是在 WWW 浏览器中查看，不同的浏览器与

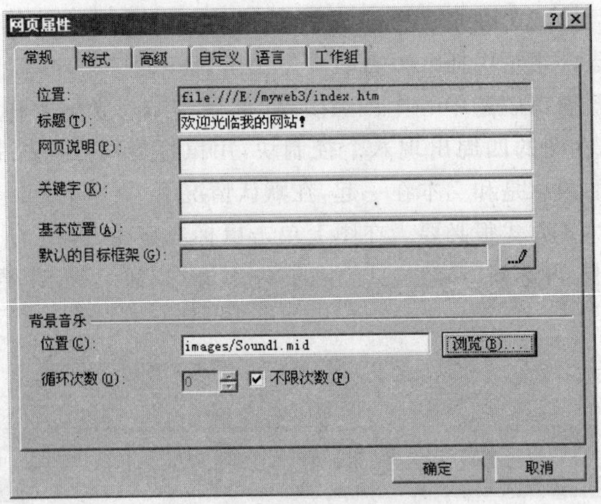

网页属性
常规
格式
高级
自定义
语言
工作组
位置:
file:///E:/myweb3/index.htm
标题(T):
欢迎光临我的网站!
网页说明(P):
关键字(K):
基本位置(A):
默认的目标框架(G):
背景音乐
位置(C):
images/Sound1.mid
浏览(B)...
循环次数(O):
0
不限次数(F)
确定
取消

图 7-17 "网页属性"对话框

分辨率产生的网页效果也不尽相同。

地址(D)
E:\myweb3\index.htm
转到
链接
输入想要搜索的内容
搜索
欢迎光临我的网站!
2008 年 02 月 01 日
欢迎光临我的网站!
主页
我喜爱的照片
自序
兴趣
收藏夹
图片库
反馈
主页是让访问者了解本网站主旨的最佳场所。主页向访问者展示了您网站的风格。
我的收藏夹
参观 Example.com
查阅 Example.org
查看 Example.net
天气
北京 - 晴
最高温度: 35 , 最低温度: 20 摄氏度
我的电脑

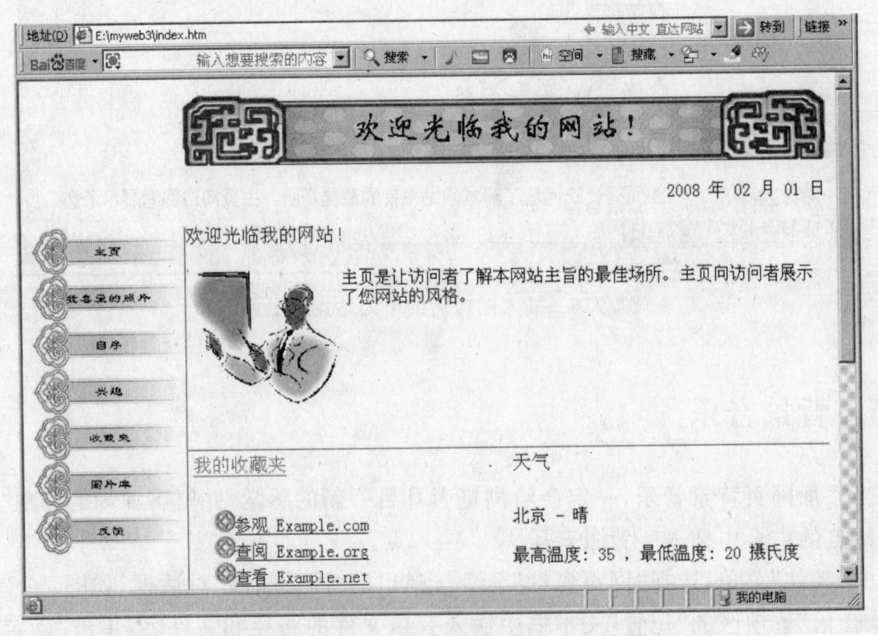

图 7-18 在 WWW 浏览器中显示的效果

7.4 表格的创建与编辑

表格可以方便信息的组织和管理,对网页进行布局也很容易。当网页中需要提供一些诸如商品清单、价格表等信息时,可在表格的行、列中安排文本、图像和其他内容,这样组织信息的方式会使网页看起来更简洁、更有条理。

下面来看看图 7-19 这个网页，这是在 FrontPage 设计视图里的效果。文本周围有虚线包围。这些虚线实际上就是表格的框线。当切换到预览视图，框线就没有了。在设计视图看到的虚线可以便于编辑。由于表格框线的宽度被设置为 0，所以它在设计视图里是虚线显示，而在浏览器里它就不显示出来。

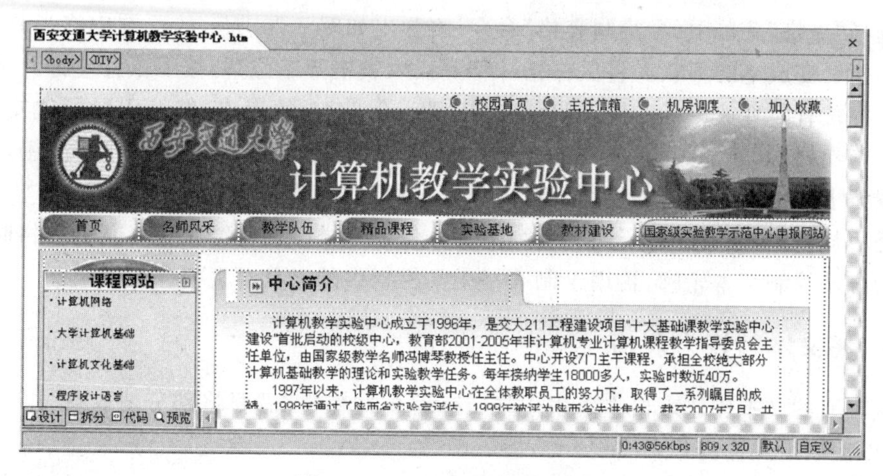

图 7-19 FrontPage 设计模式

7.4.1 创建表格

如果你已用 Word 创建过表格，在网页中创建表格也就非常容易，方法大同小异。在 FrontPage 中提供了多种创建表格的方法，如使用工具栏上的按钮、使用菜单命令、用鼠标拖曳绘制表格、将文本转换为表格。用户可以根据自己的兴趣爱好和习惯来选用合适的方法。

1. 使用工具栏上的按钮

操作步骤如下。

(1) 在需要显示表格的位置单击，确定插入点。

(2) 单击"常用"工具栏上的"插入表格"按钮，当按下鼠标左键后会弹出一个表格形式的网格。

(3) 在不释放鼠标按钮的同时在网格上拖曳鼠标，选择所需的行数和列数。

(4) 释放鼠标按钮，完成表格插入。

2. 使用菜单命令

可以通过选择菜单命令来创建表格。这种方法比前一种方法更精确地控制新建表格的属性，其具体操作步骤如下。

(1) 在需要显示表格的位置单击确定插入点。

(2) 选择"表格"|"插入"|"表格" 菜单命令，弹出"插入表格"对话框。

(3) 指定表格的各种属性。

(4) 单击“确定”按钮,完成表格插入。

3. 用鼠标拖曳绘制表格

选择“表格”菜单中的“绘制表格”命令,将弹出如图 7-20 所示的绘制表格工具栏。此时鼠标指针变成笔的形状。将鼠标指针移到插入表格开始位置,按下鼠标左键并拖曳,到达满意的位置时释放鼠标左键,网页中将出现一个 1×1 的表格,继续用鼠标这支笔按下左键并拖曳,绘制其余的表线,完成表格的插入。如果画错了就单击“擦除”按钮,在要擦除的线条上拖曳,选中这条线后会变红,放开鼠标,线条就被擦除了。按此种方法创建的表格是不规则的,表格的各行高和各列宽很难保证一样。建议绘制较复杂的表格时,先用前面的方法绘制基本轮廓,再用绘制表格工具栏提供的工具对表格完成编辑。

4. 将文本转换为表格

从现有的文本创建表格主要用于当文字编排过程中,需要将部分或全部文字表格化时,可以按以下操作步骤来实现。

(1) 拖曳鼠标选择需要转换为表格的文本。

(2) 单击“表格”|“转换”|“文本到表格”菜单命令。

(3) 弹出“文本转换成表格”对话框,如图 7-21 所示。

图 7-20 绘制表格工具栏

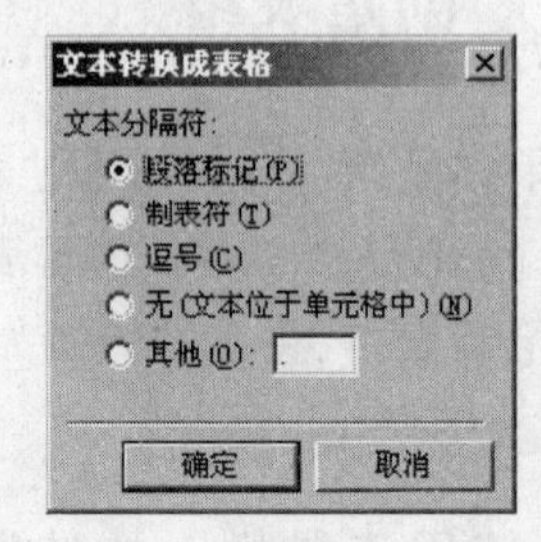

图 7-21 “文本转换成表格”对话框

(4) 选定当前所用的“文本分隔符”后,单击“确定”按钮。

7.4.2 编辑表格

编辑表格先要选中表格对象。如表格中的一个单元格、多个单元格、一行、一列。

1. 表格对象选择

现在来看一看怎么选中单元格:单击要选中的单元格,插入点就在单元格中了,选择“表格”菜单的“选定”子菜单,单击“单元格”命令,单元格就选中了。刚才已经选中了一个单元格,按住 Ctrl 键,单击其他单元格,多个单元格就选中了。用鼠标拖曳的方法也能选中多个单元格。

还可以用选择单元格的方法选择行和列,不过有更简便的方法是:把鼠标移到表格的左边界处，这时鼠标光标会变为向右的黑色箭头，单击鼠标就可以选中箭头指向的行。把鼠标移到上边界处就可以选中列。在选中一行后，按住 Shift 键不放，接着选择其他行，就可以选中连续的几行，如果按住 Ctrl 键，就可以选中不连续的几行。

单击要选择的行的任何一个单元格，选择“表格”菜单中的“选定”子菜单，单击“行”命令就可以选中该行。当然，对列的选择也是类似的操作方法。

2. 插入行或列

先选中插入行或列的位置，选择“表格”菜单中的“插入”子菜单，单击“行或列”命令，弹出图 7-22 所示的“插入行或列”对话框。在这个对话框中可选取插入行或列的参数，单击“确定”按钮完成设置。

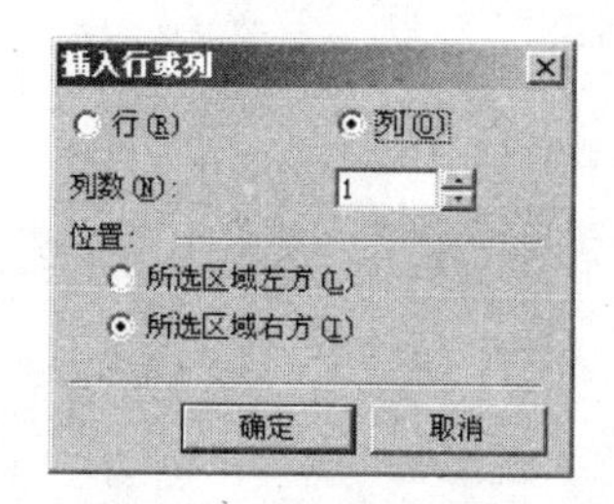

图 7-22 “插入行或列”对话框

3. 删除行或列

先选中要删除的行或列，单击“剪切”工具按钮或选择“表格”菜单的“删除单元格”命令。注意，用 Delete 键删除只能删除单元格中的内容，不能删除表格线。

7.4.3 设置表格的属性

使用“表格属性”对话框可以设置表格的属性（例如高度、宽度、边框粗细和背景色等）。选择要设置的表格，通过“表格”|“表格属性”|“表格”菜单命令打开该对话框，如图 7-23 所示。其中：

(1) 大小 设置表格的行数和列数。

(2) 布局 控制网页定位及其外观。

① 对齐方式 更改表格在网页中的位置。在“对齐方式”文本框中，单击需要的对齐方式。

② 指定高度 将表格高度设为指定的值。可以用像素指定高度，也可以用 Web 浏览器窗口百分比来指定高度。在“指定高度”文本框中，输入需要的高度数值，再单击“像素”或“百分比”以指定度量单位。

(3) 边框 以像素为单位指定表格的边框宽度。边框为零表示没有边框，显示为虚线。

(4) 背景 设置表格的背景颜色，也可以用图片作为背景。

(5) 设置 设为新表格的默认值，自动对新表格应用当前布局、边框和背景色设置。

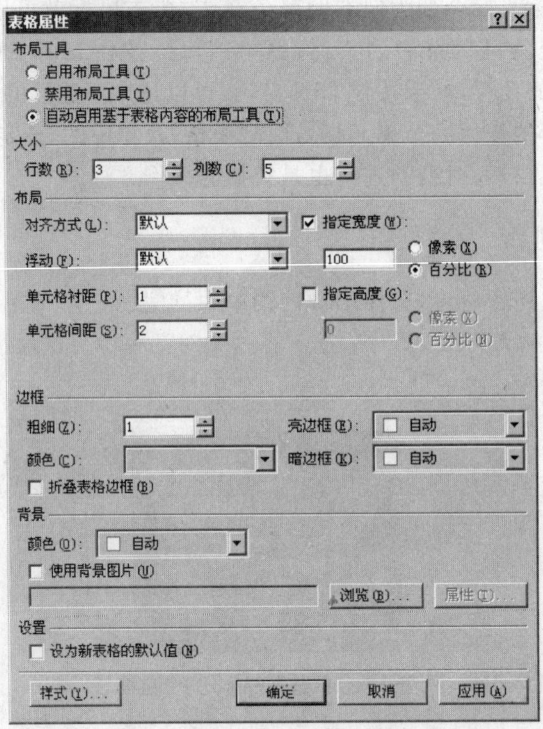

图 7-23 “表格属性”对话框

7.5 创建超链接

在一个网站里有许多的网页。怎样将它们相互联系起来呢？也就是说当别人浏览你的主页时，如何让浏览者看到其他页面呢？通过创建超链接，就很容易完成任务。通过创建超链接可引导浏览者在你的网站中或整个互联网中遨游。

在网页里，我们把这种单击后会进行页面切换的界面元素叫超链接。

7.5.1 创建超链接

先来看一下用文字建立链接。在 FrontPage 的设计视图下，选取要创建超链接的文本，如图 7-24 所示。

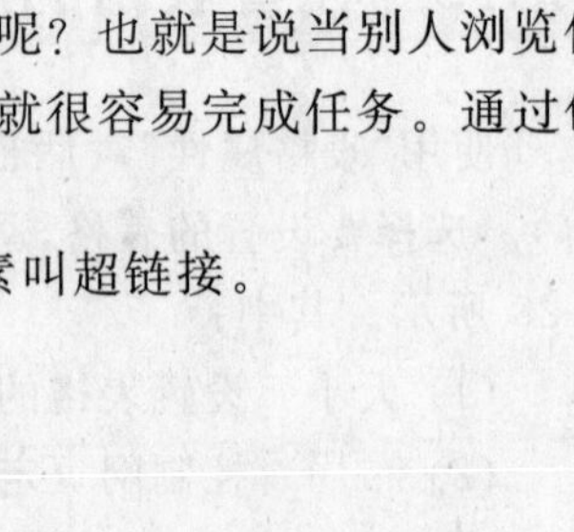

图 7-24 创建文本超链接

选择“插入”菜单的“超链接”命令或单击“插入超链接”工具按钮，弹出如图 7-25 所示的对话框，在当前文件夹列表框内选择“主页.htm”文件，注意在地址文本框中显示了该文件的路径，单击“确定”按钮完成。

我们切换到预览视图（单击预览按钮），当把鼠标指向

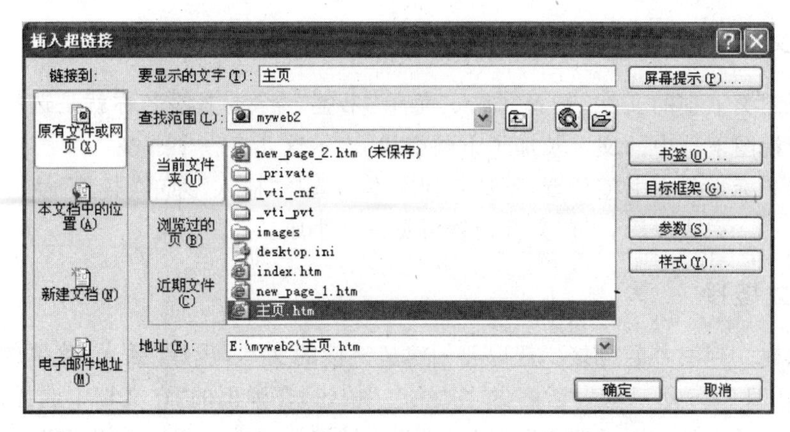

图 7-25 “插入超链接”对话框

“主页”两字时鼠标变成手形,单击它,就切换到主页了。

注意,在设计视图下要想完成预览,需先按下 Ctrl 键,鼠标就变成了小手状。这时单击就可以进行切换了。也就是说在设计视图中按住 Ctrl 键才能激活超链接。

对网页中的图像,也能创建超链接。选取要创建超链接的图像,如图 7-26 所示。选择“插入”菜单的“超链接”命令。弹出如图 7-25 所示的对话框,在地址栏输入“http://www.xjtu.edu.cn”,单击“确定”按钮完成。

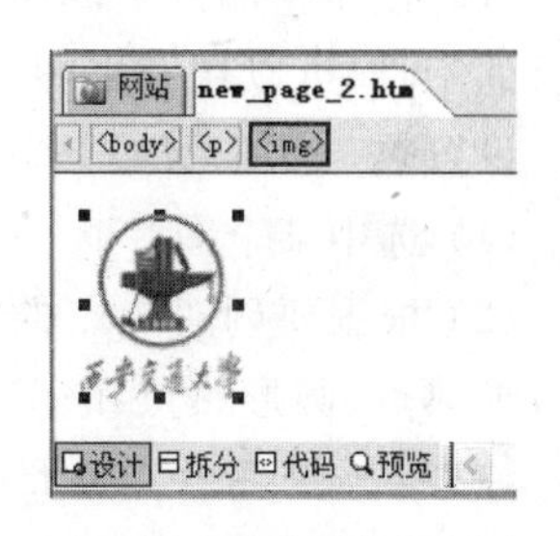

图 7-26 创建图像超链接

创建电子邮件超链接可以使上网的朋友通过 E-mail 和你联系,首先选取要作为超链接的文本,一般文本就是你的邮箱地址,单击“超链接”按钮,弹出如图 7-25 所示的对话框,单击“电子邮件地址”按钮,输入你的邮箱地址,单击“确定”按钮完成。

7.5.2 编辑超链接

可以编辑已经设置好的超链接。首先确认是在设计视图下,在要改变的超链接上单击鼠标右键,选择“超链接属性”命令,输入新的 URL 地址就可以了。要想取消超链接,删除所有 URL 地址框里的内容就可以了。

7.5.3 设置书签的超链接

不仅可以用超链接的方法在多个网页之间进行跳转,也可以在同一个页面里跳转。它的最大优点是可以使用户迅速跳到同一网页中的某部分。

这实现起来比起到网页的超链接要稍麻烦一点。首先要定义书签。然后再创建超链接指向定义的书签就可以了。书签位置可以是选中的字符串,也可以是光标所在位置。

1. 定义书签

选中要定义书签的文字，选择“插入”菜单“书签”命令，书签名称就是选择的文字名称。在设计视图下选中的文字被加了下画虚线，表示这儿有一个书签。

如果将光标定位在书签位置，不选任何文本。选择“插入”菜单“书签”命令，这时需要输入书签名称。完成以后，当前光标位置可见一个小旗。

2. 建立链接

下面来建立到书签的链接。选取要创建超链接的文本，选择“插入”菜单的“超链接”命令，弹出如图 7-25 所示的对话框，单击“书签”按钮，在弹出的“在文档中选择位置”对话框中选择相应的书签，单击“确定”按钮完成建立链接。修改书签同编辑超链接。

7.5.4 设置图片的热点链接

有时候希望图片上的不同部分对应着不同的超链接，而设置图片的热点正是实现这一目的工具，可以在一幅图片上创建多个热点，然后分别为每个热点指定一个超链接。

设置热点的步骤如下。

(1) 选中某个图片。

(2) 根据要创建热点的形状，单击“图片”工具栏中相应的工具按钮。它们分别是：长方形热点、圆形热点和多边形热点。

注意：如果图片工具栏未出现，请通过“视图”|“工具栏”|“图片”菜单命令将其打开。

(3) 将鼠标移到图片上，鼠标指针会变成笔状。此时可以按下鼠标左键在图片上绘制相应图形的热点，如图 7-27 所示。

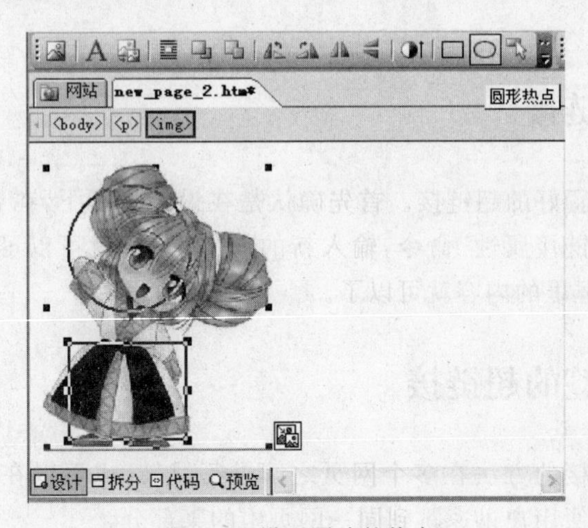

图 7-27 设置图片的热点

(4) 绘制完热点后释放鼠标，将自动打开“插入超链接”对话框，如图 7-25 所示，其设置步骤可参考上节相关内容。

7.6 插入特殊对象

当上网浏览网页时，动态的效果最能吸引浏览者（比如滚动字幕、交互式按钮、横幅广告和网站计数器等）。利用这些特殊对象可以为网页增色加彩。

7.6.1 插入滚动字幕

滚动字幕就是在网页上滚动的文字。它看上去特别醒目，经常使用它来发布一些站点的通知或提示信息。

首先把插入点定位到要使用字幕的位置，选择“插入”菜单的“Web 组件”命令，弹出“插入 Web 组件”对话框。在对话框的右边选择“字幕”选项，单击“确定”后弹出“字幕属性”对话框，如图 7-28 所示，在文本框中输入要滚动的文字“欢迎光临”。这时字幕并不动，这是因为现在是设计视图，单击“确定”后，再单击“预览”按钮切换到预览视图，字幕的滚动效果就呈现出来了。

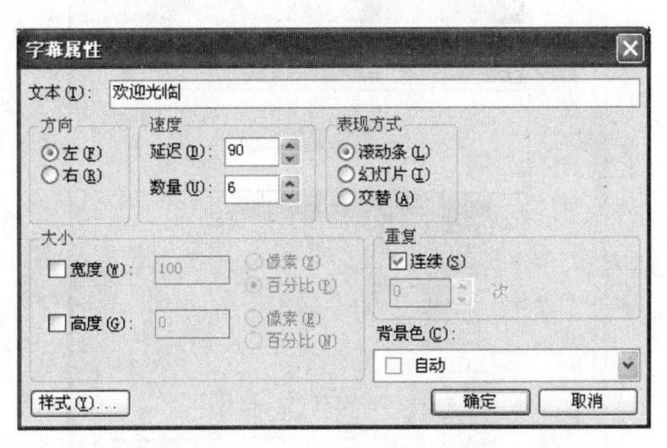

图 7-28 “字幕属性”对话框

(1) “方向”组框用来指定字幕是向哪个方向滚动，现在的设置表示从右向左滚动。

(2) “速度”组框用来调整字幕滚动的速度。

① “延迟”表示字幕每滚动一步的时间间隔是多少毫秒。

② “数量”表示字幕每滚动一步的距离是多少像素。

(3) “表现方式”是调整字幕滚动的具体效果。

(4) “大小”用来设置字幕的宽度与高度。可以使用像素来控制字幕的实际大小，也可以使用百分比来设置字幕的宽度，这时字幕的实际大小是根据浏览器窗口大小的百分比来计算的。

(5) “重复”组框用来对滚动效果的循环次数进行选择。

(6) “背景色”用来调整字幕的背景颜色。

(7) “样式”用来调整字体、字号和颜色。

7.6.2 插入交互式按钮

交互式按钮是网页中常见的一种动态按钮，是一种可以变化的按钮。当将鼠标指针移到交互式按钮上时，它会变样；当鼠标指针离开交互式按钮时，它又会自动变回到原来的样子。交互式按钮一般和导航条在一起使用，用交互式按钮制作出来的导航条比一般的文本导航条漂亮。下面就来介绍如何插入交互式按钮、更改交互式按钮。

1. 插入交互式按钮

首先把光标定位到要插入交互式按钮的位置，选择“插入”菜单的“交互式按钮”命令，弹出如图 7-29 所示的对话框。在这个对话框中有三个选项卡。在“按钮”选项卡中有预览。当在按钮上移动光标或单击时可预览按钮的变化；在 “按钮”列表中，可选择一种按钮样式。在“文本”框中，输入要显示在按钮上的文本。这里我们输入“教学大纲”；在链接框旁边，单击浏览，找到并单击希望按钮所链接的文件、URL 或电子邮件地址。这里输入“教学大纲. htm”，然后单击“确定”按钮。

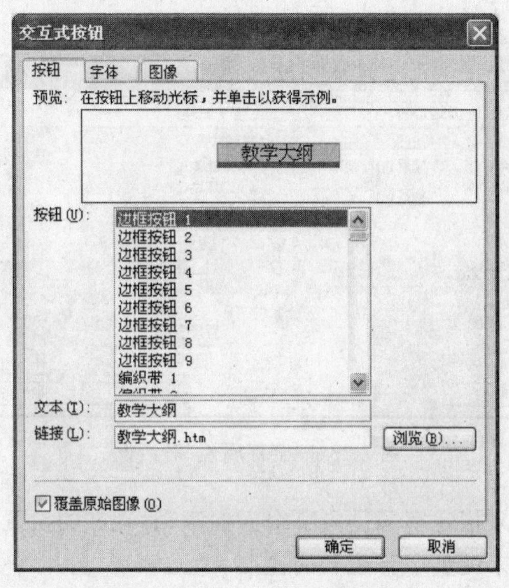

图 7-29 “交互式按钮”对话框

2. 更改交互式按钮

在“字体”选项卡上选择所需的字体、字形、字号、初始字体颜色、交互式时字体颜色、按下时字体颜色。

在“图像”选项卡上，若要使按钮的背景与具有纯背景的网页匹配，请单击“按钮为 JPEG 图像并使用如下背景色”，再单击列表上的箭头，然后单击与网页匹配的一种颜色。若要使按钮的背景与具有变化背景的网页匹配，请单击“按钮为 GIF 图像并具有透明背景色”。

若当访问者将鼠标指针是交互式时改变该按钮的显示，请选择“创建交互式图像”复选框。

若当访问者单击按钮时改变该按钮的显示，请选择“创建按下时图像”复选框。

若要将按钮的交互式和单击状态的图像作为网页加载的一部分进行加载，请选择“预载按钮图像”复选框。

7.6.3 插入网站计数器

计数器能显示一个网页被访问的次数，显示已有多少人访问过该网站。用户可以通过计数器了解自己是第几位访问者，并据此判断该站点是否是热门站点。向站点添加计数器，可以采用 FrontPage 编辑器提供的若干种不同类型计数器，也可以使用用户自己指定的图片作为计数器样式(见训练 7.3)。

插入网站计数器的方法是：首先把光标定位到要插入计数器的位置，选择“插入”菜单的“Web 组件”命令，弹出 “插入 Web 组件”对话框。在此对话框中选择“计数器”，单击“完成”按钮后弹出如图 7-30 所示“计数器属性”对话框。在此对话框中选择计数器的样式，设置计数器的初始值和初始值的位数。单击“确定”按钮后在设计视图下看到的结果如图 7-31 所示。要想见到实际在浏览上的显示变化的效果，需安装 FrontPage 服务器扩展(见训练 7.5)。

计数器属性
计数器样式
0123456789
0123456789
0123456789
0123456789
0123456789
自定义图片(C)
计数器重置为(R)
00000
设定数字位数(F)
5
确定
取消

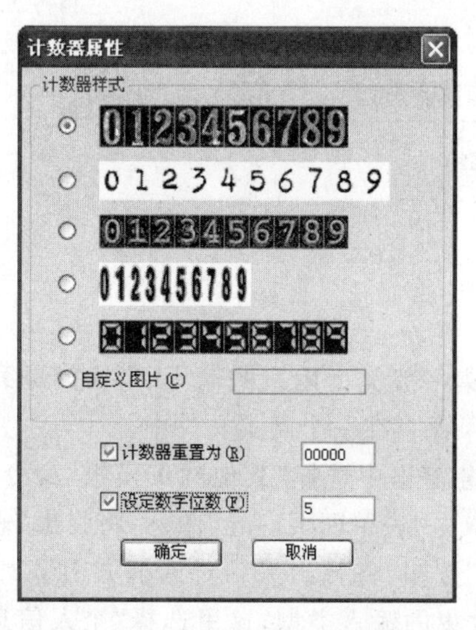

图 7-30 “计数器属性”对话框

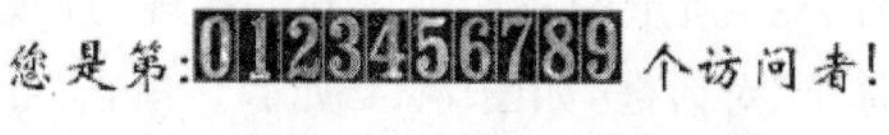
您是第:0123456789个访问者!

图 7-31 插入计数器

7.7 表 单

表单是为实现网页的交互功能而设计的，是一种重要的信息收集和交流工具。用来收集浏览者从客户端向 Web 服务器发送的信息，它向浏览者提出一些问题，浏览者可以根据问题和自己的想法给出答案，并将答案提交 Web 服务器。而普通的网页只是用来向浏览者显示一些固定的信息。

相信很多用户都申请过免费电子邮箱或个人主页空间，在申请过程中，要求用户填写一份用户个人信息的表单，如图 7-32 所示。这个网页中的信息当单击“确定”按钮后将提交 Web 服务器进行处理。当您输入的用户名还没有被别人申请，服务器会接受申请并返回一个确认页。这样就完成了和服务器的交互，当然就拥有了一个免费的电子邮箱。

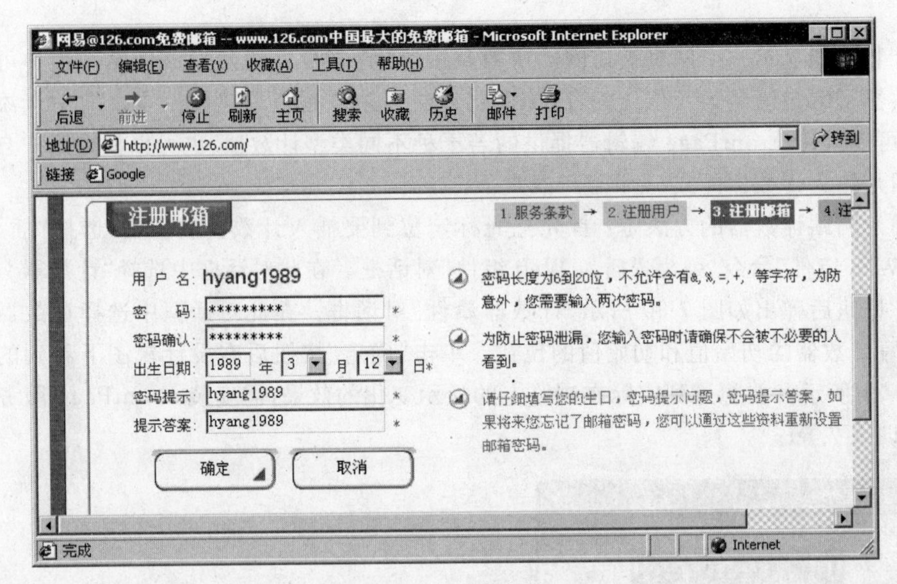

图 7-32 注册邮箱

7.7.1 用向导创建表单

利用向导创建表单是比较方便的。它可以收集一般类型用户的输入、定义问题列表并选择适当的方法收集您需要的信息。然后将结果保存在一个网页文件中。

单击“文件”菜单中的“新建”命令。在新建任务窗格中选择“其他网页模板”命令，弹出如图 7-33 所示的对话框。在“常规”选项卡中双击“表单网页向导”图标，将弹出“表单网页向导”对话框，如图 7-34 所示。单击“下一步”按钮，将弹出另一对话框如图 7-35 所示。在这个对话框中单击“添加”按钮，可选择要收集的输入类型，这里选择“个人信息”，如图 7-36 所示。单击“下一步”按钮，将弹出另一对话框，如图 7-37 所示。选择要从用户处收集的数据项目。这里选中“姓名”、“年龄”、“性别”、“身高”、“体重”、“身份证号码”。单击“下一步”按钮，将弹出另一对话框，如图 7-38 所示，选中“显示为普通段落”。单击“下一步”按钮，将弹出另一对话框，如图 7-39 所示。选中“将结果保存在网页”。单击“完成”按钮，建成的表单网页如图 7-40 所示。

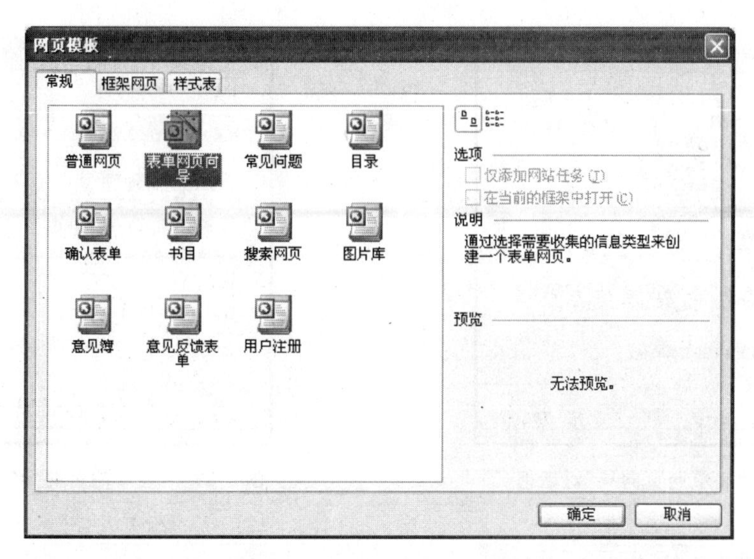

图 7-33 “网页模板”对话框

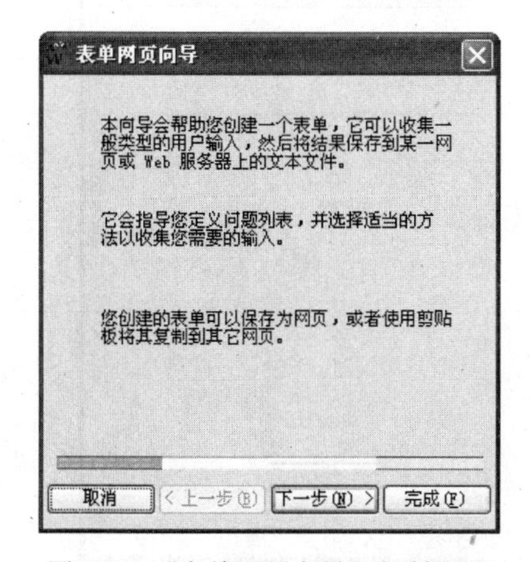

图 7-34 “表单网页向导”对话框(1)

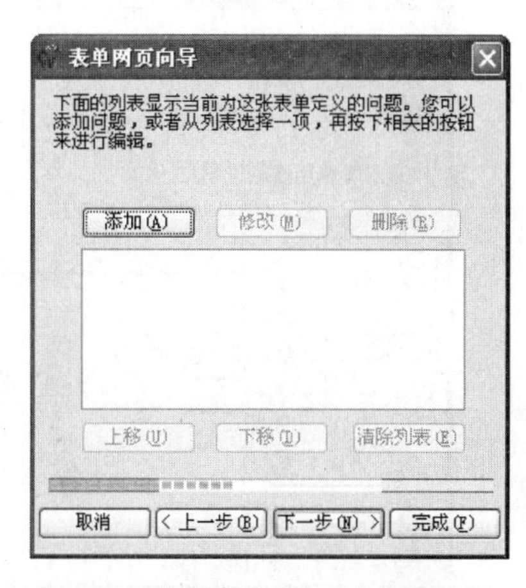

图 7-35 “表单网页向导”对话框(2)

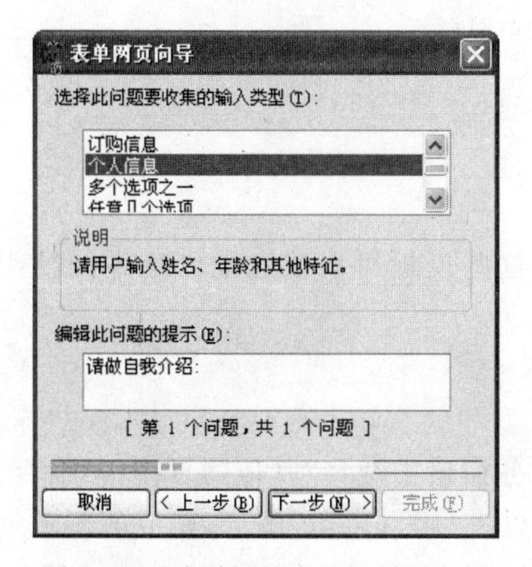

图 7-36 “表单网页向导”对话框(3)

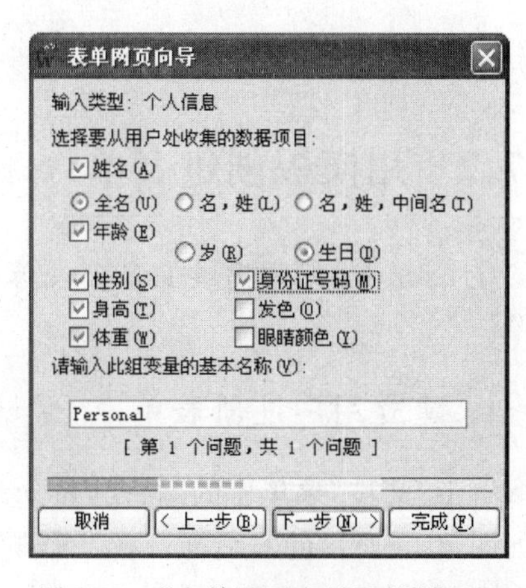

图 7-37 “表单网页向导”对话框(4)

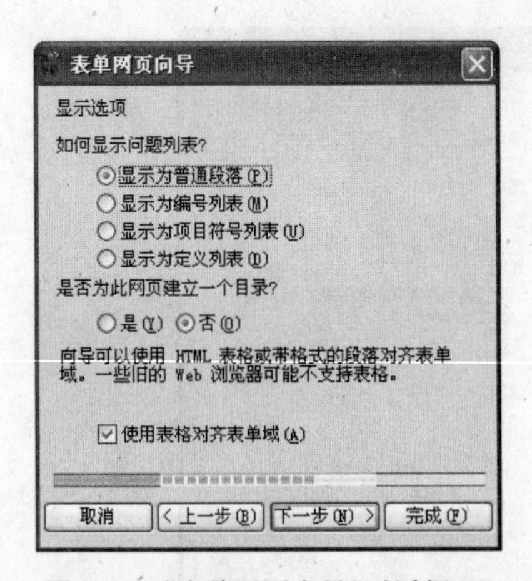

图 7-38 “表单网页向导”对话框(5)

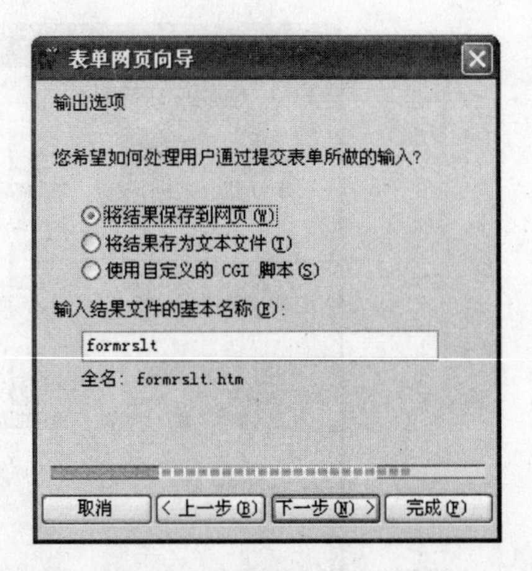

图 7-39 “表单网页向导”对话框(6)

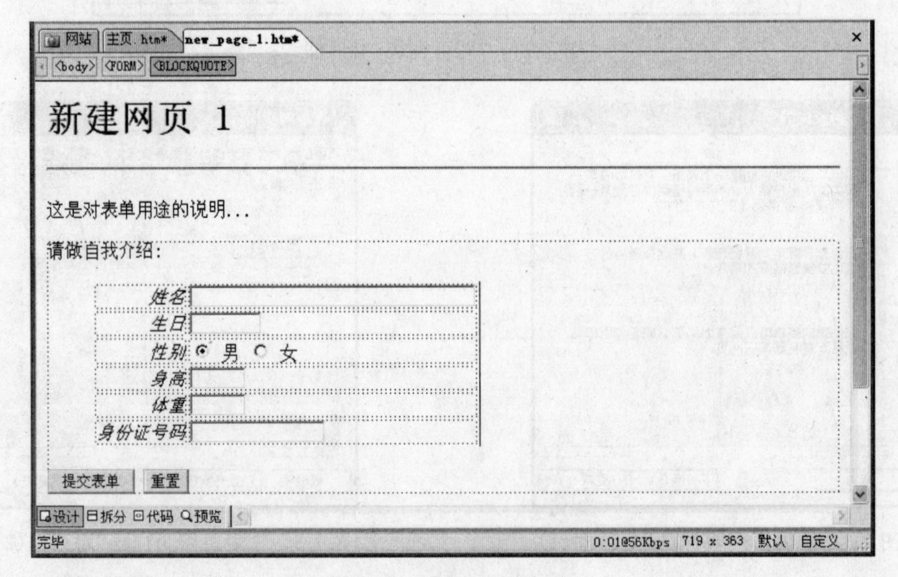

图 7-40 建成的表单网页

7.7.2 用模板创建表单

在 FrontPage 中提供了多个表单模板，使用这些模板可以快速地创建不同种类的表单。

1. 建立用户注册表单

单击“文件”菜单中的“新建”命令。在新建任务窗格中选择“其他网页模板”命令，弹出如图 7-33 所示的对话框。在“常规”选项卡中双击“用户注册”图标，建成的表单网页如图 7-41 所示。

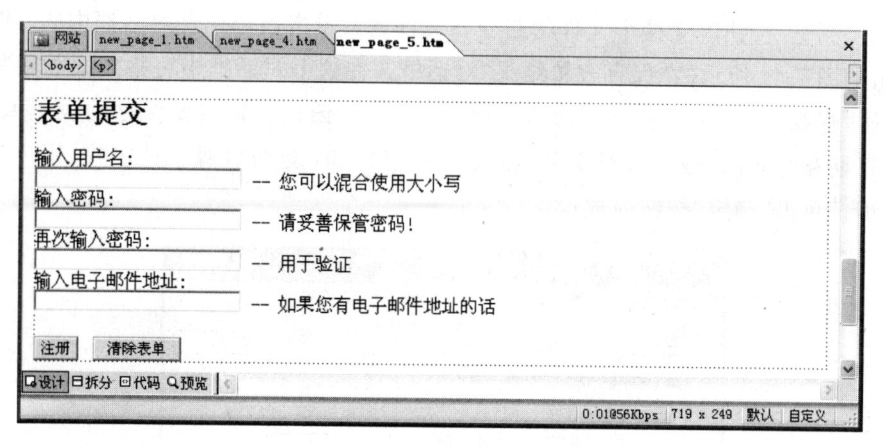

图 7-41　用户注册表单

2. 建立意见簿表单

单击“文件”菜单中的“新建”命令。在新建任务窗格中选择“其他网页模板”命令，弹出如图 7-33 所示的对话框。在“常规”选项卡中双击“意见簿”图标，建成的表单网页如图 7-42 所示。

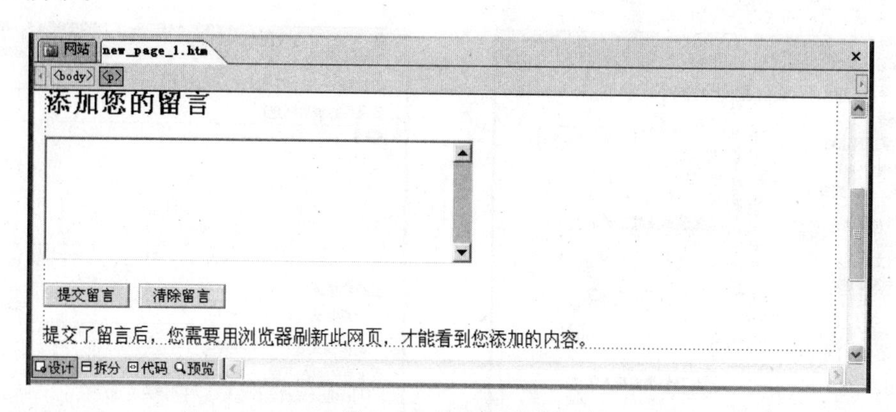

图 7-42　意见簿表单

7.7.3 保存表单结果

表单填写完后，单击“提交”按钮，服务器就能收到表单发送的信息，FrontPage 提供了内置的表单处理程序用于完成表单结果的提交处理，可以将这些信息保存在网站中的一个文本文件、网页文件中或发送至 E-mail。

现在来学习设置这些保存的方式。在网页的设计视图下，右击上节建立的意见簿表单，选择“表单属性”按钮，弹出如图 7-43 所示的“表单属性”对话框。在这个对话框中可以看到默认的表单结果发送到当前网站中的一个“guestlog. htm”网页文件中。当然用户可以通过“浏览”按钮改变这个文件的路径和文件名。单击表单属性对话框中的“选项”按钮，弹出如图 7-44 所示的“保存表单结果”对话框。在这个对话框中可指定要收集哪些数据。单击“保存的域”选项卡，弹出如图 7-45 所示的对话框。指定要保存的表单域，填写表单的日期和时间的格式，选择要保存的附加信息。如：远程计算机的名称、用户名和浏览器类型。单击“确定”按钮完成设置。

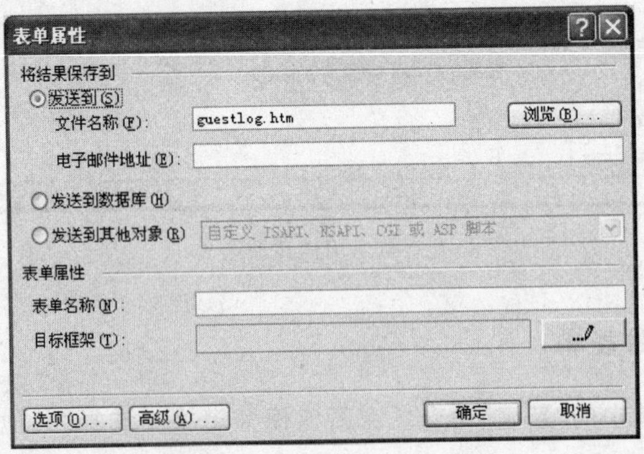

图 7-43　“表单属性”对话框

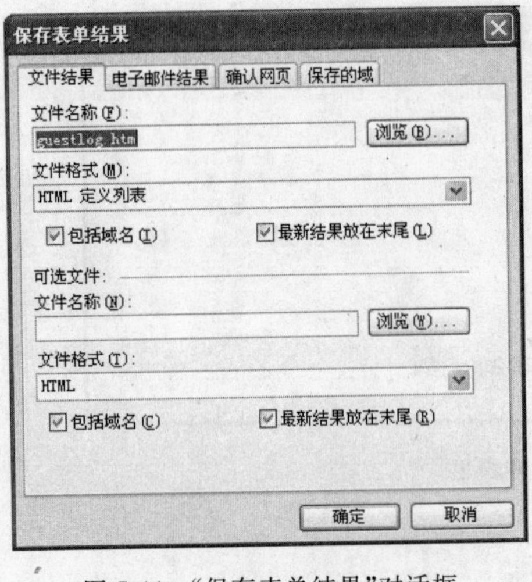

图 7-44　“保存表单结果”对话框

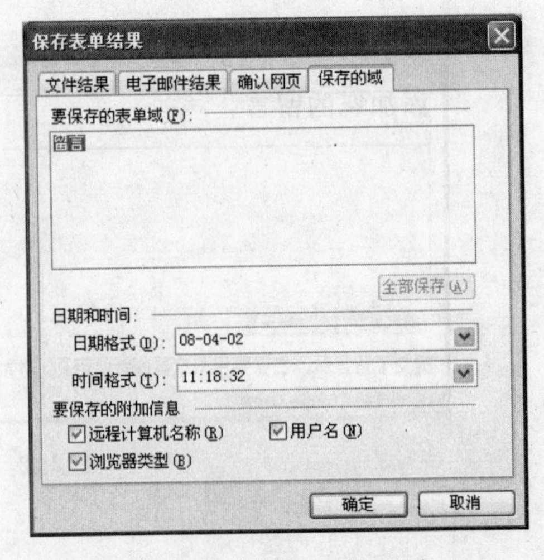

图 7-45　“保存的域”选项卡

将包含此网页的网站发布到已安装 FrontPage Server Extensions 的 Web 服务器上，通过 IE 浏览器打开此网页，如图 7-46 所示。当在文本框中输入您的留言后单击“提交留言”按钮。Web 服务器将给出一个确认网页，如图 7-47 所示。确认输入的内容已成功存入 guestlog. htm 网页文件中。请在网站的发布目录(默认是 C:\Inetput\wwwroot)下找到此文件打开，如图 7-48 所示。

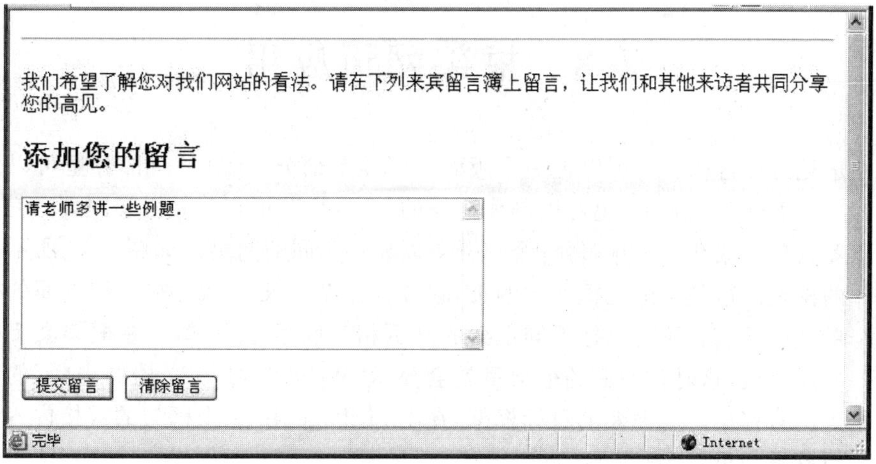

我们希望了解您对我们网站的看法。请在下列来宾留言簿上留言，让我们和其他来访者共同分享您的高见。
添加您的留言
请老师多讲一些例题.
提交留言
清除留言
完毕
Internet

图 7-46　IE 浏览器中打开的表单网页

表单确认
感谢您提交下列信息:
留言
请老师多讲一些实例.
返回到表单。
Internet

图 7-47　确认网页

地址(D)
C:\Inetpub\wwwroot\guestlog.htm
输入关键字 直接搜索
转到
链接
远程名称:
202.117.165.40
远程用户:
HTTP 用户代理程序:
Mozilla/4.0 (compatible; MSIE 6.0; Windows NT 5.1; SV1; QQDownload 1.7)
日期:
08-04-02
时间:
12:00:11
留言
请老师多讲一些实例.
完毕
我的电脑

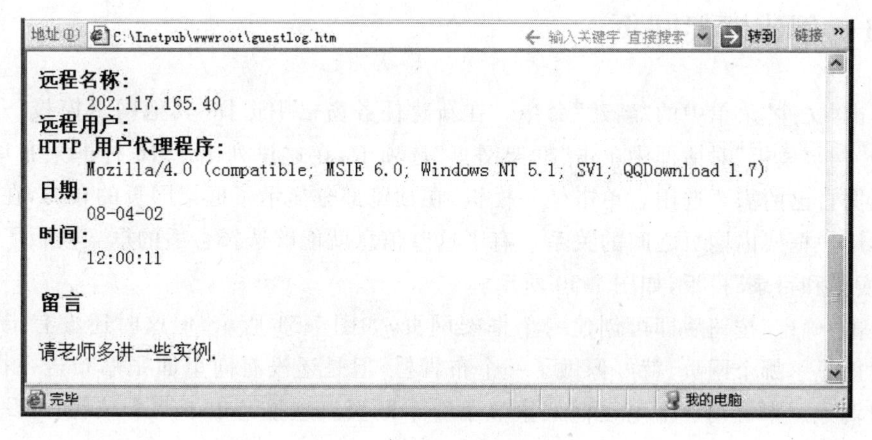

图 7-48　保存表单结果的网页

7.8 框架网页应用

您一定见过布告栏。它可以把一个版面分成几个部分，在每一个部分里可以张贴不同的内容。在 FrontPage 中，也可以制作这样的“布告栏”，把它叫做框架网页。它可以把一个浏览器窗口分成几个区域，每一个部分可以显示不同的网页。如图 7-49 所示就是用框架制作的网页。这是一个三框架的网页，它分为三个框架，上面、左面和右面的框架都放着一个单独的网页。还可以把不同框架的网页相互联系起来，单击左框架文字处理中的“实习一”超链接，这时在右面的框架里就会显示“Word 实习一 文档的排版”的网页内容。这是因为右框架是左框架的目标框架，在 FrontPage 中，一个框架的链接内容总是显示在它的目标框架里。

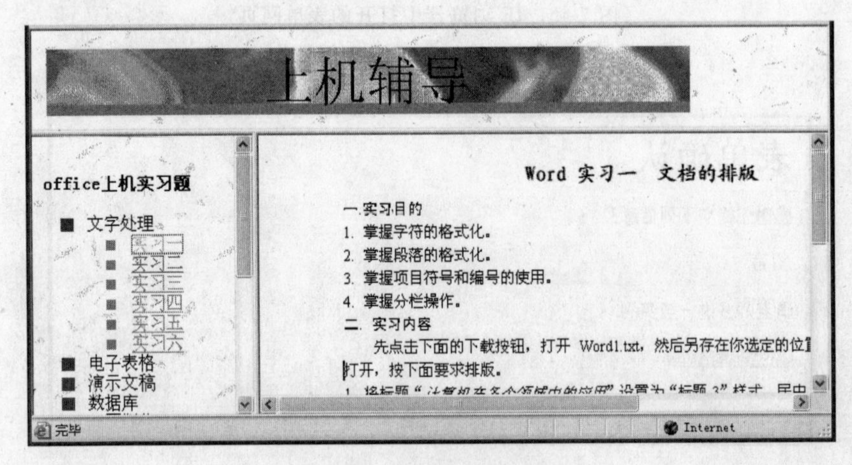

图 7-49 三框架网页的结构

7.8.1 创建框架网页

单击“文件”菜单中的“新建”命令。在新建任务窗格中选择“其他网页模板”命令，在弹出的“网页模板”对话框中单击“框架网页”选项卡，在这里列出了 10 种框架布局模板，可以根据自己的需要选用。单击任一模板，在预览部分显示了框架网页的布局，在说明部分告诉用户框架内网页之间的关系。有了这些信息就能够选择合适的框架模板了。这里选择“横幅和目录”模板，如图 7-50 所示。

单击“确定”按钮后即可创建一个框架网页，如图 7-51 所示，但这时还没有指定在各个框架里显示哪个网页，就好像做了一个布告栏，但是还没有向里面张贴布告一样，而这些按钮就是用来让用户指定在框架里显示哪个网页。这里给出了两个按钮：“设置初始网页”含义是在当前网站中打开一个已建立网页；“新建网页”含义是在当前框架中建一新的网页。

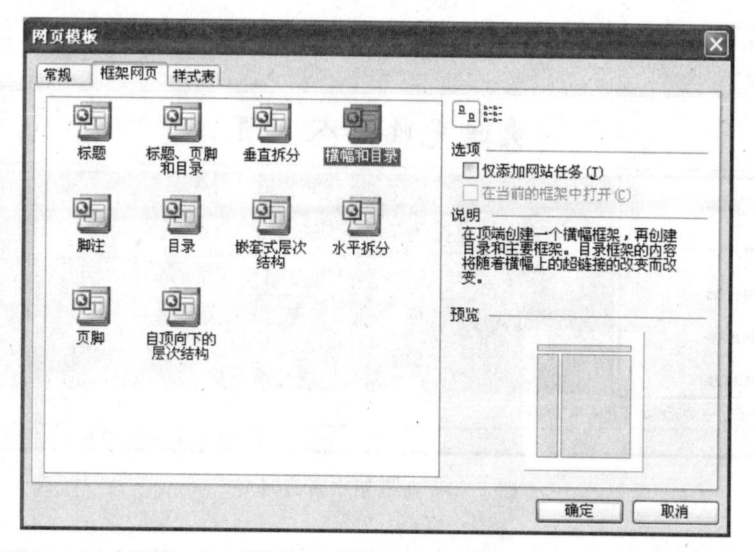

图 7-50　框架网页模板

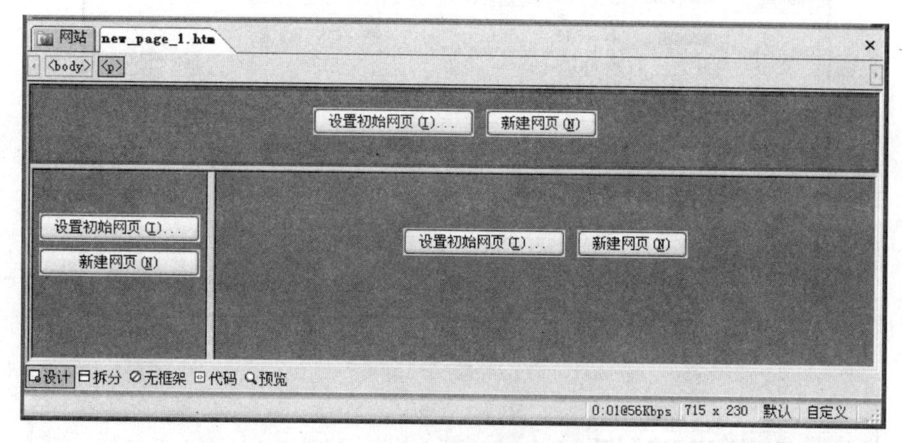

图 7-51　横幅和目录框架网页

7.8.2　框架网页的基本操作

单击框架网页顶部框架中的“新建网页”按钮，就会在当前框架里插入了一个新的空白网页。在这个网页中输入“欢迎光临个人主页”并设置为新魏、24 磅、居中，单击框架网页左部框架中的“新建网页”按钮插入了一个新的空白网页。在这个网页中输入“个人简介、校园生活、学习计划、人生感悟、友情联接”并设置为隶书、12 磅、居中，如图 7-52 所示。假定已预先完成了“个人简介.htm”网页的制作，只要单击框架网页右部框架中的“设置初始网页”按钮，将进入“插入超链接”对话框，选择要设置的网页文件如图 7-53 所示。单击“确定”按钮后完成全部网页的建立，如图 7-54 所示。

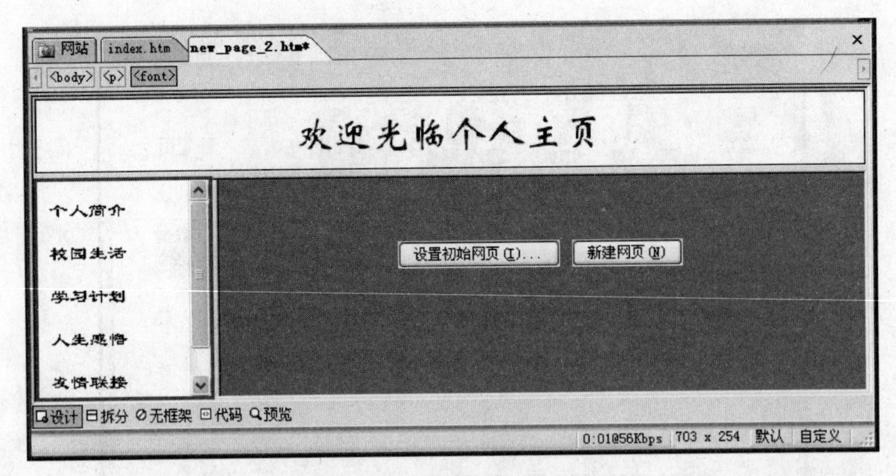

图 7-52　在框架中新建网页

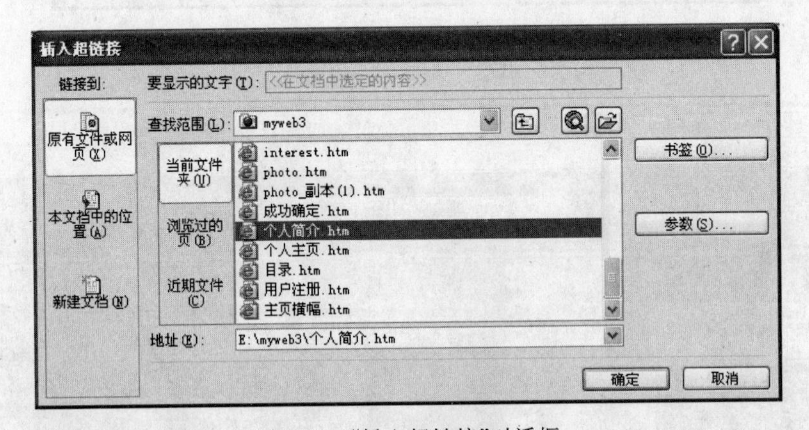

图 7-53　“插入超链接”对话框

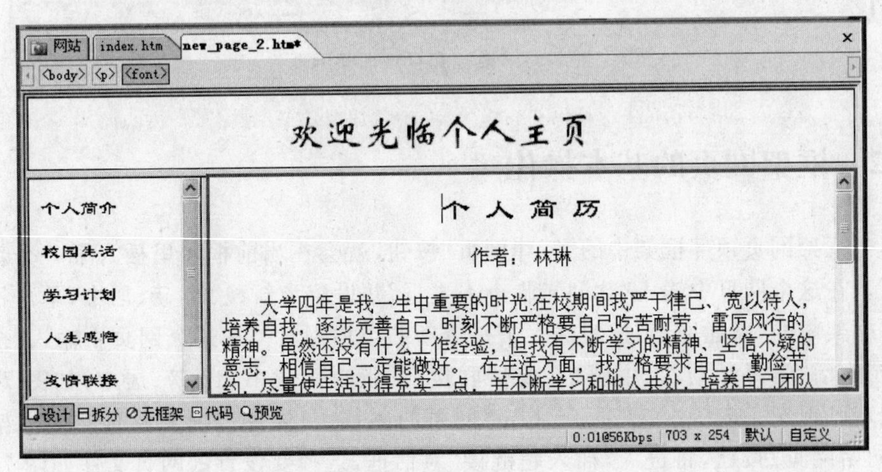

图 7-54　全部网页的建立

7.8.3　保存框架网页

框架网页本身是由多个独立的网页组成的，上节介绍的三框架网页由 4 个网页构成，一个用来定义框架结构，也就是框架网页，还有 3 个是内容网页。因此，在保存框架网页时必须保存框架及其框架中的各网页。在保存框架网页时，要指定每个初始网页的文件名。

单击工具栏的“保存”按钮，将弹出“另存为”对话框，如图 7-55 所示。从对话框右边图示中可以看出保存的网页应是顶部的网页，这时在文件名文本框中输入“主页横幅.htm”，单击“保存”按钮后弹出又一“另存为”对话框，如图 7-56 所示。从对话框右边图示中可以看出保存的网页应是左部的网页，这时在文件名文本框中输入“目录.htm”，单击“保存”按钮后弹出又一“另存为”对话框，如图 7-57 所示。从对话框右边图示中可以看出保存的网页应是框架网页。单击“保存”按钮完成全部框架网页的保存。

图 7-55　“另存为”对话框(1)

图 7-56　“另存为”对话框(2)

图 7-57 “另存为”对话框(3)

课堂训练

训练 7.1 创建站点并制作网页

1. 创建站点并完成主页

任务和要求：

Web 站点通常是将许多网页有机地编织在一起完成信息的发布。首先来通过模板创建只有一个网页的网站，再充分发挥个人的创造性完成其他网页的制作。

操作步骤如下：

(1) 单击“文件”|“新建”菜单命令，将出现“新建”任务窗格。

(2) 在“新建”任务窗格中选择“新建网站”中的“由一个网页组成的网站”，将弹出“网站模板”对话框。

(3) 在“网站模板”对话框中选择“只有一个网页的网站”图标；别忘了指定网站的存盘位置，单击“确定”按钮，如图 7-58 所示。

图中“index.htm”就是模板自动生成的一空白的主页，而主页是进入站点的第一个网页，在设计中尤为重要，它也是能否吸引浏览者的关键，特别是主页的内容，一定要简明扼要，名副其实，富有特色。

假如上面所建的网站是一个为教学服务的站点，分析后可知，由于教学站点以用于组织教学、提供教学资源，方便学生获取知识、掌握重点，指导实践为目的。所以这个网站的主页中应包含“教学大纲”、“教学进度”、“教学课件”、“实验指导”、“习题解答”、“网上答疑”等导航的内容，作为进入下层网页的超链接导航文字。用表格给出主页的布局如表

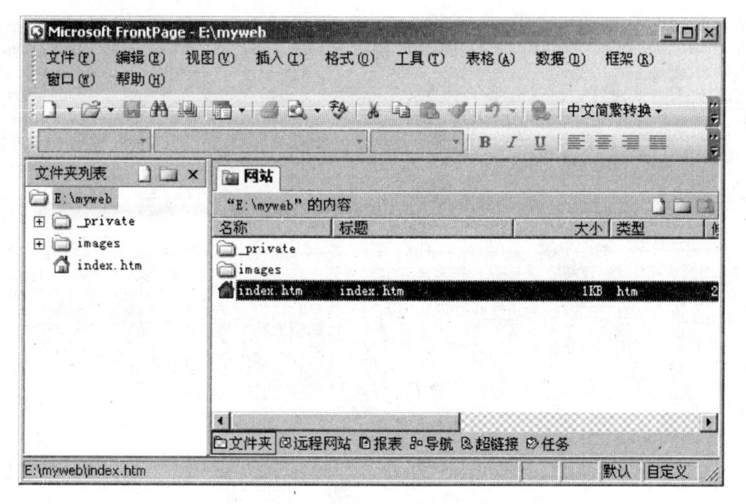

图 7-58　只有一个网页的网站

7-1 所示。下面完成这个主页的制作。

表 7-1　主页布局

<table>
<tr><td colspan="6">标　　题</td></tr>
<tr><td>主　　页</td><td>教学大纲</td><td>教学进度</td><td>教师队伍</td><td>教学承诺</td><td>课程规划</td></tr>
<tr><td>教学课件</td><td rowspan="5" colspan="5">课 程 简 介</td></tr>
<tr><td>教学录像</td></tr>
<tr><td>实验指导</td></tr>
<tr><td>习题解答</td></tr>
<tr><td>网上答疑</td></tr>
<tr><td colspan="6">联系方法：</td></tr>
</table>

(1) 双击“index. htm”网页，进入网页编辑视图，通过插入表格命令插入一个 9 行 6 列的表格，按布局表所示的结果完成合并后输入相应的文字。

(2) 选取表中全部文字并设置居中。右击表格，在快捷菜单中选“表格属性”命令，在弹出的对话框中设置边框粗细为“0”，效果如图 7-59 所示。

2. 创建框架网页

任务和要求：

为了方便管理和使用“实验指导”，将它用一框架网页完成，结果如图 7-63 所示。它分为三个框架：上面、左面和右面。

操作步骤如下：

首先完成三个网页的制作。

(1) 上面网页的制作。上面网页比较简单，它只是一个标题，在网页编辑视图下，单

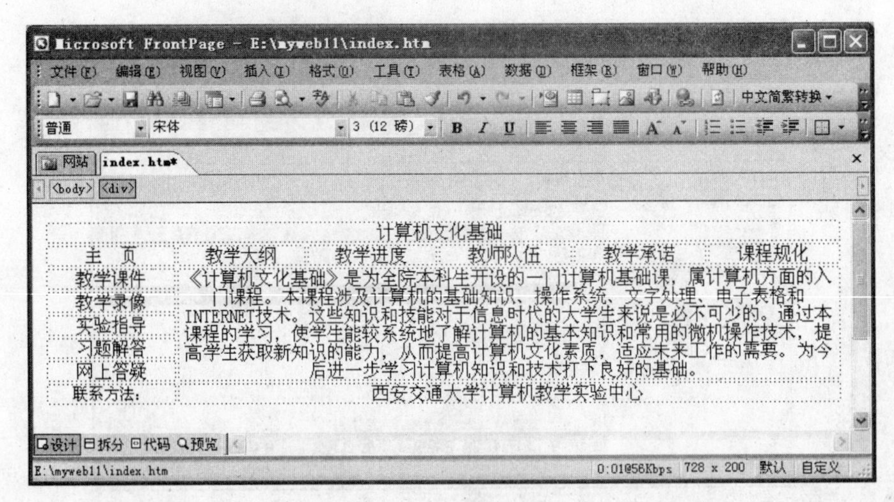

图 7-59 主页布局

击“新建普通网页”按钮，然后在新的空白网页中输入“实验指导”，设置魏碑字体、字号 18 磅、居中。并保存为名为 top. htm 的文件，如图 7-60 所示。

图 7-60 上面的网页

(2) 左面网页的制作。左面的网页是一个目录，通过它来选择要做的实验。在网页编辑视图下，单击“新建普通网页”按钮，然后在新的空白网页中输入目录文字，并保存为名为 left . htm 的文件，如图 7-61 所示。

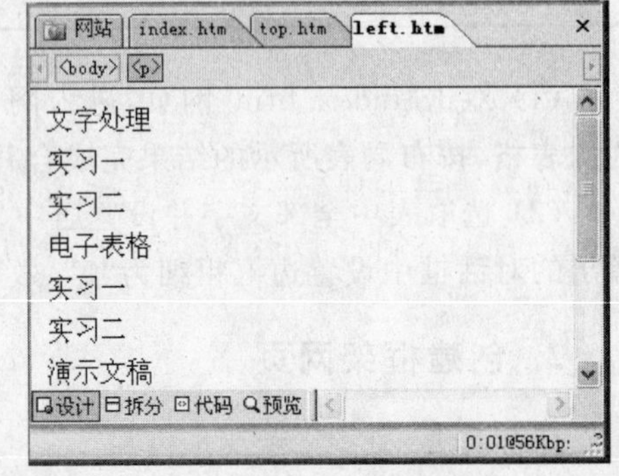

图 7-61 左面的网页

(3) 右面网页的制作。右面的网页是由多个网页组成，每一个网页与左面目录中的对应用文字建立超链接。在网页编辑视图下，单击“新建普通网页”按钮，然后在新的空白网页中输入实验指导的具体内容，一个实验指导保存为一个网页文件，如图 7-62 所示。

单击“文件”菜单中的“新建”命令。在新建任务窗格中选择“其他网页模板”命令，在弹出的“网页模板”对话框中选择单击“框架网页”选项卡，选择“横幅和目录”模板。单击“确定”按钮后显示框架网页的设计视图，在上面的框架中单击“设置初始网页”，在弹出的对话框中选取 top. htm 文件。在左面的框架中单击“设置初始网页”，在弹出的对话框中选取 left. htm 文件。在右面的框架中单击“设置初始网页”，在弹出的对话框中选取“实习一. htm”

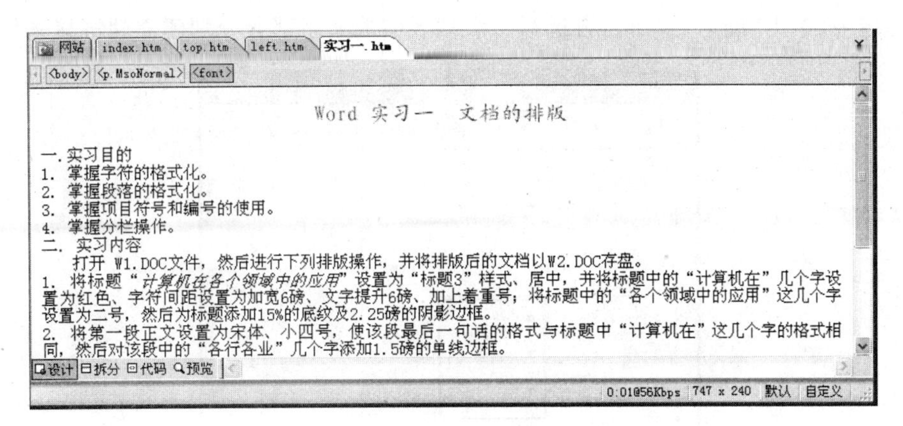

图 7-62　右面的网页

文件。最后保存框架网页为“实验指导.htm”，如图 7-63 所示。

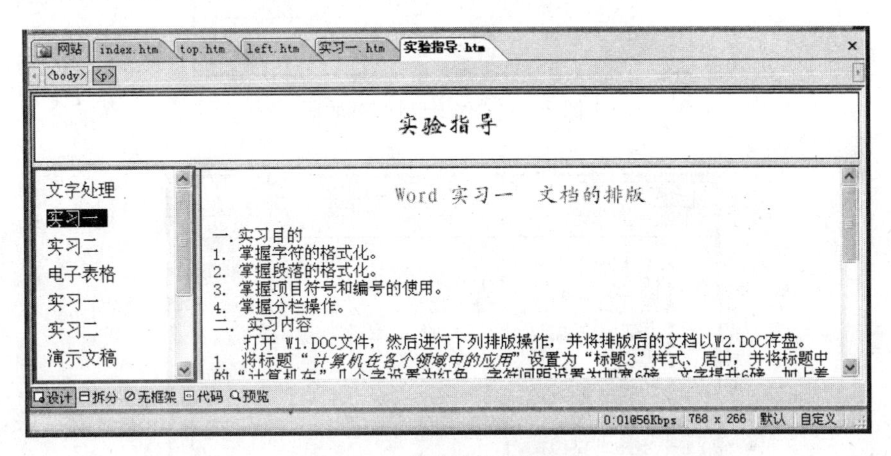

图 7-63　实验指导框架网页

3. 创建组合列表

任务和要求：

组合列表是一种目录树式的列表，它是一种二级列表，第二级列表不用时可以折叠。这样在有限的空间中可看到更多的一级列表的内容。下面以框架中目录网页为例，完成组合列表的创建。

操作步骤如下：

打开 left.htm 目录网页文件并全选，单击“格式”菜单中的“项目符号和编号”命令，在弹出的“列表属性”对话框中选择“无格式项目列表”选项卡并指定一种项目符号，如图 7-64 所示。单击“确定”后，目录网页显示如图 7-65 所示。再选择二级列表的内容（这里为“实习一、实习二”），单击两次“增加缩进量”按钮，目录网页显示如图 7-66 所示。再右击一级列表的内容（这里为“文字处理”），在弹出的快捷菜单中选择“列表属性”命令，将显示如图 7-67 所示的对话框。在这个对话框中将“启用可折叠大纲”和“开始时折叠”前的多选框选中，单击“确定”按钮。再选择二级列表中的文字部分分别建立超链接并保存。

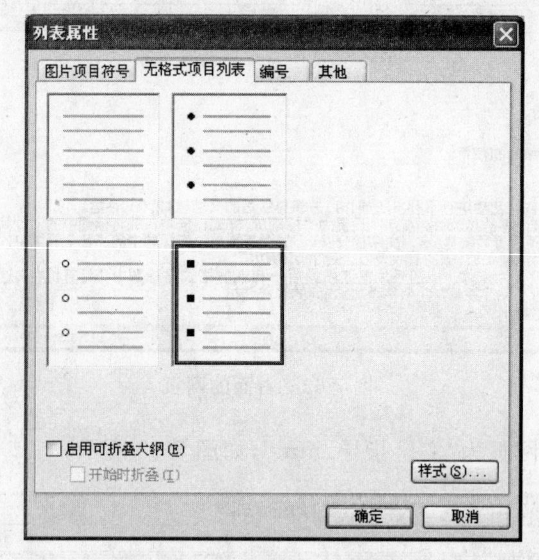

图 7-64 “列表属性”对话框

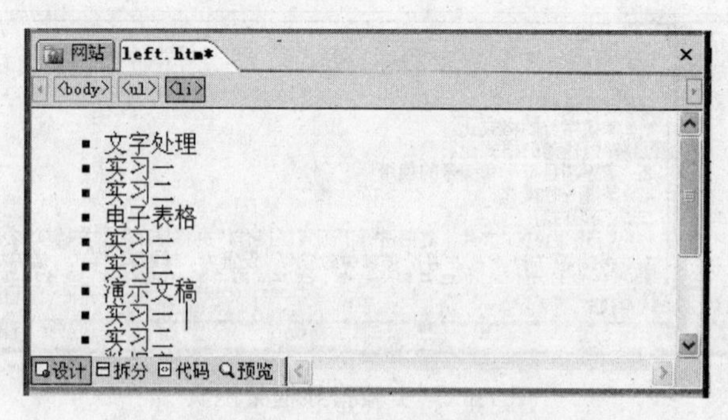

图 7-65 格式项目列表视图

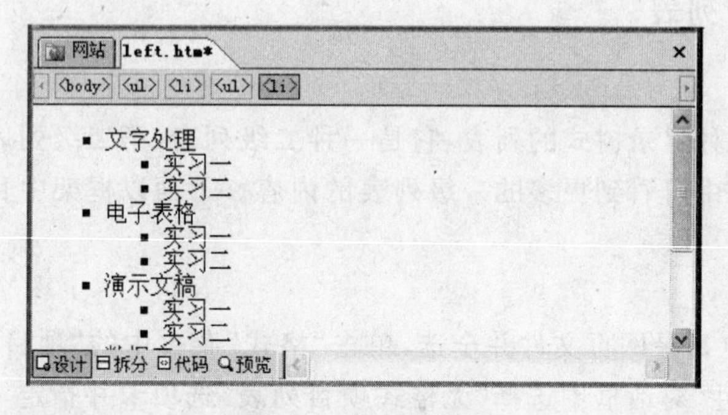

图 7-66 增加缩进量

单击“预览”按钮，显示如图 7-68 所示，单击“电子表格”文字，显示如图 7-69 所示。

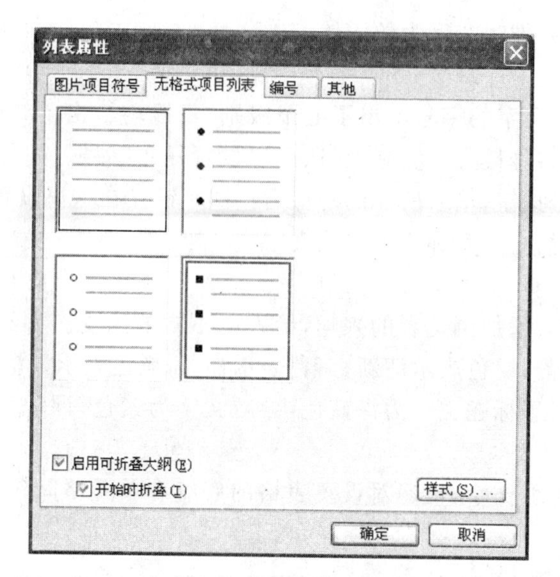

图 7-67　插入超链接

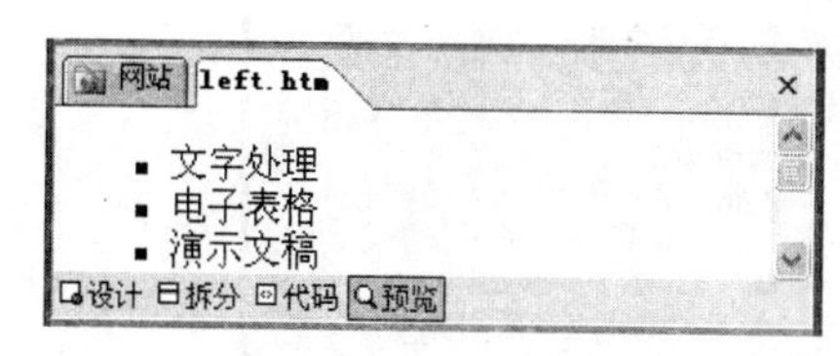

图 7-68　折叠视图

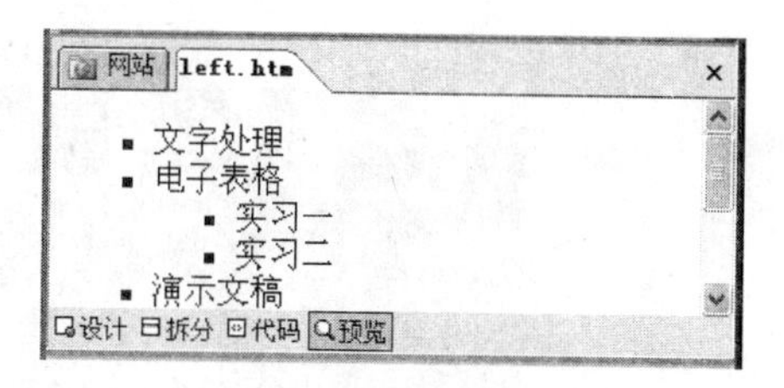

图 7-69　展开视图

训练 7.2　网页的编辑

1. 文字编辑

任务和要求：

文字是网页中最基本的元素，它是信息的主要载体。网页可以没有图像、声音、动画，但不可以没有文字信息。好的文字格式设置会引起读者的注意，并给网络浏览者以美的享受。

操作步骤如下：

打开训练 7.1 的主页文件，设置各部分文字的字体、字号、颜色。

(1) 设置字体

FrontPage 可以使用操作系统中的所有字体，但是，由于网页是供给其他浏览者观看的，如果浏览者的计算机上没有相应的字体，则在浏览时网页就会显得很混乱，因此，在制作网页时应尽量使用标准字体。在这里设置标题文字为华文彩云，导航文字为魏碑，课程简介文字为楷体，联系方法文字为仿宋体。

(2) 设置字号

缺省情况下网页文字的字号给出了七个级别，每级均给出了对应的磅值大小。第一级字号最小，第七级字号最大。实际上，还可以设置任意字号。先选取要设置的文字，单击格式工具栏的字号按钮，输入所需的磅值后按回车键。在这里设置标题文字为6级，导航文字为3级，课程简介文字和联系方法文字为2级。

(3) 设置颜色

适当使用颜色，会增加浏览者的兴趣，给人以不同的感受。如红色表示热情；橙色表示时尚；蓝色表示宁静；绿色表示清新；紫色表示神秘；黑色表示深沉；灰色表示高雅；白色表示明快。在这里设置标题文字为深蓝色，导航文字为紫色，课程简介文字为灰色，联系方法文字为黑色。

为了突出显示导航文字，可通对设置表格的底纹和单元格间距来实现。完成设置后的主页预览如图7-70所示。

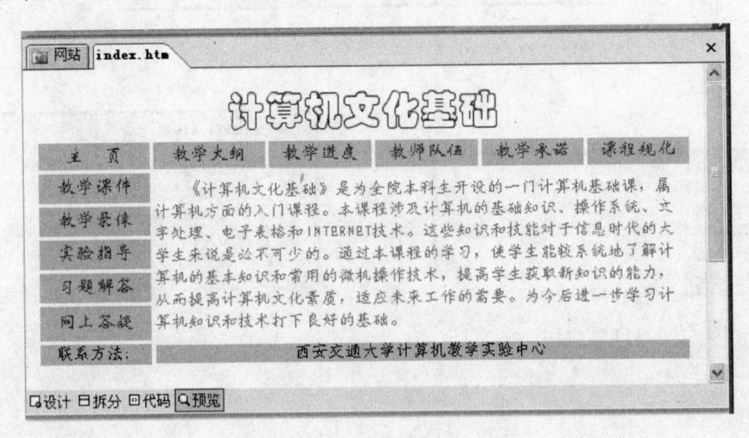

图7-70 文字编辑后的主页

2. 添加背景色和网页过渡

任务和要求：

由于FrontPage没有给出双色过渡效果的背景，可以通过Word来制作。

操作步骤如下：

(1) 启动Word后，单击“格式”菜单的“背景/充填效果”命令，打开“充填效果”对话框，在预设颜色中选“雨后初晴”；在底纹样式中选“中心辐射”，单击“确定”按钮后用“Print Screen”键拷贝全屏。启动附件中的“画图”软件后将拷贝的内容粘贴，并从中选取需要的双色过渡效果的背景并保存成一图片文件待用。

(2) 打开要添加背景的网页文件，右击后在快捷菜单中选“网页属性”命令，打开“网页属性”对话框，如图7-71所示，在“格式”选项卡中选中“背景图片”复选框，通过“浏览”按钮选择上一步保存的背景图片文件。单击“确定”按钮后网页显示如图7-72所示。

(3) 单击“格式”菜单中的“网页过渡”命令，打开“网页过渡”对话框，在这个对话框

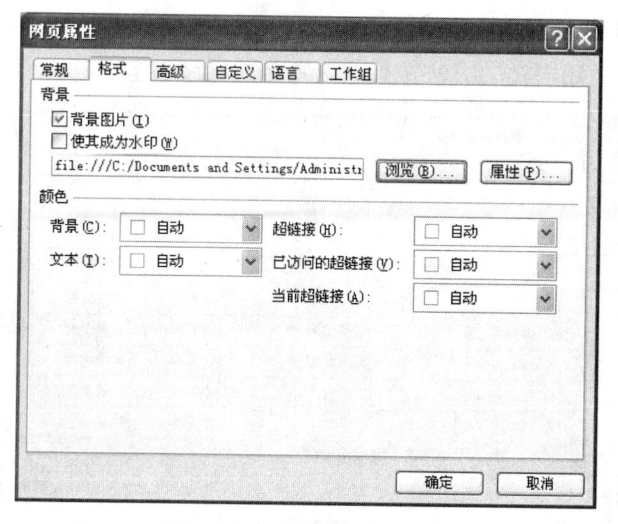

图 7-71 “网页属性”对话框

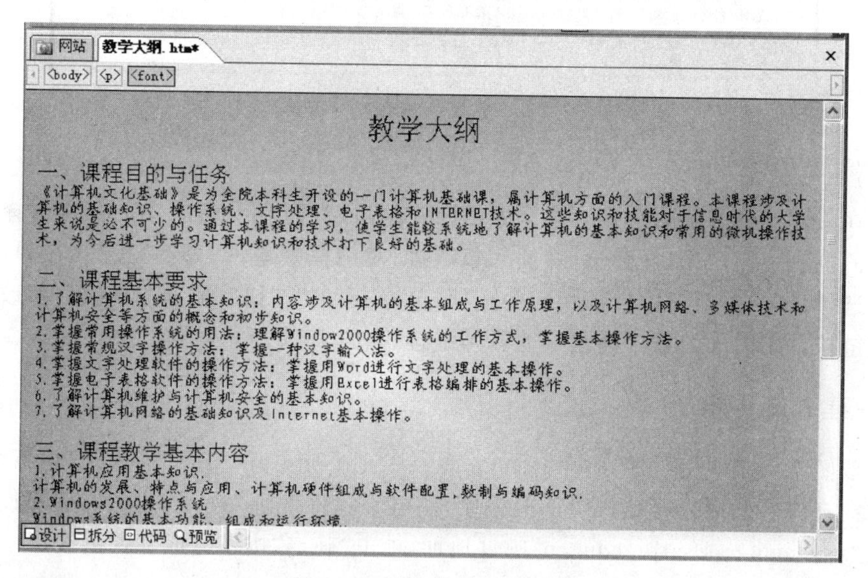

图 7-72 添加背景后的网页

中可选择过渡的事件为“进入网页”，过渡的效果为“盒状收缩”，过渡的时间为 3 秒，单击“确定”按钮完成设置。当通过主页中的导航按钮进入教学大纲时，即可看到过渡的效果。

3. 书签和邮件

任务和要求：

在建立的教师队伍网页中，教师姓名和个人简历在同一个网页中，如图 7-73 所示。单击表格中的教师姓名，即可浏览教师个人简历，首先定义书签。

操作步骤如下：

(1) 定义书签

将光标定位在教师个人简历下的杨忠孝名字前，选择“插入” 菜单下的“书签”命令，在弹出的“书签”对话框中输入书签名称。单击“确定”按钮后当前光标位置可见一个小旗，如图 7-73 所示。用同样的方法在其他教师名前定义书签。

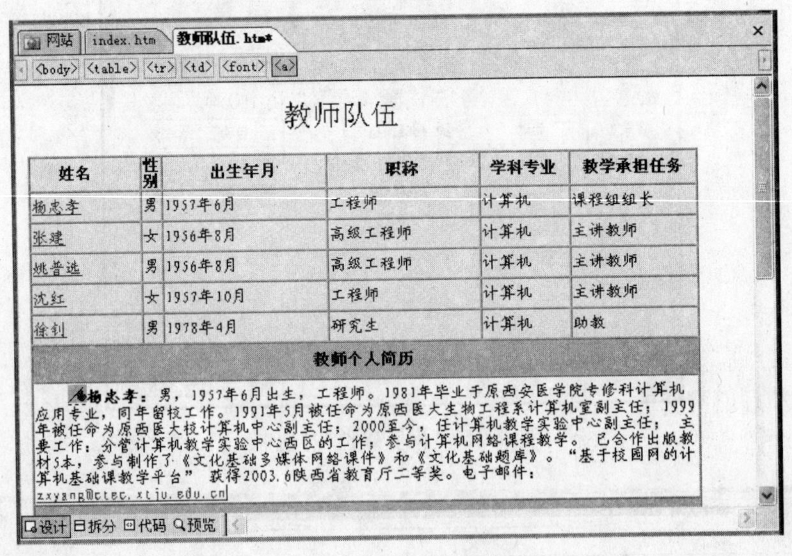

图 7-73　定义书签和建立链接

(2) 建立链接

现在来建立到书签的链接。选取表格中要创建超链接的“杨忠孝”文字，选择“插入”菜单下的“超链接”命令，在弹出的“插入超链接”对话框中单击“书签”按钮，在弹出的“在文档中选择位置”对话框中选择相应的选项，单击“确定”按钮完成建立链接。修改书签同编辑超链接。用同样的方法建立其他教师链接，如图 7-71 所示。

4. 建立邮件链接

选取图 7-73 中电子邮件地址 zxyang@ctec. xtju. edu. cn，选择“插入”菜单下的“超链接”命令，在弹出的插入超链接对话框中单击“电子邮件地址”按钮，并在电子邮件文本框中输入“zxyang@ctec. xtju. edu. cn”邮件地址，单击“确定”按钮完成邮件链接。

训练 7.3　美化 Web 页

1. 用画图软件设计自己的计数器(数字格式)

任务和要求：

FrontPage 为我们提供了 5 种可供选择的计数器，也给出了“自定义图片”的选择来设计自己的计数器，如图 7-74 所示。从图中可以看出，计数器由 0～9 这 10 个数字组成，这 10 个数字都是按照 0～9 的顺序储存在一个 GIF 格式的图像文件中，要设计自己的计数器就是要自己制作这个“数字”图像文件。这里使用 Windows 附件中的“画图”软件完成这一工作。

操作步骤如下：

(1) 先启动 Word，插入一艺术字，内容为 0123456789。在艺术字库中选一满意的样式，确定后再调整其大小、颜色、三维设置。选择复制后粘贴在画图软件中，如图 7-75 所示。单击“文件”|“另存为”菜单，在弹出的“保存为”对话框中保存类型一定选取“GIF”格式，文件名可自定义。这里为了方便叙述给定为“digit0-9”，将其保存在指定网站的 images 文件夹下。

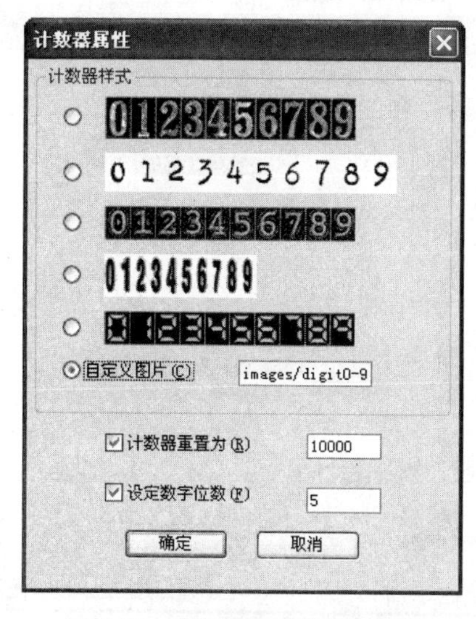

图 7-74 “计数器属性”对话框

图 7-75 GIF 格式的图像制作

(2) 在 FrontPage 下新建一网页，将光标定位于需要计数器的位置，输入“您是第：个访问者”，字体为隶书，大小为 24 磅，颜色为紫色。将光标移动到“第：”字后面，在这里插入计数器。单击“插入”菜单下的“Web 组件”命令，在弹出的“插入 Web 组件”对话框中选择“计数器”选项，然后单击“完成”按钮。随后弹出如图 7-74 所示的计数器属性对话框。在这个对话框中选择最后一种显示方式“自定义图片”，在其后面的文本框中输入“images/digit0-9.gif”(这里要正确给定图片文件的存放路径)。同时选择“计数器重置为”多选按钮，并设为“10000”；选择“设定数字位数”多选按钮，并设为“5”；单击“确定”按钮保存设置。

(3) 将设置好计数器的网页保存后，在 IE 浏览器下看到的显示效果如图 7-76 所示。

图 7-76 计数器显示效果

2. 插入交互式按钮

任务和要求：

将训练 7.1 中主页的导航文字按钮用交互式按钮替换。

操作步骤如下：

(1) 打开主页网页文件，在网页设计视图下选取导航栏中的“教学大纲”文字并剪切，单击“插入”菜单的“交互式按钮”命令，在弹出的对话框“按钮”选项卡中选中“发光胶囊 1”按钮样式，在“文本”框中粘贴刚刚剪切的“教学大纲”文字，在链接文本框中输入要链接的网页文件，如图 7-77 所示。

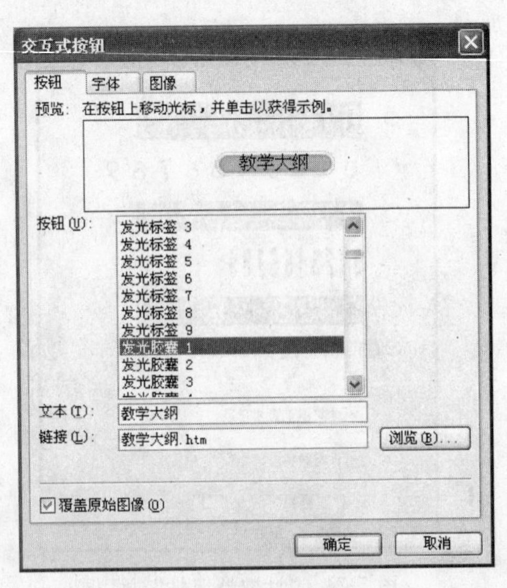

图 7-77　插入交互式按钮

(2) 在“字体”选项卡中字体选“华文新魏”，字号为“12”磅，初始字体颜色设为“紫色”，悬停时字体颜色设为“绿色”，按下时字体颜色设为“灰色”，如图 7-78 所示。

(3) 在“图像”选项卡中宽度设为“110”，高度设为“22”，选中“按钮为 JPEG 图像并使用如下的背景色”单选按钮，设置背景色为“银白色”，这样使创建的按钮和原表格的底纹完全融合，如图 7-79 所示。单击“确定”按钮完成一个按钮的插入。用同样的方法完成其他按钮后如图 7-80 所示。

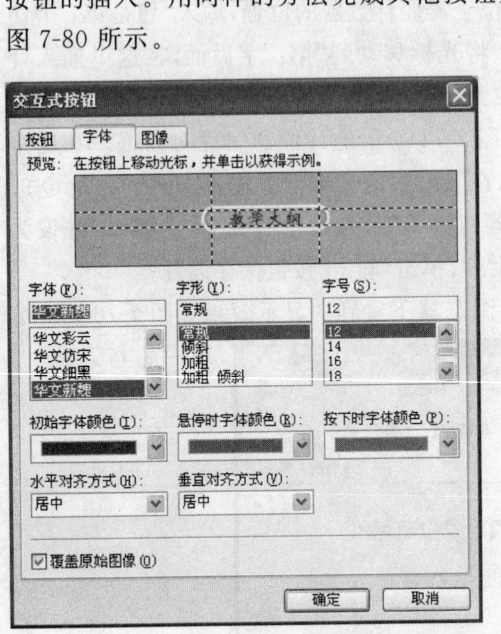

图 7-78　设置交互式按钮字体

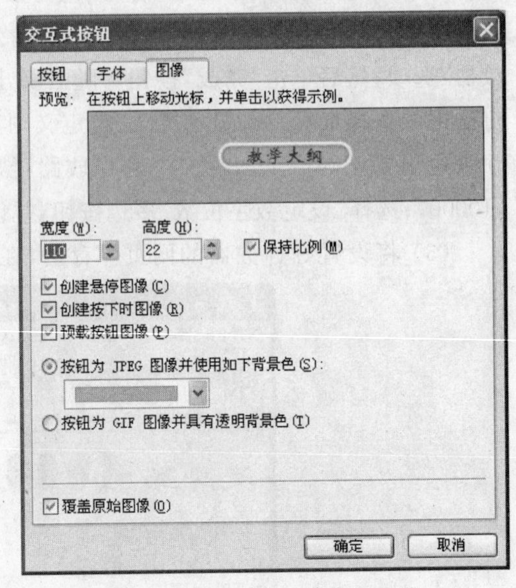

图 7-79　设置交互式按钮图像

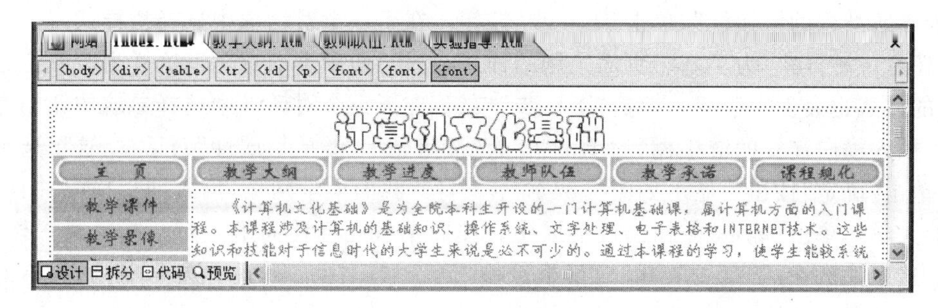

图 7-80 插入超链接

训练 7.4 导航结构

1. 用导航结构创建个人网站

任务和要求：

导航作为 FrontPage 的自动功能，可以方便地在网页中添加按钮，其实质是根据在"导航"视图中建立的站点导航结构，自动建立与之相适应的链接，每个按钮实际上就是一个超链接，并且可以进行多种灵活的选择，从而给网站设计带来极大的方便。假设我的个人网站已完成了我的大学、学习计划、人生感悟、友情链接几个网页，在网站的导航视图下将已建立的网页文件从"文件夹列表"中拖入导航视图中，如图 7-81 所示。

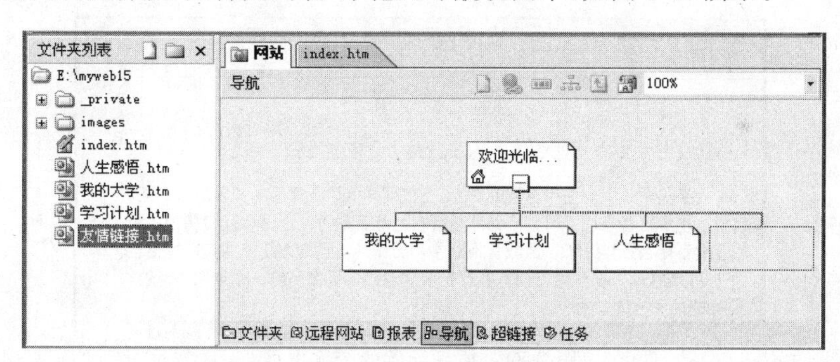

图 7-81 建立导航视图

操作步骤如下：

双击"index. htm"打开主页文件，单击"插入"菜单的"网页横幅"命令，打开"网页横幅属性"对话框，如图 7-82 所示，在网页横幅文本中输入"欢迎光临个人网站"，单击"确定"按钮。设置居中。按回车键将光标移向下一行。

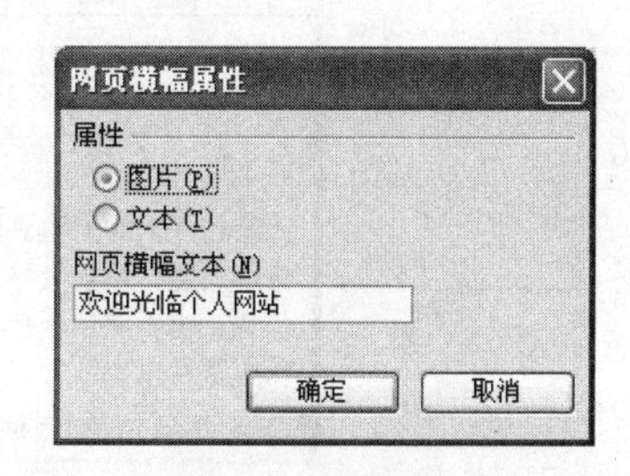

图 7-82 "网页横幅属性"对话框

单击"插入"菜单的"导航"命令，打开"插入 Web 组件"对话框，如图 7-83 所示，在右边的选择栏类型中选

“基于导航结构的链接栏”，单击“下一步”按钮。在下一个对话框中选择栏样式，这里可以选择任意一种样式，为了基于页面主题的样式，选择“使用页面主题”，这样当改变主题时，按钮的样式也会发生改变。单击“下一步”按钮，在下一个对话框中选择导航按钮的方向，选择“插入横向连接的链接栏”。单击“完成”按钮显示“链接栏属性”对话框，这里选择“子层”，单击“确定”按钮后显示如图 7-84 所示。打开我的大学网页，插入网页横幅并且输入“我的大学”，单击“确定”按钮。设置居中。按回车将光标移向下一行。同主页一样插入导航，这里注意在“链接栏属性”对话框选中“同一层”，附加网页中选中“主页”，单击“确定”按钮后显示如图 7-85 所示。

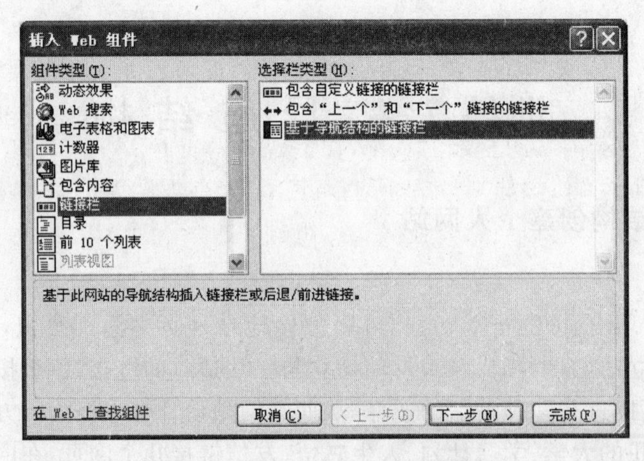

图 7-83 “插入 Web 组件”对话框

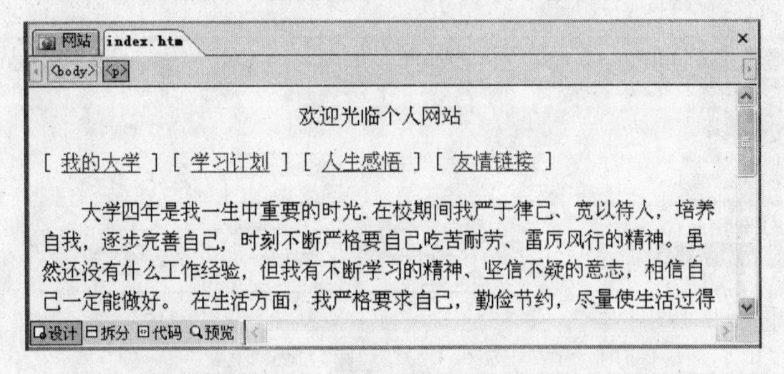

图 7-84 插入导航的个人主页

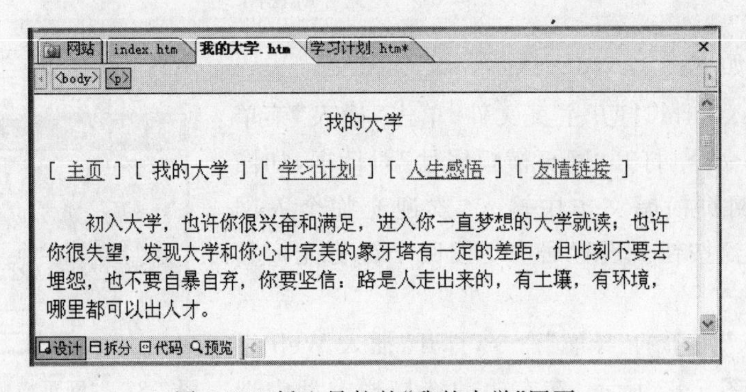

图 7-85 插入导航的“我的大学”网页

2. 设置主题

任务和要求：

主题是一组统一的设计元素和配色方案，在网页中使用主题可以使网页具有专业的外观效果。自动改变网页横幅和导航按钮的外观形状，下面为上节建立的有网页横幅和导航的网页使用主题。

操作步骤如下：

打开主页，单击“格式”菜单的“主题”命令，打开“主题”任务窗口，如图 7-86 所示，将鼠标拖向“吉祥如意”主题按钮上单击右键，在弹出的快捷菜单中选择“应用为默认主题”，这意味着将这一主题应用于网站的全部网页中，在创建新网页时，系统将自动应用默认主题；如选“应用于所选网页”，这意味着将这一主题应用于当前网页，当然其他网页也可选别的主题；如选“自定义”则意味着可以修改当前这个主题的颜色、图形、文本等。这里选择“应用为默认主题”，如图 7-87 所示。切换到“我的大学”网页，如图 7-88 所示。

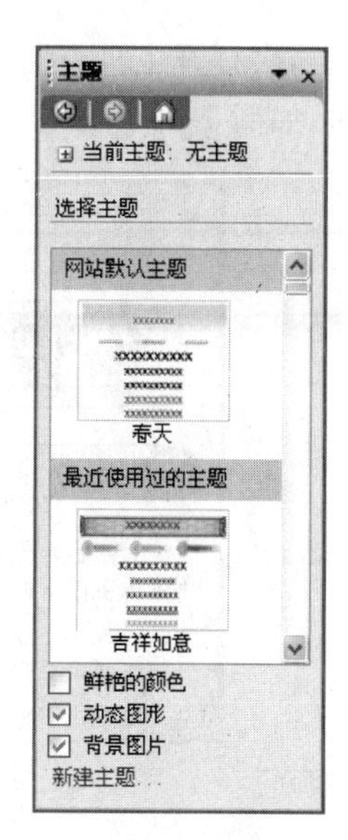

图 7-86　“主题”任务窗口

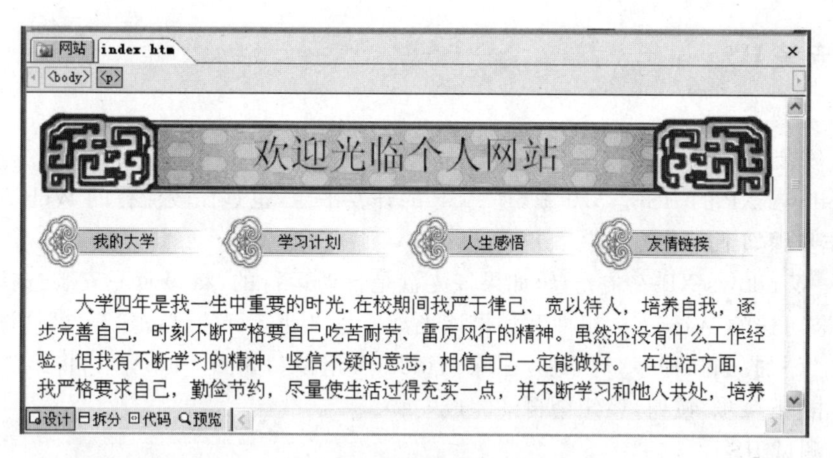

图 7-87　使用主题的主页

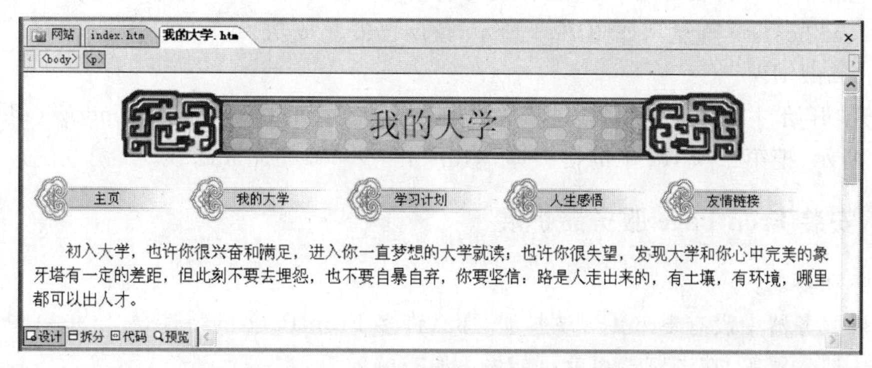

图 7-88　使用主题的“我的大学”网页

再次打开主页，单击“格式”菜单的“主题”命令，在主题列表框中单击“中国青瓷”主题按钮，如图 7-89 所示。

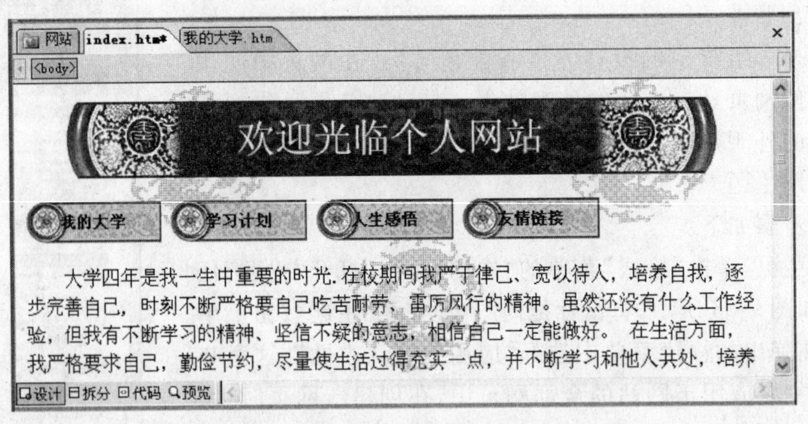

图 7-89 “中国青瓷”主题的主页

训练 7.5 建立服务器

1. 安装 IIS

任务和要求：

(1) 安装 IIS

Windows XP 的 IIS 是 5.0 版，是 ASP 的开发平台，也是比较流行的 Web Server。

操作步骤如下：

插入 Windows XP 安装光盘，如果该光盘是自动运行的，将显示一安装选择菜单，请单击“安装可选的 Windows 组件”；如果该光盘不是自动运行的，单击“开始”|“设置”|“控制面板”|“添加/删除程序”|“添加/删除 Windows 组件”，如图 7-90 所示，将第二项 IIS 打上钩，单击“下一步”按钮，系统会自动完成安装。

(2) 测试 IIS

当完成了 IIS 安装后可测试是否成功启动，方法是打开 IE 浏览器，在地址栏输入：http://localhost，屏幕显示如图 7-91 所示，说明已安装成功。

(3) 卸载 IIS

打开“开始”|“设置”|“控制面板”|“添加/删除程序”|“添加/删除 Windows 组件”，如图 7-90 所示，把第二项 IIS 上的钩去掉，单击“下一步”按钮完成卸载。

2. 安装 FrontPage 服务器扩展

任务和要求：

如果服务器中没有 FrontPage 扩展，那么许多 FrontPage 的特性，主要是一些动态效果、表单、计数器等，在浏览器里就可能失去原有的效果。

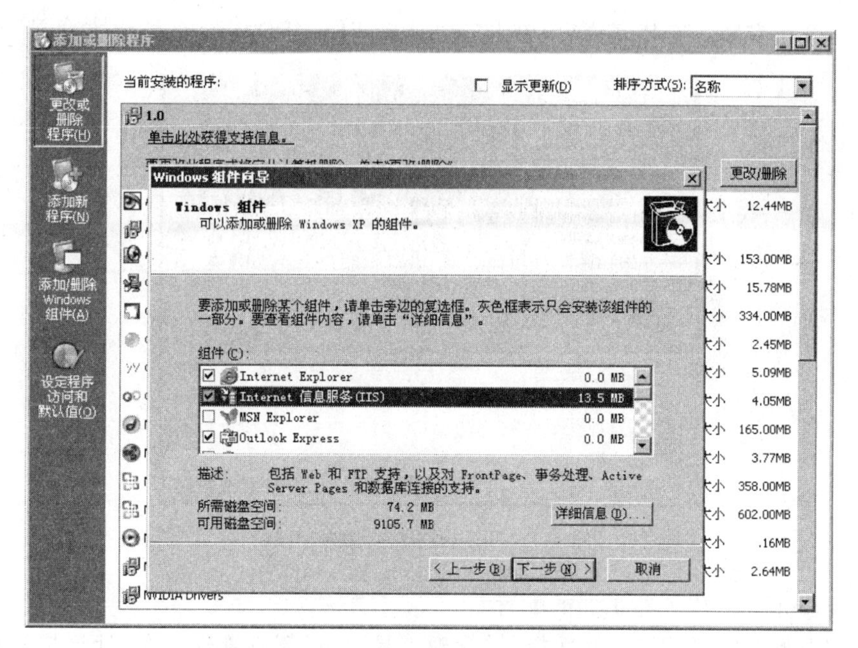

图 7-90 添加/删除 Windows 组件

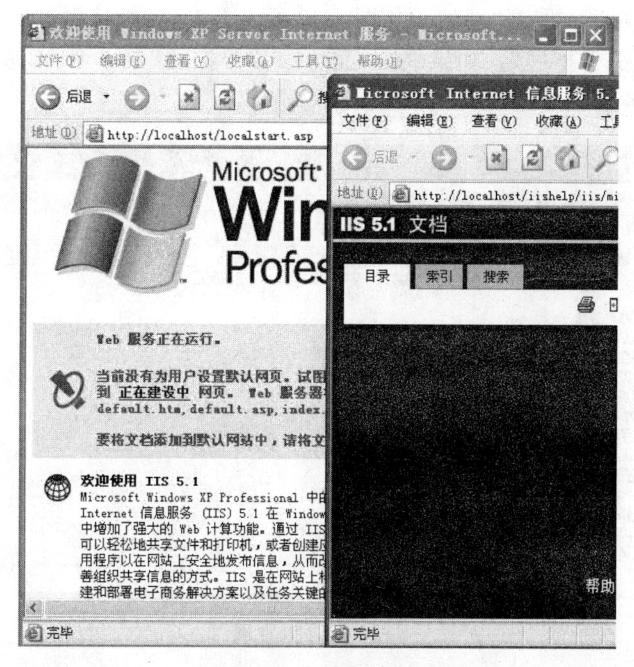

图 7-91 IIS 测试页

操作步骤如下：

插入 Windows XP 安装光盘，单击“开始”|“设置”|“控制面板”|“添加/删除程序”|“添加/删除 Windows 组件”，在选定“Internet 信息服务(IIS)”情况下，请选择“详细信息”，如图 7-92 所示。再选定“FrontPage 2000 服务器扩展”，单击“确定”按钮。选择“下

一步”按钮开始安装。安装完成后，单击“完成”按钮以关闭“Windows 组件向导”对话框。

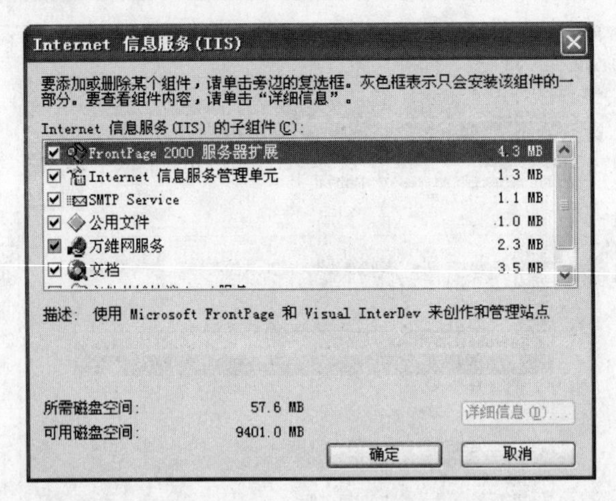

图 7-92 Internet 信息服务(IIS)

(1) FrontPage 服务器扩展的配置

单击“开始”|“设置”|“控制面板”|“管理工具”|“计算机管理”，在“计算机管理”窗口中，展开“服务和应用程序”。在“服务和应用程序”下，展开“Internet 信息服务”。在“Internet 信息服务”下，展开“网站”，如图 7-93 所示。右击“默认网站”，选择“所有任务”，然后选择“配置服务器扩展”。如果缺少“配置服务器扩展”菜单命令，表明已安装并配置了 FrontPage 服务器。

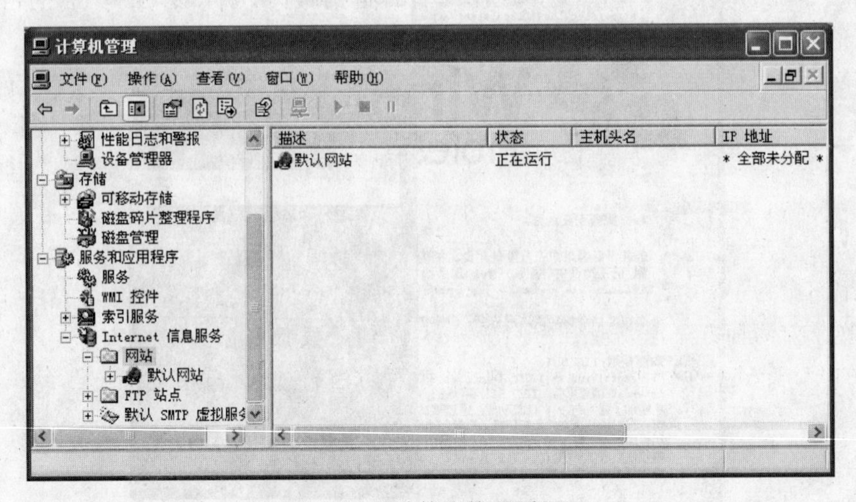

图 7-93 “计算机管理”窗口

(2) FrontPage 服务器扩展

在“服务器扩展配置向导”的第一页上选择“下一步”按钮。在“警告”对话框中选择“是”。对于配置邮件服务器设置，选择“否”，然后选择“下一步”。选择“完成”按钮。

当完成了 FrontPage 服务器扩展安装配置后可测试是否成功启用，方法是创建一包含有“计数器”组件的网页，名为 yyy.htm，打开 IE 浏览器，在地址栏输入：http://

localhost/yyy. htm,屏幕显示如图 7-94 所示,当不断按浏览器"刷新"按钮时,计数器的数值自动增加,说明已成功启用。

图 7-94 测试服务器扩展

自学内容

自学 7.1 Web 网页的发布

当完成了自己网站的创建后,就想与大家进行交流,让更多的人能浏览你的网页,因此,必须学会发布自己创建的网页。发布网页就是把网页文件上传到与 Internet 相连的 Web 服务器上。

发布个人网页有多种途径。一种是向域名管理组织申请一个真正属于自己的域名空间,此外还要租用一个虚拟主机。这样建造的网站和百度、新浪等网站没有任何本质上的区别。但这样相应的代价是每年必须向域名管理组织和主机出租公司缴纳一定的费用。二是使用免费个人主页空间。这样用户不用花费一分钱就可以拥有自己的主页空间,当然主页空间会有一定限制。一般说来,对于一个初学者,申请一个免费域名和主页空间练练手是个不错的主意,等有一天自己觉得时机成熟了,再向域名管理组织申请一个顶级域名也不晚。前两种方法比较理想,因为人们在任何时候都可以访问你的个人网页。三是让自己的 PC 变成一个小型的 Web 服务器,这种方法可按网站要求来配置你的 Web 服务器,容易进行网页的测试。

1. 申请个人主页空间

目前提供免费个人主页存放空间的站点不少。用户只要注册成为它的会员,就可以得到一个免费空间。通过搜索找到一个提供免费个人主页空间的网站:"http://www.goofar.com",进入后主页如图 7-95 所示。按屏幕提示注册成功后,就会立即开通免费空间。用申请到的用户名"jsjyy2008"和密码登录,进入我的免费服务,显示如图 7-96 所示的窗口,就可以将自己做好的网页上传到自己的主页空间了。单击"上传文件"按钮,通过浏览的方法在当前主机中选择需要上传的文件。单击"上传"按钮完成一个文件的上传,用此方法一个一个地完成全部文件上传后，在浏览器地址栏输入 URL："http://home.goofar.com/jsjyy2008"（注：这是免费空间规定的访问路径）按回车键后，即可浏览自己的网站，如图 7-97 所示。

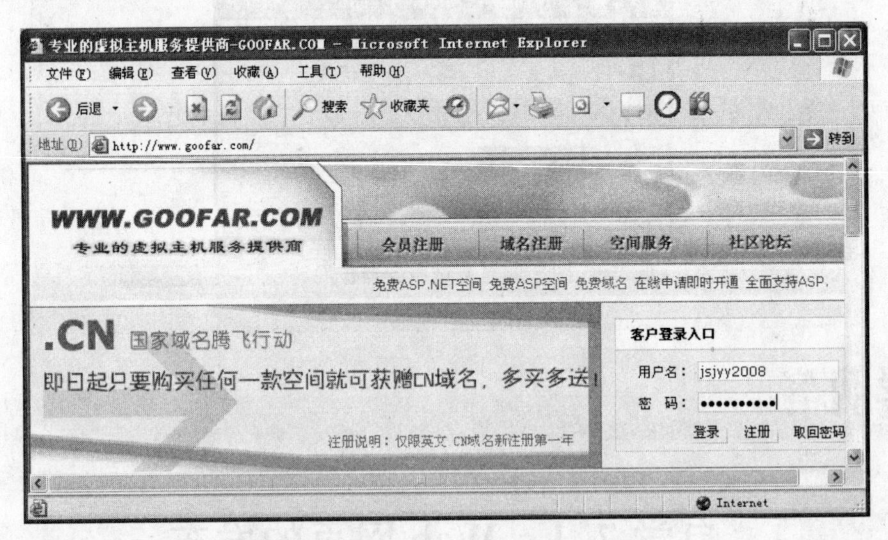

图 7-95　http://www.goofar.com 主页

图 7-96　上传文件到自己的主页空间

2. 利用 FrontPage 2003 发布

利用 FrontPage 2003 可以轻松地将站点发布到 Web。如果服务器支持 FrontPage 扩展（FrontPage Extension），那么可以使用 HTTP 方式发布网页；如果服务器不支持 FrontPage 扩展，则只能使用 FTP 方式发布网页。

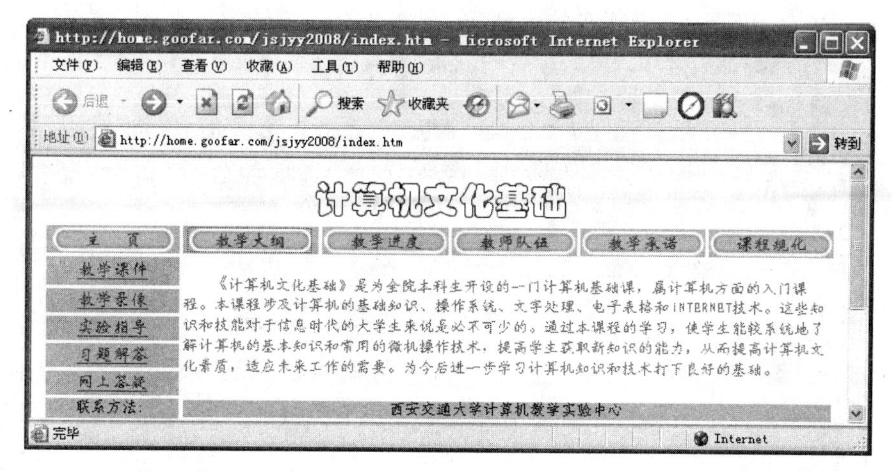

图 7-97　显示上传网站的主页

注意：如果服务器不支持 FrontPage 扩展，那么许多 FrontPage 的特性(主要是一些动态效果、表单、计数器等)在浏览器里就可能失去原有的效果。如果服务器支持 FrontPage 扩展，可用下面的方法发布个人网站。

单击“文件”菜单中的“发布网站”命令，打开“远程网站属性”对话框，如图 7-98 所示。选中第一项“FrontPage 或 SharePoint Services(P)”前的单选框。在“远程网站位置”的文本框中输入 IP 地址或域名。单击“确定”按钮进行和远程服务器的连接，连接成功后显示如图 7-99 所示，在这个窗口中选中“本地到远程”单选按钮，单击“发布网站”按钮即可完成网站的上传。(注：完成这个实验最好是建成立自己的 Web 服务器。要求您的 PC 必须与 Internet 相连接；其次，自己的机器还必须有一个单独的 IP 地址；IIS Web 服务器和 FrontPage 服务器扩展的安装见训练 7.5。)

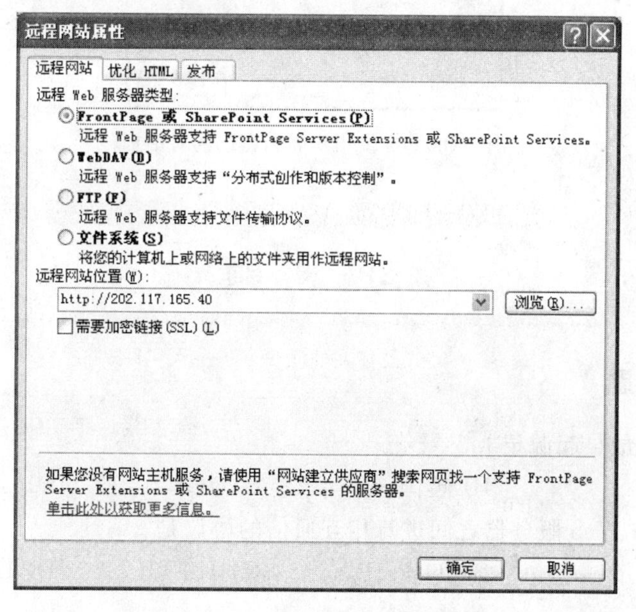

图 7-98　“远程网站属性”对话框

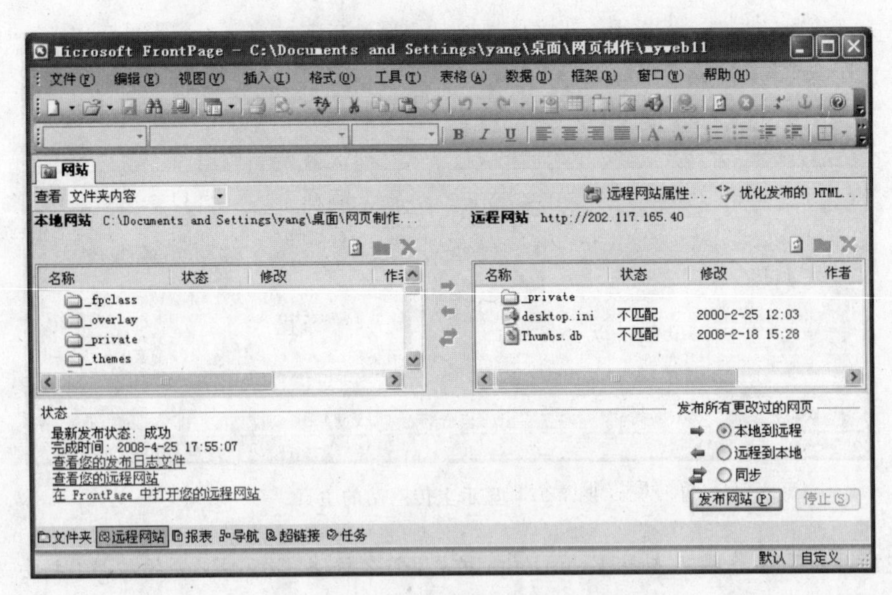

图 7-99　和远程服务器连接成功窗口

由于很多服务器不支持 FrontPage 扩展，FTP 发布方式还是必不可少的。使用 FTP 发布网页的方法与用 HTTP 方式发布网页的方法类似，只是要在“远程网站位置”文本框输入服务器的 FTP 地址。要求提供用户名和密码，如图 7-100 所示，即可同 HTTP 一样完成网站的上传。

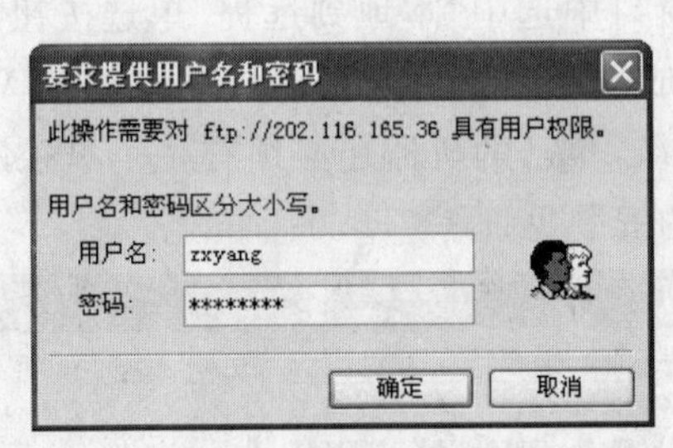

图 7-100　提供用户名和密码的对话框

习　题

7.1　选择题

1. Internet 最早起源于________。

   A) 法国　　B) 英国　　C) 日本　　D) 美国

2. 浏览器与 Web 服务器之间进行相互通信的协议是________。

   A) FTP　　B) TCP/IP　　C) HTTP　　D) IPX/SPX

3. Web 是一种________信息系统。

A) 多媒体　　B) 超媒体　　C) 文本　　D) 智能化文本

4. FrontPage 的使用过程与________有许多相似之处，而且兼容性好。

A) Word　　B) Excel　　C) Access　　D) Outlook

5. WWW 的运行机制是使用客户机/服务器模式，客户机程序也称为________程序。

A) 编译　　B) 浏览　　C) 解释　　D) 系统

6. HTML 文件必须由特定的程序进行翻译和执行才能显示，这种翻译器就是________。

A) Web 浏览器　　B) 文本编辑器　　C) 解释程序　　D) 编译程序

7. 网页的名称就是在________标识符中的文字。

A) <title>…</title>　　B) <body>…</body>

C) <a>…</a>　　D) <head>…</head>

8. FrontPage 是一种所见即所得的________。

A) 数据库管理系统　　B) 网页编辑器

C) HTML 源代码编辑器　　D) Web 浏览器

9. 计数器用于记录网站被访问的________。

A) 数据库　　B) 网页　　C) 源代码　　D) 次数

10. FrontPage 可以编排网页上的文字，还可以插入图片、声音、动画等，而且这些修饰和排版都是可以________方式进行的。

A) Web　　B) 超链接　　C) 所见即所得　　D) 批处理

11. 书签是标记在网页上面的一串字符或者________。

A) 网址　　B) 数字　　C) 域名　　D) 位置

12. 下面说法中不正确的是________。

A) 文件夹中的网页文件都可以在网页视图中显示

B) 导航视图为站点的设计者提供了一种总览站点的有效手段

C) 超链接视图实际上是将站点中的一段链接进行图形化显示

D) 在文件夹视图下，每当对文件和文件夹进行移动或改名时，FrontPage 都会自动更新所有指向它们的超链接

13. 如果选择“日期和时间”对话框中的“上次编辑此网页的日期”，则当保存网页时，FrontPage 就在网页中插入________的时间和日期。

A) 上次编辑开始时　　B) 上次编辑结束时

C) 刚打开时　　D) 当时

14. 如果在浏览时不要显示表格的边框，可设置边框为________。

A) 3　　B) 2　　C) 1　　D) 0

15. 如果要连续的选择多个单元格，需要先按下________键。

A) Shift　　B) Ctrl　　C) Enter　　D) Delete

16. Windows 自带的图像格式是________。

A) BMP　　B) GIF　　C) JPEG　　D) TIFF

17. 将文本转换成表格时，________是系统默认的分隔符。

A）制表符　　B）逗号　　C）顿号　　D）段落标记

18. ________是表格的基本单位。

A）单元格　　B）行　　C）列　　D）行和列

19. 可以输入多行文字的表单域是________。

A）文本框　　B）文本区　　C）下拉框　　D）文件上传

20. 关于选项按钮，下列说法正确的是________。

A）只能单选　　B）可以选两项

C）即可单选又可多选　　D）只能多选

21. 在 FrontPage 2003 中提供了________种框架网页模板。

A）10　　B）11　　C）12　　D）13

22. 在 FrontPage 2003 中网站计数器样式有________种。

A）4　　B）5　　C）6　　D）7

23. 下列________格式不属于 FrontPage 2003 中视频文件格式。

A）AVI　　B）MPEG　　C）MP3　　D）RM

24. 如果没有一个站点服务器，那么________。

A）一些动态 FrontPage 组件就不能工作

B）只能在当前盘的根目录下创建站点

C）不能在本机驱动器上创建站点

D）不能同时将多个窗口打开到同一个站点

25. ________可使站点有一个统一的外观，它带有背景图像、按钮、项目符号、文本颜色等。

A）样式　　B）背景　　C）模板　　D）主题

7.2　填空题

1. 在 Web 站点中，网页是一种用________语言描述的超文本，整个 Web 站点是由利用________为纽带建立相互联系的网页组成的。

2. 所谓________是一种已经建立好的特殊网页，所谓________实际上是一个程序模块，它向用户提出问题，由用户对有关选项作出选择。

3. 如果要打开网页，则选择“文件”菜单的________项，如果要打开站点，则选择“文件”菜单的________项。

4. 如果要创建自己的网页模板，则首先要创建一个空白的________，然后把它保存为________。

5. FrontPage 不但可以打开当前站点的网页，而且可以获取________网页，还可以打开________中的网页文件。

6. 如果要把网页直接保存到当前打开的站点中，则应该选择________菜单中的________项。

7. FrontPage 的预览视图方式可以方便地看到网页的实际效果，但使用该方式的前提是________。

8. 主题定义网页的________而不是________的内容。

9. 在用 FrontPage 编辑网页时可以将经常使用的________格式和________格式的图片插入到 Web 页面上去。

10. 如果网页在当前站点中，则在________中双击网页图标或文件名都能够打印网页。

7.3 判断题

1. 网站中使用的图片都必须保存在网站文件夹(主文件夹里)。 ( )

2. 网站文件夹里的_private 等文件夹不能删除。 ( )

3. 主题不能定义网页上的导航按钮的具体位置、页面的安排、网页采用的模板或站点的结构等。 ( )

4. 创建一个子站点的步骤和创建一个站点是相同的。 ( )

5. 模板是 FrontPage 提供的需要填入必要内容的站点示例。 ( )

6. 如果 FrontPage 中给网页插入一个图片，则系统在保存文件时，将图片和网页保存在同一个文件夹中。 ( )

7. FrontPage 可以在文件夹列表内创建一个新的网页。 ( )

8. 如果网页横幅是纯文本，则可以直接在网页上编辑。 ( )

9. FrontPage 不能将边框添加到图片、动态 GIF 图片、剪贴画或视频上。 ( )

10. 调整图形大小，将会更改 HTML 标记符。 ( )

读者意见反馈

亲爱的读者：

感谢您一直以来对清华版计算机教材的支持和爱护。为了今后为您提供更优秀的教材，请您抽出宝贵的时间来填写下面的意见反馈表，以便我们更好地对本教材做进一步改进。同时如果您在使用本教材的过程中遇到了什么问题，或者有什么好的建议，也请您来信告诉我们。

地址：北京市海淀区双清路学研大厦A座602室　计算机与信息分社营销室 收
邮编：100084　　电子邮件：jsjjc@tup.tsinghua.edu.cn
电话：010-62770175-4608/4409　　邮购电话：010-62786544

教材名称：计算机文化基础教程（第3版）

ISBN：978-7-302-19534-4

个人资料

姓名：________ 年龄：______ 所在院校/专业：____________

文化程度：________ 通信地址：____________

联系电话：________ 电子信箱：____________

您使用本书是作为：□指定教材 □选用教材 □辅导教材 □自学教材

您对本书封面设计的满意度：

□很满意 □满意 □一般 □不满意　改进建议____________

您对本书印刷质量的满意度：

□很满意 □满意 □一般 □不满意　改进建议____________

您对本书的总体满意度：

从语言质量角度看 □很满意 □满意 □一般 □不满意

从科技含量角度看 □很满意 □满意 □一般 □不满意

本书最令您满意的是：

□指导明确 □内容充实 □讲解详尽 □实例丰富

您认为本书在哪些地方应进行修改？（可附页）

____

____

您希望本书在哪些方面进行改进？（可附页）

____

____

电子教案支持

敬爱的教师：

为了配合本课程的教学需要，本教材配有配套的电子教案（素材），有需求的教师可以与我们联系，我们将向使用本教材进行教学的教师免费赠送电子教案（素材），希望有助于教学活动的开展。相关信息请拨打电话 010-62776969 或发送电子邮件至 jsjjc@tup.tsinghua.edu.cn 咨询，也可以到清华大学出版社主页（http://www.tup.com.cn 或 http://www.tup.tsinghua.edu.cn）上查询。

高等学校计算机基础教育教材精选

书　名	书　号
Access 数据库基础教程　赵乃真	ISBN 978-7-302-12950-9
AutoCAD 2002 实用教程　唐嘉平	ISBN 978-7-302-05562-4
AutoCAD 2006 实用教程(第 2 版)　唐嘉平	ISBN 978-7-302-13603-3
AutoCAD 2007 中文版机械制图实例教程　蒋晓	ISBN 978-7-302-14965-1
AutoCAD 计算机绘图教程　李苏红	ISBN 978-7-302-10247-2
C++ 及 Windows 可视化程序设计　刘振安	ISBN 978-7-302-06786-3
C++ 及 Windows 可视化程序设计题解与实验指导　刘振安	ISBN 978-7-302-09409-8
C++ 语言基础教程(第 2 版)　吕凤翥	ISBN 978-7-302-13015-4
C++ 语言基础教程题解与上机指导(第 2 版)　吕凤翥	ISBN 978-7-302-15200-2
C++ 语言简明教程　吕凤翥	ISBN 978-7-302-15553-9
CATIA 实用教程　李学志	ISBN 978-7-302-07891-3
C 程序设计教程(第 2 版)　崔武子	ISBN 978-7-302-14955-2
C 程序设计辅导与实训　崔武子	ISBN 978-7-302-07674-2
C 程序设计试题精选　崔武子	ISBN 978-7-302-10760-6
C 语言程序设计　牛志成	ISBN 978-7-302-16562-0
C 语言程序设计　苏瑞	ISBN 978-7-302-19078-3
PowerBuilder 数据库应用系统开发教程　崔巍	ISBN 978-7-302-10501-5
Pro/ENGINEER 基础建模与运动仿真教程　孙进平	ISBN 978-7-302-16145-5
SAS 编程技术教程　朱世武	ISBN 978-7-302-15949-0
SQL Server 2000 实用教程　范立南	ISBN 978-7-302-07937-8
Visual Basic 6.0 程序设计实用教程(第 2 版)　罗朝盛	ISBN 978-7-302-16153-0
Visual Basic 程序设计实验指导与习题　罗朝盛	ISBN 978-7-302-07796-1
Visual Basic 程序设计教程　刘天惠	ISBN 978-7-302-12435-1
Visual Basic 程序设计应用教程　王瑾德	ISBN 978-7-302-15602-4
Visual Basic 试题解析与实验指导　王瑾德	ISBN 978-7-302-15520-1
Visual Basic 数据库应用开发教程　徐安东	ISBN 978-7-302-13479-4
Visual C++ 6.0 实用教程(第 2 版)　杨永国	ISBN 978-7-302-15487-7
Visual FoxPro 程序设计　罗淑英	ISBN 978-7-302-13548-7
Visual FoxPro 数据库及面向对象程序设计基础　宋长龙	ISBN 978-7-302-15763-2
Visual LISP 程序设计(AutoCAD 2006)　李学志	ISBN 978-7-302-11924-1
Web 数据库技术　铁军	ISBN 978-7-302-08260-6
程序设计教程(Delphi)　姚普选	ISBN 978-7-302-08028-2
程序设计教程(Visual C++)　姚普选	ISBN 978-7-302-11134-4
大学计算机(应用基础・Windows 2000 环境) 卢湘鸿	ISBN 978-7-302-10187-1
大学计算机基础　高敬阳	ISBN 978-7-302-11566-3
大学计算机基础实验指导　高敬阳	ISBN 978-7-302-11545-8
大学计算机基础　秦光洁	ISBN 978-7-302-15730-4
大学计算机基础实验指导与习题集　秦光洁	ISBN 978-7-302-16072-4
大学计算机基础　牛志成	ISBN 978-7-302-15485-3
大学计算机基础　訾秀玲	ISBN 978-7-302-13134-2
大学计算机基础习题与实验指导　訾秀玲	ISBN 978-7-302-14957-6
大学计算机基础教程(第 2 版)　张莉	ISBN 978-7-302-15953-7
大学计算机基础实验教程(第 2 版)　张莉	ISBN 978-7-302-16133-2
大学计算机基础实践教程(第 2 版)　王行恒	ISBN 978-7-302-18320-4

大学计算机技术应用　陈志云	ISBN 978-7-302-15641-3
大学计算机软件应用　王行恒	ISBN 978-7-302-14802-9
大学计算机应用基础　高光来	ISBN 978-7-302-13774-0
大学计算机应用基础上机指导与习题集　郝莉	ISBN 978-7-302-15495-2
大学计算机应用基础　王志强	ISBN 978-7-302-11790-2
大学计算机应用基础题解与实验指导　王志强	ISBN 978-7-302-11833-6
大学计算机应用基础教程　詹国华	ISBN 978-7-302-11483-3
大学计算机应用基础实验教程(修订版)　詹国华	ISBN 978-7-302-16070-0
大学计算机应用教程　韩文峰	ISBN 978-7-302-11805-3
大学信息技术(Linux 操作系统及其应用)　衷克定	ISBN 978-7-302-10558-9
电子商务网站建设教程(第二版)　赵祖荫	ISBN 978-7-302-16370-1
电子商务网站建设实验指导　赵祖荫	ISBN 978-7-302-07941-5
多媒体技术及应用　王志强	ISBN 978-7-302-08183-8
多媒体技术及应用　付先平	ISBN 978-7-302-14831-9
多媒体应用与开发基础　史济民	ISBN 978-7-302-07018-4
基于 Linux 环境的计算机基础教程　吴华洋	ISBN 978-7-302-13547-0
基于开放平台的网页设计与编程(第 2 版)　程向前	ISBN 978-7-302-18377-8
计算机辅助工程制图　孙力红	ISBN 978-7-302-11236-5
计算机辅助设计与绘图(AutoCAD 2007 中文版)(第 2 版)　李学志	ISBN 978-7-302-15951-3
计算机软件技术及应用基础　冯萍	ISBN 978-7-302-07905-7
计算机图形图像处理技术与应用　何薇	ISBN 978-7-302-15676-5
计算机网络公共基础　史济民	ISBN 978-7-302-05358-3
计算机网络基础(第 2 版)　杨云江	ISBN 978-7-302-16107-3
计算机网络技术与设备　满文庆	ISBN 978-7-302-08351-1
计算机文化基础教程(第 3 版)　冯博琴	ISBN 978-7-302-19534-4
计算机文化基础教程实验指导与习题解答　冯博琴	ISBN 978-7-302-09637-5
计算机信息技术基础教程　杨平	ISBN 978-7-302-07108-2
计算机应用基础　林冬梅	ISBN 978-7-302-12282-1
计算机应用基础实验指导与题集　冉清	ISBN 978-7-302-12930-1
计算机应用基础题解与模拟试卷　徐士良	ISBN 978-7-302-14191-4
计算机应用基础教程　姜继忱	ISBN 978-7-302-18421-8
计算机硬件技术基础　李继灿	ISBN 978-7-302-14491-5
软件技术与程序设计(Visual FoxPro 版)　刘玉萍	ISBN 978-7-302-13317-9
数据库应用程序设计基础教程(Visual FoxPro)　周山芙	ISBN 978-7-302-09052-6
数据库应用程序设计基础教程(Visual FoxPro)题解与实验指导　黄京莲	ISBN 978-7-302-11710-0
数据库原理及应用(Access)(第 2 版)　姚普选	ISBN 978-7-302-13131-1
数据库原理及应用(Access)题解与实验指导(第 2 版)　姚普选	ISBN 978-7-302-18987-9
数值方法与计算机实现　徐士良	ISBN 978-7-302-11604-2
网络基础及 Internet 实用技术　姚永翘	ISBN 978-7-302-06488-6
网络基础与 Internet 应用　姚永翘	ISBN 978-7-302-13601-9
网络数据库技术与应用　何薇	ISBN 978-7-302-11759-9
网页设计创意与编程　魏善沛	ISBN 978-7-302-12415-3
网页设计创意与编程实验指导　魏善沛	ISBN 978-7-302-14711-4
网页设计与制作技术教程(第 2 版)　王传华	ISBN 978-7-302-15254-8
网页设计与制作教程　杨选辉	ISBN 978-7-302-10686-9
网页设计与制作实验指导　杨选辉	ISBN 978-7-302-10687-6
微型计算机原理与接口技术(第 2 版)　冯博琴	ISBN 978-7-302-15213-2
微型计算机原理与接口技术题解及实验指导(第 2 版)　吴宁	ISBN 978-7-302-16016-8
现代微型计算机原理与接口技术教程　杨文显	ISBN 978-7-302-12761-1
新编 16/32 位微型计算机原理及应用教学指导与习题详解　李继灿	ISBN 978-7-302-13396-4